工业自动化从入门到入行

基于传感器、执行器、PLC、HMI和SCADA

[美] Olushola Akande（奥卢索拉·阿坎德）◎ 著

冯 磊 周慧梅 ◎ 译

清华大学出版社

北京

内容简介

工业自动化已成为各行业减少人力投入和成本的热门解决方案，本书深入浅出地讲解工业自动化的方方面面，带读者从入门到入行。

全书包括三部分。第一部分（第1～6章）讲基本概念与技能，读者将了解开关、传感器、执行器和电机的应用，以及直接在线（DOL）启动器及其组件；第二部分（第7～11章）深入讲解主要工业自动化工具——PLC、HMI和SCADA——的接线和编程方法；第三部分（第12～14章）讲过程控制、工业网络与智能工厂，读者将通过实践深入了解过程控制与测量，并了解各种工业网络协议，以及制造业（工业4.0）的新兴趋势及其赋能技术（如物联网、人工智能和机器人）。

本书适合电气、电子、机械、机电一体化、化学或计算机工程专业的学生阅读，也适合正在转行工业自动化领域的工程师，或希望在工业自动化领域发展职业的人。

北京市版权局著作权合同登记号　图字：01-2024-4649

Copyright ©Packt Publishing 2023. First published in the English language under the title 'Industrial Automation from Scratch' – (9781800569386)

图书在版编目（CIP）数据

工业自动化从入门到入行 ： 基于传感器、执行器、PLC、HMI和SCADA ／
（美）奥卢索拉•阿坎德（Olushola Akande）著 ；冯磊，周慧梅译. -- 北京 ：
清华大学出版社，2025. 6. -- ISBN 978-7-302-69458-8

Ⅰ．TP278

中国国家版本馆CIP数据核字第2025VY7940号

责任编辑：王中英
封面设计：杨玉兰
责任校对：徐俊伟
责任印制：刘海龙

出版发行：清华大学出版社
　　　　　网　　　　址：https://www.tup.com.cn，https://www.wqxuetang.com
　　　　　地　　　　址：北京清华大学学研大厦A座　　　　邮　　编：100084
　　　　　社　总　机：010-83470000　　　　　　　　　邮　　购：010-62786544
　　　　　投稿与读者服务：010-62776969，c-service@tup.tsinghua.edu.cn
　　　　　质　量　反　馈：010-62772015，zhiliang@tup.tsinghua.edu.cn
　　　　　课　件　下　载：https://www.tup.com.cn，010-83470236
印　装　者：大厂回族自治县彩虹印刷有限公司
经　　销：全国新华书店
开　　本：185mm×260mm　　　印　　张：23.75　　　字　　数：611千字
版　　次：2025年7月第1版　　　印　　次：2025年7月第1次印刷
定　　价：99.00元

产品编号：107989-01

前　　言

通过这本易于理解的指南，读者将探索工业自动化和控制的相关概念，如变频器（VFD）和可编程逻辑控制器（PLC）的接线和编程，以及智能工厂（工业 4.0）等内容。

主要特色

- 通过探索的方法深入了解工业自动化和控制的方方面面。
- 获得使用 PLC 实现制造过程自动化的实用见解。
- 了解如何使用人机界面（HMI）和 SCADA 监控和控制工业流程。

本书内容

工业自动化已成为各行业通过流程自动化来减少人力投入和成本的热门解决方案。本书将帮助读者掌握在该领域取得卓越成绩所需的技能。

本书从工业自动化的基础开始，逐步介绍开关、传感器、执行器和电机的应用以及直接在线（DOL）启动器及其组件，如断路器、接触器和过载继电器。接下来，将带领读者探索变频器（VFD），了解其参数设置，以及如何对其进行接线和编程来控制感应电机。随着学习的深入，读者将掌握主要工业自动化工具——PLC、HMI 和 SCADA ——的接线和编程方法。读者还将深入了解过程控制和测量（温度、压力、液位和流量），并通过将 4 ～ 20 mA 变送器连接到 PLC 获得模拟信号处理的实践经验。最后，将帮助读者掌握各种工业网络协议，如 FOUNDATION Fieldbus、Modbus、PROFIBUS、PROFINET 和 HART，以及制造业（工业 4.0）的新兴趋势及其赋能技术（如物联网、人工智能和机器人）。

学完本书内容后，读者将对工业自动化中有关机器自动化与控制的核心概念形成实用而深入的理解。

你将学到什么

- 掌握工业自动化和控制的基本要点。
- 了解如何使用工业传感器和执行器。
- 熟悉交流、直流、伺服和步进电机。

- 深入理解 VFD、PLC、HMI 和 SCADA 及其应用。
- 探索实践过程控制系统，包括使用 PLC 的模拟信号处理。
- 熟悉工业网络和通信协议，掌握有线（如工业以太网）与无线（如 Wi-Fi）协议的基础，并了解 5G 在工业应用中的优势与实践。
- 探索制造业的当前趋势，如智能工厂、物联网、人工智能和机器人。

这本书适合谁

本书适合电气、电子、机械、机电一体化、化学或计算机专业的本科生和研究生，正在转行的工程师，或者希望在工业自动化领域发展职业的人。本书涵盖从基础到高级的主题，对于在制造业、石油和天然气等领域工作的初级电气、工业物联网、自动化、过程、仪表与控制、生产和维护工程师来说，是一本宝贵的参考书。

作者

2025 年 5 月

目　　录

第一部分　基本概念与技能

第二部分　深入理解 PLC、HMI 和 SCADA

第三部分　过程控制、工业网络与智能工厂

第一部分
基本概念与技能

在本部分，读者将全面了解工业自动化。将学习关于传感器和执行器的知识，并能够识别电气控制组件，以及如何为基本的工业控制操作进行接线。读者还将能够使用计算机辅助设计（CAD）软件绘制原理图和接线图。

本部分包含以下章节：

第 1 章：工业自动化简介

第 2 章：开关和传感器的工作原理、应用及接线

第 3 章：执行器及其在工业自动化中的应用

第 4 章：交流、直流及特种电机概述

第 5 章：变频器概述

第 6 章：使用 CAD 软件绘制原理图和接线图

第 1 章
工业自动化简介

制造业是利用原材料或零部件生产商品或产品，并将其销售给客户的产业。产品的制造可通过人工操作手工工具，或由人工操作机器（如电机、泵和钻头）来完成。在机器出现之前，产品完全使用手工工具制造，生产单件产品需要大量的时间和精力。随着制造业的发展，人工操作的机器逐渐取代了手工工具，提高了生产效率，减少了人力投入。现如今，在制造业中，工人操作机器的工作正逐渐被工业自动化所取代。

通过本章的学习，读者将对工业自动化建立起清晰的认识。将理解工业自动化的含义，并识别各种类型的工业自动化，还将能够描述工业自动化的基本层次，并认识到工业自动化为行业带来的好处及在社会中的弊端。

本章将涵盖以下几方面主要内容：

- 什么是工业自动化。
- 探索工业自动化的类型。
- 理解工业自动化的层级。
- 探索工业自动化的优劣势。

1.1 什么是工业自动化

工业自动化是指在制造业或加工厂中，使用计算机、机器人和其他控制设备来操作机器和设备，而只需极少的人工干预。

在工厂中，通过一系列有序的操作，将零部件组装成产品，或者将原材料经过精炼加工，生产出适合消费的最终产品（即生产线或装配线）。这通常需要操作机器和工具，以获得成品。在工业自动化之前，物品（如杯子、勺子、壶等）都是由单个的工匠们手工制作的，制作一件物品可能需要数小时或数天。

18 世纪出现了一种新的发展趋势，物品的生产不再完全依靠手工，而是发明了允许机器生产物品的工艺。这些机器或工具由人操作。因此，可以将通过这个过程生产的物品称为机器辅助制造的物品。这一过程与手工制作方法相比，大大减少了生产时间和成本。到 19 世纪，装配线与生产线的引入进一步减少了生产时间和成本，因为不同的工人可以在生产线或装配线的不同部分操作不同的机器，从而实现批量生产。如今，许多工厂的生产线上的机器或工具都由设备和控制系统自动操作。例如填充、封盖和冲压等重复性任务，现在已经实现自动化。

工厂装配线上，工人要用眼睛观察、耳朵聆听，用大脑思考，用手移动物品或执行装配线上所需的动作。而工业自动化则是利用控制系统来代替工人完成这些活动或操作。其中，传感器扮演着"眼睛和耳朵"的角色，控制器扮演着"大脑"的角色，执行器则扮演着"双手"的角色。因此，我们将在本书后面的章节中详细讨论传感器、控制器和执行器，它们可以取代装配线上的工人。从而在某些制造流程中，原本需要 100 名员工规模的装配线，最终可能只需要 1 或 2 个人通过工业自动化来完成。随着人工智能（AI）的引入，甚至能像人类一样思考的机器正在被开发出来，以处理我们之前以为不可能由机器完成的人类操作。

简而言之，工业自动化也可以被定义为：通过使用个人计算机（PC）、可编程逻辑控制器（PLC）、传感器、执行器和其他控制设备，来控制工业中的机械和设备，从而最大限度地减少人在制造或生产过程中的参与。其中，PC、PLC 等控制器内部预先编写好的程序（一组指令），使它们能够根据传感器所收集的信息做出决策，并最终通过执行器执行原本应该由工人完成的动作。

图 1-1　在车辆制造装配线中使用库卡（KUKA）
工业机器人实现工业自动化

图 1-1 展示了使用库卡（KUKA）工业机器人实现工业自动化的一个例子。通常由人类完成的工作正在被机器人（预先编程）执行。

除了制造业，运输业是工业自动化可以应用的另一个领域，例如用于私人和商业用途的自动驾驶汽车，以及商业喷气机中的自动驾驶控制，使得飞机能够在没有人类飞行员的情况下飞行。此外，仓库、建筑和其他行业也都从工业自动化中受益。

通过学习本节内容，读者已经了解到工业自动化能够利用自动化设备来操作机器，从而最大程度地减少人工参与。这种技术极大地促进了制造业和其他行业的发展。通过学习本节知识，将有助于理解接下来将要探讨的各种自动化形式。

当今世界应用着多种类型的工业自动化。工业自动化解决方案主要可以分为以下 4 类。

- 固定自动化系统。
- 可编程自动化系统。
- 灵活自动化系统。
- 集成自动化系统。

接下来将深入讲解这些类别的具体内容。

1.1.1 固定自动化系统

在固定自动化系统中，对原材料执行的操作序列是预先设定好的，因此它适用于生产流程固定且需要重复操作的产品，以实现高产量目标。这类系统中的机器经过编程或配置，专门用于生产特定设计的产品。一旦投入使用，就很难更改产品的设计或款式。固定自动化系统适用于生产或装配同一款式的产品。生产或制造过程中涉及的一系列操作都是根据产品特性来设计或编程的。这类自动化系统的特点是产量高、效率高、初始成本高，适合大批量生产，每件产品的平均成本较低。

固定自动化系统的例子包括以下几个。

- 喷漆和涂层自动化工艺。
- 自动组装机。
- 面包生产线。
- 钢铁轧机。
- 造纸厂生产线。
- 汽车行业装配线中的金属压制/冲压机。

1.1.2 可编程自动化系统

在可编程自动化系统中，机器设备可以通过重新编程和调整来生产不同款式的产品。然而，每切换到一种新的产品款式都需要进行相应的调整，这会占用一定的时间，造成生产过程中的停机。

这种自动化方式适用于在特定时间段内生产相同或相似产品系列的制造模式，通常被称为"批量生产"。在生产新的产品设计或批次之前，需要花费较长的准备时间来修改程序或重新配置操作顺序。

可编程自动化系统的例子包括以下几个。

- 工业机器人：这是一种应用于制造业的可编程机器，通常由电源、控制器和可在 3 个或更多轴向上移动的机械臂组成。通过编程和配置，工业机器人可以执行各种不同类型的任务。图 1-2 展示了一个工业机器人的例子，它可以通过更换程序来执行任何在其工作范围和能力限制内可编程的任务。这里，机器人被编程用于书写。
- 数控机床（CNC）：这是一种自动化机床，其运行依赖字母数字组合而成的几何代码（G 代码）和辅助代码（M 代码），这些代码组成了控制机床执行各类任务的基础程序指令。配备计算机或控制器的数控机床能够实现钻孔、铣削或 3D 打印等操作的自动化。图 1-3 所示的 KVR 4020A 型数控机床几乎可以应用于任何加工场景，包括制造或生产、模具加工、大型重型或坚硬材料的铣削等。

图 1-2　正在书写的工业机器人

图 1-3　CNC 立式加工中心

1.1.3　灵活自动化系统

灵活自动化系统是可编程自动化系统的进阶形式。虽然两者都需要为每种新产品进行重新编程和切换，但灵活自动化系统能够快速完成这一过程，大大减少了可编程自动化系统中的停机时间。由于灵活自动化系统可生产的产品款式范围有限，因此能够实现快速且自动化的切换。这使得不同类型的产品能以极短的停机时间在生产线上流转。

灵活自动化系统的典型例子如下。

- 自动导引运输车（AGV）：AGV 是无人驾驶的运输车辆，主要用于工厂或仓库中的物料运输。它们利用多种导航技术沿预设路径行驶，能够根据需求灵活调整路线，扩展系统运作范围，从而提供可扩展且灵活的物料处理方案。AGV 可与工业机器人配合使用，为工厂或仓库提供高性价比的物料处理解决方案。具体而言，工业机器人负责将托盘、纸箱和产品装载到 AGV 上，然后 AGV 将这些物品运送至制造设施或仓库的不同区域。图 1-4 展示了一个 AGV 的实例。

图 1-4　AIUT 公司的自动导引车辆

- 柔性装配系统（FAS）：FAS 是一种能够生产小批量到中等批量多种产品的装配系统。它可以快速切换和重新编程，以适应新的产品设计或款式。

1.1.4　集成自动化系统

顾名思义，集成自动化系统能够将 CAD、机器人、起重机、输送带等各种机器和工具整合在单一控制系统下，共同执行生产过程的自动化。在这个系统中，不同的机器、数据和流程被整合并由单一控制系统管理。这使得整个制造工厂能够通过计算机实现自动化和控制，大大减少了人工干预。

集成自动化系统主要应用于以下几个领域。

- 计算机集成制造（CIM）：计算机几乎无须人工干预即可控制整个生产过程。
- 各种高级过程自动化系统。
- 集成自动化系统为多种先进技术的实施提供了可能，分别如下。
  - 自动化物料处理系统。
  - 射频识别（RFID）。
  - 条形码跟踪系统。
  - 制造执行系统（MES）。
  - 计算机辅助工艺规划（CAPP）。
  - 自动化输送机和起重机等。

本节介绍了当前可用的各种工业自动化类型及相关示例。这些知识将有助于读者更好地理解下一节内容，以及本书将要讲解的其他知识。

1.2　理解工业自动化的层级

工业自动化是一个复杂的系统，由多个设备相互通信和协作来实现预期结果。描述工业自动化层次/层级的最简单方式是使用三级表示法，如下所示。

- 现场层。
- 控制层。
- 监督和生产层。

如图 1-5 所示，下面来详细了解这些层级，并通过相关示例加深理解。

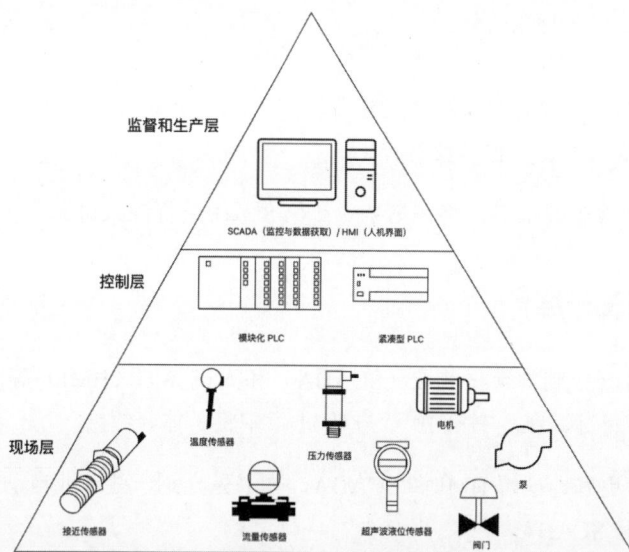

图 1-5　工业自动化的基本层级结构

1.2.1　现场层

现场层是工业自动化层级中的底层，主要由传感器和执行器等现场设备组成。

（1）传感器。

- 功能：将物理特性转换为电信号（数字或模拟）。
- 地位：被视为自动化系统的"眼睛和耳朵"。
- 示例：接近传感器、温度传感器、压力传感器、液位传感器、流量传感器和限位开关。

（2）执行器。

- 功能：将电信号（数字或模拟输出信号）转换为物理动作。
- 地位：被视为自动化系统的"手脚"。
- 示例：交流/直流电机、伺服电机、步进电机、泵、控制阀、电磁阀、接触器和继电器。

现场设备的主要任务是将机器和过程数据传输到控制层进行监控和分析。在这个层级中，传感器如同系统的"眼睛和耳朵"，而执行器则如同系统的"手和脚"。传感器将实时过程参数（如温度、压力、液位和流量）转换为电信号，然后将数据传输到控制器。执行器则根据控制器的指令调节过程参数。

1.2.2　控制层

控制层主要由可编程逻辑控制器（PLC）或其他类型的控制器组成。PLC 是现代工业自动化的"大脑"，负责执行各种控制功能。

- 接收来自不同传感器的数据。
- 根据预设程序进行决策。
- 输出控制信号给执行器执行特定任务。
- 根据传感器信号提供自动控制功能。

关于 PLC 的更多详细信息，将在第 7 章和第 8 章中进行深入讨论。

1.2.3　监督和生产层

这一层包括监督控制与数据获取（SCADA）和人机界面（HMI）等，用于监控和控制各种参数并设置生产目标。在本书第 10 章与第 11 章中将具体介绍。

为了帮助读者更好地理解 HMI 和 SCADA，本书先介绍一些工业自动化的基础知识，然后再深入探讨 HMI 和 SCADA。

在本节中，读者先简略了解了工业自动化的基本层级：现场层、控制层和监督及生产层。

后续章节将深入探讨这些层级：第 2 章和第 3 章将提供更详细的关于现场层的解释；第 7～9 章将通过实践方法详细讲解控制层；而第 11 章将进一步解释监督和生产层，并包括一个实践项目（使用 mySCADA 软件将 SCADA 与 S7-1200 PLC 对接），通过这个实践项目，读者将获得实际经验，并加深对这些概念的理解。

1.3 探索工业自动化的优劣势

工业自动化无疑已经通过提高效率和质量，彻底改变了制造业和其他行业。如今，任何行业想要保持竞争力，都离不开自动化。尽管自动化带来了巨大进步，但也需要关注其潜在的负面影响，以便做好准备并加以应对。

接下来，将详细探讨工业自动化的优点和缺点。

1.3.1 工业自动化的优势

工业自动化为人们带来的好处包括以下几个。

- 缩短生产周期：从开始到完成的时间大大减少。
- 提高工人安全系数：减少工人在危险环境中的暴露。
- 提高生产效率：引入机器人后，可实现 24 小时 /7 天恒速生产。
- 降低运营成本。
  - ◆ 减少人力需求。
  - ◆ 提高精度，减少材料浪费。
- 加快投资回报（ROI）：得益于生产效率的提升和成本的降低。
- 减少事故：使用自动导引车（AGV）等自动化机械设备，可以降低人为失误导致的事故。
- 优化管理：自动化系统需要的监督较少，管理者可以更专注于其他工作。
- 保持稳定表现：自动化系统不会分心、疲劳或厌倦，可以持续保持高效稳定的工作状态。

1.3.2 工业自动化的劣势

虽然工业自动化减轻了人类的某些工作负担，但也对人力资源带来了挑战。以下是工业自动化的一些缺点。

- 高昂的初始投资：设计、制造、安装和调试自动化系统需要大量资金。
- 可能导致就业岗位减少：某些人工岗位可能被自动化设备或机器人取代。然而，这不一定完全是坏事，因为员工可以通过培训转向维护自动化系统或公司其他领域的工作。
- 对技术人员的高要求：维护和故障排除自动化系统需要专业技能。

本节探讨了工业自动化对人和行业的利弊。在考虑将自动化技术引入行业前，权衡这些优劣势至关重要。

1.4　总结

恭喜读者完成本章学习！作为本书旅程的第一站，本章为读者奠定了工业自动化的基础知识。现在，读者应该能够做到以下几点。

- 解释工业自动化的概念。
- 描述工业自动化的不同类型。
- 阐述工业自动化的层级结构。
- 分析工业自动化的优缺点。

本章内容对自动化工程师至关重要，同时也为下一章关于开关和传感器的概述做好了铺垫。

1.5　习题

以下内容用于测试读者对本章内容的理解程度。在尝试回答这些问题之前，请确保已经仔细阅读并掌握了本章中的主要内容。

1. _____是指通过使用个人计算机（PC）、可编程逻辑控制器（PLC）、传感器、执行器和其他控制设备来控制工业机械和设备，以最小化人工在制造或生产过程中的参与。

2. _____自动化系统减少了可编程自动化系统中出现的停机时间。

3. 在工业自动化的层级结构中，_____层由 PLC 或其他形式的控制器组成。

4. _____利用各种设备和控制系统来操作制造或加工厂中的机器和设备，几乎不需要人工干预。

5. _____是指在工厂中建立的一系列顺序操作，其中组件被组装成成品，或原材料经过精炼过程生产出适合消费的最终产品。

6. 固定自动化系统、_____、_____和_____是工业自动化的四种类型。

7. 在一定时间内生产相同或相似类型产品的制造方法被称为_____。

8. 主要用于工厂或仓库中运输材料/货物的无人驾驶车辆被称为_____。

9. 在工业自动化层级中，_____层包括传感器和执行器。

10. _____将电信号（数字或模拟信号）转换为物理特性，如运动或热量。

11. _____将物理特性转换为电信号（数字或模拟）。

12. CNC 是_____的缩写。

13. PLC 是_____的缩写。

14. SCADA 是_____的缩写。

15. HMI 是_____的缩写。

第 2 章
开关和传感器的工作原理、应用及接线

理解人体功能有助于我们理解自动化。仅有大脑是不够的,人类还需要视觉、听觉、触觉和嗅觉来获取环境信息供大脑处理。同样,在自动化系统中,开关和传感器为控制器提供了环境信息。控制器处理完这些信息后,决定执行器接下来的动作,这部分内容将在下一章详细讨论。本章将聚焦开关和传感器,为深入探讨执行器做好铺垫。正如感官对人类至关重要,开关和传感器也是工业自动化过程中不可或缺的组件。

在本章中,将涵盖以下几方面主要内容:

- 开关和传感器概述。
- 手动操作开关。
- 机械操作开关。
- 接近传感器(电容式、电感式和光电式)。

2.1 开关和传感器概述

开关是用于连接或断开电路信号路径的电气元件,具有开启(ON)和关闭(OFF)两种状态。开启状态连接信号路径,允许电流流动;关闭状态断开信号路径,阻止电流流动。简而言之,开关就是用来控制设备开启或关闭的装置。

开关主要分为以下两类。

- 手动操作开关。
- 机械操作开关。

传感器是检测或感测物体存在与否的装置,可视为自动开关。它们从环境中收集信息并将其转换为观察者或设备可以读取或看到的信号形式。人体的眼睛、鼻子、耳朵、舌头和皮肤都可类比传感器,分别感知光、气味、声音、味道和温度/压力。在自动化领域,各类传感器检测不同物理量(如光、声、温度等),并将其转换为数字或模拟信号供控制器处理。传感器有多种类型，本章后面将重点介绍接近传感器。

总之，开关是用于控制设备开关的装置，而传感器则是自动感知环境的"开关"。从整体上了解开关和传感器，将帮助读者更好地理解 2.2 节和 2.3 节将介绍的具体开关类型，以及 2.4 节将介绍的接近传感器的知识。

2.2　手动操作开关

在制造业中，操作员经常需要启动或停止机器，有时还需要执行其他形式的手动控制。这些操作通常需要可以用手直接操作的开关，称为手动操作开关。以下是几种常见的手动操作开关。

- 按钮开关。
- 翘板开关。
- 拨动开关。
- 滑动开关。
- 选择器开关。
- 刀闸开关。

接下来，将详细介绍每种开关的特点和应用。

2.2.1　按钮开关

按钮开关是一种通过按压操作来闭合或断开电路的开关。它具有两种工作状态（即开启或关闭），当按钮被按下时，内部金属弹簧接触开关的两个触点，允许电流流通；当按钮释放时，内部开关弹回原位，电流停止流动。

按钮开关分为常开（NO）和常闭（NC）两种类型。

- 常开按钮。
  - 未按下时：触点断开，电路断开（开关处于 OFF 状态）。
  - 按下时：触点闭合，电路接通（开关处于 ON 状态）。
- 常闭按钮。
  - 未按下时：触点闭合，电路接通（开关处于 ON 状态）。

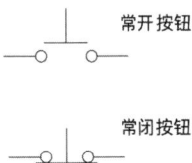

　　◆ 按下时：触点断开，电路断开（开关处于 OFF 状态）。

这两种类型的按钮开关都可用于控制单个电路。

图 2-1 显示了常开和常闭按钮的电路符号。

图 2-1　常开和常闭按钮的电路符号

图 2-2 显示了常开按钮的正面和背面视图。标有数字 3 和 4 的接线端子用于将开关连接到外部电路。

图 2-3 的接线图展示了使用常开按钮点亮灯泡的应用。当按下按钮时，灯泡会亮起；松开或释放按钮时，灯泡则会熄灭。

图 2-2　常开按钮的正面和背面视图

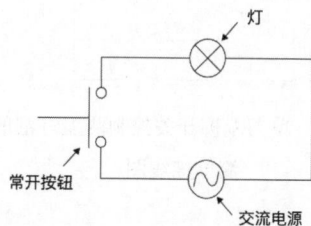

图 2-3　使用常开按钮点亮灯泡

图 2-4 显示了常闭按钮的正面和背面视图。标有数字 1 和 2 的接线端子用于将开关连接到外部电路。

2.2.2　翘板开关

翘板开关是一种通断开关，其特点是当按压时，一端抬起而另一端下沉，其动作方式类似于摇摇马的前后摆动。图 2-5 显示了翘板开关的正面和背面视图。

图 2-4　常闭按钮的正面和背面视图

翘板开关有多种类型。

- 单刀单掷（SPST）。
- 单刀双掷（SPDT）。
- 双刀单掷（DPST）。
- 双刀双掷（DPDT）。

下面逐一进行讲解。

（1）单刀单掷开关是最简单的开关形式，只能控制一个电路的通断。它的特点是只有一个输入端和一个输出端。图 2-6 展示了单刀单掷开关的电路符号。

图 2-7 展示了单刀单掷开关控制灯泡的简单接线图。

图 2-5　翘板开关的正面和背面视图

图 2-6　单刀单掷开关的电路符号

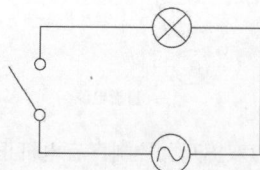

图 2-7　单刀单掷开关控制灯泡的简单接线图

图 2-8　单刀双掷开关的电路符号

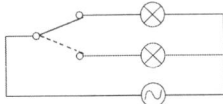

图 2-9　单刀双掷开关控制两盏灯泡的
简单接线图

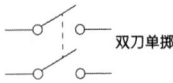

图 2-10　双刀单掷开关的电路符号

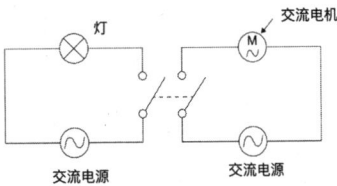

图 2-11　双刀单掷开关同时控制一盏灯泡和
一台交流电机的简单接线图

图 2-12　双刀双掷开关的电路符号

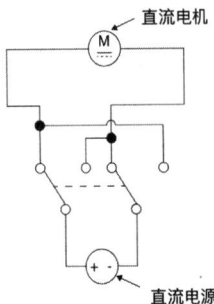

图 2-13　双刀双掷开关控制直流电机正向和
反向运行的接线图

（2）单刀双掷是一种具有一个固定输入端（称为公共端）的开关，可动接点根据开关状态在两个输出端（常开触点和常闭触点）之间切换连接。在开关默认状态下，公共端与常闭触点相连；当开关被激活时，公共端断开与常闭触点的连接，转而与常开触点相连。图 2-8 展示了单刀双掷开关的电路符号，其中开关的中心点代表公共端，两端分别表示常闭触点和常开触点。

图 2-9 展示了单刀双掷开关控制两盏灯泡的简单接线图（每次只点亮一盏）。

（3）双刀单掷开关是一种具有两个独立输入端（通常称为公共端）的开关装置，每个输入端可以与一个对应的输出端连接或断开。本质上，它由两个单刀单掷开关组合而成，这两个开关封装在一起并同时操作。这种设计使得双刀单掷开关能够同时控制两个独立的电路，保持它们的开关状态始终一致。图 2-10 显示了双刀单掷开关的电路符号。

图 2-11 展示了双刀单掷开关同时控制一盏灯泡和一台交流电机的简单接线图。

（4）双刀双掷开关是一种具有两个输入端（通常称为公共端）的开关，每个输入端可以在两个相应的输出端之间连接和切换。它由在一个封装里同时运行的两个单刀双掷开关组成。图 2-12 展示了双刀双掷开关的电路符号。

图 2-13 展示了双刀双掷开关控制直流电机正向和反向运行的接线图。

2.2.3　拨动开关

拨动开关是一种通过来回移动操纵杆来打开或关闭电路的开关类型。它们可以有多于一个的操纵杆位置。

拨动开关也存在单刀单掷、单刀双掷、双刀单掷和双刀双掷开关。图 2-14 展示了拨动开关的外观。

2.2.4　滑动开关

滑动开关通过滑动动作产生与拨动开关相同的连接效果。滑动开关也分为单刀单掷、单刀双掷、双刀单掷或双刀双掷开关。图 2-15 显示了滑动开关的外观。

图 2-14　拨动开关　　图 2-15　带安装孔的滑动开关

2.2.5　选择器开关

选择器开关可以有两个或更多的选择位置。通过旋转手柄，它可以控制不同电路的开关状态。它适用于需要多个控制选项的场合。

图 2-16 显示了选择器开关的旋转手柄及其连接端子。

图 2-16　选择器开关

2.2.6　刀闸开关

刀闸开关是一种接通、断开或改变电流路径的开关装置。它由一个或多个可移动的铜刀片组成，这些刀片通过铰链连接，并通过被强制插入到固定的叉形接触爪之间而与之接触。

图 2-17 显示了刀闸开关的外观。

在本节中，读者学习了按钮开关、翘板开关、拨动开关、选择器开关及刀闸开关。通过学习本节内容，读者需要熟悉这些开关，并掌握它们在电路中的具体应用。这些知识将为读者更深入地理解机械操作开关打下基础。

图 2-17　开启状态的单刀单掷刀闸开关

2.3　机械操作开关

机械操作开关是一种根据压力、位置或温度等因素自动控制的开关，这与需要人手操作的手动开关不同。它们主要被用于需要自动控制的场景。开关内部的结构能够感应压力、温度或位置的变化，从而自动触发开关动作。这类开关可以看作内部包含传感器的开关。

机械操作开关实际上是替代了人工操作的角色。以下是几种常见的机械操作开关。

- 限位开关。
- 液位开关。
- 压力开关。
- 温度开关。

接下来逐一介绍这些开关的特点。

2.3.1 限位开关

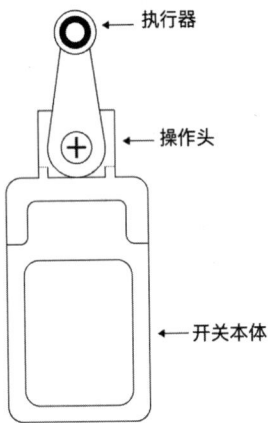

图 2-18 限位开关及其部件

限位开关是一种由机器部件运动触发的开关。当达到预设的限定位置时，开关即会动作。标准的限位开关是一种机械装置，通过物理接触来检测物体的存在与否。它主要由 3 部分构成：开关本体、执行器和操作头。

图 2-18 展示了限位开关及其部件。

限位开关本体内部包含电气触点。执行器是限位开关与目标物体直接接触的部分，其移动会导致电气触点的接通或断开。操作头是实现旋转动作的部位，它包含一个用于连接或断开电气触点的机构。

限位开关有两种基本的电气接触配置——单刀双掷和双刀双掷。单刀双掷由一个常开和一个常闭触点组成，而双刀双掷由两个常开和两个常闭触点组成。

图 2-19 展示了限位开关的基本触点配置。

限位开关可采用瞬时操作型执行器，其工作原理如下：在无外力作用时，限位开关保持自由位置，触点处于正常状态；当施加外力时，限位开关切换到操作位置，电气触点从正常状态转为操作状态；一旦外力撤除，限位开关自动回到自由位置，触点恢复正常状态。这种设计确保了限位开关能够快速响应外部变化，并在条件恢复正常时自动复位，非常适合需要精确控制和及时反馈的应用场景。

图 2-20 展示了瞬时操作型限位开关的工作原理。

另一种执行器类型是保持操作型。这种类型的执行器具有以下特点：即使执行器杆不再与目标物体接触，执行器杆和电气触点仍会保持在操作状态。只有当施加反向力时，执行器杆和电气触点才会返回到初始的自由位置。这种设计使

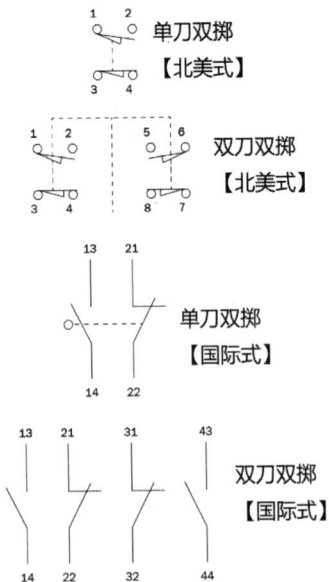

图 2-19 限位开关的基本触点配置

得限位开关能够在触发后保持状态，直到接收到反向信号，特别适用于需要维持某种状态或需要手动复位的应用场景。与瞬时操作型限位开关相比，保持操作型限位开关提供了更稳定的控制方式，尤其适合那些需要持续监控或长时间保持某种状态的工业应用。

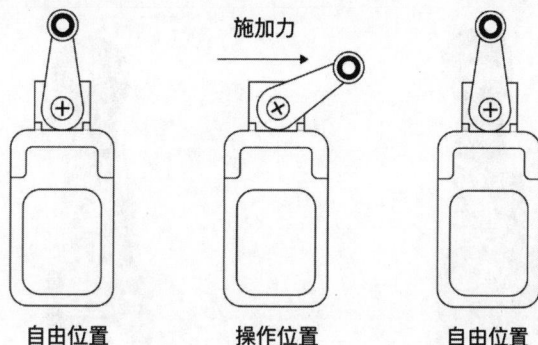

图 2-20　瞬时操作型限位开关的工作原理

图 2-21 展示了一个限位开关的接线示意图，其中端子 1 和端子 2 用于控制单相感应电动机的启动和停止。

> **重要提示**：在图 2-21 中，限位开关的端子 1 和端子 2 被接入电路。当未达到设定限位时，电动机不会运行，因为端子 1 和端子 2 处于断开状态。一旦达到限位时，原本断开的端子（1 和 2）就会闭合，电动机随之启动。

图 2-22 展示了另一种限位开关接线方式，这次使用端子 3 和端子 4 来控制单相感应电动机的启动和停止。

> **重要提示**：在图 2-22 中，限位开关的端子 3 和端子 4 被接入电路。当未达到设定限位时，电动机会持续运行，这是因为端子 3 和端子 4 处于闭合状（即电路保持连接）。一旦达到限位时，原本闭合的端子（3 和 4）就会断开，从而使电动机停止运行。

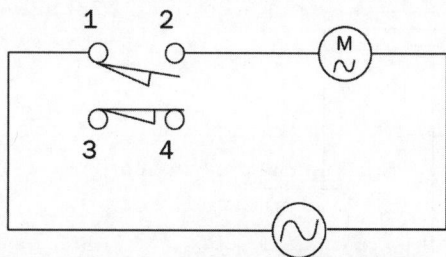

图 2-21　使用端子 1 和端子 2 控制单相感应电动机
启动和停止的限位开关接线图

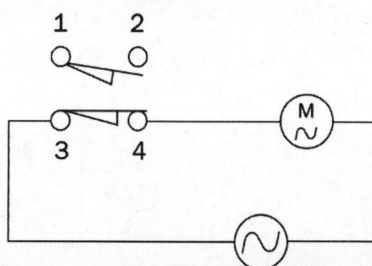

图 2-22　使用端子 3 和端子 4 控制单相感应电动机启动和停止的限应开关接线图

这两种接线方式展示了限位开关在电机控制中的灵活应用。通过选择不同的端子组合，可以实现不同的控制逻辑，从而满足各种工业场景的需求。理解这些接线方式对于正确应用限位开关至关重要，可以确保在特定条件下准确控制电机的运行状态。

图 2-23 显示了前盖被螺钉固定到外壳上的限位开关，图 2-24 显示了移除前盖的限位开关。

图 2-23　限位开关　　　　图 2-24　移除前盖的限位开关

2.3.2　液位开关

液位开关也可以称为液位传感器。它可以检测容器中液体、粉末或颗粒物质的存在。当液位过高或过低时，它能自动控制电机或泵的运行。市面上有多种类型的液位开关可供选择，包括浮球开关、电容式、超声波和振动叉式等。图 2-25 所示的浮球开关是一种常见的液位开关，由空心浮体、内部机械开关（也称为传感器）和外部配重组成。固定点或外部配重将放置在容器或罐中的固定位置，以便浮体内的机械操作开关在水位上升或下降时在开和关之间切换。开关的开启和关闭可用于自动控制泵的启停，从而调节罐中的水位。

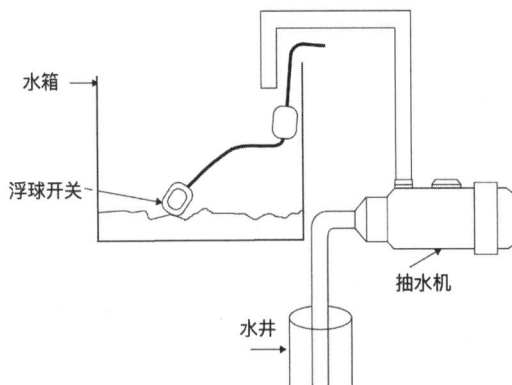

图 2-25　浮球开关和泵

图 2-26 展示了浮球开关的实际外观。

最基本的浮球开关是两线单刀单掷型，它可以是常闭或常开的。此外，还有三线的单刀双掷浮球开关。图 2-27 显示了各种类型的浮球开关的符号。

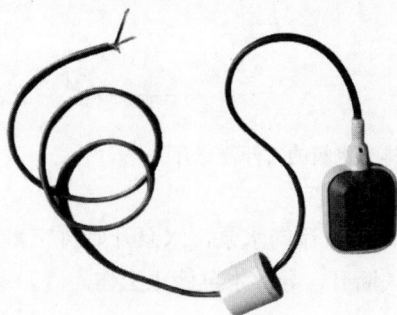

图 2-26　浮球开关

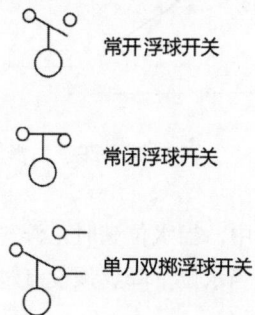

常开浮球开关

常闭浮球开关

单刀双掷浮球开关

图 2-27　各种类型的浮球开关符号

接下来将逐一介绍本节中提到的各种浮球开关。

1. 常闭浮球开关

在常闭浮球开关中，当浮球处于下位时电路闭合，当浮球处于上位时电路断开。因此，当浮球受重力下拉时，电路保持闭合状态；而当液位上升至预设水平时，电路断开。如图 2-28 所示。

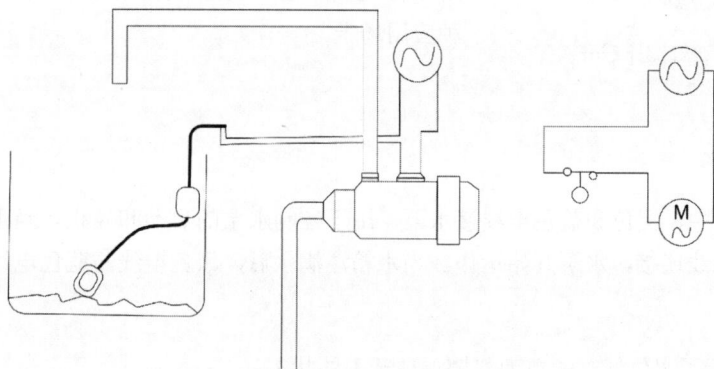

图 2-28　用于关闭水箱注水泵的常闭浮球开关

在图 2-28 中，当水位较低时，浮球开关闭合，电流流向水泵，水泵开始注水。当水位上升至预设点时，浮球开关断开，水泵停止运行。

2. 常开浮球开关

在常开浮球开关中，当浮球处于下位时电路断开，当浮球处于上位时电路闭合。因此，当浮球受重力下拉时，电路断开；而当液位上升至预设水平时，电路闭合。如图 2-29 所示。

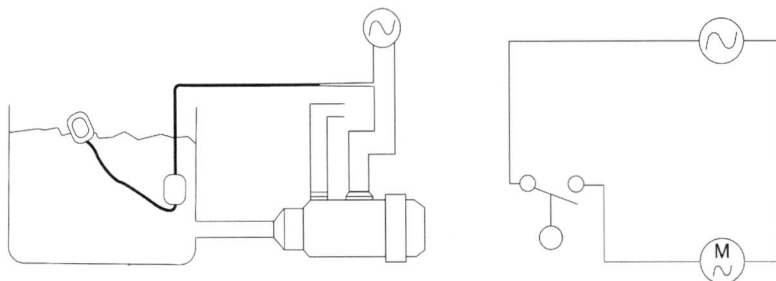

图 2-29　当水位满时自动排空水箱的常开浮球开关

在图 2-29 中，当水位满时，浮球开关闭合，电流流向水泵，水泵开始排空水箱（即将水从箱中抽出）；当水位下降至预设点时，浮球开关断开，导致水泵停止工作。

3. 单刀双掷浮球开关

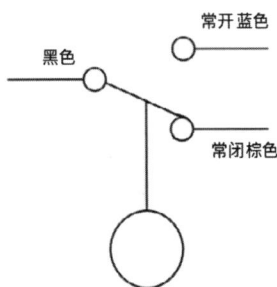

图 2-30　单刀双掷浮球开关

单刀双掷浮球开关有 3 根线——通常是黑色（C）、棕色（NC）和蓝色（NO）。当浮球在低位时，黑线（C）与蓝线（NO）相连，与棕线（NC）断开；当浮球上升至高位时，黑线（C）与棕线（NC）相连，转而与蓝线（NO）断开。

图 2-30 显示了单刀双掷浮球开关的符号。此开关可用于自动填满空罐或自动排空满罐。下面分别探讨这两种应用场景。

1）水箱储水

在注水场景中，黑色和蓝色电线接水泵，用于控制水泵的启动和停止。当水位较低时，黑色电线与蓝色电线连接，水泵开始运作。当水箱注满水后，黑色电线与蓝色电线断开，水泵停止工作。

图 2-31 展示了水位低时的单刀双掷浮球开关的状态。

黑色和蓝色线将在此浮标位置连接

图 2-31　水位低时的单刀双掷浮球开关

2）排空水箱

在排空场景中，浮球开关的黑色电线和棕色电线连接水泵，用于控制水泵的启动和停止。当水位较高时，黑色电线与棕色电线连接，水泵开始运行。当水位下降到较低时，黑色电线与棕色电线断开，水泵停止运作。

图 2-32 展示了水箱满时的单刀双掷浮球开关的状态。

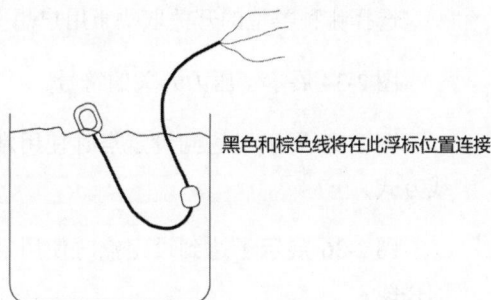

黑色和棕色线将在此浮标位置连接

图 2-32 水箱满时的单刀双掷浮球开关

在下一节中，将探讨另一种机械操作开关——压力开关。

2.3.3 压力开关

压力开关是一种传感器，当压力达到设定值时，通过压力的增加或减少来闭合或断开电气触点。

机械压力开关由工艺连接、测量元件、开关触点、电气接线端子和设定点调整螺钉组成。

机械压力开关的核心部件是其测量元件，通常采用弹性膜片或不锈钢活塞。膜片用于真空或低压范围（可达 16 巴），而活塞适用于高压范围（可达 350 巴）。工艺连接和外壳通常由镀锌钢或黄铜制成。工艺连接部分用于连接气源或控制工艺流程。开关触点是内部的接触点，随着压力的增减而开合。电气接线端子则与内部电气触点相连，根据压力升降而闭合或断开。设定点调节螺钉用于校准或调整压力开关的开合动作压力点。

"巴"（bar）是一种压强的单位，常用于度量气压或液体的压力。1 巴大约等于 1 个标准地球大气压。1 巴等于 100000 帕斯卡（Pa）或 100 千帕（kPa）。它们之间的换算关系如下。

- 1 巴 = 100000 帕斯卡（Pa）。
- 1 巴 = 0.986923 标准大气压（atm）。

在机械压力开关中，"巴"用来表示单位面积压力的大小，适用于各种气体或液体环境，如空气压缩系统或液压系统中的压力调控。

图 2-33 展示了压力开关内部构造的剖面图。

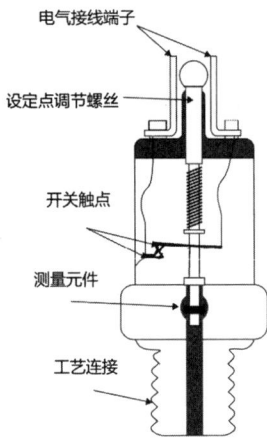

图 2-33　压力开关的剖面图

单刀单掷形式的压力开关可以是常开和常闭类型。

在常开类型中，无压力作用时，开关触点处于断开状态（未连接），当施加的压力达到设定值时，触点会闭合。

在常闭类型中，无压力作用时，开关触点处于闭合状态（已连接），当施加的压力达到设定值时，触点会断开。

选择哪种类型的开关取决于用户想要控制的电路类型。

图 2-34 展示了压力开关的符号。

图 2-35 展示了达到设定点时使用常闭压力开关关闭灯的接线方式。

图 2-36 展示了达到设定点时使用常开压力开关打开蜂鸣器的接线。

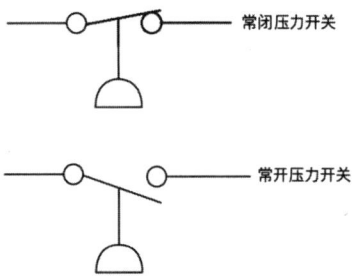

图 2-34　压力开关的符号

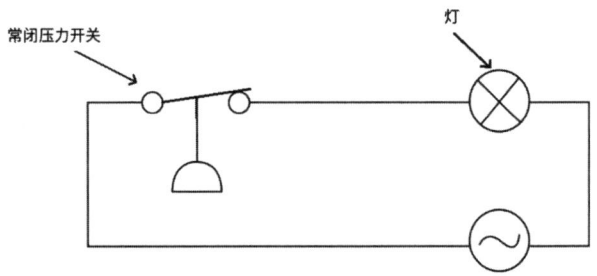

图 2-35　达到设定点时使用常闭压力开关关闭灯

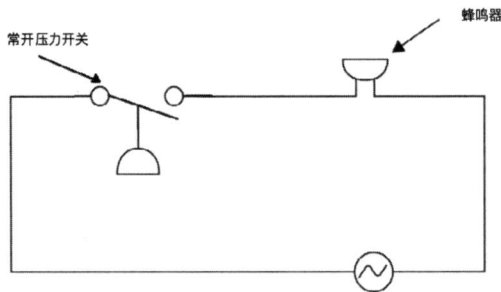

图 2-36　达到设定点时使用常开压力开关启动蜂鸣器

最后，将了解什么是温度开关。

2.3.4　温度开关

温度开关是一种在温度达到设定点或低于设定点时会断开或闭合的开关。温度开关的设计包括以下两个主要部分。

- 传感器：可以是充满液体、气体的感应球，或由双金属片构成的装置。它通常会被浸没在需要控制温度的工艺流程中。
- 快动触点：用于快速切换控制工艺温度设备的电源。

温度开关有多种类型，包括双金属片温度开关和液体填充温度开关。

双金属片温度开关是最常见的一种温度开关。它由两种不同的金属背靠背黏合而成的薄矩形条组成。这两种金属具有不同的热膨胀率。因此，当温度升高时，一种金属会比另一种膨胀得更快，导致金属条弯曲。这种弯曲会触发快动开关，从而断开或闭合电路。

图 2-37 展示了一个简单的双金属片温度开关。

液体填充温度开关（毛细管式恒温器）由封装在金属管（感应球和毛细管）中的流体组成。随着温度的变化，流体会膨胀或收缩。流体的变化推动开关头部移动，进而触发快动开关，断开或闭合电路。

图 2-38 展示了一个毛细管式恒温器（一种液体填充温度开关）。

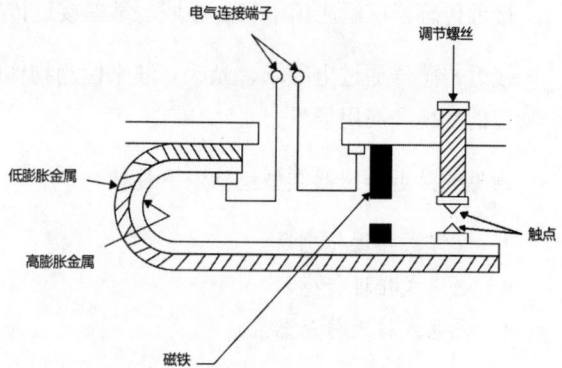

图 2-37　双金属片温度开关

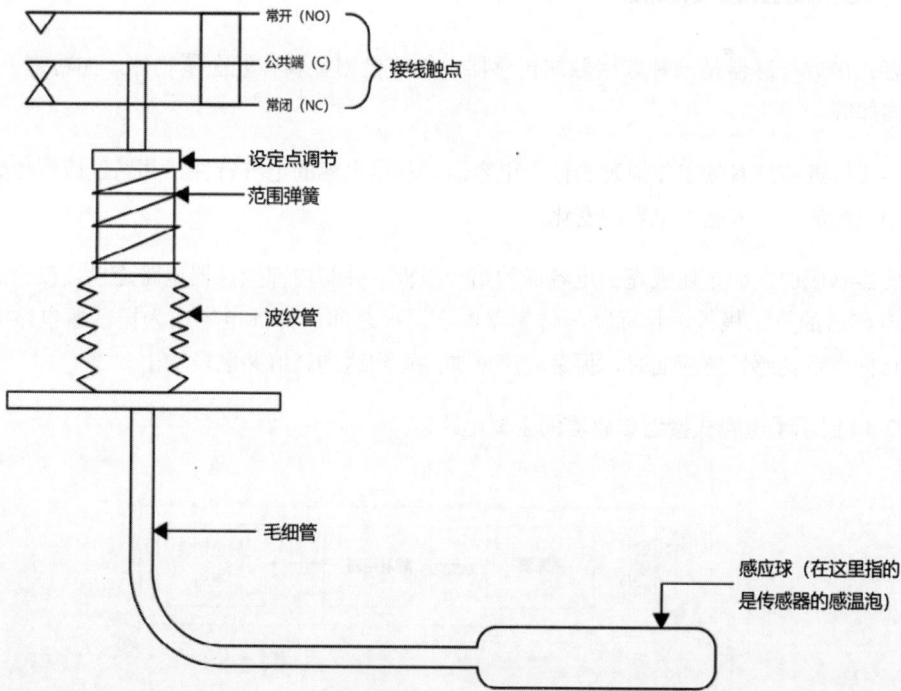

图 2-38　毛细管式恒温器

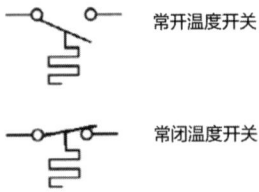

图 2-39　温度开关的符号

图 2-39 展示了温度开关的符号。

在本节中，读者了解了一些可用于工业自动化某些过程的各种机械操作开关，还学习了各种开关符号。这些符号对于阅读电路图至关重要。了解如何为这些开关接线也很有益处。

2.4　接近传感器

接近传感器广泛应用于工业领域，掌握接近传感器的知识有助于理解其他类型的传感器。

接近传感器通过电磁场、光或声波来检测物体的存在或缺失。不同类型的接近传感器适用于特定的环境和应用场景。

常见的接近传感器类型包括以下几种。

- 电容式接近传感器。
- 电感式接近传感器。
- 光电式接近传感器。

在接下来的几节中，将详细介绍每种接近传感器。

2.4.1　电容式接近传感器

电容式接近传感器是一种非接触式传感器，能够检测金属和非金属物体，如粉末、颗粒、液体和固体等。

电容式接近传感器的工作原理类似于电容器。利用电容的电气特性，并通过检测传感器感应面周围电场的变化来感知电容的变化。

传感器感应面上的金属板充当电容器的第一极板，并与内部振荡器电路连接。被检测物体则充当电容器的第二极板。目标物与传感器内金属板之间的外部电容成为振荡器电路的一部分。当目标靠近传感器感应面时，振荡幅度增加，直到达到阈值并触发输出。

图 2-40 展示了电容式接近传感器的主要电路。

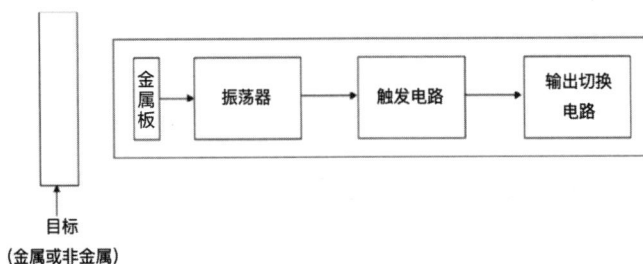

图 2-40　电容式接近传感器的主要电路

图 2-41 展示了一个三线制电容式接近传感器（Omron-E2K-X8ME1）。这 3 根线分别如下。

- BN（棕色）：电源正极。
- BK（黑色）：输出信号线。
- BU（蓝色）：电源负极。

图 2-41　三线制电容式接近传感器

通常，在三线制电感式接近传感器的外壳上可以找到如图 2-42 所示的接线图，传感器可以是 NPN 型或 PNP 型。对于 NPN 型传感器，电源接到棕色（BN）和蓝色（BU）线，负载接到棕色（BN）和黑色（BK）线之间。对于 PNP 型传感器，电源同样接到棕色（BN）和蓝色（BU）线，负载跨接在蓝色（BU）和黑色（BK）线之间。如图 2-42 所示。

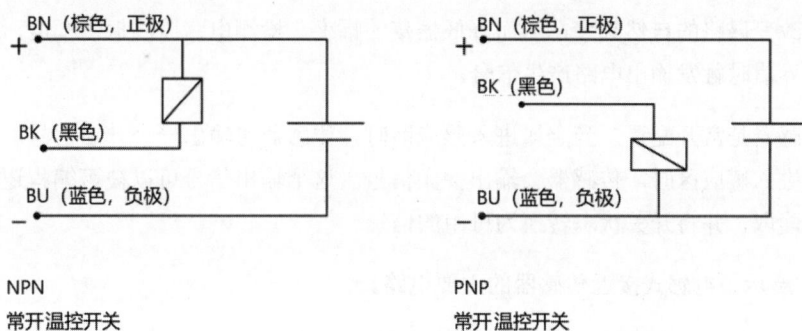

图 2-42　NPN 型或 PNP 型电感式接近传感器的接线图

图 2-43 展示了如何使用三线制 NPN 型电感式接近传感器来控制直流灯的开关。

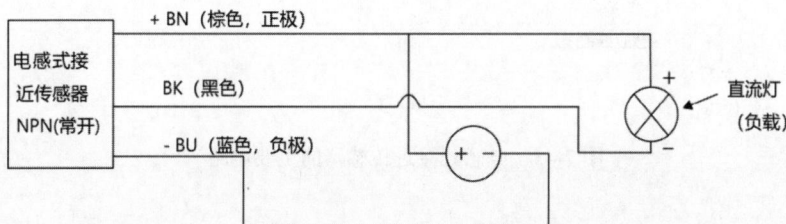

图 2-43　使用三线制 NPN 型电感式接近传感器控制直流灯的开关

相应的，图 2-44 展示了如何使用三线制 PNP 型电感式接近传感器来控制直流灯的开关。

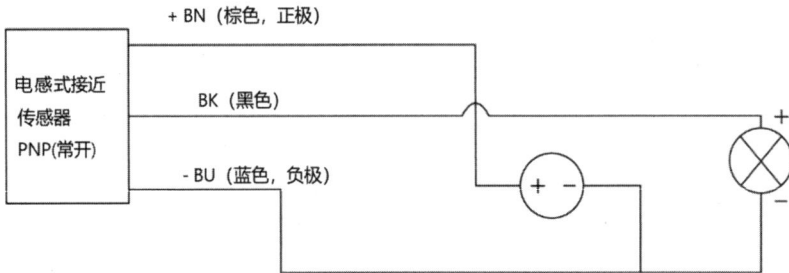

图 2-44　使用三线制 PNP 型电感式接近传感器控制直流灯的开关

2.4.2　电感式接近传感器

电感式接近传感器是一种非接触式传感器，能够检测铁磁性金属，如碳钢、不锈钢和铸铁等。

电感式接近传感器由线圈、振荡器、检测电路和输出电路组成。振荡器产生一个围绕位于传感器表面线圈的振荡磁场，当铁磁性金属接近该磁场时，金属表面会产生小电流（涡流）。这个涡流会改变磁路的自然频率，从而降低振荡的幅度。检测电路监测振荡幅度，并在振荡减小到某一临界值时触发输出电路产生信号。

如果传感器是常开配置，当金属进入感应区时，传感器将输出一个开启信号。而在常闭配置下，金属进入感应区时，传感器会输出关闭信号。这个输出信号可以被可编程逻辑控制器或其他控制器读取，并将开关状态转换为可用的信息。

图 2-45 展示了电感式接近传感器的主要电路。

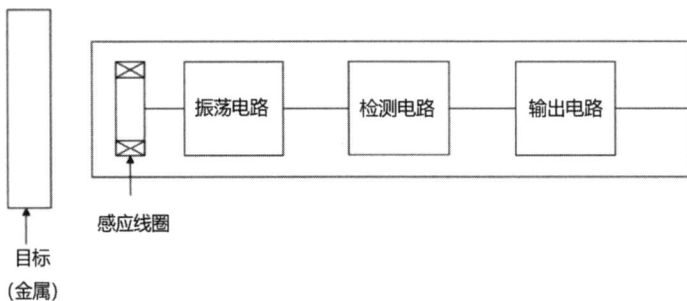

图 2-45　电感式接近传感器的主要电路

2.4.3　光电式接近传感器

光电式接近传感器由光发射器（发送端）、光接收器和辅助电路组成。它们通过发射和接收光来探测物体的存在或缺失。

发射器可向检测接收器发射一束可见或不可见的光线。

光电式接近传感器有以下 3 种类型。

（1）对射式：此类传感器的发射器（发送端）和接收器（接收端）分别安装于两个独立的外壳中，并相对放置。发送端提供一束恒定的光线，当物体穿过发送端和接收端之间时，打断光束从而实现检测，如图 2-46 所示。

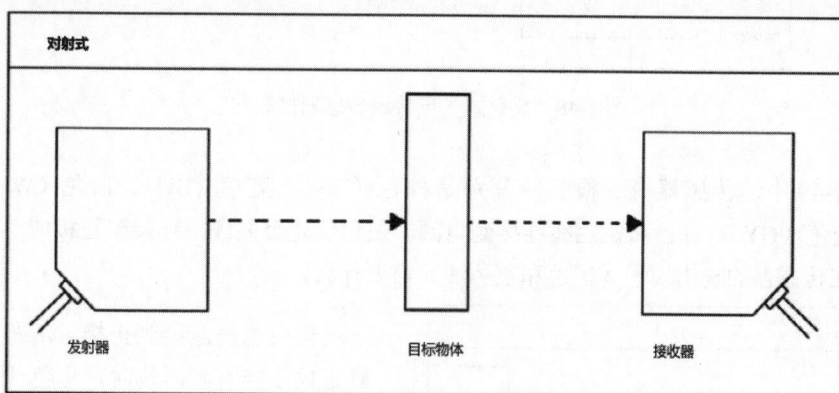

图 2-46　对射式光电接近传感器

（2）反射式：反射式光电接近传感器的工作原理类似于对射式。不同的是，发送端和接收端位于同一外壳内，朝向相同的方向。发射器产生光束并将其投射到反射器上，然后反射器将光束反射回接收器。当光路被干扰或中断时，便发生检测。如图 2-47 所示。

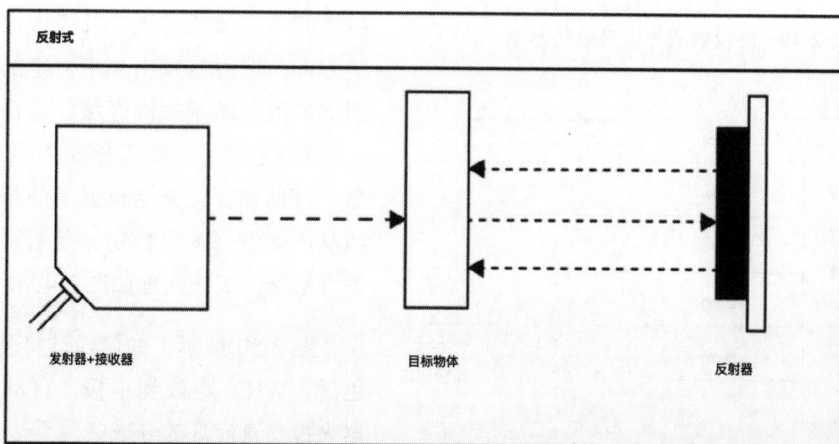

图 2-47　反射式光电接近传感器

图 2-48 展示了反射式光电接近传感器的接线图。反射式光电接近传感器在当今工业中很常见，适用于远距离检测。

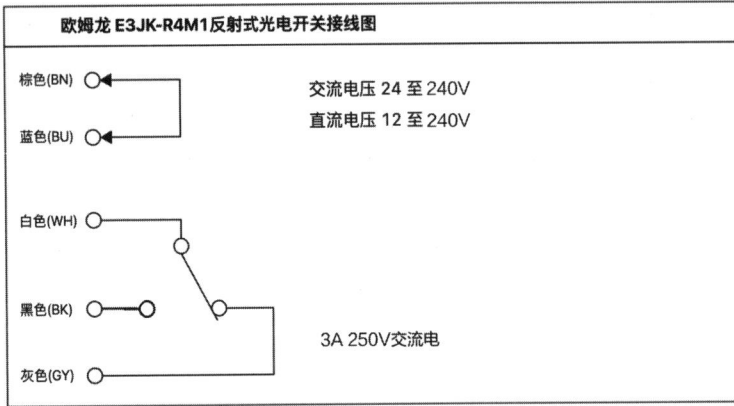

图 2-48　反射式光电接近传感器接线图

在图 2-49 中，传感器有 5 根线，分别是棕色（BN）、蓝色（BU）、白色（WH）、黑色（BK）和灰色（GY），棕色和蓝色线连接到电源。白色线是公共线，连接到正极或负极，这取决于用户在传感器的输出端子（黑色和灰色线）需要什么。

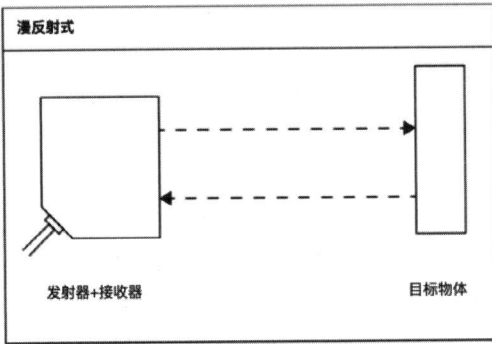

图 2-49　漫反射式光电接近传感器

当白色线连接到正极时，灰色线端已有正极，当有障碍物时，黑色线端将得到正极信号。

当白色线连接到负极时，灰色线端已有负极，当有障碍物时，黑色线端将得到负极信号。

（3）漫反射式：在此类传感器中，发射器和接收器位于同一外壳内，朝向相同的方向。发射器发出一束恒定的光线，向四周扩散，填满探测区域。当目标物体进入该区域时，它将部分光束反射回接收器。目标物在此充当反射器的角色。当光线从干扰物（或目标物）反射回来时，便发生检测。工作原理如图 2-49 所示。

图 2-50 展示了如何通过将公共线（白色线，WH）连接到正极，自动使用传感器来控制直流灯的开或关。

在本节中，介绍了工业中使用的各种

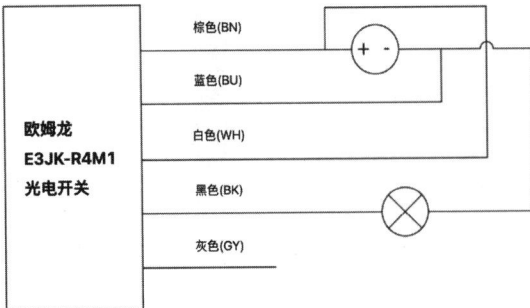

图 2-50　使用反射式光电接近传感器自动控制直流灯
的开关（白色线 WH 接正极）

接近传感器。在本节中学习到的操作原理、符号和简单接线,将有助于读者更好地理解工业自动化。

2.5　总结

恭喜读者完成本章学习!通过学习本章内容,读者应该掌握开关和传感器的基本工作原理,包括手动操作开关和机械操作开关的不同类型,以及接近传感器的各种形式。此外,还要学会识别各种开关的符号,并理解如何正确接线以实现控制功能。这些知识对自动化工程师来说至关重要,不仅构成了控制系统的基础,还为后面学习更复杂的自动化概念铺平了道路,也为学习下一章内容做好了准备。

2.6　习题

以下内容用于测试读者对本章内容的理解程度。在尝试回答这些问题之前,请确保已经仔细阅读并掌握了本章中的主要内容。

1.＿＿＿＿＿＿＿＿为控制器提供环境信息以供处理。

2. 检测物体是否存在的设备称为＿＿＿＿＿＿＿。

3. 在人体中,眼睛、鼻子、耳朵、舌头和皮肤可以称为＿＿＿＿＿＿＿。

4. 由手操作的开关称为＿＿＿＿＿＿＿。

5.＿＿＿＿＿＿＿＿开关可由压力、位置或温度等因素自动控制。

6.＿＿＿＿＿＿＿＿是一种只有一个输入端(通常称为公共端)并能在两个输出端之间切换的开关。

7.＿＿＿＿＿＿＿＿能够检测容器中液体、粉末或颗粒物料的存在。

8. 一种能够检测铁、碳钢、不锈钢和铸铁的非接触式传感器称为＿＿＿＿＿＿＿。

9.＿＿＿＿＿＿＿＿是一种当温度达到或低于设定点时开启或关闭的开关。

10. 由机器部件运动操作的开关称为＿＿＿＿＿＿＿。

11. 图 2-51 中的符号代表＿＿＿＿＿＿＿。

12. 图 2-52 中的符号代表＿＿＿＿＿＿＿。

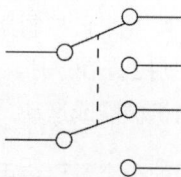

图 2-51

图 2-52

第3章
执行器及其在工业自动化中的应用

在上一章中，我们将人体的功能与自动化进行了类比，将视觉、触觉和嗅觉比作开关和传感器，而将大脑比作控制器。本章将探讨执行器，它们可以比作双手。在人体系统中，手按照大脑的指令行动。同样，在自动化中，执行器按照控制器的指令执行操作。简单来说，执行器就是一个驱动装置。它可以像手一样进行移动、搬运或执行其他类似功能。执行器需要根据控制器发送的控制信号来执行动作，而控制信号是控制器根据其内部编写的程序（指令集）处理后的结果。工业自动化离不开执行器。

本章将介绍各种在工业自动化中使用的执行器。读者将了解它们的基本工作原理及其在工业中的具体应用。执行器是工业自动化中需要重点关注的核心组件之一。本章将为自动化工程师提供关于执行器的必要知识。

本章将涵盖以下几方面主要内容：

- 执行器概述。
- 电动执行器。
- 气动执行器。
- 液压执行器。

3.1 执行器概述

执行器是一种产生动作或运动的设备或组件，也可以称为驱动装置，因为它通过运动来控制系统。执行器通常需要来自控制器的控制信号和能源，能源可以是电动、气动（空气）或液压（液体）。当接收到控制信号时，执行器将其自身的能量（电动、气动或液压）转换为一种能够执行所需动作的机械能或运动。

执行器在工业中的一个重要应用是控制阀门的启闭。

手动操作的阀门通常通过手轮、手动齿轮箱或旋钮等作为执行器进行操作。人们可以顺时针或逆时针旋转手轮或旋钮来打开或关闭阀门。

在无法进行手动操作的情况下，如在偏远位置或大型阀门上，需要使用气动、电动或液压执行器。

气动、电动或液压执行器在接收到来自控制器的控制信号后，通过将自身的能量转换为机械力（或运动），提供阀门开关所需的动力。

图 3-1 展示了执行器的功能块图。

执行器产生的运动可以是直线运动或旋转运动。市面上存在多种不同类型的执行器，它们产生的运动要么是直线的，要么是旋转的。

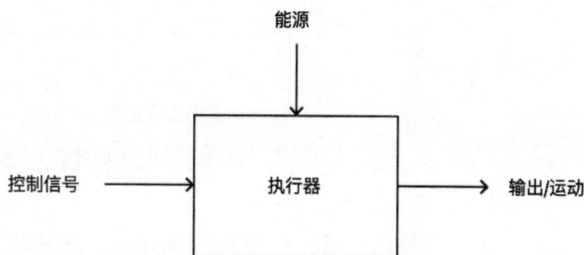

图 3-1　执行器的功能块图

执行器基本上分为 3 种类型。

- 电动执行器。
- 气动执行器。
- 液压执行器。

在本章接下来的部分中，将详细探讨这 3 种执行器的结构，以及它们在工业中的应用。掌握这些知识将有助于读者为工业自动化需求选择最合适的执行器。

3.2　电动执行器

电动执行器在工业中用于将电能转换为动能，从而驱动负载的运动或执行需要运动或力的操作。大多数电动执行器的工作原理是利用磁场与载流导体之间的相互作用，从而产生旋转力。电动执行器的常见应用包括工业风扇、鼓风机、泵和阀门等。这些设备利用电动机来执行必要的动作。由于电动执行器具有高精度、灵活性和低运行成本的特点，故它们被广泛应用于机器人技术和其他装配应用中。它们既可被用于需要圆周运动的工业机械设备，也适用于夹紧、压制、切割、冲压等需要直线运动的场合。因此，可以简单地将电动执行器定义为一种将电能转换为直线或圆周运动的设备。电动执行器可分为以下两种类型。

- 电动直线执行器：这种执行器产生直线运动。其工作原理是：电动机首先生成高速旋转运动，随后通过齿轮箱降低速度以增加扭矩，驱动导螺杆进行旋转运动，从而驱动螺母沿直线移动。为防止驱动螺母在前进或后退时超出预设范围，通常会使用限位开关进行控制。

图 3-2 展示了电动直线执行器的各个部件。

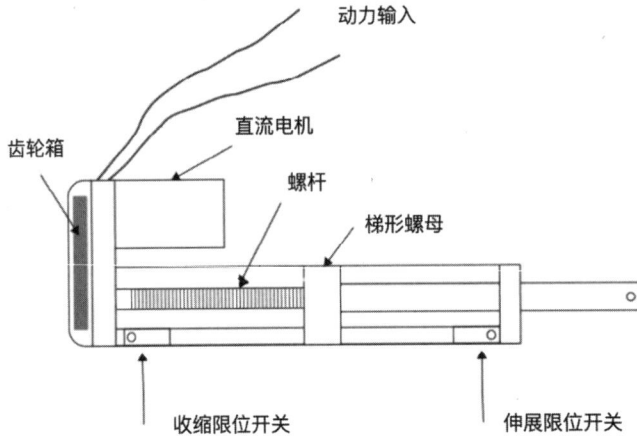

图 3-2 电动直线执行器的各个部件

- 电动旋转执行器：电动旋转执行器广泛应用于自动化系统，常见的例子包括直流电机（DC）、交流电机（AC）、步进电机和伺服电机。

在接下来的部分将探讨这些电动旋转执行器的应用实例。

3.2.1 直流电机

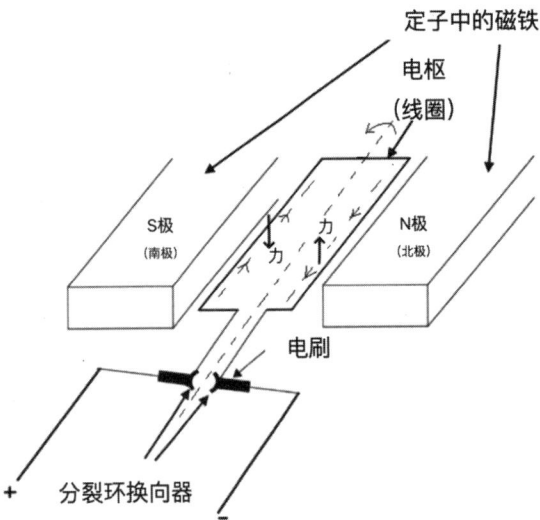

图 3-3 简单直流电机的内部结构

直流电机能够将电能（通过直流电源）转换为机械能（运动）。直流电机主要由定子、电枢、分裂环换向器和电刷组成。定子是固定部分，通常由永磁体构成。电枢是旋转部分，由一组线圈构成。线圈的绕组连接到分裂环换向器。分裂环换向器可以确保电流在每半圈时改变电流方向。

当电流通过电刷和分裂环换向器进入线圈时，会产生旋转磁场，该磁场与定子中永磁体的磁场相互作用，产生转动力（扭矩），从而使电枢（线圈）旋转。

图 3-3 展示了一个简单直流电机的内部结构。

本书将在第 4 章中更深入地探讨直流电机的原理和特性。

3.2.2 交流电机

交流电机也是将电能（通过交流电源）转换为机械能（运动）。与直流电机不同，交流电机使用交流电作为其能源。交流电机主要由两个部分组成：定子和转子。

定子是带有交流供电线圈的固定部分。交流电在定子线圈中流动时产生旋转磁场。转子是连接到输出轴的旋转部分，转子通过定子的感应电流或其他方式生成自身的旋转磁场。定子的旋转磁场与转子的磁场相互作用，产生转动力，从而引起旋转。交流电机可分为单相和三相两种。单相交流电机使用单相电源（火线和零线），而三相交流电机则使用三相电源（L1、L2 和 L3）。更多关于交流电机的信息将在第 4 章中介绍。

图 3-4　交流感应电机

图 3-4 展示了一个交流感应电机。

3.2.3 步进电机

步进电机是一种按步进角度旋转的直流电机。与普通电机不同，当其端子连接到电源时，电机不会任意转动，而是按预定的步进角度逐步旋转。步进电机也由定子和转子组成，定子包含绕组（线圈），而转子通常由永磁体构成。通过按特定顺序依次激活定子的绕组，定子绕组的电磁极与转子的永磁极相互作用，产生旋转力，从而驱动电机步进转动。

图 3-5　步进电机

图 3-5 展示了一个步进电机。

3.2.4 伺服电机

伺服电机是一种高效且高精度的旋转执行器，能够使物体精确旋转特定的角度或移动特定的距离。它在机器人技术和自动化领域中应用广泛。伺服电机包含一个控制电路，能够反馈电机轴的实时位置。通过该反馈信号，电机可以精确控制其旋转或线性运动的速度和位置。伺服电机主要分为直流伺服电机和交流伺服电机等类型。

1. 直流伺服电机

直流伺服电机通常应用于玩具和一些与机器人相关的产品中，由直流电源供电。常见的直流伺服电机通常由直流电机、齿轮组、一个电位器和一个控制电路组成。控制电路通过控制信号确保电机按特定角度旋转。

图 3-6 展示了一个常见直流伺服电机的主要部件。

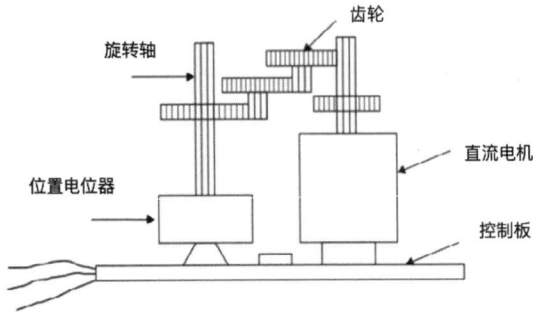

图 3-6　直流伺服电机的主要部件

2. 交流伺服电机

交流伺服电机由交流电源供电，它配有编码器，并与控制器协同工作，提供反馈信号和实现闭环控制。图 3-7 展示了交流伺服电机的主要部件。

图 3-7　交流伺服电机的主要部件

3.2.5　电磁阀、电磁继电器和接触器

除了上述提到的电机类型，电动执行器还包括电磁阀、电磁继电器和接触器等形式。接下来将详细介绍这些执行器的工作原理。

1. 电磁阀

电磁阀也是一种将电能转换为机械能（运动）的装置。其结构通常包含线圈、柱塞和弹簧。线圈绕组的设计使柱塞能够在其内部前后移动。当电流通过线圈时，所产生的电磁场会推动柱塞，根据电磁阀的类型产生线性或旋转运动。断电时，弹簧会将柱塞推回初始位置。如图 3-8 所示，通电后，线圈产生的电磁场拉动柱塞向内运动；断电后，弹簧将其推回初始位置。

电磁阀在自动化系统中应用广泛，用于产生精确的运动控制。一个典型的应用是控制阀门的开启或关闭。图 3-9 所示为电磁阀的应用示例。

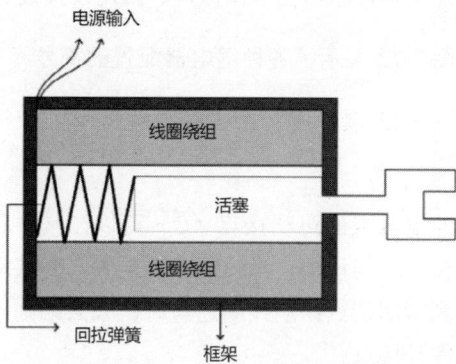

图 3-8 电磁阀的结构

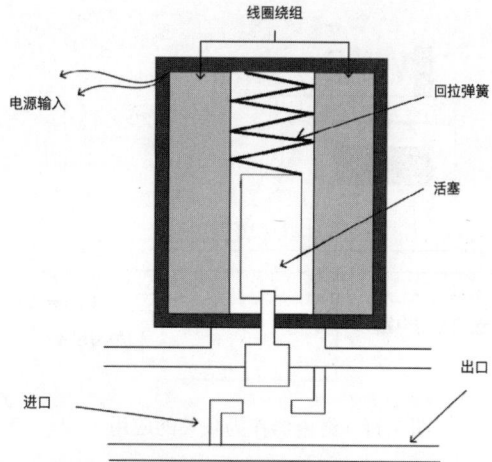

图 3-9 电磁阀应用示例

在图 3-9 中，当电流通过线圈时，产生的电磁场拉动柱塞从而开启阀门。断电后，线圈失去磁性，弹簧推动柱塞关闭阀门。电磁阀在工业中有多种应用，可用于控制压缩空气进入气缸，或控制液压流体进入液压缸。此外，电磁阀还可应用于安全门锁系统，确保门的可靠关闭，或用于传送带推杆系统，将物品或包裹推送到特定位置。电磁阀的这些特性使其成为自动化系统中不可或缺的组件，能够实现精确、快速的控制。

2. 电磁继电器

电磁继电器是一种电动开关，能通过接点的物理移动来开启或关闭电路。与第 2 章中介绍的手动操作开关或机械操作开关不同，电磁继电器是通过电信号控制的。图 3-10 展示了电磁继电器的内部结构。

继电器由主要由线圈（电磁铁）、可动接点、固定接点及弹簧组成。当电流通过端子进入线圈时，线圈被激活产生电磁力，电磁力吸引可动接点与常开接点接触，形成电路通路。当电源断开时，可动接点在弹簧作用下回到常闭位置。这种机制使得可动接点和固定接点能够作为需要供电设备的开关使用。图 3-11 展示了继电器作为开关的工作过程。

在图 3-11 中，当控制电路向继电器线圈供电时，线圈被激活，可动接点与常开接点接触，负载开始工作。当控制电路断电时，线圈失去磁力，可动接点在弹簧作用下回到常闭接点，负载关闭。

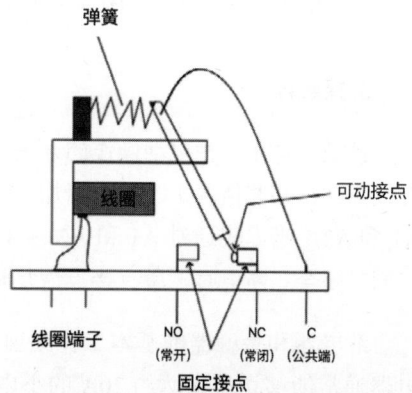

图 3-10 电磁继电器的内部结构

继电器的配置与开关类似，有多种类型，包括单刀单掷、单刀双掷、双刀单掷和双刀双

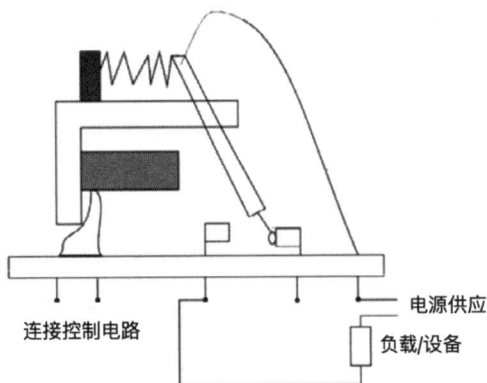

图 3-11 继电器作为开关的应用

掷。本文介绍的继电器为单刀双掷继电器。要想更好地理解这些继电器类型，可以参考"第 2 章 开关和传感器的工作原理、应用及接线"。

图 3-12 展示了各种继电器配置的符号。

图 3-13 展示了一个去掉外壳的单刀双掷继电器。

继电器中的可动接点（C）可以在常开和常闭接点之间移动。当线圈未通电时，公共端连接到常闭接点；当线圈通电时，公共端则连接到常开接点。

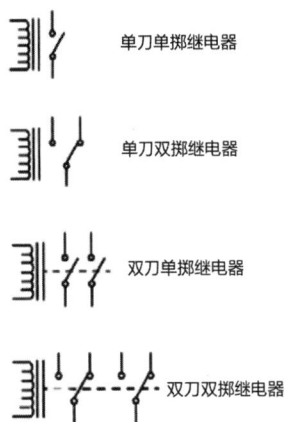

图 3-12 继电器配置符号

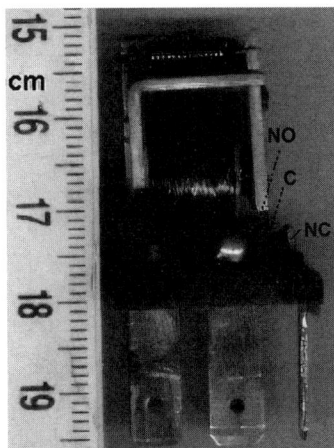

图 3-13 去掉外壳的单刀双掷继电器

电磁继电器常用于自动化系统中那些需要高功率和高电流的场合。

3. 接触器

接触器也是一种电动操作的开关，与继电器类似。通常它至少包含 1 个线圈和最多 3 个常开接点。在某些情况下，还会附加一个与主接点一起工作的辅助接点。线圈的端子通常标记为 A1 和 A2。当电流通过 A1 和 A2 端子进入线圈时，线圈被激活，磁场产生的作用力使所有接点同时闭合。断电时，所有接点恢复到打开状态。

继电器和接触器的基本工作原理和功能相似，但两者的主要区别在于电流处理能力。继电器通常能够切换高达约 20A 的小电流负载，而接触器则能够处理高达 12500A 的较大电流负载。

图 3-14 展示了接触器的符号。图 3-15 展示了一个典型的接触器。

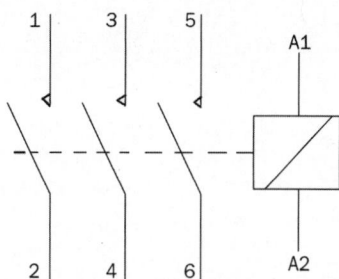

图 3-14　接触器符号

图 3-15　接触器

在本节中，介绍了执行器的定义及其在工业自动化中的分类，还重点介绍了电动执行器，下一节将重点讲解气动执行器的相关内容。

3.3　气动执行器

气动执行器是利用压缩空气或气体作为动力源，产生旋转或直线运动的装置。它们在需要防止电气火灾隐患的环境中非常可靠、高效且安全。气动执行器在工业中的应用非常广泛，常用于阀门的定期开关、拣选与放置系统等其他需要精确控制的场合。气动执行器也常被称为气缸或空气缸。

在气动执行器中，压缩空气或气体进入执行器的工作腔室，腔室内的压力与外部大气压力形成对比，进而推动内部的构件产生运动，这个内部构件可能是活塞或齿轮。气动执行器可以产生直线或圆周运动，因此，其本质上是将压缩空气/气体中的能量转化为机械运动。

图 3-16 展示了带有手轮的手动阀门和通过气动执行器自动操作的阀门。气动执行器通过控制信号将其能量转化为开启或关闭阀门的运动。

气动执行器主要有以下两种类型。

- 气动直线执行器。
- 气动旋转执行器。

在接下来的内容中，我们将进一步探讨这两种类型的气动执行器。

图 3-16　带手轮的闸阀（左）和气动直线
执行器（右）

3.3.1　气动直线执行器

气动直线执行器通过压缩空气进入气缸或腔室内建立压力。当室内压力与外部大气压力产生压差时，推动活塞前后移动，从而实现直线运动。

气动直线执行器有以下两种类型。

- 单作用气缸。
- 双作用气缸。

1. 单作用气缸

在单作用气缸中，只有一个进气口供空气流入气缸。当空气通过该端口进入时，压力增加并推动活塞前进（推力型）或后退（拉力型）。一个位于气缸内部或外部的弹簧将活塞复位，为下次操作做好准备。

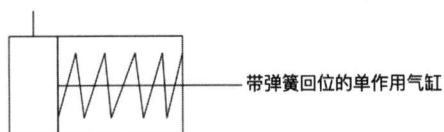

图 3-17　带弹簧回位的单作用气缸符号

图 3-17 展示了单作用气缸的符号。

图 3-18 展示了单作用气缸的一个实际应用（也称为气动锤或冲击钻）。它是一种结合了锤子和凿子的气动工具，用于破碎岩石、沥青和混凝土。

2. 双作用气缸

在双作用气缸中，气缸两端各有一个气口。通过一个端口输入的压缩空气推动活塞前进，而通过另一端输入的空气使活塞回到初始位置。双作用气缸不需要弹簧复位，因为空气可以交替在两端施加压力，控制活塞的前后运动。

图 3-19 展示了双作用气缸的符号。

图 3-20 展示了一个双作用气缸的实物外观。

图 3-18　气动锤或冲击钻

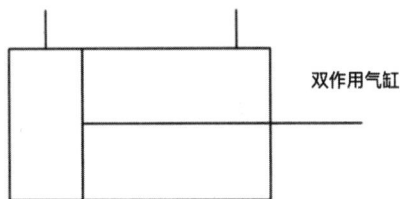

图 3-19　双作用气缸符号

图 3-20　双作用气缸

下面继续介绍另外一种类型的气动执行器。

3.3.2　气动旋转执行器

气动旋转执行器产生旋转运动而非直线运动，因此得名"旋转执行器"。它们常用于远程或自动控制阀门的开关，通过旋转阀杆实现操作。

气动旋转执行器的结构包含一个或多个位于活塞或隔膜一侧或两侧的气室。当空气压力增加时，推动活塞产生直线或圆周运动。如果产生的是直线运动，则通过内部的齿轮或凸轮（一种用于将旋转运动转换为直线运动或反之的机械部件）将其转换为圆周运动。这种设计使得气动旋转执行器能够高效地将气压能量转化为精确的旋转动作，满足各种工业控制需求，特别是在需要精确旋转控制的阀门操作中表现出色。

图 3-21 所示为气动旋转执行器实物外观。

气动旋转执行器主要有 3 种类型，下面逐一探讨。

1. 苏格兰轭执行器

在苏格兰轭执行器中，活塞连接到旋转轴。空气压力的增加使活塞产生直线运动，进而通过摇杆机构转化为旋转轴的旋转运动。双作用型则需要在另一侧施加空气压力，以实现反向旋转。

图 3-21　气动旋转执行器

图 3-22 展示了苏格兰轭气动旋转执行器的部件。

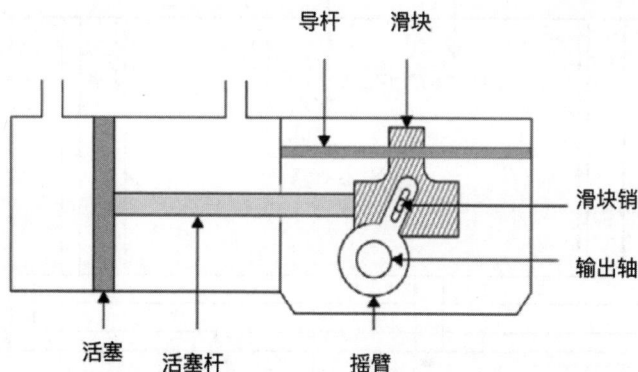

图 3-22　苏格兰轭气动旋转执行器

2. 叶片式执行器

叶片式气动旋转执行器直接利用压缩空气驱动气室中的可移动叶片产生旋转运动，而不需要通过活塞将线性运动转化为旋转运动。

图 3-23 展示了叶片式气动旋转执行器的部件。

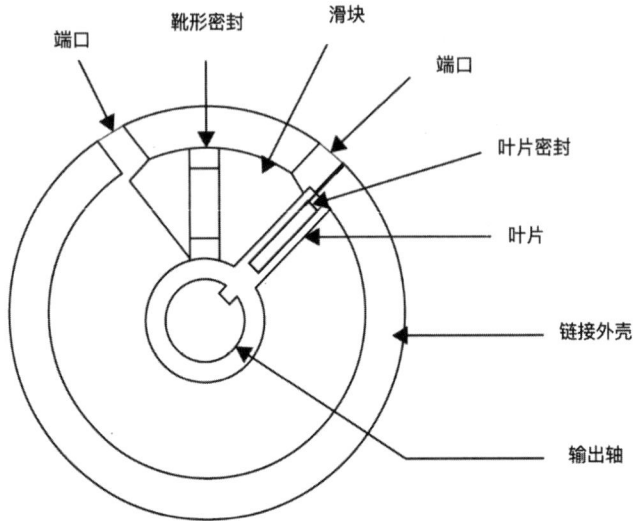

图 3-23　叶片式气动旋转执行器的部件

3. 齿条和齿轮执行器

在齿条和齿轮执行器中，活塞推动齿条与小齿轮啮合运动。这一过程使小齿轮旋转，从而在输出轴上产生旋转运动。图 3-24 展示了齿条和齿轮气动旋转执行器的各个部件。

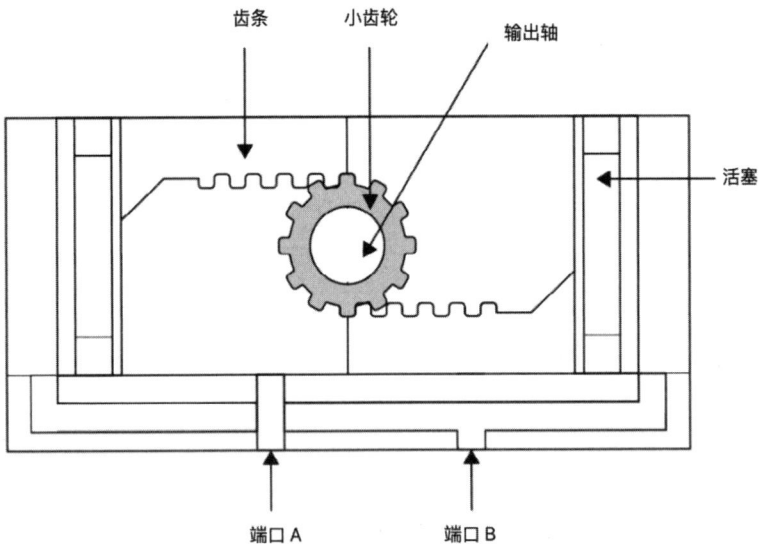

图 3-24　齿条和齿轮气动旋转执行器的部件

在图 3-24 中，当压缩空气通过端口 A 进入中间腔室时，两个活塞向两端移动。每端的气室空气通过端口 B 排出。两个活塞的齿条同时驱动轴，并使其逆时针旋转。当压缩空气通过端口 B 进入活塞两端的气室时，两个活塞向中间移动，驱动轴顺时针旋转。

在本节中，读者已经了解了压缩空气如何通过气动执行器实现运动，并且掌握了气动执行器的类型及其在工业中的应用。掌握这些知识将帮助读者快速理解接下来的液压执行器内容。

3.4　液压执行器

液压执行器利用压力液体（如油）作为动力源产生旋转或直线运动，适用于需要高强度和坚固性的应用场合。液压执行器也被称为液压缸，它将液压能（流体能量）转化为机械运动。其核心结构是一个液压缸，内部有与活塞杆相连的活塞。通过向活塞两端的任一端口泵送液压油，活塞可以在圆筒内来回移动，从而实现动力输出。

与气动执行器类似，液压执行器也有两种类型。

- 液压直线执行器。
- 液压旋转执行器。

液压执行器的工作原理与气动执行器相似，区别在于液压执行器使用的是液压油，而气动执行器使用的是压缩空气或气体。

图 3-25 展示了单作用液压直线执行器的各个部件。液压执行器通常包括气缸、活塞、活塞杆和弹簧等。它只有一个端口供液压油进入气缸。当液压油通过端口进入时，压力增加，推动活塞向前移动（推动型）或向后移动（拉动型）。气缸内部或外部的弹簧使活塞复位，为下一次操作做准备。

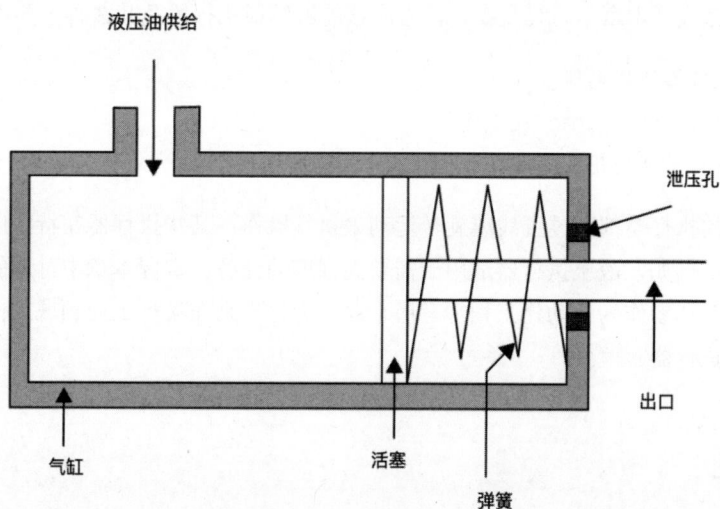

图 3-25　液压直线执行器部件

液压执行器也可以用来打开或关闭阀门，如图 3-26 所示。

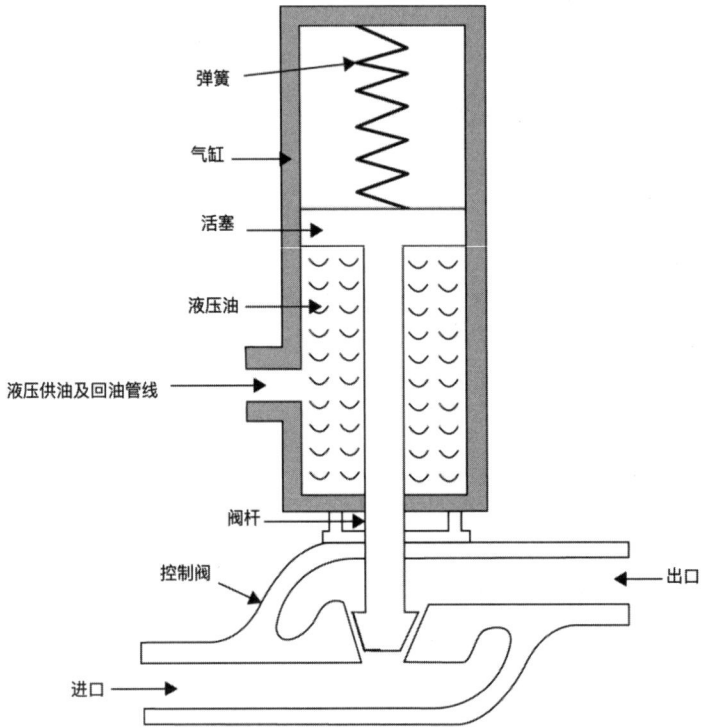

图 3-26　液压阀部件

3.5　总结

恭喜读者完成了本章学习！现在，读者应该能够解释执行器及其 3 种主要类型。

- 电动执行器使用电能。
- 气动执行器利用压缩空气或气体。
- 液压执行器则使用压力液体（油）。

所有类型的执行器都通过直线或旋转运动来执行操作。某些执行器在特定应用中比其他执行器更为合适。例如，液压执行器适用于需要高强度的任务。掌握本章中讨论的 3 种执行器类型的知识，将对读者作为自动化工程师有所帮助，无论未来在哪种工业领域工作，都可能会遇到这些类型的执行器。

3.6　习题

以下内容用于测试读者对本章内容的理解程度。在尝试回答这些问题之前，请确保已经仔细阅读并掌握了本章中的主要内容。

1.将电能转换为直线或圆周运动的设备称为_____。

2. 按步进方式旋转的直流电机称为_____。

3. _____利用压缩空气或气体作为动力源，产生旋转或直线运动。

4. 交流电机的两个主要部件是_____和_____。

5. _____使用压力液体（油）作为能源来产生旋转或直线运动，适用于需要高强度和坚固性的应用场合。

6. 图 3-27 中的符号代表_____。

7. 图 3-28 中的符号代表_____。

8. 图 3-29 中的符号代表_____。

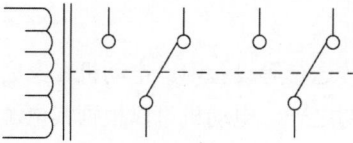

图 3-27

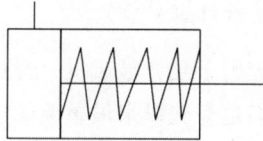

图 3-28

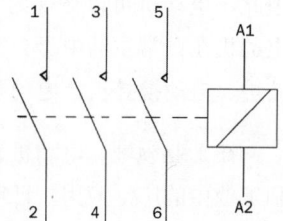

图 3-29

第4章
交流、直流及特种电机概述

电动机通常用于将电能转化为机械能，机械能可以用于驱动电动汽车、旋转风扇等设备。因此，电动机可以被视为一种将电力转换为动能的执行器，其本质上也是一种电动执行装置。电动机在日常生活中十分常见，存在于大多数家用电器中，例如吊扇、立式风扇、洗衣机、微波炉、电动搅拌机、电动开罐器和各种玩具等。

在工业领域，电动机被广泛应用于泵、鼓风机、搅拌器、传送带等设备中。电动机在家庭和工业中的广泛应用，证明了它们是有史以来最重要的电气发明之一。电动机可以根据其电源类型、构造方法、应用场景和产生的运动类型进行分类。图 4-1 所示为电动机的基本分类。

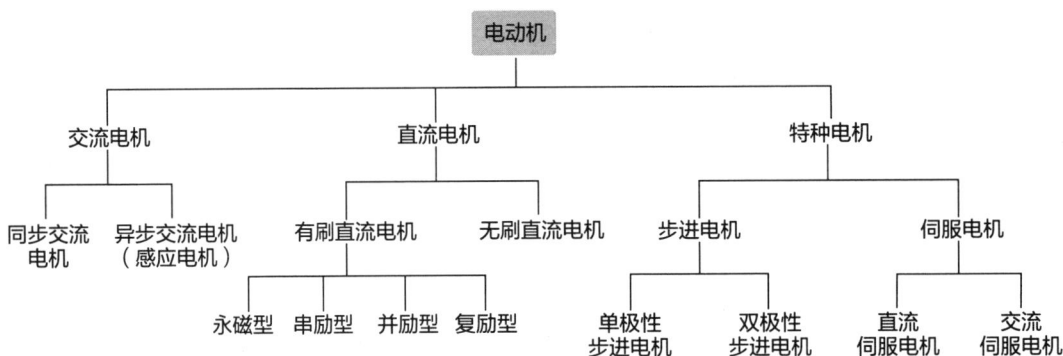

图 4-1　电动机的基本分类

本章将介绍工业自动化中使用的各种电动机，包括交流电机、直流电机、伺服电机和步进电机。读者将学习电动机的基本类型，同步电机和异步电机之间的区别，以及异步（感应）电机的星形和三角形接线方式。本章还将讨论星形和三角形连接之间的区别，以及直接在线启动器及其相关组件，如断路器、接触器和过载继电器等。电动机在工业中发挥着关键作用，因此对自动化工程师来说，掌握电动机的相关知识是至关重要的。

本章将涵盖以下几方面主要内容：

- 交流电机。
- 直流电机。
- 步进电机和伺服电机。

4.1　交流电机

交流电机是一种由交流电源（如电网或其他交流电源）供电的电动机。要了解交流电机的基本构造，请参考第 3 章。在本章中，将探讨交流电机的两种主要类型。

- 同步交流电机。
- 异步交流电机（感应电机）。

首先，来了解同步交流电机的工作原理。

4.1.1　同步交流电机

在同步交流电机中，定子绕组（安装在定子内的绕组）通常连接到三相交流电源，供给定子的交流电在定子内形成一个旋转磁场，并以同步速度旋转。转子通过直流电供电，使其充当永久磁铁，或者转子本身可以直接由永久磁铁制成。转子的磁场因此保持静止（即北极和南极固定不变）。

随着定子磁场的旋转，其磁极会吸引转子的相对磁极，从而产生转动力，使转子以与定子旋转磁场相同的速度（即同步速度）旋转。因此，同步交流电机的转子速度与定子旋转磁场的速度相同，这就是"同步电机"名称的来源。

交流电机的同步速度是定子旋转磁场的速度，它由电源的频率和电机的极数决定，计算公式如下：

$$同步速度 = 120f/P$$

其中，f 为频率（单位：赫兹，Hz），P 为电机极数。

同步交流电机可用于从无负载到满负载的恒速应用，特别适合高精度的工业应用，并常用于机器人执行器。

图 4-2 所示为同步交流电机的结构。

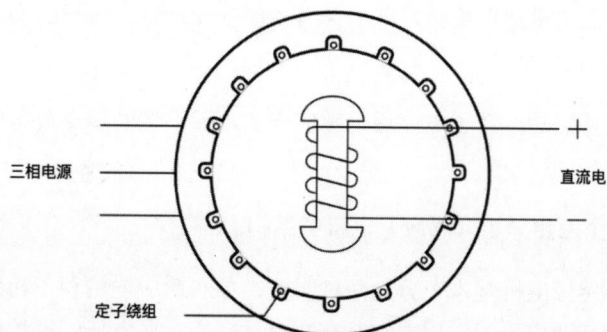

图 4-2　同步交流电机结构

接下来了解异步交流电机的工作原理。

4.1.2　异步交流电机（感应电机）

在异步交流电机中，定子绕组通常连接到三相交流电源，供给定子的交流电在定子内建立一个旋转磁场，并以异步速度旋转。与同步交流电机不同，转子没有直接与电源连接，而是通过定子的磁场电磁感应产生电流。根据法拉第电磁感应定律，放置在变化磁场中的导体将产生感应电流。

感应电机的工作原理基于电磁感应现象，即当导体处于变化的磁场中时，会感应出电流。图 4-3 展示了这一原理：由于线圈 1 中的交流电产生的变化磁场，在置于该磁场中的线圈 2 中感应出电流。

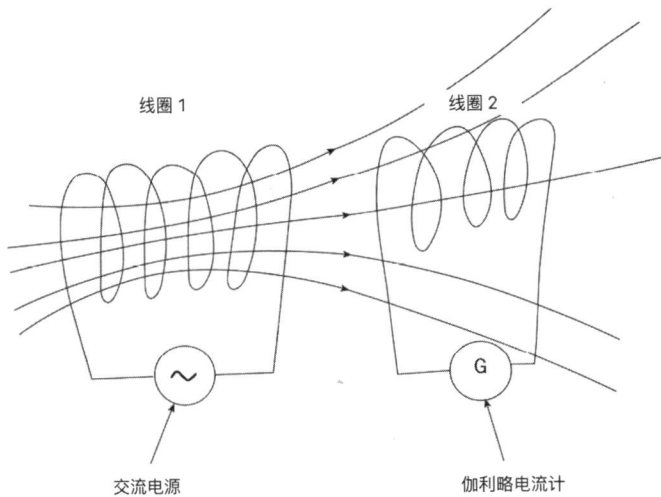

图 4-3　线圈 1 交流电源产生的变化磁场在线圈 2 中感应出电流

定子的旋转磁场与转子的磁场相互作用，产生转动力，使转子旋转。然而，转子的速度永远不会与定子旋转磁场的速度相同，感应电机的运行速度通常比同步交流电机速度慢。这是因为如果转子以同步交流电机速度旋转，就不会有感应电流产生。转子的实际速度与同步交流电机速度之间的差异称为"滑差"。

感应电机的关键特点是，转子电流通过感应产生，而不像同步交流电机那样依赖外部电源供电或永久磁铁。

图 4-4 展示了一个三相异步（感应）电机的结构。

根据电源输入，感应电机基本上分为两种类型：单相感应电机和三相感应电机。三相感应电机在制造业和其他行业中更为常用。它具有高启动转矩、成本低、维护成本低且非常耐用的特点。三相感应电机常用于传送带、泵、鼓风机、搅拌机、升降机、破碎机等设备中。

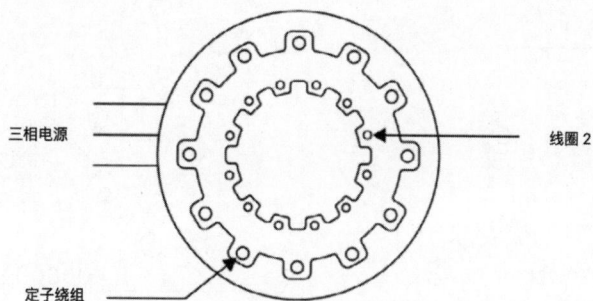

图 4-4 三相异步（感应）电机结构

下面来看看三相电机的定子绕组及其端子。

三相电机通常有 6 个接线端子和 1 个地线，可以采用星形连接或三角形连接。6 个接线端子分别为如下。

- U1（起点 1）。
- U2（终点 1）。
- V1（起点 2）。
- V2（终点 2）。
- W1（起点 3）。
- W2（终点 3）。

图 4-5 展示了定子绕组的内部接线及 6 个接线端子的布置。

图 4-6 展示了一个带有 6 个接线端子的三相电机接线盒。

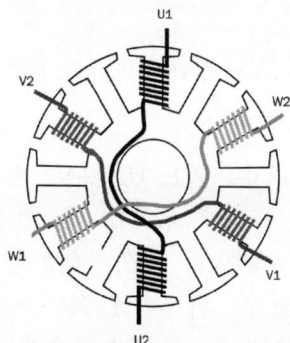

图 4-5 定子绕组内部接线及 6 个接线端子

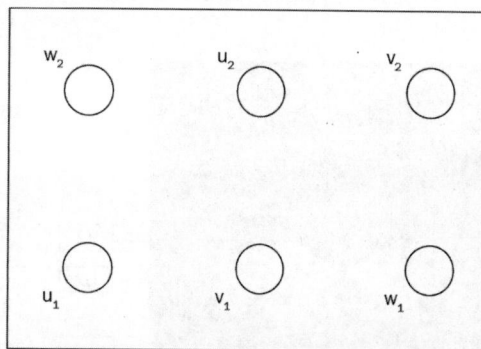

图 4-6 6 个接线端子的三相电机接线盒

图 4-7 展示了一个三相电机在星形连接（左）和三角形连接（右）下的接线。

图 4-8 展示了一个三相电机在星形连接（左）和三角形连接（右）下的接线盒和跳线条的接线。

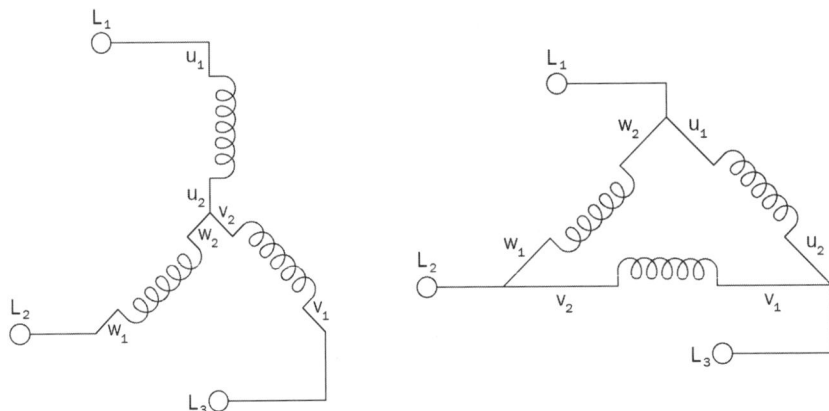

图 4-7　三相电机在星形连接（左）和三角形连接（右）下的接线

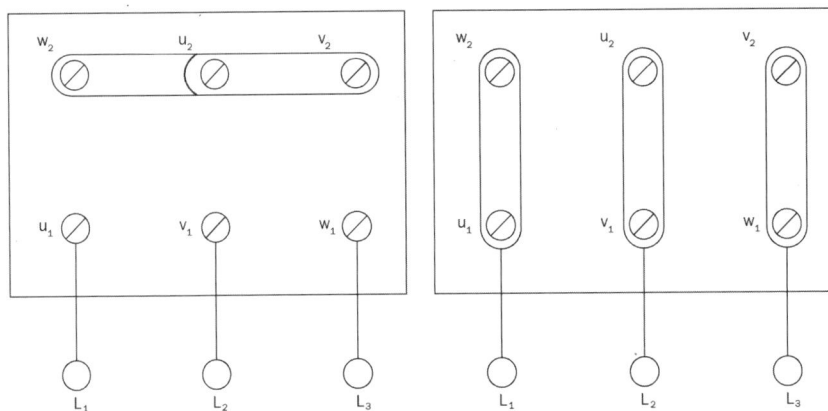

图 4-8　三相电机在星形连接（左）和三角形连接（右）下的接线盒和跳线条的接线

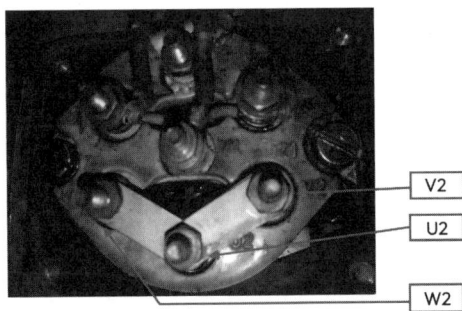

图 4-9　星形连接下的三相电机接线实物图

图 4-9 显示了一个在星形连接下的三相电机接线实物图。

在星形连接中，W2、U2 和 V2 通过跳线条连接在一起，三相电源线（L1、L2 和 L3）分别连接到 U1、V1 和 W1。而在三角形连接中，通过重新排列跳线条，将 W2 连接到 U1，U2 连接到 V1，V2 连接到 W1，三相电源线仍分别连接到 U1、V1 和 W1。

4.1.3　三相电机星形连接和三角形连接的区别

三相电机星形连接和三角形连接之间的区别如表 4-1 所示。

表 4-1 三相电机星形连接和三角形连接的特点差异对照表

特点	星形连接	三角形连接
线圈连接方式	三个线圈的相似点（U1、V1、W1 或 U2、V2、W2）连接在一起形成中性点，剩下的三个端子引出三根线	每个线圈的终点连接到另一个线圈的起点，形成闭环，再从线圈接头处引出三根线
是否有中性点	有中性点	没有中性点
相电压	相电压为线电压的 $1/\sqrt{3}$	相电压等于线电压
电机速度	速度较慢，接收到的电压为线电压的 $1/\sqrt{3}$	速度较快，每个相位获得全部线电压
典型应用	通常用于电力传输	通常用于电力分配和工业应用

4.1.4 直接在线启动器

直接在线启动器是启动三相感应电机的常用方法之一，也称为全线启动器。这种启动器的结构最为简单，直接通过接触器将三相电机连接到电源。直接在线启动器由断路器、接触器、过载继电器和按钮（常开和常闭按钮）组成。接下来将详细介绍其中的一些组成部分。

1. 断路器

断路器是一种能够在发生故障时自动断开电流流动的开关设备。它用于保护电路，防止过电流、过载或短路引发的损坏。断路器还可以手动操作，用于向电路供电或切断电源。在直接在线启动器中，断路器将电源从电源端连接到接触器。

图 4-10 展示了安装在 DIN（德国标准化学会）轨道上的双极断路器的照片。三相电机的直接在线启动器通常使用三极断路器。

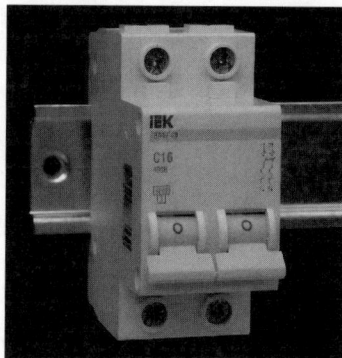

图 4-10 安装在 DIN 轨道上的双极断路器

2. 接触器

接触器是一种电气开关设备，由主触点、辅助触点和线圈（A1 和 A2）组成。当线圈端子（A1 和 A2）通电时，接触器通过主触点向负载提供操作电力。接触器广泛应用于控制电动机。图 4-11 所示为接触器实物图。

3. 过载继电器

过载继电器是一种特殊的继电器，当负载电流超过预设值时，它会断开电路。继电器上有设置预设电流值的功能。由于电动机启动时电流可能达到满载电流的 800%，但此时过载继电器不会立即动作。通常，过载继电器设置为当电动机的电流超过其满载电流的 115% ～ 125% 时跳闸。具体设置取决于需要保护的电动机的特性。图 4-12 展示了一个过载继电器实物图。

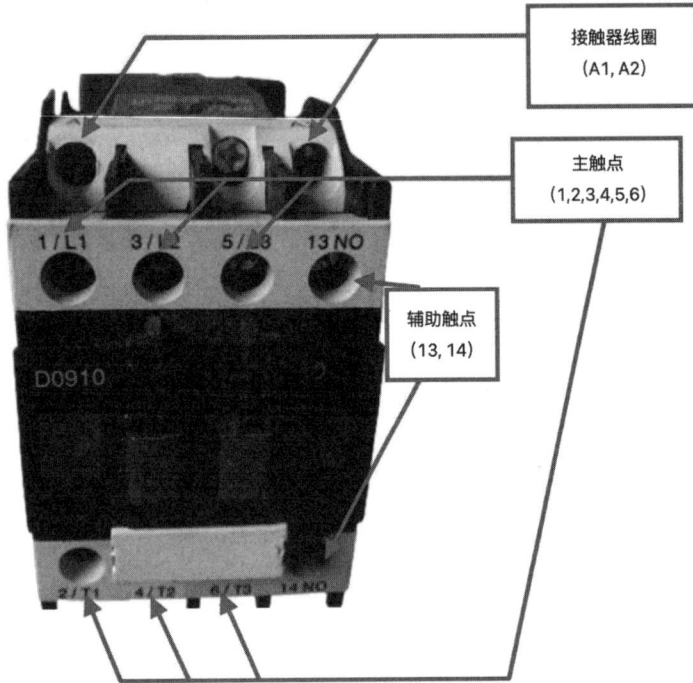

图 4-11　接触器实物图

图 4-12　过载继电器实物图

- 跳闸控制（95-96）：这是一个常闭接点。当电动机的电流超过预设值时，接点会打开。
- 跳闸指示器（97-98）：这是一个常开接点。当电动机的电流超过预设值时，接点会闭合。
- 电流限制设定：用于设定电动机的电流限制值。如果电流在一定时间内超过该值，过载继电器会跳闸，辅助接点（95-96）将断开。直接在线启动器的接线方式使得当辅助常闭接点断开时，会中断电动机的控制电路，接触器线圈断电。

过载继电器通常与接触器配套使用，如图 4-13 所示。

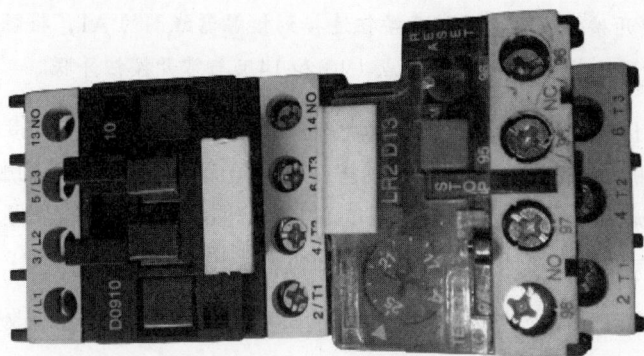

图 4-13　过载继电器和接触器的组合使用

图 4-14 展示了直接在线启动器的完整接线图。

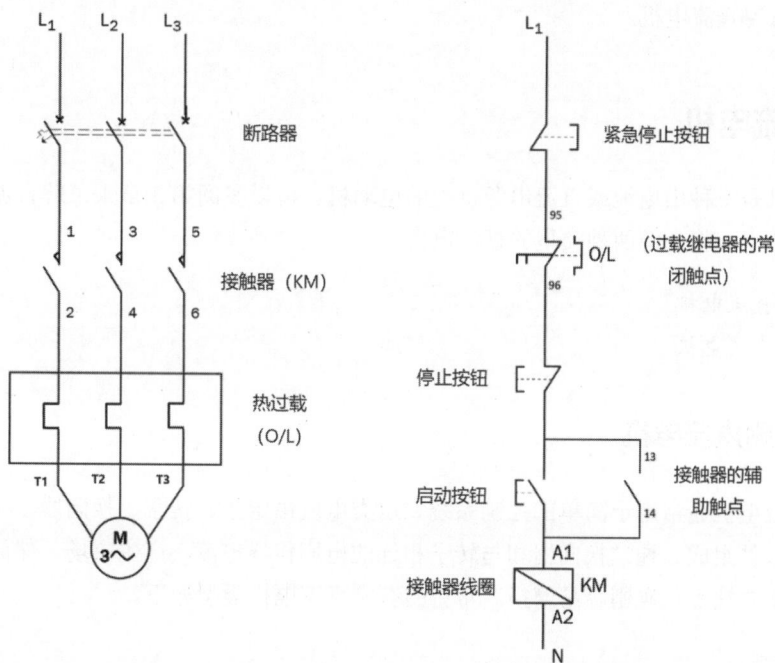

图 4-14　直接在线启动器的完整接线图

直接在线启动器的接线图可分为两部分：电源电路（左侧）和控制电路（右侧）。

- 电源电路（左侧）：断路器连接到三相电源（L1、L2 和 L3）。断路器的输出端连接到接触器的 1、3、5 端子，接触器的 2、4、6 端子连接到过载继电器的输入端，而过载继电器的输出端（T1、T2、T3）则连接到三相电动机。

- 控制电路（右侧）：供电端的 L1 连接到紧急停止按钮的一端，另一端连接到过载继电器的辅助接点 95，而过载继电器的 96 接点连接到常闭按钮的一端。常闭按钮的另一端连接到常开按钮，再通过常开按钮连接到接触器线圈的 A1，接触器线圈的 A2 连接到中性线（N）。接触器的辅助接点（13 和 14）与常开按钮并联。

当按下启动按钮（常开按钮）时，电流流向接触器线圈，线圈通电，接触器的主触点和辅助触点闭合，电动机开始运转。当释放启动按钮时，电流通过接触器辅助触点（13 和 14）形成的替代路径继续流动，保持接触器线圈通电，电动机继续运转。当按下停止按钮或紧急停止按钮，或发生过载导致辅助常闭接点（95-96）打开时，电动机将停止运行。

第 5 章将讨论如何使用交流变频驱动来启动、停止、反转感应电机或改变其转速。

在本节中，读者已经学习了交流电动机的分类（同步交流电机和异步交流电机），并通过法拉第电磁感应定律解释了异步交流电机的工作原理。此外，读者还了解了三相感应电机的两种接线方法（星形连接和三角形连接），并学习了直接在线启动器的接线，这是自动化工程师的基础技能。

接下来学习直流电机。

4.2 直流电机

直流电机是一种由电池或直流电源供电的电动机。可以参阅第 3 章来了解直流电机的基本结构。在本节中，将介绍两种类型的直流电机。

- 有刷直流电机。
- 无刷直流电机。

4.2.1 有刷直流电机

有刷直流电机通常用于简单的控制系统。这类电机由定子、转子、换向器、碳刷（通常由碳制成）等部件组成。通过换向器和与转子相连的电刷传导电流，产生磁场。然而，有刷直流电机的一个主要缺点是碳刷容易磨损。常见的有刷直流电机类型如下。

- 永磁型。
- 串励型。
- 并励型。
- 复励型。

接下来将详细讲解每种不同类型的直流电机。

1. 永磁直流电机

永磁直流电机不依赖于定子的场绕组，而是使用永磁体来产生定子的磁场，转子与该磁场相互作用，产生旋转力矩，驱动电机旋转。

图 4-15 展示了永磁直流电机的简化电路图。

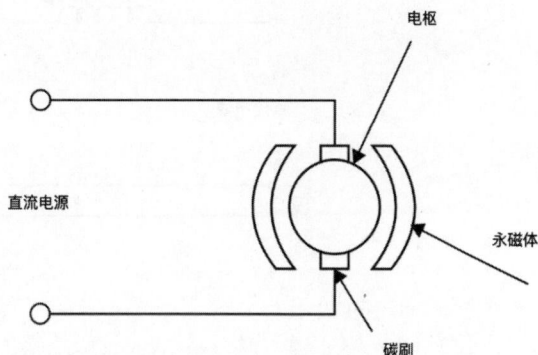

图 4-15　永磁直流电机的简化电路图

2. 串励直流电机

在串励直流电机中，定子内的场绕组与电枢绕组串联连接。直流电源通过场绕组和电枢绕组产生磁场。由于电流通过串联的绕组，因此电枢绕组和场绕组流经相同的电流。场绕组和电枢绕组的磁场相互作用，产生旋转力矩。

图 4-16 展示了串励直流电机的简化电路图。

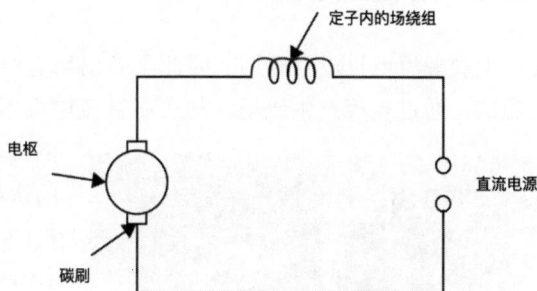

图 4-16　串励直流电机的简化电路图

3. 并励直流电机

并励直流电机的场绕组与电枢绕组并联连接。电机由直流电源供电，电流通过场绕组和电枢绕组，分别产生磁场。定子和转子的磁场相互作用，产生旋转力矩，推动电机运转。

图 4-17 展示了并励直流电机的简化电路图。

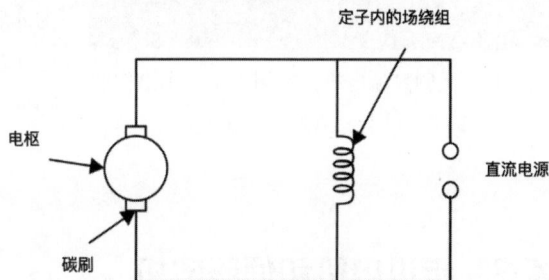

图 4-17　并励直流电机的简化电路图

4. 复励直流电机

复励直流电机同时具有串联场绕组和并联场绕组。并联绕组接在电源上，串联场绕组与电枢绕组串联。当直流电供电时，串联场绕组和并联绕组都会产生磁场，这些磁场与电枢相互作用，产生所需的旋转力矩。复励直流电机结合了串励直流电机和并励直流电机的特性。

图 4-18 展示了复励直流电机的简化电路图。

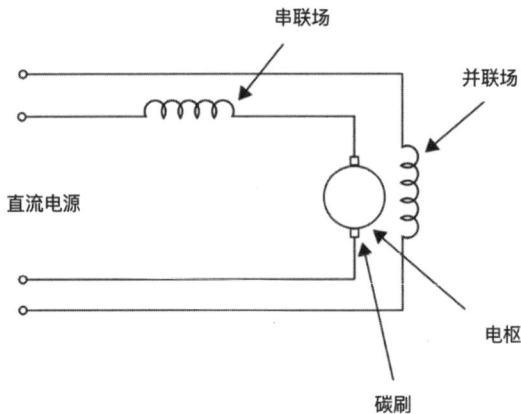

图 4-18　复励直流电机的简化电路图

4.2.2　无刷直流电机

无刷直流电机没有碳刷，因此不会出现有刷电机中的磨损问题。定子（电枢）由线圈绕组组成，通过电流产生磁场。与有刷直流电机不同，转子由永磁体组成。当向定子施加直流电时，定子变成电磁铁，产生的电磁力与转子中的永磁体相互作用，驱动电机旋转。无刷直流电机的一个常见应用示例是计算机电源风扇，如图 4-19 所示。

图 4.19　无刷直流电机：左侧为带有永磁体的转子和叶片，右侧为定子线圈

本节讲解了直流电机，讨论了有刷和无刷两种常见类型的直流电机。有刷直流电机进一步分为永磁型、串励型、并励型和复励型。直流电机在工业自动化中也有广泛应用，因此自动化工程师应当具备其基本结构的知识。

接下来将学习步进电机和伺服电机。

4.3　步进电机和伺服电机

步进电机可以看作一种无刷直流电机，它将整圈旋转分成多个相等的步进，并按步进进行旋转。步进电机内部包含多个按相位排列的线圈。当每个相位依次通电时，电机会逐步旋转。

步进电机分为以下两种类型。

- 单极性步进电机。
- 双极性步进电机。

接下来将详细介绍这两种步进电机。

4.3.1 单极性步进电机

单极性步进电机通常有 6 根导线，但有的也有 5 根，如图 4-20 所示。它们在每个相位上有一个带中心抽头的绕组。

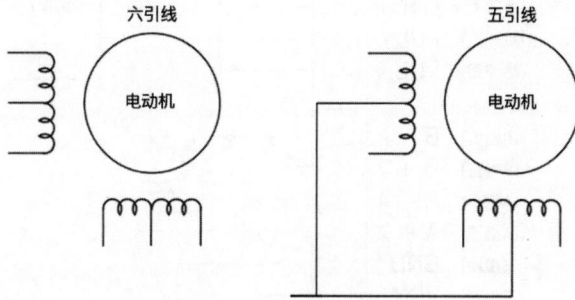

图 4-20 单极性步进电机

4.3.2 双极性步进电机

双极性步进电机通常有 4 根导线，每个相位上有一个绕组，但没有中心抽头。双极性步进电机相比单极性步进电机具有更大的扭矩和更高的效率，如图 4-21 所示。

下面来学习如何驱动步进电机。

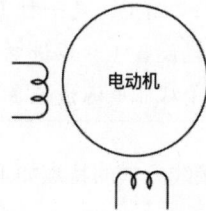

图 4-21 双极性步进电机

4.3.3 如何驱动步进电机

步进电机不能直接连接到直流电源驱动，它通常需要步进电机驱动器或控制器，按顺序依次激活每个相位以驱动电机旋转。

图 4-22 展示了一个用于双极性步进电机的简单驱动器。

步进电机的 4 根导线分别连接到驱动器的 A+、A−、B+ 和 B− 端子，电源连接到 VCC 和 GND。

驱动信号（DIR +、DIR −、PUL + 和 PUL −）可以连接到 PLC（可编程逻辑控制器），用于发送脉冲和方向信号，如图 4-23 所示。

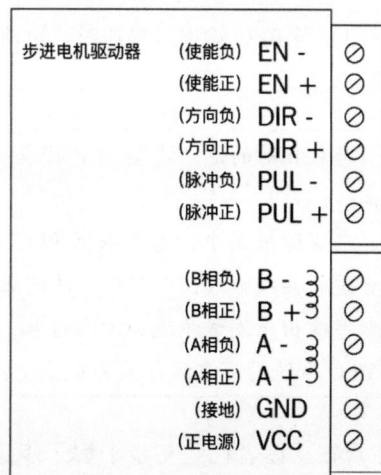

图 4-22 双极性步进电机驱动器

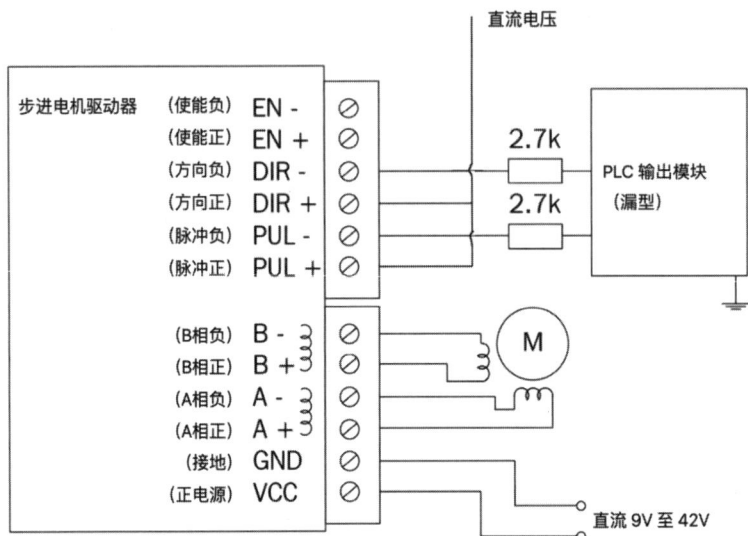

图 4-23　步进电机驱动器、步进电机和 PLC（可编程逻辑控制器）的接线图

注意："漏型"是一种 PLC 输出电路的接线方式，也称为 NPN 型输出。在这种接线方式下，负载设备（如步进电机驱动器）连接在 PLC 输出点和正电源之间。当 PLC 输出点导通时，电流从正电源流经负载设备，然后"漏"到 PLC 输出点，最后回到电源的负极。

这种接线方式的特点如下。

（1）PLC 的公共端 COM 连接电源的负极。

（2）负载设备的一端连接 PLC 的输出点，另一端连接电源的正极。

（3）当 PLC 输出点导通时，电流从电源正极流向负载设备，再经过 PLC 输出点流回电源负极。

与之相对的是"源型"（PNP 型）输出接线方式，负载设备连接在 PLC 输出点和负电源之间。

在实际应用中，需要根据 PLC 输出模块的类型（漏型或源型）和负载设备的特性来选择合适的接线方式，以确保系统的正确运行。对于步进电机驱动器的控制，通常会使用 PLC 的数字输出来发送步进和方向信号，而不是直接驱动电机。正确理解和应用漏型输出配置对于 PLC 系统的可靠运行至关重要。

现在，读者已经初步了解了步进电机，包括它们的类型和驱动方式，下面来看看伺服电机。

4.3.4　伺服电机

伺服电机是一种专门设计用于反馈控制系统的电机，它能够精确控制角度位置、速度和加速度。伺服电机不仅包含一个常规电机，还集成了反馈机制（如编码器）。反馈信号使控制系统能够确定目标位置是否正确，并根据物体的运动和位置进行调整。伺服电机有直流和交流两种类型，广泛用于工业控制。

控制伺服电机不像控制直流电机那样简单，基本的直流伺服电机可通过微控制器控制。在工业中使用的交流伺服电机通常需要 PLC 和伺服放大器（驱动器），如图 4-24 所示。

图 4-24　PLC、伺服电机驱动器和伺服电机的简化接线图

在本节中，我们学习了步进电机和伺服电机，它们是工业自动化中常用的特殊电机类型。与普通直流电机不同，步进电机和伺服电机需要专用驱动器来控制其运行。这些电机在机器人技术和工业自动化领域非常有价值，因此，掌握步进电机和伺服电机的工作原理对于工业自动化工程师至关重要。

4.4　总结

恭喜读者完成本章学习！通过学习本章内容，读者了解了电动机是如何将电能转换为机械能的。根据电源类型，电动机可分为交流电机和直流电机。交流电机又可以进一步分为同步交流电机和异步交流电机，而直流电机则可以分为有刷直流电机和无刷直流电机。

现在，读者应该掌握了异步交流电机的工作原理，并能够以星形或三角形方式进行接线。此外，还应该能够使用直接在线（DOL）启动方法控制异步交流电机的启停。

本章还讨论了步进电机和伺服电机的特点及驱动方法，以及如何将伺服电机连接到 PLC（可编程逻辑控制器）。

本章的知识将帮助读者理解第 5 章关于变频器（VFD）的内容。

4.5　习题

以下内容用于测试读者对本章内容理解程度。在尝试回答这些问题之前，请确保已经阅读并理解了本章中的主要内容。

1. 根据电源类型，电动机可以分为_____和_____。

2. 转子速度与定子旋转磁场速度相同的电机称为_____。

3. _____是指将导体置于变化的磁场中会感应出电流的现象。

4. 在交流感应电机中，定子旋转磁场的速度与转子速度之间的差异称为_____。

5. 一种定子中的场绕组与电枢绕组串联的直流电机称为_____。

6. 一种将整圈旋转分成若干等份并逐步旋转的无刷直流电机称为_____。

7. _____电机可实现精确的角位置、速度和加速度控制。

8. _____是最简单的启动方式，通过接触器将三相电机直接连接到电源。

9. 在_____连接中，3 个线圈的相同点（即 U1、V1 和 W1 或 U2、V2 和 W2）连接在一起形成中性点，另外 3 根线从剩余的 3 个端子引出。

10. 在_____连接中，相电压等于线电压。

第 5 章
变频器概述

在上一章中，介绍了各种类型的电动机。异步（感应）电机是工业中最常用的电机。然而，工业中的某些设备，如输送机、搅拌器、泵、压缩机等，通常需要可变速运行，而感应电机本身只能提供恒定速度（即速度随负载变化较小）。为了解决这一问题，变频器（VFD）成为了一种理想的电子装置，用于实现异步或同步电机在各种应用中所需的可变速度。

本章将介绍变频器的工作原理、优势、接线和编程，读者将学习如何通过变频器对感应电机进行正转、反转和调速控制。

在本章中，将涵盖以下几方面主要内容：

- 变频器简介。
- 变频器接线。
- 基本的变频器参数设置。
- 接线和编程：使用按键启动/停止三相电机并设置频率（速度）。
- 接线和编程（VAT20）：使用按钮或开关控制三相电机正转/反转，并用面板按键设置频率（速度）。
- 接线和编程（VAT20）：使用按钮或开关控制三相电机正转/反转，并用电位器（旋钮）设置频率（速度）。

5.1 变频器简介

变频器是一种通过改变供电频率和电压来调节同步或异步电机转速的设备，常被称为可调速驱动器（ASD）或逆变器。变频器是调节感应电机速度的最佳方法。其工作原理基于感应电机的转速与供电频率成正比的物理特性：频率增加时，转速增加；频率减小时，转速随之减小。

同步电机以同步速度（定子旋转磁场的速度）运行，异步（感应）电机的转速则略低于同步速度。正如在上一章中提到的，感应电机的同步转速由供电频率和电机的极数决定，其公式为：

$$同步速度 = 120f/P$$

图 5-1　通用电气的变频器
（VAT 20-U20N0K4S）

其中，f 表示频率（单位：Hz），P 表示电机极数。

从上述公式可以看出，通过调整频率就能改变电机转速。变频器便是通过调节频率和电压，实现设备运行速度的精确控制。全球一些主要的变频器制造商有西门子、罗克韦尔自动化、安川电机和通用电气等。本书将重点介绍通用电气生产的变频器。

图 5-1 展示了通用电气生产的变频器（VAT 20-U20N0K4S）。

接下来，将学习变频器的具体工作原理及其在工业中的应用。

5.1.1　变频器的工作原理

变频器的工作原理可以通过构成它的 3 个基本阶段来解释，如图 5-2 所示。

图 5-2　变频器的框图

下面来详细了解这 3 个阶段，进而理解变频器的工作机制。

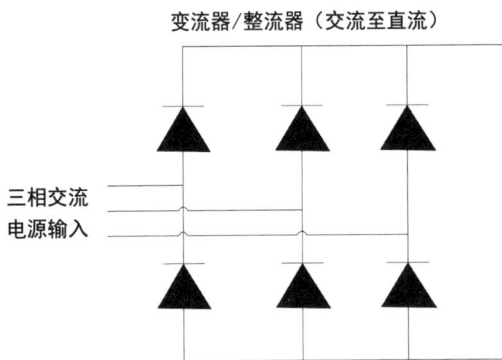

图 5-3　整流器/整流阶段电路图

（1）**变流器/整流器**：这是变频器的第一阶段，它将交流输入电源转换为直流电源。这个阶段也被称为整流阶段。变流器/整流器的组成通常为二极管或快速开关阵列。

图 5-3 展示了由二极管组成的变频器的整流器/整流阶段。

（2）**直流链路**：来自整流器的电力被传输到直流链路阶段。在这一阶段，直流链路对来自整流器的直流电进行平滑处理。直流链路主要由电容器组成，有时还包括电感器，用以消除整流信号中的纹波，为下一个阶段提供稳定的直流电源。

图 5-4 展示了变频器的直流链路阶段。

（3）**逆变器**：这是变频器的第三阶段，它将直流链路的直流电转换为三相交流输出。该阶段通常由功率开关器件组成，如金属氧化物半导体场效应晶体管（MOSFET）、绝缘栅双极型晶体管（IGBT）或晶闸管。逆变器的输出并非纯正弦波，而是基于脉宽调制（PWM）原理的近似正弦波。脉宽调制是目前主流的逆变器技术。

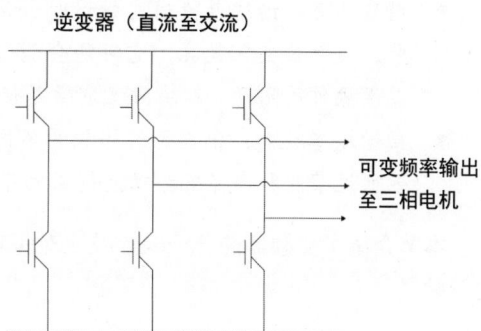

图 5-5 展示了变频器的逆变器阶段。

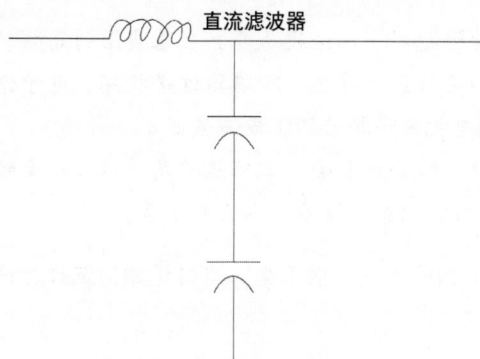

图 5-4　变频器的直流链路阶段　　　　　　图 5-5　变频器的逆变器阶段

5.1.2　变频器的优点

变频器在工业中广泛应用，它的优点主要有以下几个。

- 延长电机寿命，降低维护成本：变频器通过将电机平稳地加速至工作速度，而不是像直接在线启动器（DOL）那样瞬间启动，来减少对电机的机械和电气应力。这种平稳的启动方式可以有效延长电机的使用寿命，同时降低电机及其驱动设备的维护成本。
- 降低能耗：全速运行的电机会消耗大量能源，增加电费支出。而在某些应用场景下，电机无须全速运行。此时，可以使用变频器将电机速度调节至符合工艺需求的水平，从而显著降低电力消耗和成本。
- 内置安全功能：变频器拥有内置的安全保护机制，可在发生故障时自动停止运行。这些安全功能不仅为电机和变频器本身提供保护，也减少了安装额外安全组件的成本。
- 灵活的控制方式：使用变频器可以实现对交流电机的多样化控制。除了传统的按钮、选择开关和电位器，变频器还可以通过可编程逻辑控制器（PLC）或其他工业控制系统进行操作。
- 减少电网干扰：交流电机直接启动时，需求的启动电流可能达到满载电流的 600%，这会对电网产生明显的干扰，甚至导致短时的电压骤降（电压暂降）。这种干扰可能会影响同一电网中的敏感设备。使用变频器启动电机时，由于它的输出电压从"0 伏"开始并逐步提升至所需速度，电压暂降或电源干扰问题可以被有效避免。

5.1.3 变频器的缺点

尽管变频器具有许多优点，使其在工业应用中广受欢迎，但它们也存在一些缺点，需要我们了解、理解并加以解决。变频器常见的缺点如下。

- 谐波问题：谐波是使用变频器时最常遇到的问题之一。谐波是叠加在基波上的高频信号，会导致波形失真。它可能会引起电机和变压器的过热、断路器过早损坏、电子仪器误操作等问题。解决方案通常是使用交流电抗器（扼流圈）或滤波器。
- 初始成本较高：根据系统规模的不同，变频器的初始采购成本可能较高。不过，变频器通过节能和内置安全功能提供的保护，往往能够弥补这些成本上的劣势。

本节介绍了变频器的若干缺点及应对每项挑战的相应方法。接下来，将讨论如何选择合适的变频器。

5.1.4 如何选择变频器

在选择变频器之前，首先需要了解电机铭牌上提供的基本信息。以下是电机铭牌上可以找到的一些重要参数。

- 马力（HP）：马力是电机输出功率的单位。有时也会以瓦特（W）表示，其中 1 马力 = 746 瓦特。例如，10 马力的电机对应 7.46 千瓦（kW）。
- 满载电流（FLA）：是指电机在满载工作（最大扭矩和马力）时预期的最大电流。
- 电压：电机最佳性能运行所需的额定电压。过低或过高的电压都会影响电机性能。
- 转速（RPM）：是指电机在额定频率、额定负载和额定电压下，电机转子轴每分钟的完整旋转次数。
- 频率：电机设计运行的电源频率。

为了更好地理解电机铭牌上的基本信息，图 5-6 展示了一个示例。

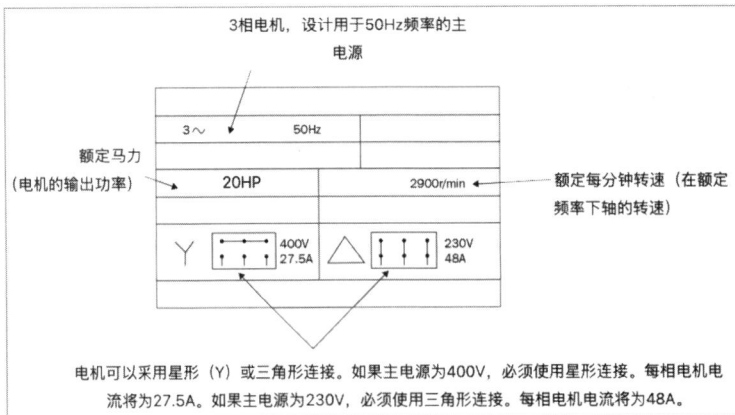

图 5-6　电机铭牌显示的基本信息

　　了解了电机铭牌上的基本信息后，再来看看为电机选择变频器时需要考虑的一些必要
事项。

- 输入电压：是指启动变频器所需的供电电压。一些变频器需要三相 380V ～ 400V 输入，而另一些则需要单相 220V ～ 230V 输入。选择的类型取决于现场可用的电源（即单相或三相电源）。
- 输出电压：是指变频器为电机运行提供的输出电压。通常，变频器的输出为三相电，电压可能为 200V、220V、380V、400V 等。需要根据电机铭牌上所需的电压选择合适的变频器。
- 负载能力：是指变频器能够承受的负载大小。变频器的负载能力取决于电机的输出功率大小。小型电机需要负载能力较小的变频器，而大型电机则需要负载能力较大的变频器。负载能力通常以马力（HP）或安培（A）为单位。了解电机的马力有助于初步选择合适的变频器，而其他参数如满载电流（FLA）和电压将进一步帮助用户选择合适的变频器。关键是要确保变频器能够满足电机的满载电流（FLA）需求。选择变频器时，优先考虑电机的满载电流（FLA）比仅仅考虑马力（HP）更为可靠。检查电机铭牌上的满载电流，并确保所选变频器的额定电流至少等于或大于这一数值。
- 单相电源降容：如果变频器仅能使用单相电源供电，请确保选择专门为单相设计的变频器。在单相电源下，变频器通常需要降容处理。单相输入/三相输出的变频器通常适用于 3 ～ 5 马力的电机。如果需要使用单相电源来为功率超过 5 马力的三相电机供电，则必须对三相变频器进行降容处理。降容处理的简便方法是将电机的满载电流乘以 2，然后选择相应安培的三相变频器。例如，如果一台满载电流为 26.6A 的 10 马力电机需要配备变频器，而现场只有 230V 的单相电源线电压，那么需要将变频器的电流容量降容来适应单相电源，即将 26.6A 乘以 2，得到 53.2A。因此，可以使用额定电流为 53.2A 或更高的三相 230V 变频器。这大约相当于 20 马力的变频器（注：不同的制造商可能有不同的规格），它将能够在单相电源下驱动一台 10 马力 /230V 的电机。

　　以上是变频器的概述知识，包括变频器的工作原理，变频器的优点、缺点，以及如何选择变频器。接下来将讲解变频器的实际操作内容，包括变频器的接线和参数设置等。

5.2　变频器接线

　　在接线之前，请确保已根据前文所述方法正确选择了适合用户电机的变频器。同时，建议先查阅变频器的使用手册，了解具体的接线方式和注意事项。

　　图 5-7 展示了通用电气 VAT20 型号变频器的接线图。

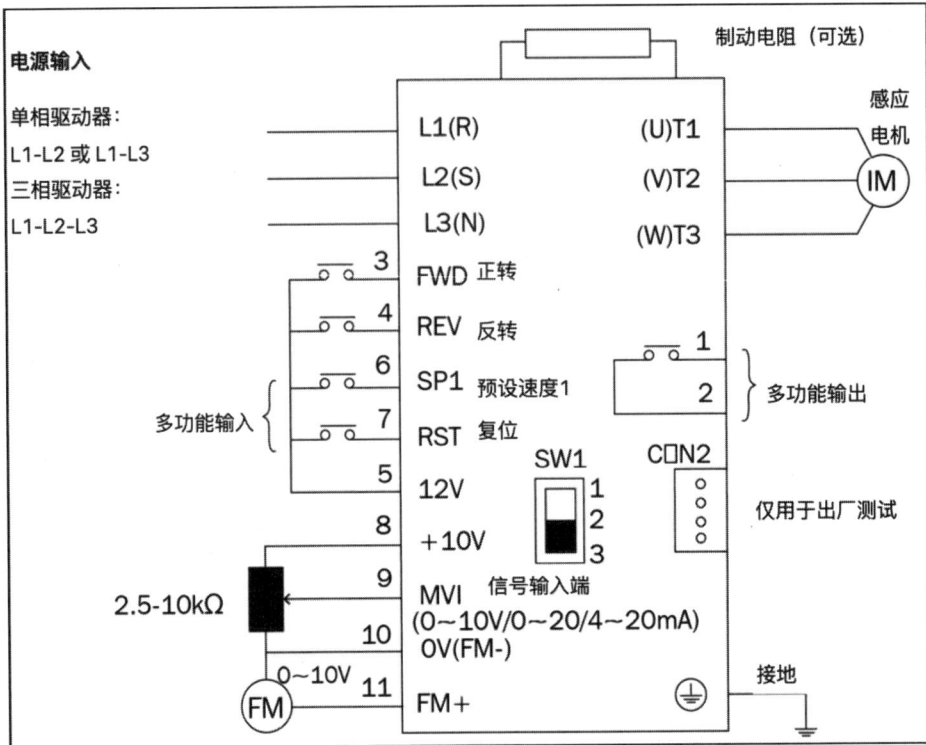

图 5-7 通用电气 VAT20 型号变频器的接线图

下面来详细了解 VAT20 型号变频器的主要端子及其连接方法。

- 电源输入端（L1，L2，L3）：这些端子用于变频器的供电输入。对于单相输入设备，交流电源应连接到 L1 和 L2 或者 L1 和 L3；对于三相输入设备，电源应连接到 L1、L2 和 L3。建议在电源与变频器之间使用合适规格的断路器和交流电抗器。断路器可以用于变频器的开关控制，并提供必要的过流保护，而电抗器则有助于改善功率因数。如果电源容量超过 600kVA，按照手册建议，必须使用交流电抗器。务必查看具体设备的使用手册，以了解是否需要额外的保护设备。

- 三相交流输出端（U，V，W）：这些端子用于变频器的三相交流输出，连接到三相电机的 U、V、W 端子。

- 故障继电器（端子 1 和端子 2）：可以连接至指示灯，用于指示故障状态。

- 控制正反转（端子 3 和端子 4）：用于控制电机的运行方向，可以通过按钮、选择开关或 PLC 信号进行控制。

- 公共端（+12V，端子 5）：这是端子 3、端子 4、端子 6、端子 7 的公共端，变频器提供 +12V 电压。可在端子 5 与端子 3、端子 4、端子 6、端子 7 之间连接按钮或选择开关，发送控制信号，控制电机的不同操作模式。

- 控制端子（端子 6 和端子 7）：这些端子可用于其他操作控制，具体操作需要参考变频器参数设置。

- 电位器接线。
    - 端子 8：电位器的电源端，连接到电位器的第三脚。
    - 端子 9：模拟输入端，连接到电位器的第二脚（中间脚）。
    - 端子 10：模拟公共端（0V），连接到电位器的第一脚。
- 模拟输出（端子 11）：这是模拟输出的正极连接点。可在端子 11 和端子 10 之间连接电压表或电流表，以读取变频器的模拟输出数据。

图 5-8 更直观地展示了变频器各个端子的布局，有助于读者更好地理解接线要求。

图 5-8　通用电气变频器（VAT20）
接线端子视图

现在，运用已经掌握的知识进行一些基本的变频器接线操作，如图 5-9 所示。

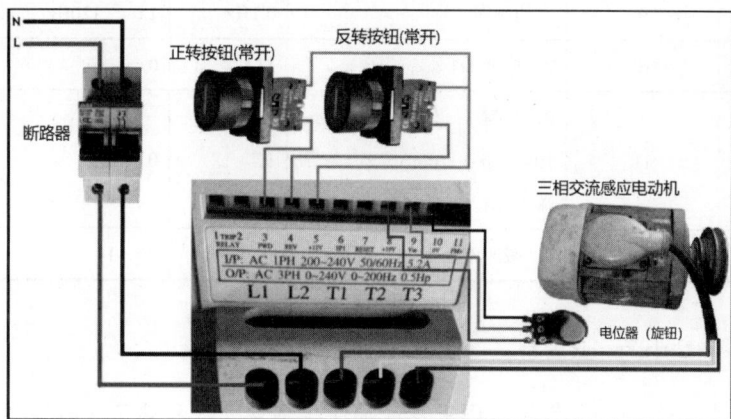

图 5-9　变频器接线图

至此，已经学会了如何为变频器接线。图 5-9 展示的接线图是一种常见的基本接线方式。通过这种接线，读者可以使用按钮来控制交流感应电机的正转或反转；通过电位器（旋钮），可以调节电机的转速。接下来，将学习如何通过修改参数设置，使变频器按照需求工作。

5.3　基本的变频器参数设置

仅仅会接线是不够的，还需要了解如何修改参数设置。如果参数设置不正确，即使接线无误，变频器也无法按预期工作。

变频器参数是一个与变频器运行相关的可调变量，可以通过调整或修改它的值来使变频器按照特定方式运行，这个过程称为变频器编程。每个变频器厂商和型号的参数设置都有其独特性。因此，在调整参数之前，务必参考对应的厂商产品手册。本节将使用通用电气变频器（VAT20）的参数设置作为示例进行讲解。

表 5-1 列出了通用电气变频器（VAT20）手册（手册链接：https://inverterdrive.com/file/GE-VAT20-Manual-200401）中的部分参数。

表 5-1　通用电气变频器（VAT20）部分参数

功能	编号（FN_）	功能说明	单位	范围	出厂设置
	0	出厂调整	–	–	0
加速/减速时间	1	加速时间	0.1 秒	0.1 ～ 999 秒	5 秒
	2	减速时间	0.1 秒	0.1 ～ 999 秒	5 秒
运行模式	3	0: 正转/停止，反转/停止 1: 运行/停止，正转/反转	1	0 ～ 1	0
电机转向	4	0: 正转 1: 反转	1	0 ～ 1	0
点动频率	9	点动频率	0.1Hz	1.0 ～ 120Hz	6Hz
运行控制	10	0: 按键 1: 外部端子	1	0 ～ 1	0
频率控制	11	0: 按键 1: 外部端子（0 ～ 10V）/（0 ～ 20mA）2: 外部端子（4 ～ 20mA）	1	0 ～ 2	0
停止方式	14	0: 减速停止 1: 自由停车	1	0 ～ 1	0

下面着重介绍其中的一些参数。

- 运行模式（F03）：该参数允许用户设定连接到端子 3 和端子 4 的按钮功能。有两个选项。
  - 正转/停止和反转/停止：值 = 0
  - 运行/停止和正转/反转：值 = 1

如果将参数 F03 的值设置为 0，则连接到端子 3 的按钮或开关用于正转/停止，而连接到端子 4 的按钮或开关用于反转/停止；如果将该值设置为 1，则端子 3 上的按钮用于运行/停止，而端子 4 的按钮用于正转/反转。

- 运行控制（F10）：该参数允许用户选择变频器的运行方式。两个可选值如下。
  - 按键：值 = 0
  - 外部端子：值 = 1

如果将 F10 的值设置为 0，则可以通过变频器上的按键或操作面板来运行/停止变频器；如果设置为 1，则可以通过按钮、开关或外部设备（如可编程逻辑控制器 PLC 或控制器）发出的信号来操作变频器。

- 频率控制（F11）：该参数允许用户指定频率设定源。有以下 3 个选项。
  - 面板按键：值 = 0
  - 外部端子（0 ～ 10V 或 0 ～ 20mA）：值 = 1
  - 外部端子（4 ～ 20mA）：值 = 2

如果将参数 F11 的值设置为 0，则可以通过按键（操作面板）设置变频器的频率；如果设置为 1，可以使用连接到端子 8、端子 9、端子 10 的电位器（见图 5-9）或从外部设备发送的 0 ～ 10V 或 0 ～ 20mA 信号来设定频率；如果设置为 2，可以通过从外部设备发送的 4 ～ 20mA 信号来设置频率。

建议在操作任何变频器之前，仔细阅读对应型号的手册。至此，已经学习了一些通用电气变频器（VAT20）的参数设置，读者可以从手册中了解更多细节。接下来，将动手实践，学习如何为通用电气变频器（VAT20）接线和编程，使用面板按键启动/停止三相电机，并设置频率（速度）。

5.4　使用面板按键控制三相电机的启停和速度

在开始编程前，请按照如图 5-10 所示进行系统接线。

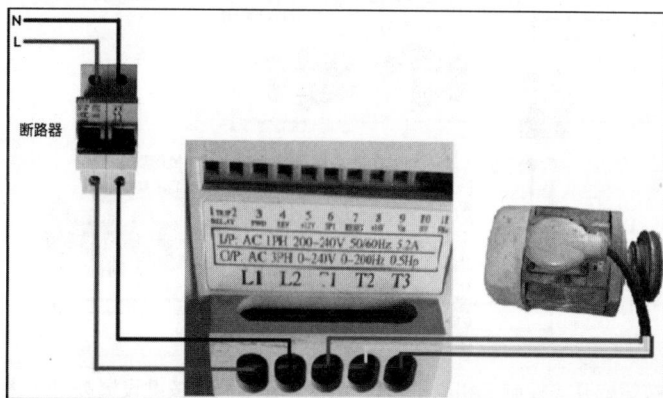

图 5-10　使用面板按键启动/停止三相电机，并通过按键设置频率（速度）的接线图

图 5-11 展示了本书中使用的通用电气变频器（VAT20）的按键和显示屏。

接线完成后，闭合断路器电路给变频器供电，然后按照以下步骤开始编程，进行参数设置。

（1）按 DSP/FUN 键进入参数设置，使用上/下箭头键滚动到 F10 参数（运行控制）。

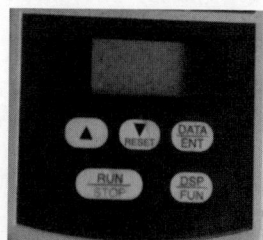

图 5-11　通用电气变频器（VAT20）
的按键和显示屏

（2）按 DATA/ENT 键查看参数值，使用上/下箭头键滚动到 0。

（3）按 DATA/ENT 键确认该值。显示屏将显示 END 并返回 F10。

（4）使用上/下箭头键滚动到 F11 参数（频率控制）。

（5）按 DATA/ENT 键查看参数值，使用上/下箭头键滚动到 0（面板按键）。

（6）按 DATA/ENT 键确认该值。显示屏将显示 END 并返回 F11。

（7）按 DSP/FUN 键退出参数设置。

至此，编程已经完成。将会看到频率显示在闪烁。使用上/下箭头键设置频率，并按 RUN/STOP 键启动或停止电机。

现在，读者已经学会了如何使用按键来启动或停止三相电机。下面，通过另一个实际例子进一步加深理解。

5.5　使用按钮或开关控制三相电机正转/反转，并用面板按键设置频率（速度）

在开始编程前，请按照如图 5-12 所示进行系统接线。

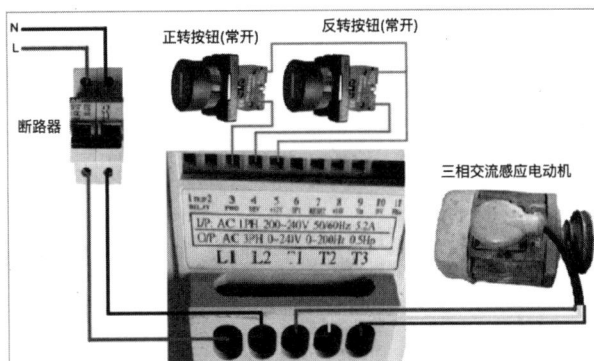

图 5-12　使用按钮或开关控制三相电机正转/反转，并用面板按键设置频率（速度）的接线图

接线完成后，闭合断路器电路给变频器供电，然后按照以下步骤开始编程设计参数。

（1）按 DSP/FUN 键进入参数设置，使用上/下箭头键滚动到 F03 参数（运行模式）。

（2）按 DATA/ENT 键查看参数值，使用上/下箭头键滚动到 0（正转/停止和反转/停止）。

（3）按 DATA/ENT 键确认该值。显示屏将显示 END 并返回 F03。

（4）使用上/下箭头键滚动到 F10 参数（运行控制）。

（5）按 DATA/ENT 键查看参数值，使用上/下箭头键滚动到 1（外部端子）。

（6）按 DATA/ENT 键确认该值。显示屏将显示 END 并返回 F10。

（7）使用上/下箭头键滚动到 F11 参数（频率控制）。

（8）按 DATA/ENT 键查看参数值，使用上/下箭头键滚动到 0（面板按键）。

（9）按 DATA/ENT 键确认该值。显示屏将显示 END 并返回 F11。

（10）按 DSP/FUN 键退出参数设置。

至此编程完成，将会看到频率数值闪烁。使用上/下箭头键设置频率，使用连接在端子 3 上的按钮或开关控制电机正转或停止。使用连接在端子 4 上的按钮或开关控制电机反转或停止。

现在，读者已经学会了如何使用按钮或开关控制三相电机正转/反转，并用面板按键设置频率（速度）。接下来，通过添加电位器（旋钮）来进一步提升操作，使用它来调节频率（速度）。

5.6 使用按钮或开关控制三相电机正转/反转，并用电位器（旋钮）设置频率（速度）

在开始编程前，请按照如图 5-13 所示进行系统接线。

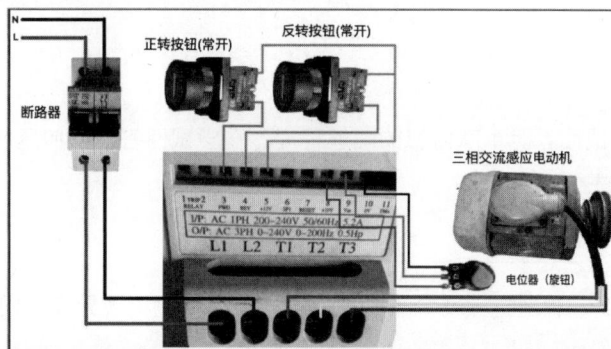

图 5-13 使用按钮或开关控制三相电机正转/反转，并用电位器（旋钮）设置频率（速度）的接线图

接线完成后，闭合断路器电路给变频器供电，然后按照以下步骤开始编程设计参数。

（1）按 DSP/FUN 键进入参数设置，使用上/下箭头键滚动到 F03 参数（运行模式）。

（2）按 DATA/ENT 键查看参数值，使用上/下箭头键滚动到 0（正转/停止和反转/停止）。

（3）按 DATA/ENT 键确认该值。显示屏将显示 END 并返回 F03。

（4）使用上/下箭头键滚动到 F10 参数（运行控制）。

（5）按 DATA/ENT 键查看参数值，使用上/下箭头键滚动到 1（外部端子）。

（6）按 DATA/ENT 键确认该值。显示屏将显示 END 并返回 F10。

（7）使用上/下箭头键滚动到 F11 参数（频率控制）。

（8）按 DATA/ENT 键查看参数值，使用上/下箭头键滚动到 1（外部端子）。

（9）按 DATA/ENT 键确认该值。显示屏将显示 END 并返回 F11。

（10）按 DSP/FUN 键退出参数设置。

至此，编程完成，将会看到频率数值显示闪烁。使用电位器旋钮指定频率，通过连接在端子 3 的按钮或开关控制电机的正转或停止，通过连接在端子 4 的按钮或开关控制电机的反转或停止。

5.7　总结

本章介绍了变频器，它是一种通过改变频率和电压来调节交流电机转速的设备。了解了变频器在各行各业中广泛应用的优点，以及一些需要理解和缓解的缺点。此外，还学习了如何选择合适的变频器，并且通过实例掌握了对通用电气变频器（VAT20）进行接线和编程的方法。

在下一章中，将学习如何使用计算机辅助设计（CAD）软件绘制电气图。这对于工业自动化工程师来说是非常重要的沟通工具。

5.8　习题

以下内容用于测试读者对本章内容的理解程度。在尝试回答这些问题之前，请确保已经阅读并理解了本章中的主要内容。

1. 同步速度取决于＿＿＿＿＿和＿＿＿＿＿。

2. ＿＿＿＿＿是一种通过改变频率和电压来改变交流电机（异步或同步）速度的装置。

3. 构成变频器的 3 个基本阶段是＿＿＿＿＿、＿＿＿＿＿和＿＿＿＿＿。

4. ＿＿＿＿＿的作用是平滑了来自转换器/整流器阶段的直流电。

5. 叠加在基波上并产生失真波形的高频信号被称为＿＿＿＿＿。

6. 电机转子轴在 1 分钟内完成的完整旋转次数称为＿＿＿＿＿。

7. ＿＿＿＿＿是与变频器运行相关的可调参数，通过调整这些参数可以使变频器按照特定方式工作。

第6章
使用 CAD 软件绘制原理图和接线图

计算机辅助设计（CAD）软件是一种帮助设计、修改、分析和优化设计的计算机应用程序。CAD 软件广泛应用于各类工程领域（如机械、电气和计算机工程等），以及其他需要绘图的行业。在工业自动化中，CAD 软件的重要性不言而喻，因为控制系统和设计需要在计算机上进行创建、修改、分析和优化，以确保实现预期效果。常见的 CAD 软件包括 AutoCAD、ProfiCAD、PCSCHEMATIC Automation、Automation Studio 和 SmartDraw 等。在与工程或工业自动化相关的绘图中，相比手动绘图，CAD 软件不仅可以节省时间，还能提供更高的精确度（注意：本书后面所有的"计算机辅助设计软件"都简称为 CAD 软件）。

本章将详细讲解如何使用 PCSCHEMATIC Automation 软件来绘制与工业自动化相关的原理图和接线图，并学习如何通过该软件创建控制系统图。

在本章中，将涵盖以下几方面主要内容：

- CAD 软件系统安装要求。
- 电气图解析。
- PCSCHEMATIC Automation 软件概述。
- 下载和安装 PCSCHEMATIC Automation。
- 启动 PCSCHEMATIC Automation 并探索界面元素。
- 在 PCSCHEMATIC Automation 中创建和保存设计方案。
- 常用工具使用（符号、线条、文本、弧/圆形和区域工具）。
- 使用 PCSCHEMATIC Automation 绘制直接在线（DOL）启动器的电源和控制电路原理图。

6.1 CAD 软件系统安装要求

本章的重点是介绍使用 CAD 软件 PCSCHEMATIC Automation 绘制电路/原理图。在安装 PCSCHEMATIC Automation 软件之前，需要一台满足以下最低系统要求的计算机或笔记本电脑。

- 操作系统：Windows XP/Vista/7/8.1/10。
- 内存（RAM）：1GB 以上。
- 硬盘空间：400MB 可用空间。
- 处理器：Intel Pentium 4 或更高版本。

6.2 电气图解析

在开始学习如何用 CAD 软件绘制原理图之前，先来了解一下在工业自动化和控制中可能遇到的各种常见类型的电气图。

工业自动化和控制中常见的电气图包括以下几种。

- 原理图（Schematic diagrams）：这种电气图使用标准符号表示电路中的元件及其相互连接方式，但并不包括这些元件和电线在实际系统或设备中的物理位置。示例如图 6-1 所示。
- 接线图（Wiring diagrams）：与原理图不同，接线图不仅显示电路中涉及的元件，还展示了元件之间的实际物理连接，以及它们在实际系统或设备中的位置。示例如图 6-2 所示。

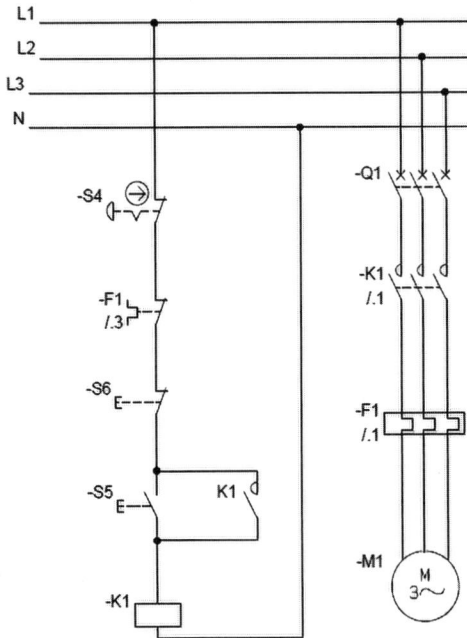

图 6-1 直接在线（DOL）启动器的原理图

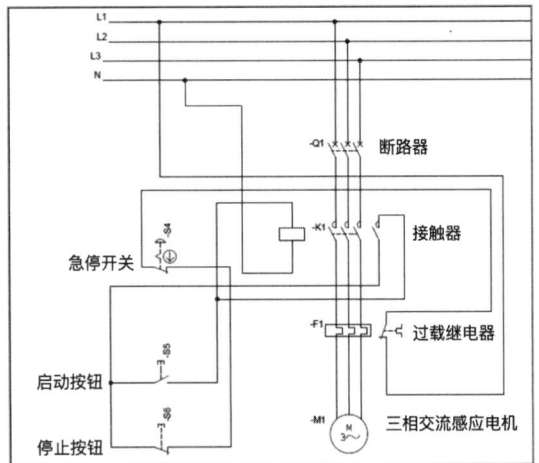

图 6-2 直接在线（DOL）启动器的接线图

- 实物图（Pictorial diagrams）：实物图是指用图像或详细的元件图表示物理电气元件及其之间的接线。这种图主要供不熟悉电气图纸的人使用，但不适合用于电路故障排查。第 5 章中的图 5-9、图 5-10、图 5-12 和图 5-13 展示了基本变频器（VFD）接线的实物图。

- 梯形图（Ladder diagrams）：梯形图由两条垂直线（代表电源）和若干水平线（代表控制电路）组成，因形状类似于梯子而得名。虽然它并不显示元件和电线在实际系统或设备中的位置，但它清晰展示了元件之间的互连方式。梯形图使复杂电路更容易阅读和理解，适合电路故障排查。示例如图 6-3 所示。

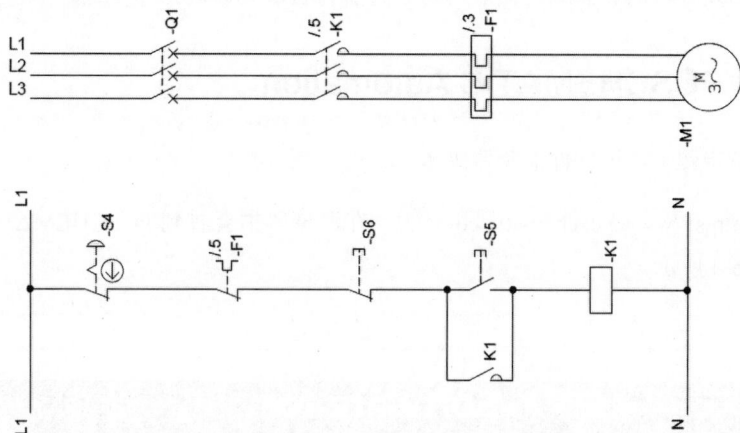

图 6-3 直接在线（DOL）启动器的梯形图

本节介绍了电气图的不同类型，现在读者应该能够区分原理图、实物图、梯形图和接线图。许多人误以为这些图都是相同的，但实际上它们的功能和信息表达各不相同。

在下一节中，将介绍一种可以用来创建这些电气图的软件——PCSCHEMATIC Automation。

6.3 PCSCHEMATIC Automation 软件概述

PCSCHEMATIC Automation 是一款 CAD 软件，用于创建自动化、电气、液压和气动相关安装的专业复杂图纸。该软件包含简化复杂电气图创建的工具，是一款强大而高效的电气绘图应用程序。

PCSCHEMATIC Automation 软件的特性如下。

- 清晰整洁的电路开发环境。
- 完备的电气和机械元件数据库。
- 提供所有电气电路图的完整解决方案。
- 支持绘制气动和液压电路图。
- 生成报告。
- 支持复杂设计。

在下一节中，将学习如何下载和安装 PCSCHEMATIC Automation 软件。将该软件下载并安装到计算机上，读者可以在阅读本书的同时亲自动手实践，在自己的计算机上跟随书中步骤进行练习。

6.4 下载和安装 PCSCHEMATIC Automation

PCSCHEMATIC Automation 提供了一个免费的软件版本，能够满足读者学习的 CAD 需求。免费版包含 25 个电气符号，图纸最多可以有 10 页和 200 个连接点。如果需要更多的符号，或者图纸需要更多的页面或连接点，可以查看付费版本。

6.4.1 下载 PCSCHEMATIC Automation

请按照以下步骤下载该软件的免费版本。

（1）访问 https://www.pcschematic.com/en/。在浏览器中会看到 PCSCHEMATIC Automation 的主页，如图 6-4 所示。

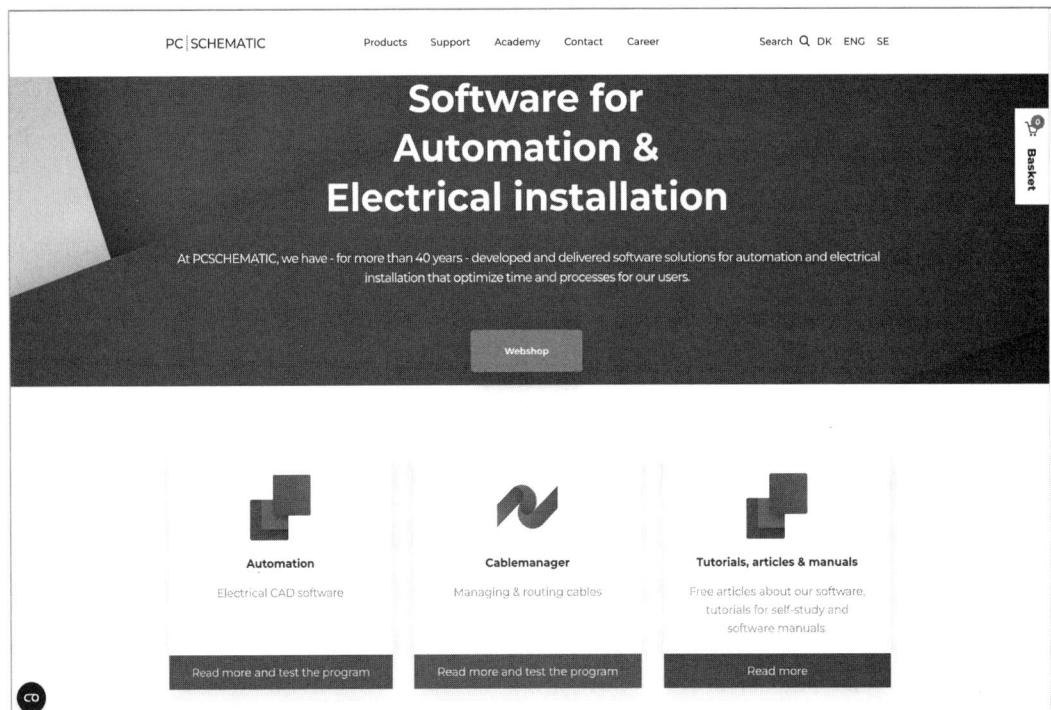

图 6-4　PCSCHEMATIC Automation 主页

（2）单击 Supports（支持）菜单，然后在 Downloads（下载）部分中选择 PC | Automation 选项。接着选择 PCSCHEMATIC Automation Demo 选项。

（3）在如图 6-5 所示的表格中填写必要的详细信息，然后单击 Submit（提交）按钮。读者将收到一封包含 PCSCHEMATIC Automation Demo 软件下载链接的电子邮件。

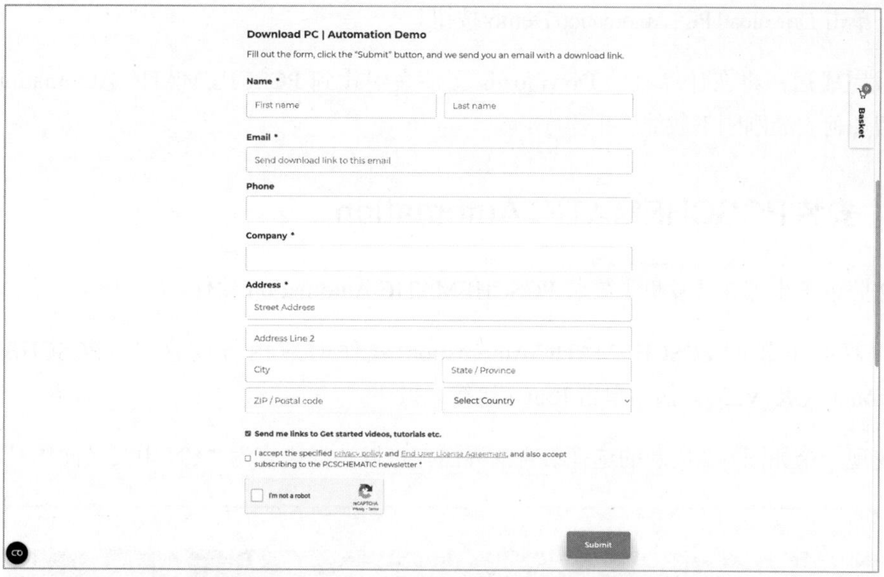

图 6-5　下载 PCSCHEMATIC Automation 所需填写的表格

（4）检查电子邮件，打开包含下载链接的来自 PCSCHEMATIC 的邮件，如图 6-6 所示。

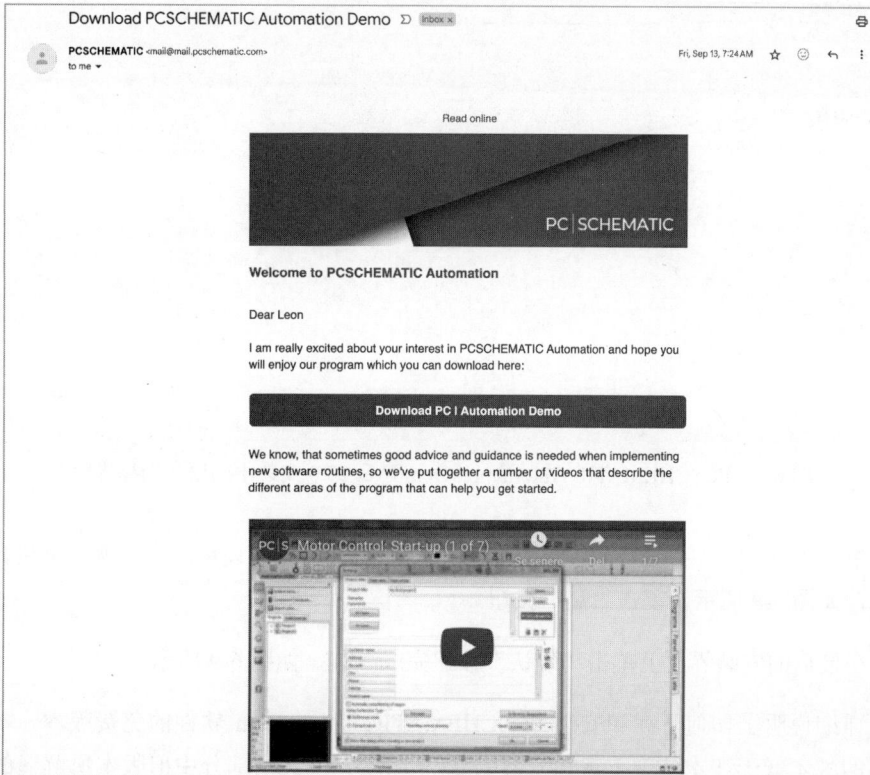

图 6-6　来自 PCSCHEMATIC 的邮件

（5）单击 Download PC | Automation Demo 按钮。

下载完成后，将在计算机的 Downloads 文件夹中找到 PCSCHEMATIC Automation。下一节将学习如何安装刚刚下载的应用程序。

6.4.2　安装 PCSCHEMATIC Automation

请按照以下步骤在计算机上安装 PCSCHEMATIC Automation 软件。

（1）双击下载的 PCSCHEMATIC Automation 软件的应用程序文件（PCSCHEMATIC_Automation40_UK_V23），然后单击 Run（运行）按钮。

将出现一个如图 6-7 所示的选择语言的界面，可以选择语言为 "CN 中文（简体）"。

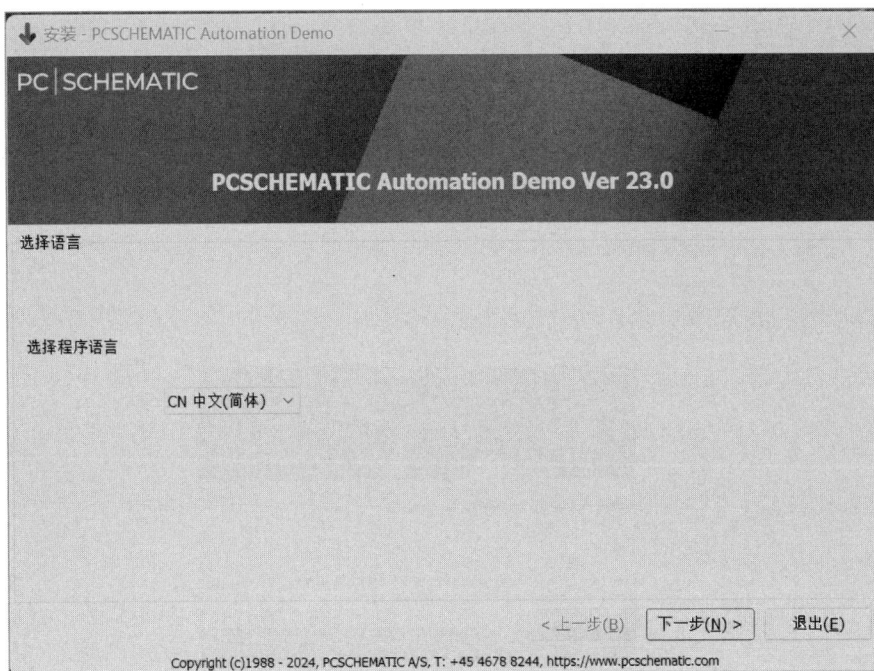

图 6-7　PCSCHEMATIC Automation Demo Ver 23.0 安装中的语言选择界面

（2）单击 "下一步" 按钮继续安装。按照屏幕上的说明完成设置，将出现一个包含许可协议的界面，如图 6-8 所示，单击 "是" 按钮。

（3）在最后的安装界面上单击 "确认" 按钮完成安装，如图 6-9 所示。

本节详细说明了如何下载和安装 PCSCHEMATIC Automation 软件的免费版本。本章其余部分使用的版本低于在本节中下载和安装的 23.0 版本，但其余部分中旧版本所解释的操作步骤仍可适用于新版本（23.0）。在下一节中，将学习如何启动 PCSCHEMATIC Automation，并讲解其界面元素。

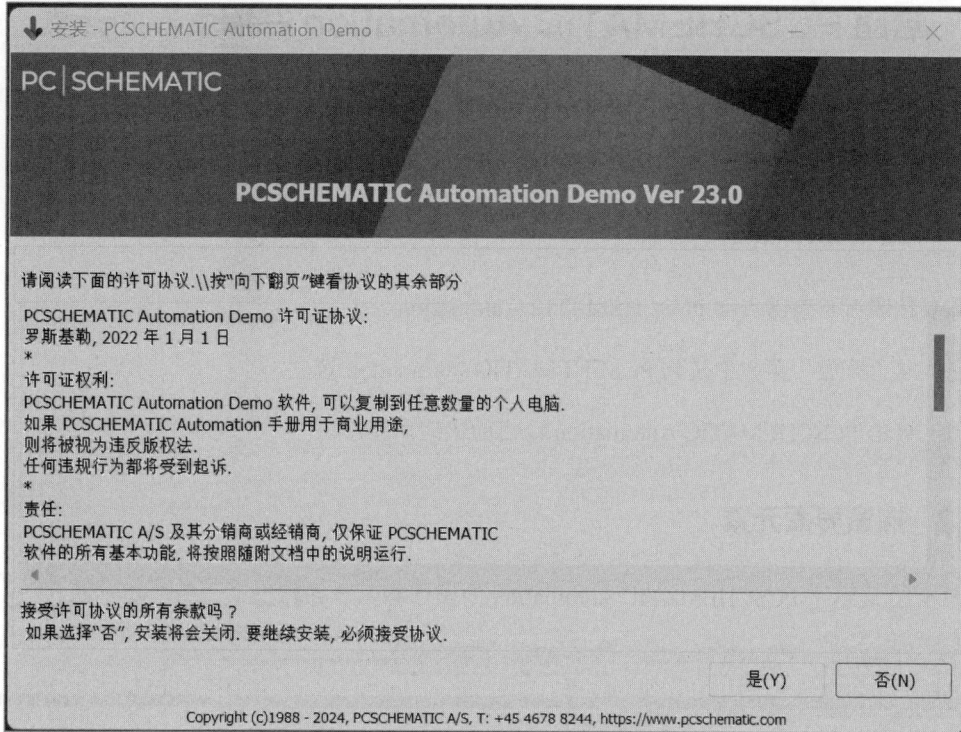

图 6-8　包含许可协议界面的屏幕截图

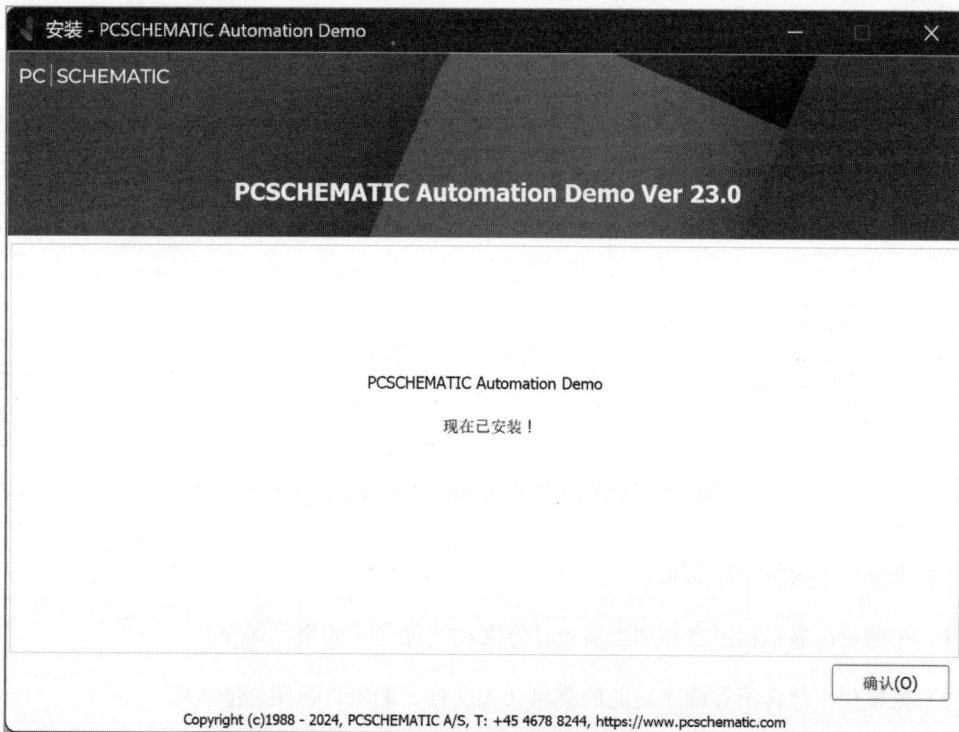

图 6-9　最后安装完成的界面

6.5 启动 PCSCHEMATIC Automation 并探索界面元素

在本节中，将学习如何启动 PCSCHEMATIC Automation，并探索其界面元素。下面先来学习如何启动该应用程序。

6.5.1 启动应用程序

需要按照以下步骤启动 PCSCHEMATIC Automation。

（1）从"开始"菜单中找到 PCSCHEMATIC Automation 选项。

（2）单击 PCSCHEMATIC Automation 以启动该应用程序。

6.5.2 探索界面元素

图 6-10 展示了 PCSCHEMATIC Automation 的操作界面，并标出了一些重要元素。

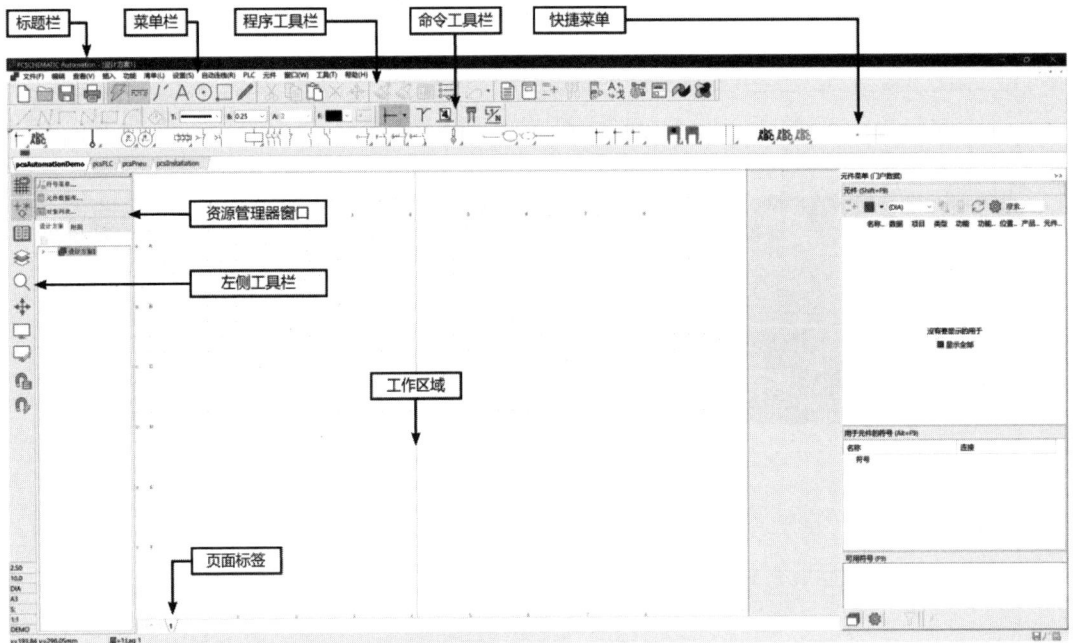

图 6-10 PCSCHEMATIC Automation 的操作界面

下面来逐一了解每个界面元素。

（1）标题栏：显示程序名称和当前设计方案的文件名（如果已保存）。

（2）菜单栏：包含所有程序功能的菜单（如文件、编辑、视图、插入等）。

（3）程序工具栏：包含常用的程序功能，如保存、打印等，以及常用的绘图和编辑工具。

（4）命令工具栏：根据在程序栏中选择的工具或功能，其外观会发生变化。它为每个在程序工具栏中选择的工具或功能提供专用的功能和编辑工具选项。

（5）快捷菜单：用户可以将经常用到的符号、线条、弧线和其他工具放在快捷菜单中，方便快速选用。

（6）资源管理器窗口：资源管理器窗口可以直接访问符号菜单，可以在其中选择绘图所需的符号，还可以直接访问元件数据库中所有元件。资源管理器窗口还包含"设计方案"选项卡，可以在其中获取有关所有打开的设计方案的信息。

（7）工作区域：可以将其视为绘图的纸张。绘图在工作区中完成。可以在菜单"设置 | 页面设置"中指定其尺寸。

（8）左侧工具栏：包含用于放大工作区域的"缩放"工具，以及用于向左、右、上、下移动工作区的"平移"工具。它还包括其他工具，如"捕捉""缩放到页面"等。

（9）页面标签：显示页面名称，可用于在页面之间切换。

在本节中，学习了如何启动 PCSCHEMATIC Automation，并初步了解了各个界面元素，包括标题栏、菜单栏、程序工具栏、命令工具栏、快捷菜单、资源管理器窗口、工作区域、左侧工具栏和页面标签。只有熟悉界面元素，才能理解本章的其他部分。

6.6　在 PCSCHEMATIC Automation 中创建和保存设计方案

6.6.1　创建设计方案

请按照以下步骤创建一个新设计方案。

（1）在顶部菜单栏中选择"文件 | 新建"命令，弹出"新建"对话框，如图 6-11 所示。

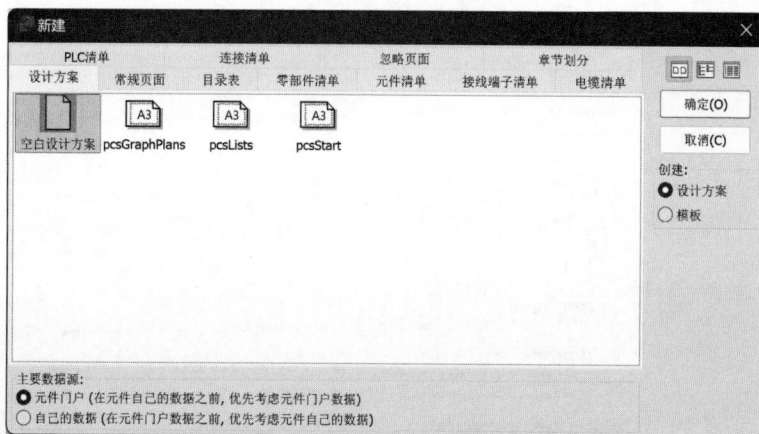

图 6-11　"新建"对话框

（2）选择"空白设计方案"选项，然后单击"确定"按钮，创建一个新设计方案。"设置"对话框如图 6-12 所示。

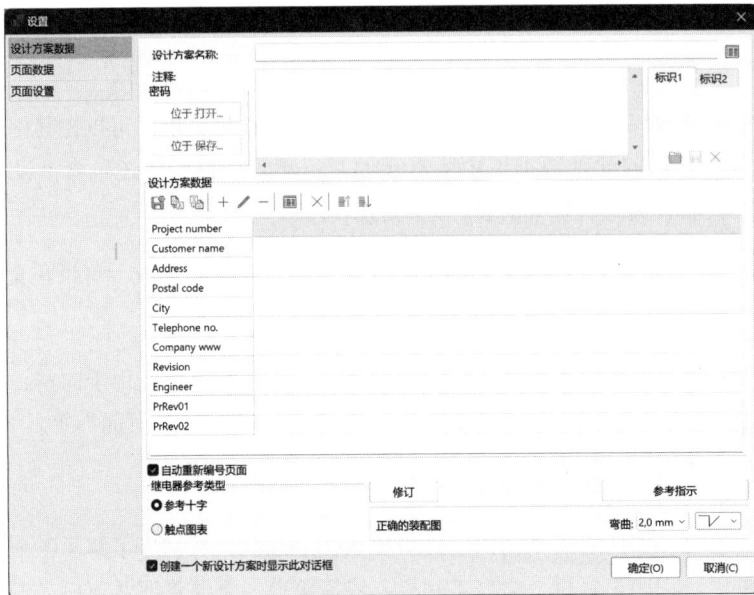

图 6-12　"设置"对话框

（3）选择"设计方案数据"选项卡，填写"设计方案名称""Customer name"（客户名称）和其他必要的选项栏。

（4）选择"页面数据"选项卡，在"首要标题"子选项卡中选择"有图纸模板"复选框，以在页面上包含标题栏，如图 6-13 所示。还可以进一步更改并填写必要的详细信息。

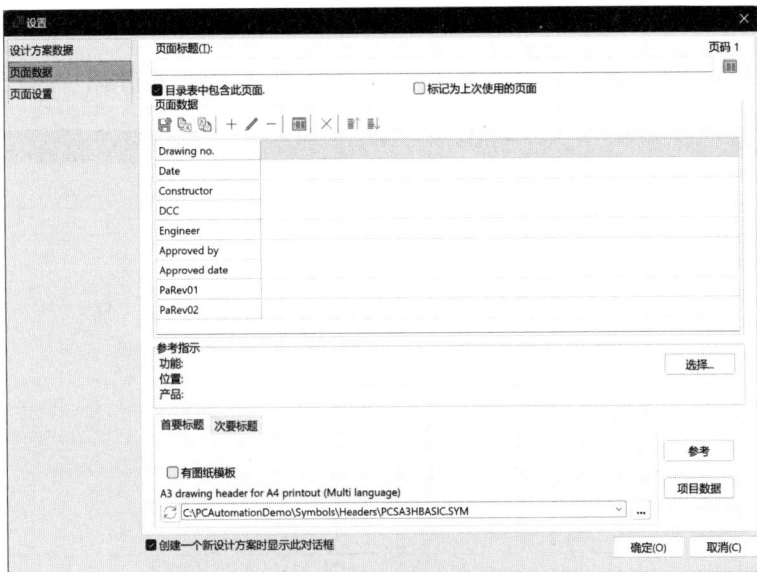

图 6-13　选择"有图纸模板"复选框

（5）单击"确定"按钮。如果读者已正确执行了上述步骤，应该会看到类似图 6-14 所示的界面。

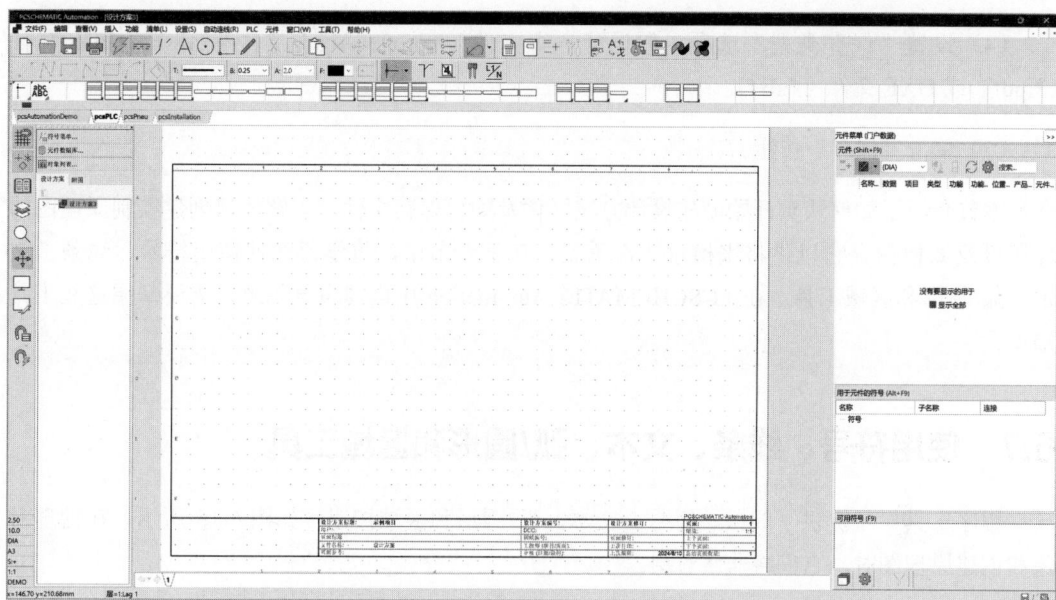

图 6-14 PCSCHEMATIC Automation 中的一个新创建的设计方案

6.6.2 保存设计方案

请按照以下步骤保存设计方案。

（1）选择"文件 | 另存为"命令，弹出"另存为"对话框，如图 6-15 所示。

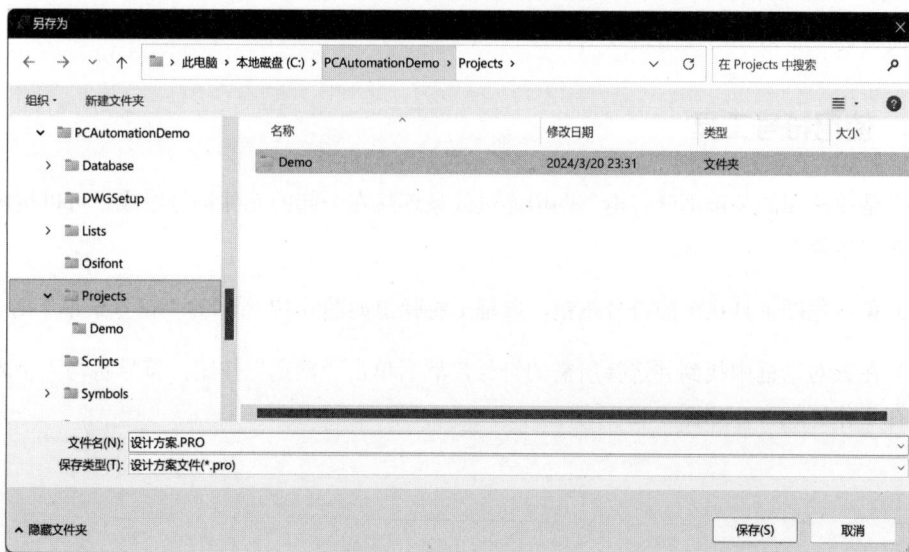

图 6-15 "另存为"对话框

（2）选择一个保存位置，如"文档"文件夹。

（3）输入设计方案名称，如"水处理厂"。

（4）设置"保存类型"选项，如设计方案文件（*.pro）、Acad 文件（*.dwr）、PDF 文件（*.pdf）或 DXF 文件（*.dxf）。

（5）单击"保存"按钮。

本节介绍了如何从头开始创建设计方案文件及如何保存文件。了解如何创建绘制原理图的环境以及如何保存它以供将来检索非常重要。在下一节中，将学习如何使用符号、线条、文本、弧/圆形和区域工具。在 PCSCHEMATIC Automation 中创建电气图时，需要掌握这些工具知识。

6.7　使用符号、线条、文本、弧/圆形和区域工具

程序工具栏中提供了线条、符号、文本、弧/圆形和区域按钮，如图 6-16 所示。在处理对象和创建原理图时，它们将非常有用。

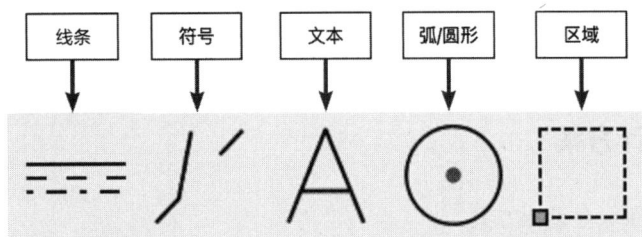

图 6-16　线条、符号、文本、弧/圆形和区域按钮

下面将逐一学习如何使用这些工具。

6.7.1　使用符号工具

符号是原理图的关键部分。电气图由通过线条连接在一起的元件符号组成。可以按照以下步骤将符号放置在工作区域。

（1）单击程序工具栏中的符号按钮，屏幕上将弹出如图 6-17 所示的"符号菜单"对话框。

（2）在该对话框中找到并选择所需的符号，然后单击"确定"按钮。符号将与十字光标一起出现在工作区域中，如图 6-18 所示。

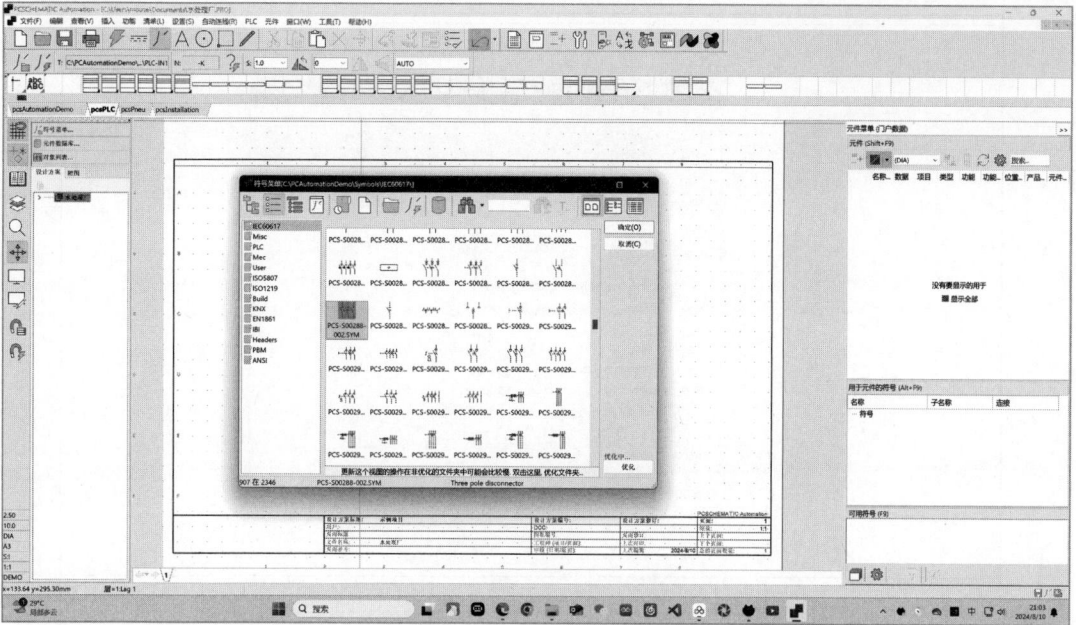

图 6-17 "符号菜单"对话框

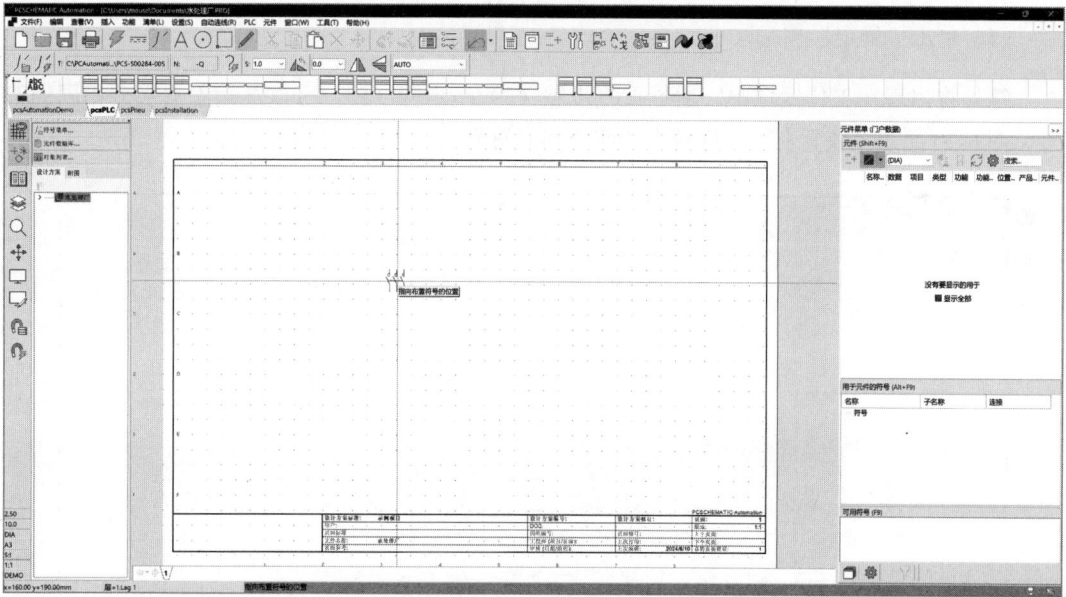

图 6-18 带十字光标的符号

（3）单击要放置符号的位置，将弹出如图 6-19 所示的"元件数据"对话框。

（4）在"名称"文本框中输入元件的名称。也可以单击名称输入框右边的"问号"图标，下一个可用数字编号会自动添加到"名称"文本框中。

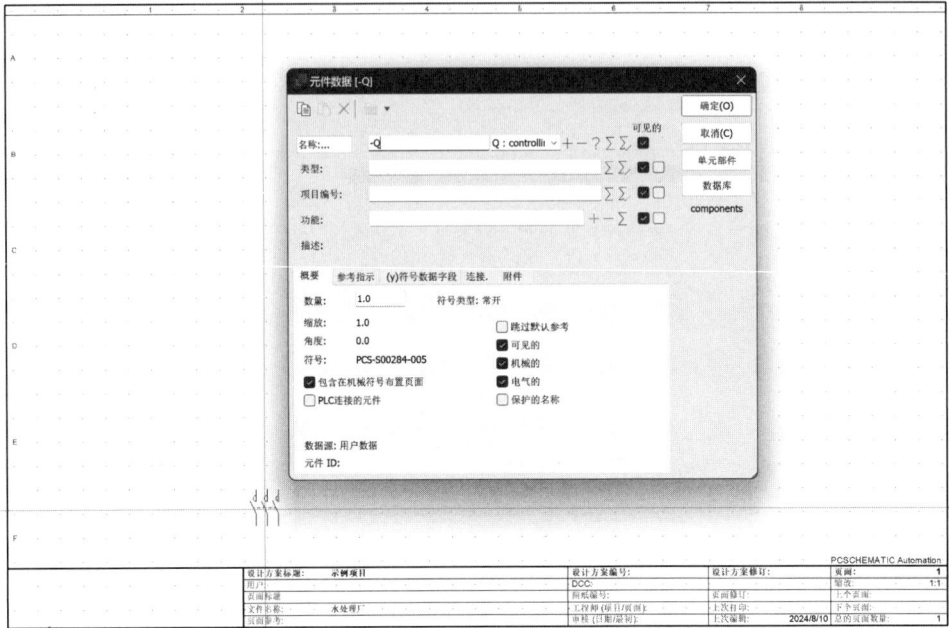

图 6-19　"元件数据"对话框

（5）单击"确定"按钮。

符号将出现在工作区域中。通过重复步骤（3）～步骤（5），可以继续添加更多相同的符号。图 6-20 显示了放置在工作区域中的两个相同符号。

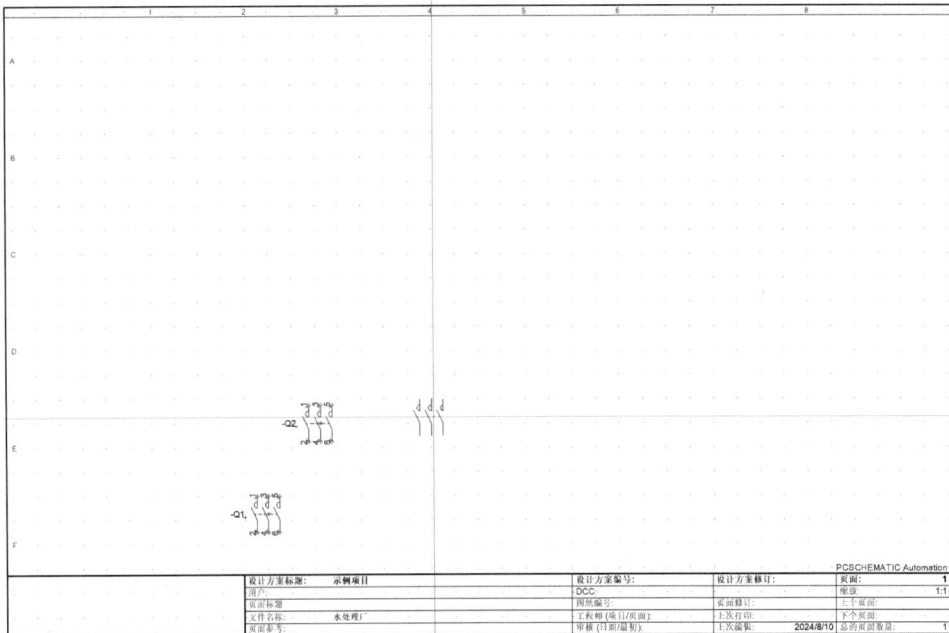

图 6-20　在工作区域中放置多个符号

（6）按 Esc 键结束命令。

接下来学习如何使用线条工具。

6.7.2　使用线条工具

线条按钮可用于绘制直线、斜线、折线等。可以按照以下步骤绘制线条。

（1）单击程序工具栏中的线条按钮。

（2）单击程序工具栏中的绘图图标。

（3）在命令工具栏上，选择直线、斜线、折线、弧/圆形线等。还要选择线型、线宽及其他选项，如图 6-21 所示。

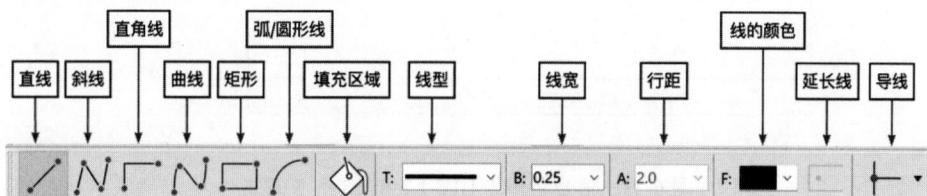

图 6-21　命令工具栏上与线条有关的图标按钮

（4）单击线条的起点。根据在命令工具栏上的选择，会弹出一个"信号"对话框，如图 6-22 所示。

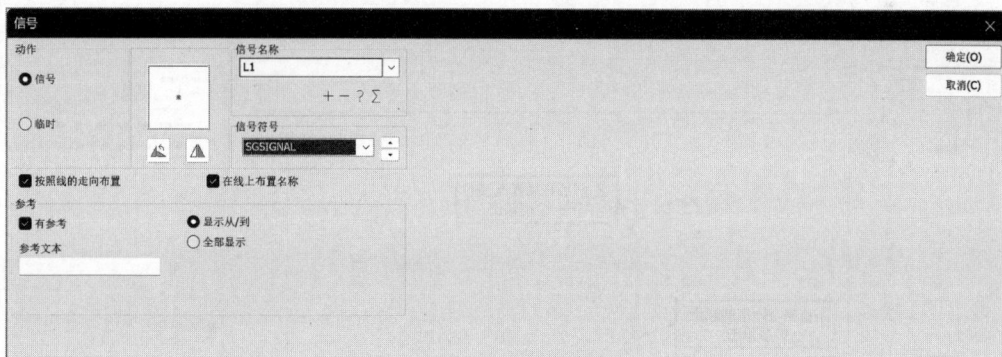

图 6-22　"信号"对话框

（5）输入信号名称，如 L1。可以输入字母（如 L），然后单击"问号"图标将下一个可用编号添加到字母后，再单击"确定"按钮。

（6）单击线条上的其他点（直到单击终点）。

（7）输入信号名称，如 L1，然后单击"确定"按钮。

（8）按 Esc 键结束线条命令。可以用信号名称 L2、L3 等开始新的线条绘制，如图 6-23 所示。

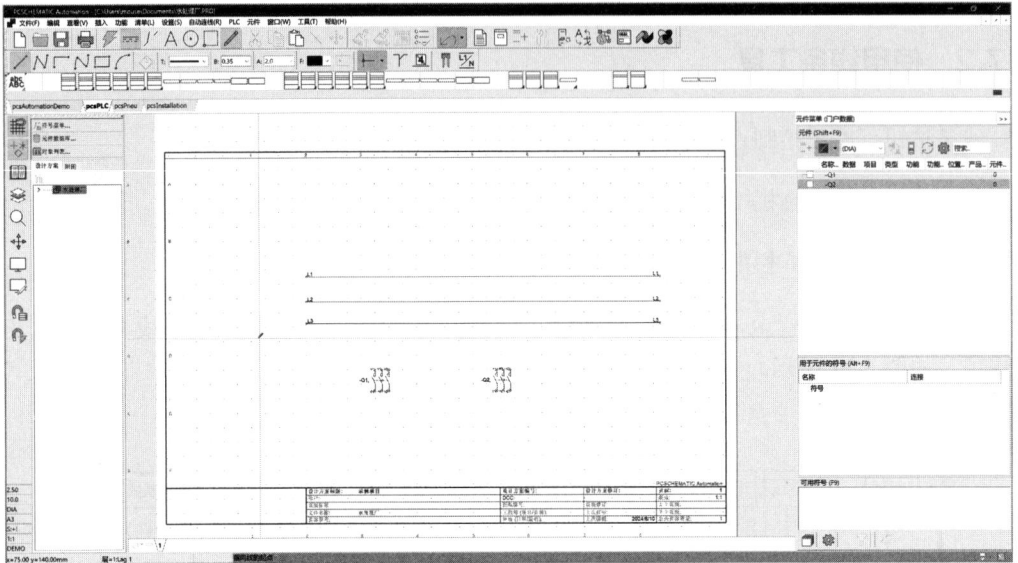

图 6-23　信号名称为 L1、L2 和 L3 的 3 条线

还可以使用相同的线条命令将元件的触点连接到一条线，如图 6-24 所示，或将一个元件的触点连接到另一个元件的触点。

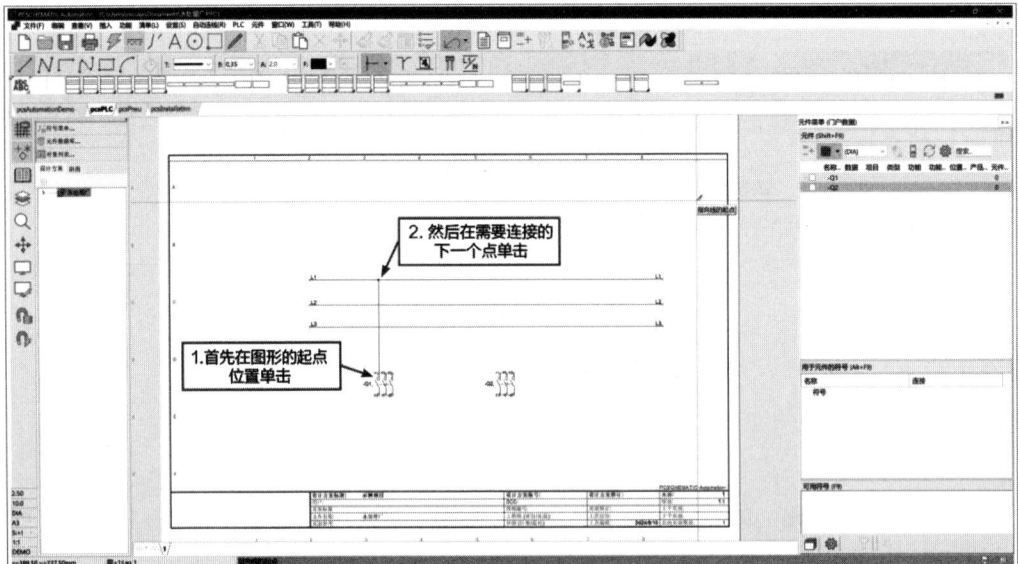

图 6-24　将元件的触点连接到线条

图 6-24 显示了如何将元件的触点连接到线条。在下一节中将学习如何使用文本工具。

6.7.3 使用文本工具

文本按钮用于激活文本命令以输入文本。在原理图上需要使用文本来描述各种元素。在此，将学习如何在接触器符号旁边添加文本"接触器"。可以按照以下步骤在工作区域中添加文本。

（1）单击程序工具栏中的文本工具。

（2）在命令工具栏（见图 6-25）中，单击"文本属性"按钮，将会弹出"文本属性"对话框，如图 6-26 所示。

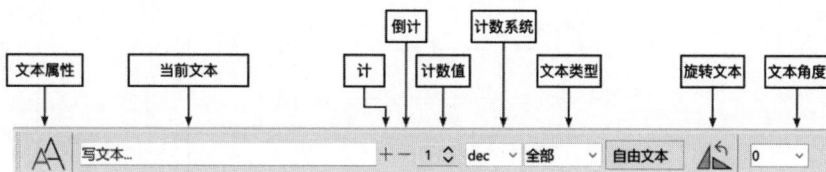

图 6-25 文本工具的命令工具栏

（3）在"文本属性"对话框中进行必要的更改，然后单击"确定"按钮。

（4）单击命令工具栏上的文本框内部，输入文本（如"接触器"），然后按 Enter 键。会出现十字光标并附有一个文本框，如图 6-27 所示。

图 6-26 "文本属性"对话框

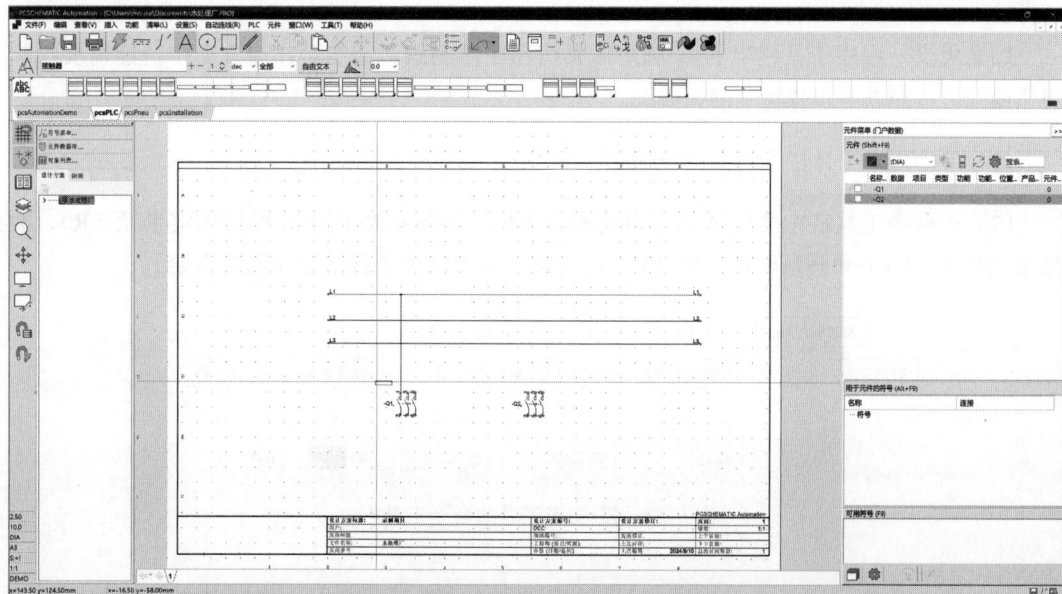

图 6-27 附有文本框的十字光标

（5）移动到要放置文本的位置，然后单击，文本将出现在该位置，如图 6-28 所示。可以按 Esc 键结束命令。

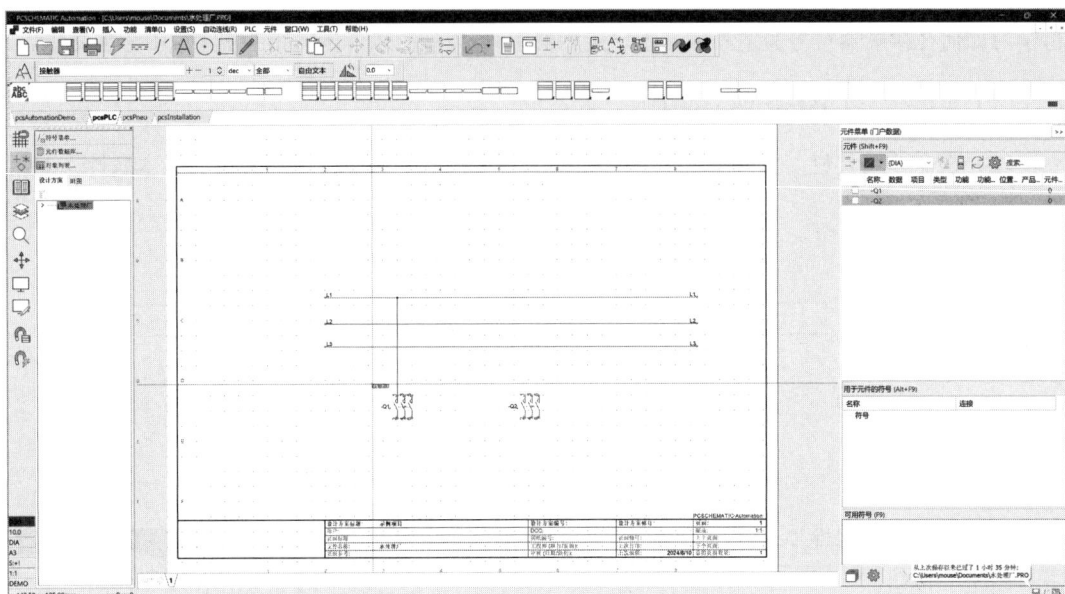

图 6-28　放置在工作区域中的文本

图 6-28 展示了在 PCSCHEMATIC Automation 工作区中放置的文本（"接触器"）。接下来将学习如何使用弧/圆形工具。

6.7.4　使用弧/圆形工具

顾名思义，程序工具栏中的弧/圆形工具可用于绘制圆弧或圆。在原理图中可能需要绘制圆弧或圆。按照以下步骤绘制圆弧或圆。

（1）单击程序工具栏中的弧/圆形按钮。

（2）在命令工具栏中会出现与之相关的命令栏，如图 6-29 所示。可以指定半径（R）、圆弧起始角度（V1）和圆弧结束角度（V2），并从其他选项中进行指定（如有需要）。

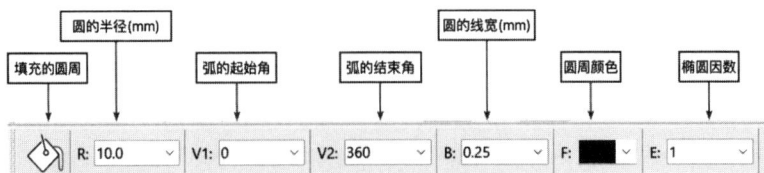

图 6-29　弧/圆形工具的命令工具栏

（3）再次单击程序工具栏中的弧/圆形按钮。十字光标将显示一个附加的圆，如图 6-30 所示。

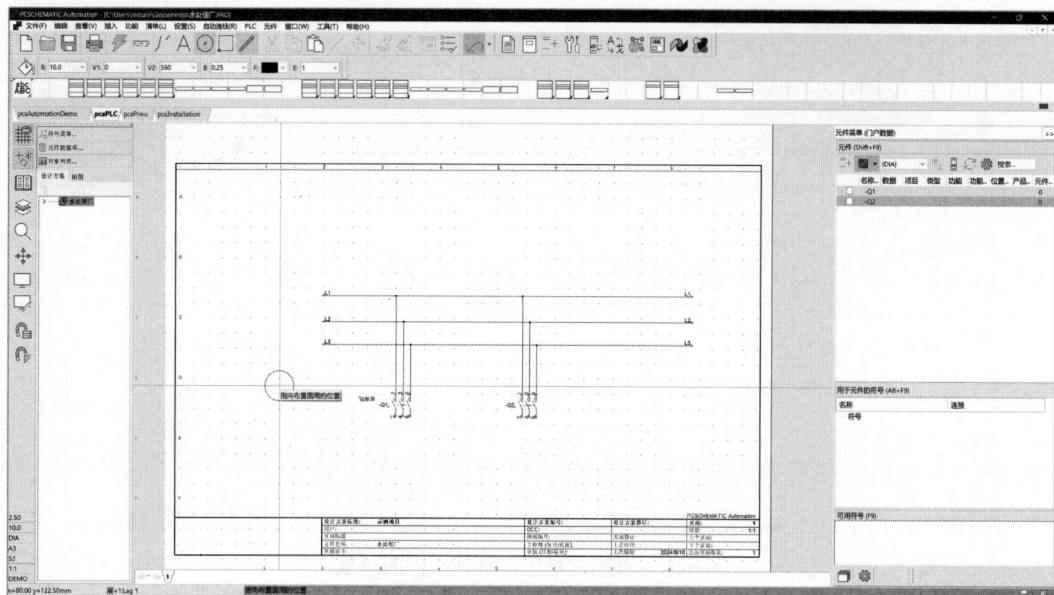

图 6-30　附有一个圆的十字光标

（4）移动到要放置圆的位置，然后单击。

（5）按 Esc 键结束命令。

> **注意**：可以通过将 V1（圆弧的起始角）设置为 0，将 V2（圆弧结束角）设置为小于 360 的值来绘制圆弧。例如，当 V1 为 0 而 V2 为 180 时，将得到一个半圆。

在下一节中，将学习如何使用区域工具。

6.7.5　使用区域工具

区域按钮可用于在一个区域内选择相同或不同类型的对象。请按照以下步骤在特定区域或范围内选择相同或不同类型的对象。

（1）单击程序工具栏中的区域按钮。

（2）在要选择的对象周围拖动选择框，如图 6-31 所示。

图 6-31 显示了被选择的对象。可以根据要对所选对象执行的操作，单击程序工具栏中的“删除”“复制”或任何其他按钮来执行。

读者现在已经学会了如何使用线条、符号、文本、弧/圆形和区域工具。这些工具在绘制原理图时非常有用。本节中的知识将有助于读者理解下一节中介绍的直接在线（DOL）启动器电源和控制电路的简单原理图绘制。

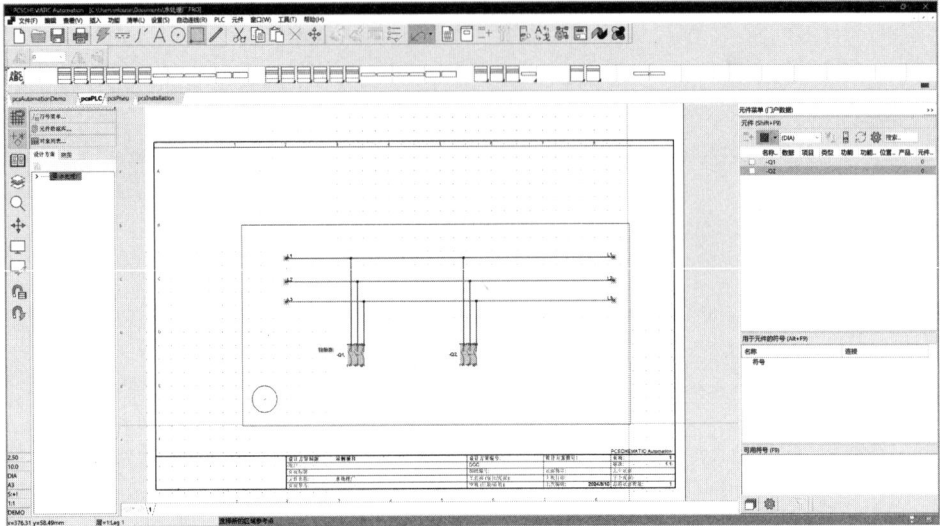

图 6-31　使用区域工具选择不同的对象

6.8　使用 PCSCHEMATIC Automation 绘制直接在线（DOL）启动器的电源和控制电路原理图

在本节中，将运用之前学习过的知识，使用 PCSCHEMATIC Automation 绘制直接在线（DOL）启动器的简单电源和控制电路原理图。具体操作步骤如下。

（1）创建一个新的设计方案，并按照前面章节介绍的方法将其以文件名"DOL Starter"进行保存，界面如图 6-32 所示。

图 6-32　PCSCHEMATIC Automation 中的新设计方案"DOL Starter"页面

（2）使用前面介绍的线条工具绘制 3 条相线（L1、L2 和 L3）和 1 条中性线（N），如图 6-33 所示。

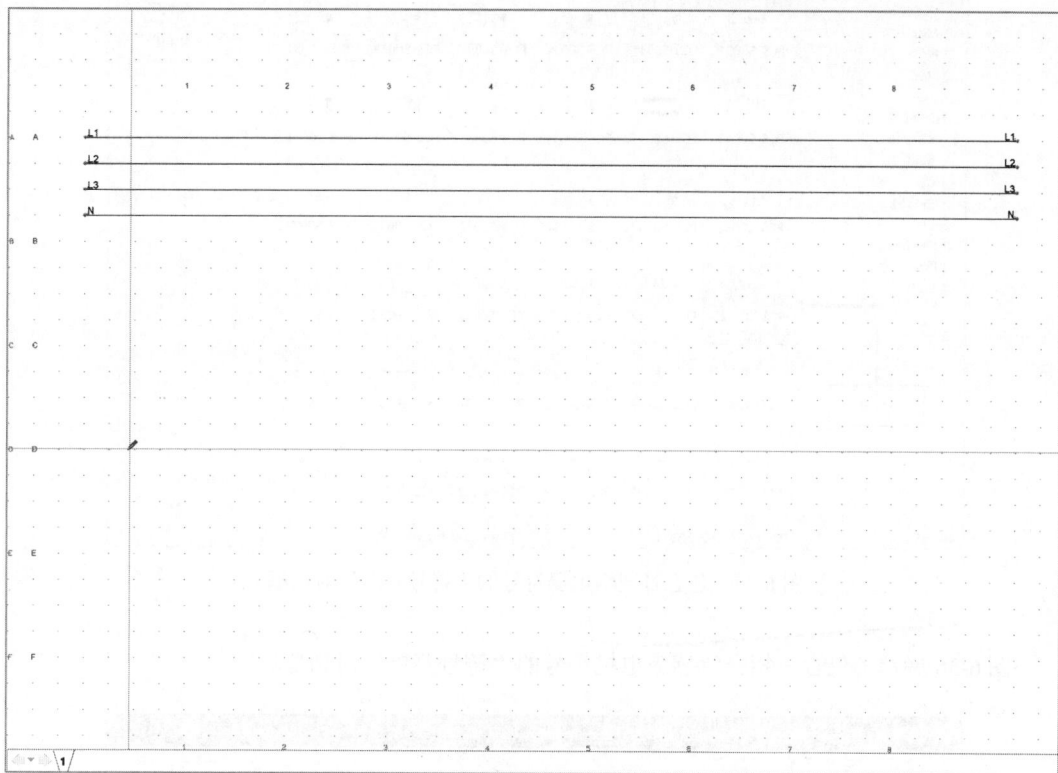

图 6-33 使用线条工具在工作区域中绘制的 3 条相线（L1、L2 和 L3）和 1 条中性线（N）

（3）使用前面章节介绍的步骤插入断路器、接触器、过载继电器和三相电机的符号，如图 6-34～图 6-36 所示。

图 6-34 展示了包含断路器和接触器符号的"符号菜单"对话框。

图 6-35 展示了包含过载继电器符号的"符号菜单"对话框。

图 6-34 包含断路器和接触器符号的"符号菜单"对话框

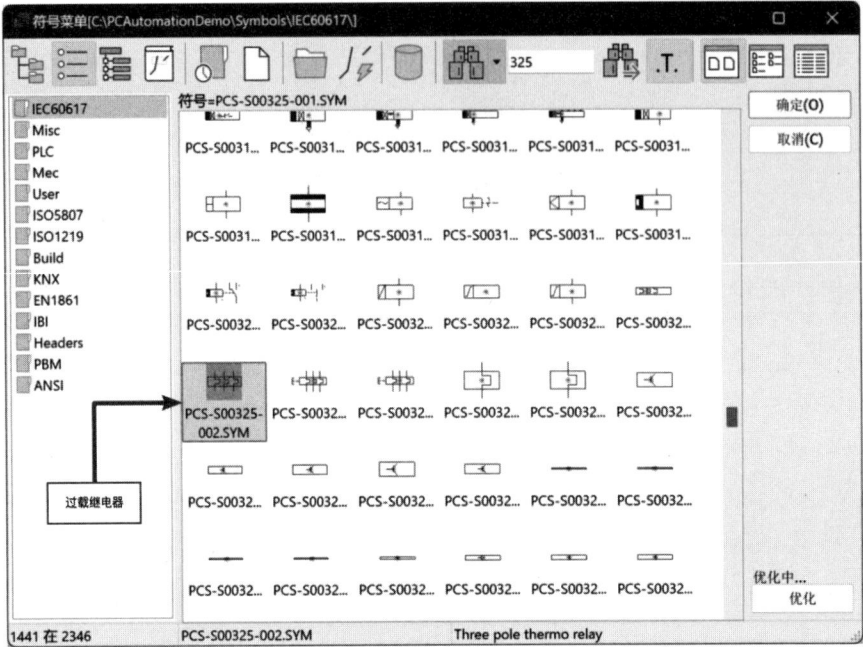

图 6-35　包含过载继电器符号的"符号菜单"对话框

图 6-36 展示了包含三相交流感应电机符号的"符号菜单"对话框。

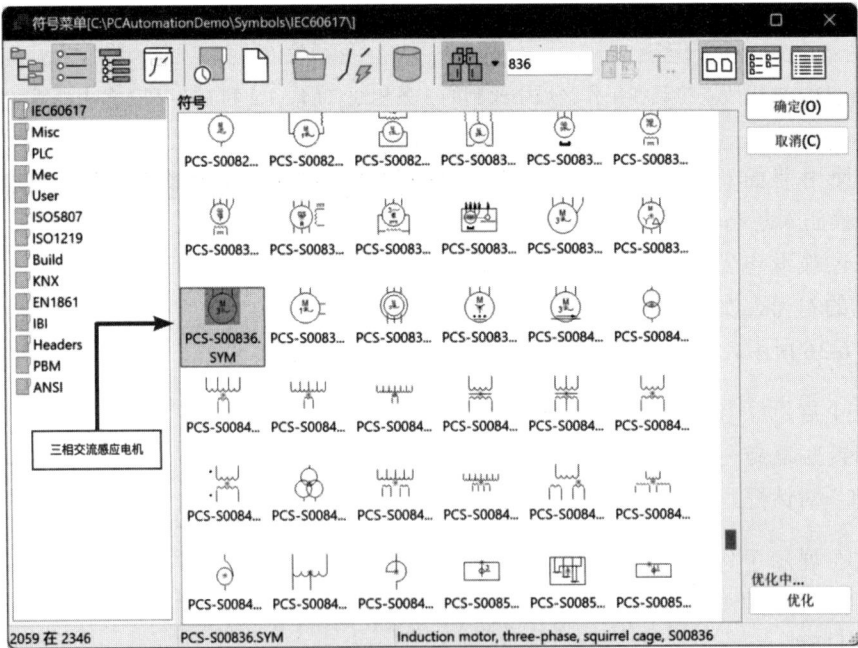

图 6-36　包含有三相交流感应电机符号的"符号菜单"对话框

（4）将所有必需的元件放置在工作区域后，得到如图 6-37 所示的内容。

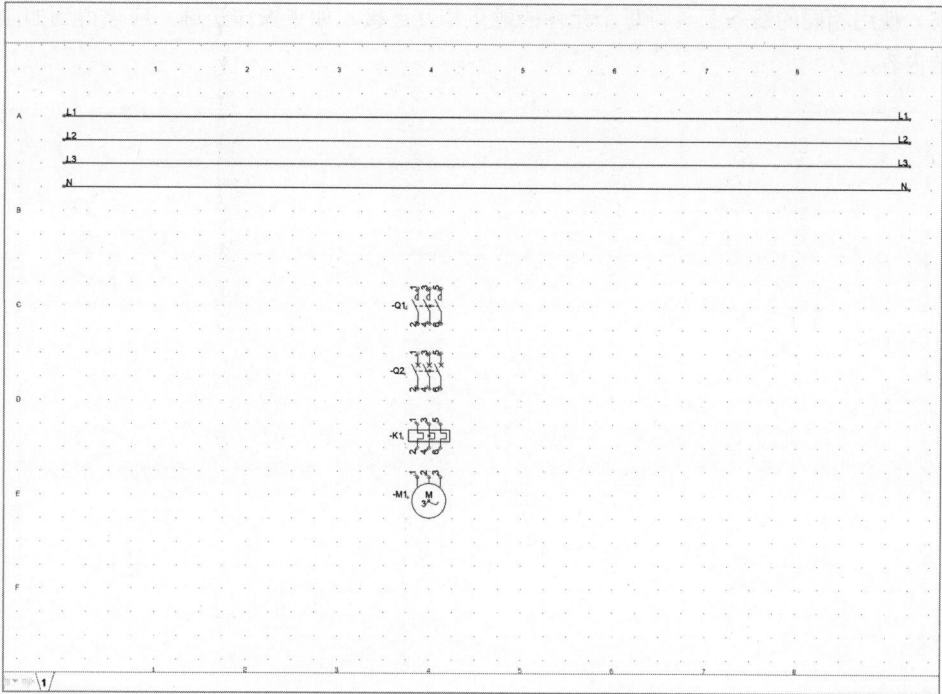

图 6-37　放置在工作区域中的必需元件符号

（5）使用前面介绍的线条工具将断路器上的触点连接到相线（L1、L2 和 L3），如图 6-38 所示。

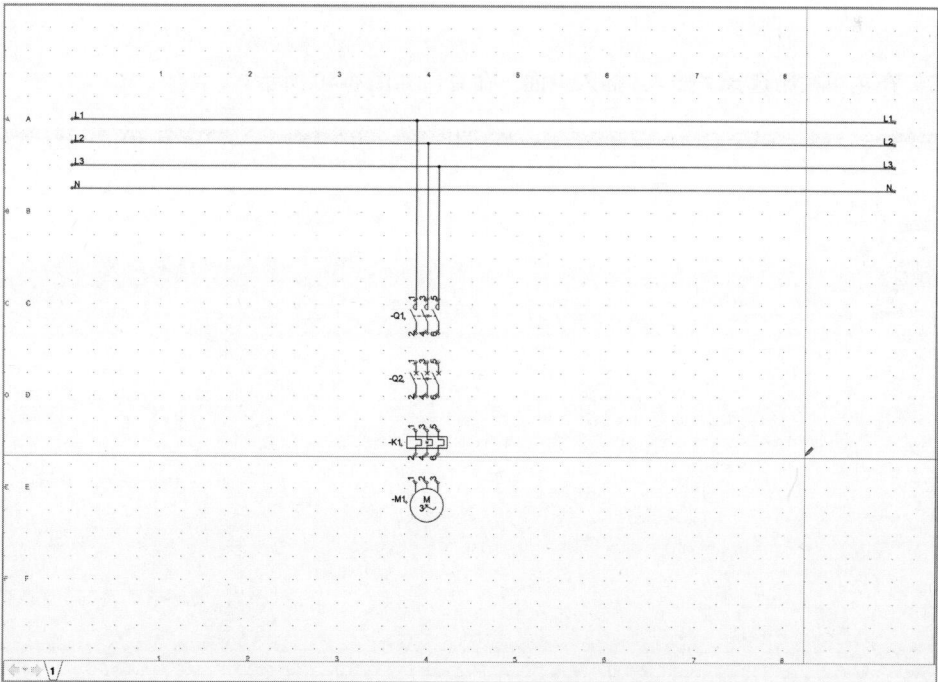

图 6-38　连接到 L1、L2 和 L3 的接触器触点

（6）使用相同的线条工具将每个元件的触点相互连接。如果操作正确，应该得到如图 6-39 所示的内容。

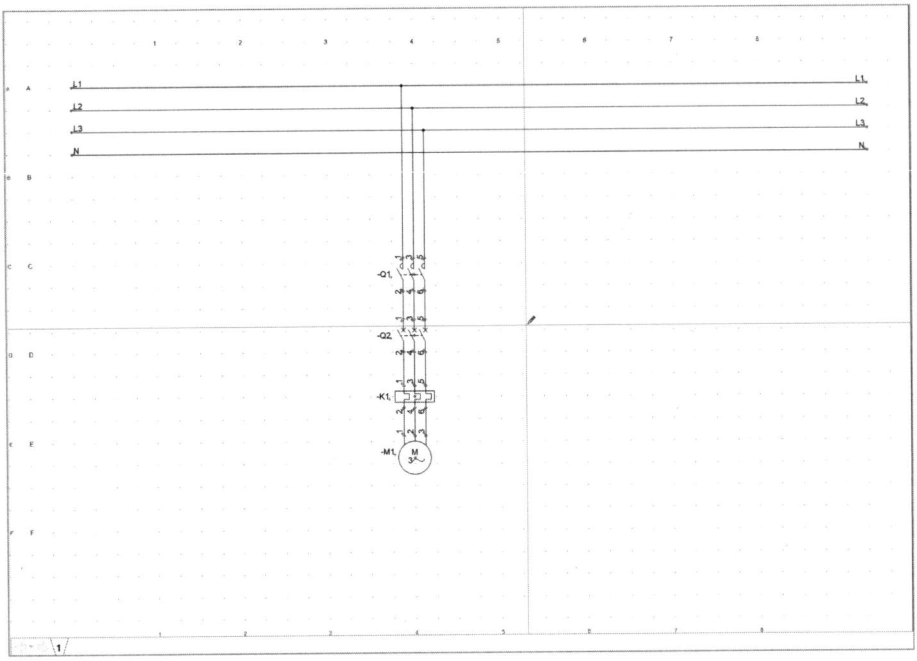

图 6-39　相互连接的元件触点

图 6-39 显示了直接在线（DOL）启动器的电源电路。现在尝试在第 2 页上绘制它的控制电路。

（7）在菜单栏中选择"插入 | 插入页面"命令，如图 6-40 所示。

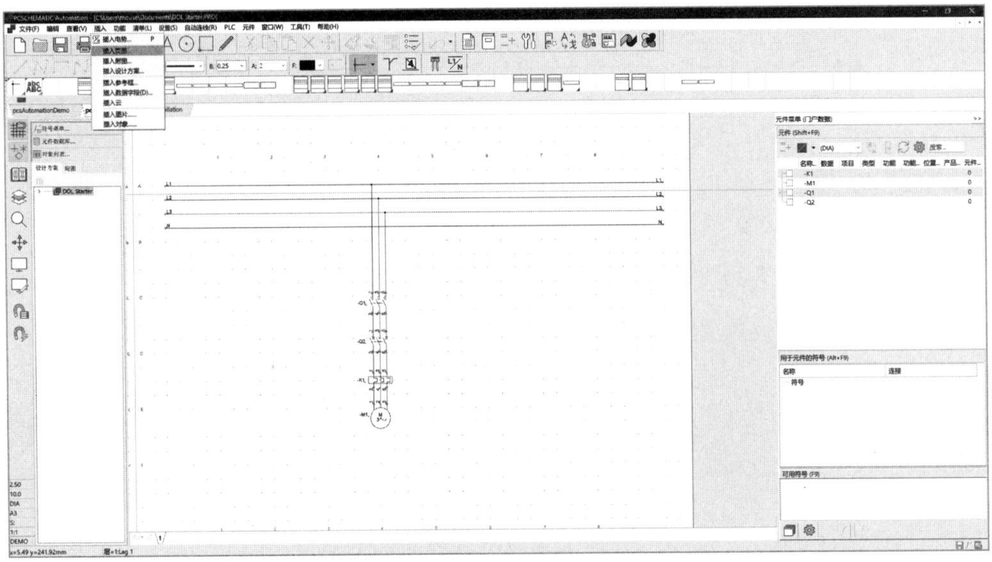

图 6-40　插入一个新页面

（8）在弹出的"页面功能"对话框中选中"常规"单选按钮，然后单击"确定"按钮，如图 6-41 所示。

（9）在弹出的"新建"对话框中选择"空白页面"选项，然后单击"确定"按钮，如图 6-42 所示。

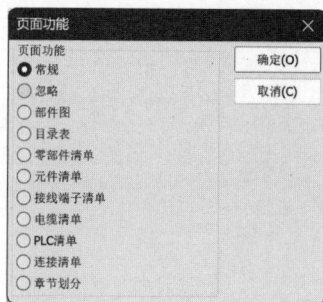

图 6-41 "页面功能"对话框

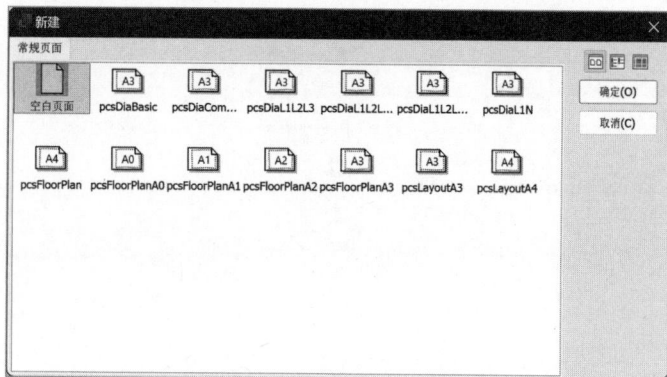

图 6-42 "新建"对话框

得到一个新页面（第 2 页），如图 6-43 所示。

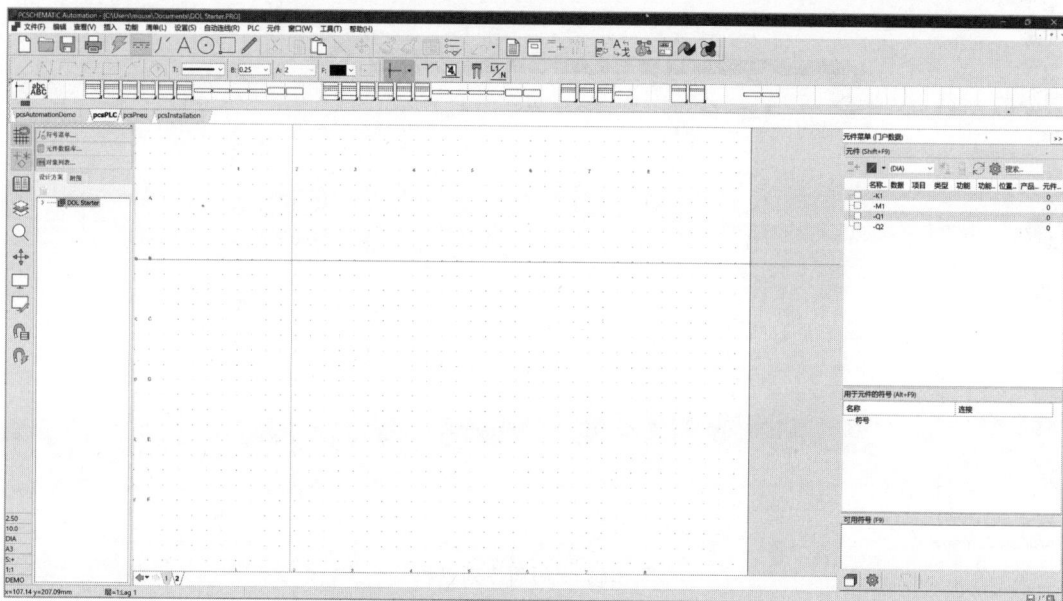

图 6-43 插入生成的新页面（第 2 页）

（10）右击工作区域，在弹出的快捷菜单中选择"页面数据"命令，如图 6-44 所示。

（11）在弹出的"设置"对话框的"首要标题"选项卡中选择"有图纸模板"复选框，然后单击"确定"按钮，如图 6-45 所示。

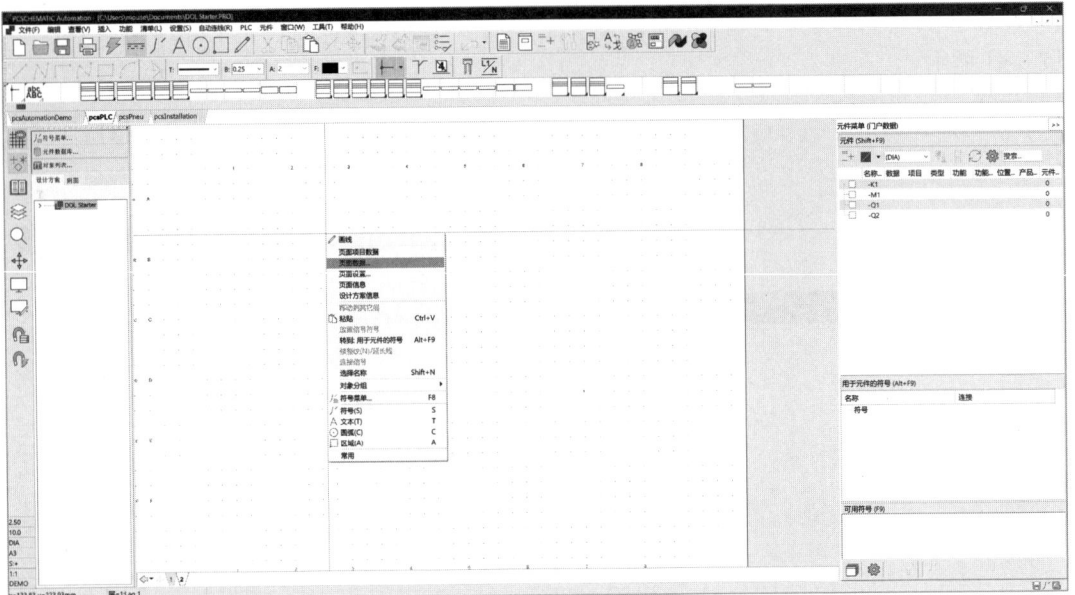

图 6-44　选择"页面数据"命令

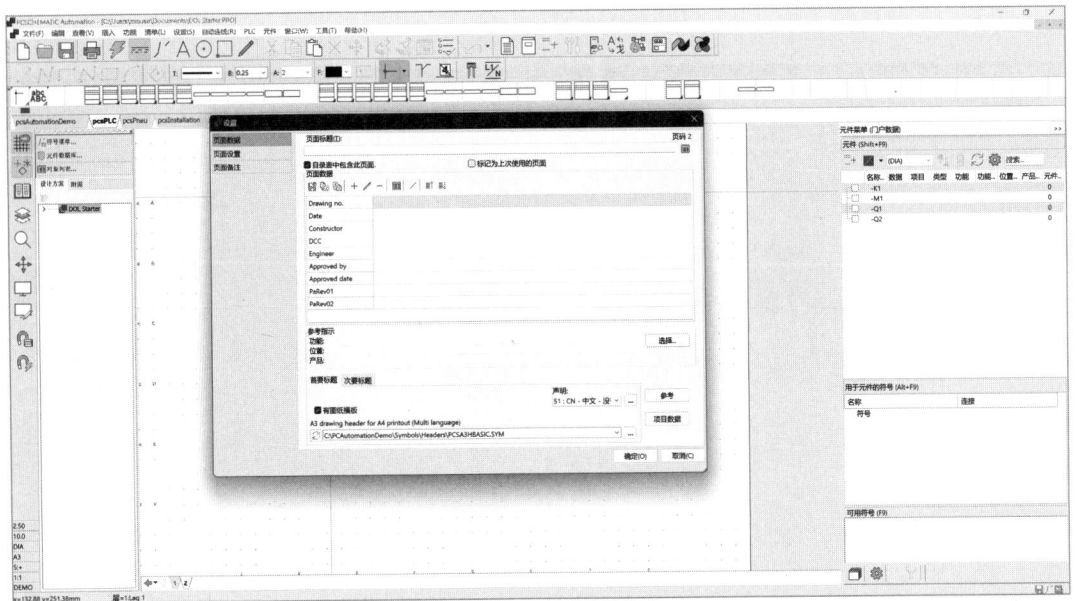

图 6-45　"设置"对话框

如果一切正常，应该看到如图 6-46 所示的内容。

（12）使用线条工具绘制线路 1（L1）和中性线（N），如图 6-47 所示。

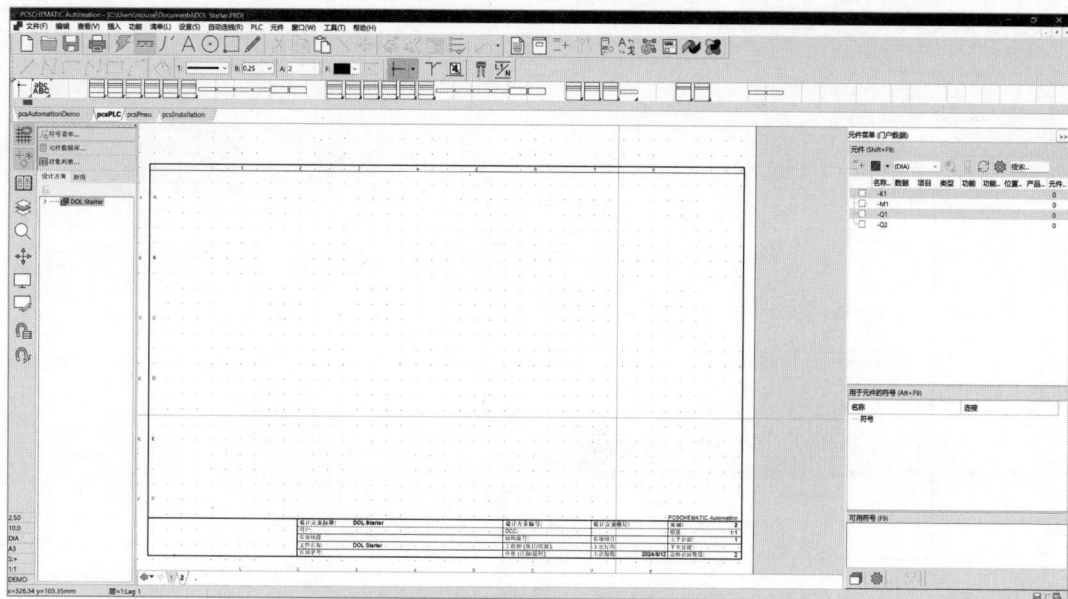

图 6-46 第 2 页包含了工程图纸的标题栏

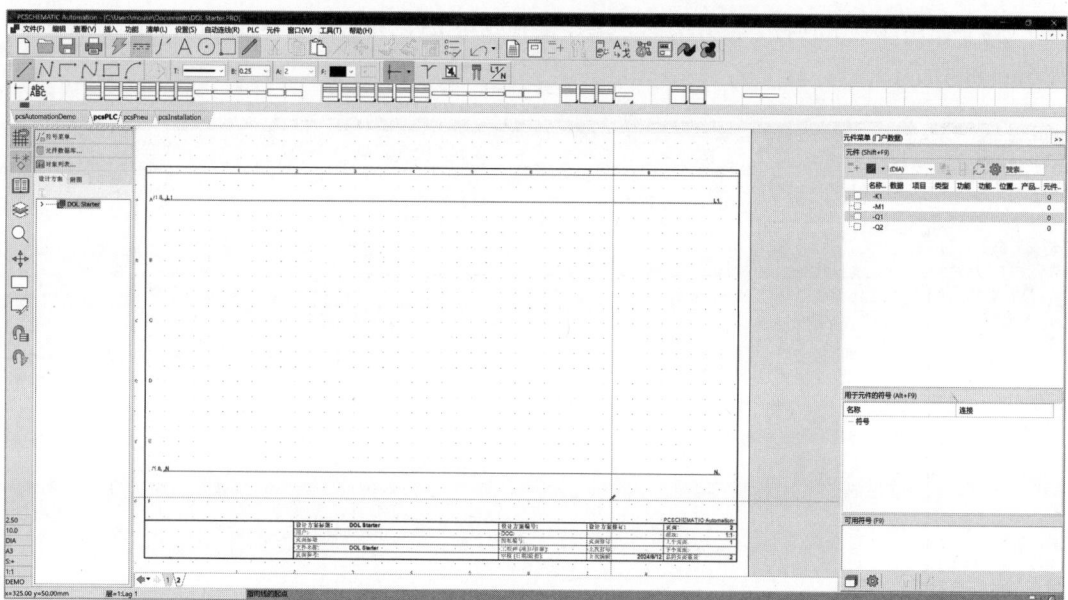

图 6-47 使用线条工具在工作区域中绘制的线路 1（L1）和中性线（N）

（13）在工作区域中放置必要的符号，如急停开关、过载触点（常闭）、停止按钮（常闭）、启动按钮（常开）、接触器辅助触点和接触器线圈，并按照如图 6-48 所示进行排列。所有的符号都可在"符号菜单"对话框中找到。

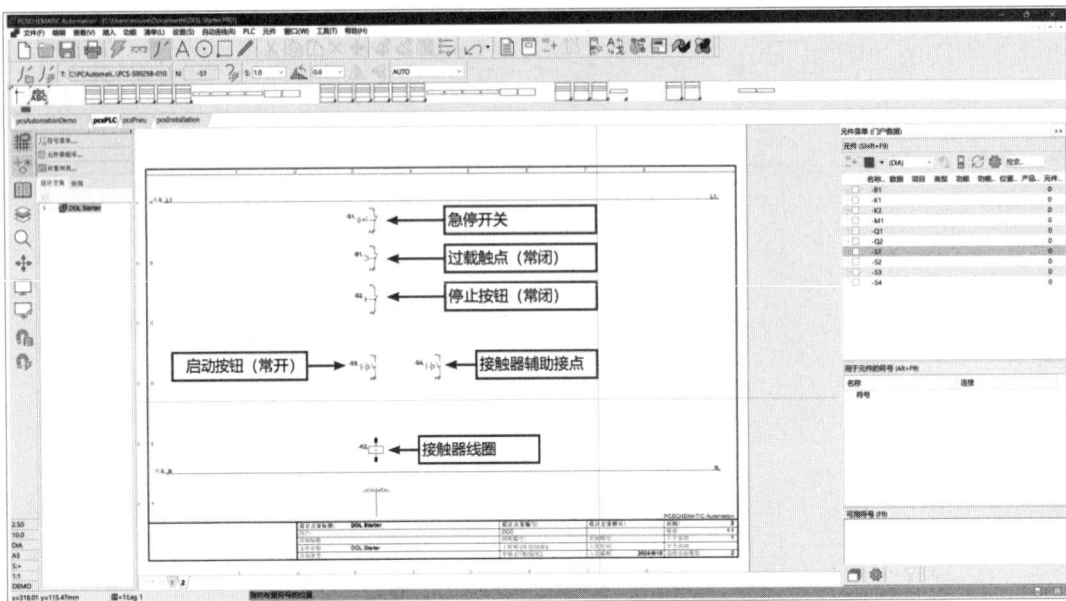

图 6-48　放置在工作区域中的必需符号

（14）使用线条工具将急停开关的一端连接到线路 L1，并将接触器线圈的一端连接到 N，如图 6-49 所示。

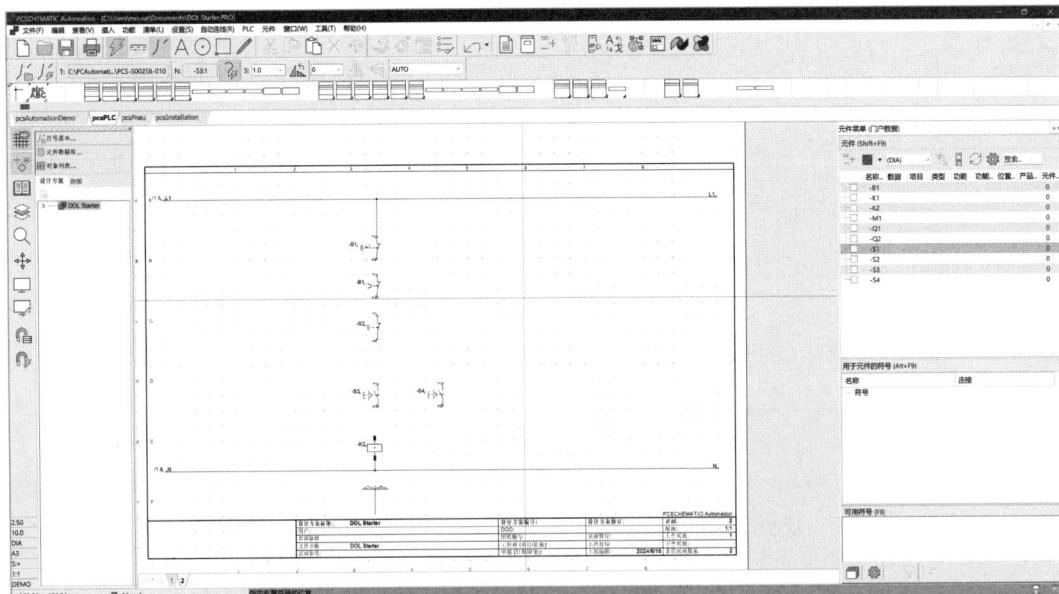

图 6-49　将急停开关的一端连接到 L1，接触器线圈的一端连接到 N

（15）最后，使用相同的线条工具连接其他触点，如图 6-50 所示。

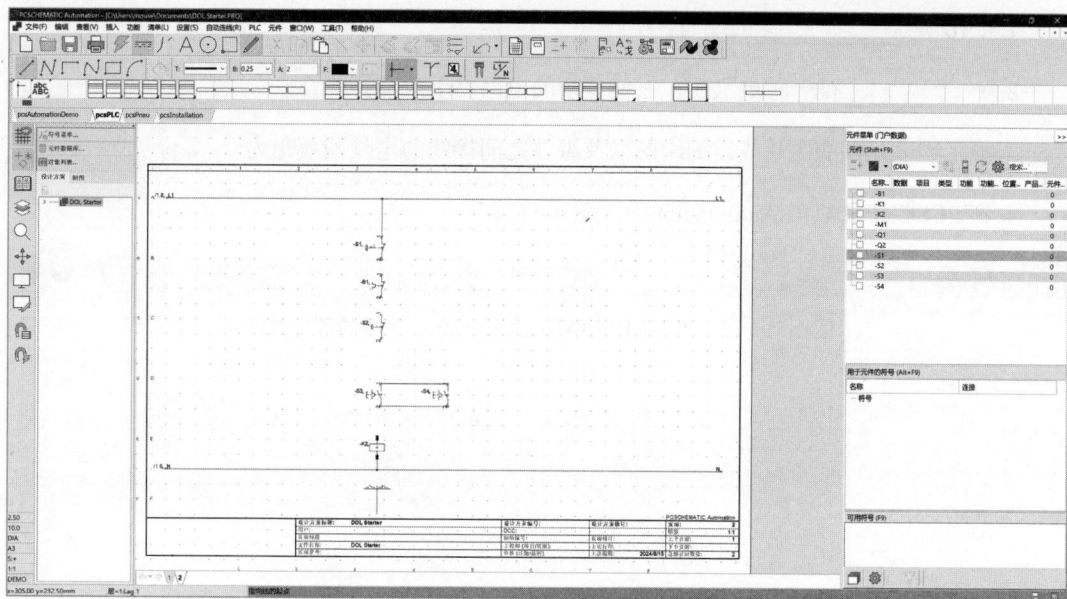

图 6-50 直接在线（DOL）启动器的控制电路

至此，就完成了绘制直接在线（DOL）启动器原理图的操作。读者可以使用在这里学到的技术绘制其他原理图。

6.9 总结

恭喜读者完成本章学习！在这一章中，深入学习了计算机辅助设计（CAD）软件的知识，特别是强大而专业的 CAD 软件 PCSCHEMATIC Automation 的实际应用。本章详细介绍了符号、线条、弧/圆形、文本和区域工具的使用方法，并提供了创建常见工业控制原理图——直接在线（DOL）启动器的分步指南。为了进一步帮助读者理解相关知识，每个步骤都配有相应的截图说明。

掌握本章内容对于提高电气设计和工程能力至关重要。CAD 软件不仅能提高工作效率，还能确保设计的准确性和一致性，这在现代工业环境中尤为重要。

下一章将介绍可编程逻辑控制器（PLC），它是各行各业自动化设备的"大脑"。了解 PLC 将帮助读者更全面地理解工业自动化系统的运作原理。

6.10 习题

以下内容用于测试读者对本章内容的理解程度。在尝试回答问题之前，请确保已经阅读并理解了本章中的主要内容。

1. CAD 是＿＿＿＿＿＿的缩写。

2. ＿＿＿＿＿＿是一种电气图，它使复杂的电路易于故障排除。

3. 显示物理元件的图片或详细绘图以及组件之间接线的电气图被称为 ＿＿＿＿＿＿。

4. 在 PCSCHEMATIC Automation 中，图 6-51 是＿＿＿＿＿＿。

图 6-51　显示 PCSCHEMATIC Automation 屏幕的部分截图

第二部分
深入理解 PLC、HMI 和 SCADA

本部分将带领读者深入理解工业自动化的核心工具——PLC、HMI 和 SCADA。读者将按照提供的详细分步说明进行学习。在某些步骤中，还提供了模拟功能。所以即使没有实际设备，读者也能更好地理解其工作原理和使用方法。通过动手实践的方式，原本复杂的内容变得简单易懂，易于掌握。

本部分包括以下章节：

第 7 章：PLC 硬件及接线详解

第 8 章：PLC 软件概述及 TIA Portal 编程入门

第 9 章：TIA Portal 之 PLC 编程深度探索

第 10 章：人机界面全面解析

第 11 章：探索监控与数据采集系统

第 7 章
PLC 硬件及接线详解

在 20 世纪 60 年代末可编程逻辑控制器（PLC）问世之前，工业自动化就已经存在。在引入 PLC 之前，继电器和定时器被广泛用于自动化制造过程，但它们面临许多挑战。例如，继电器和定时器占用大量空间、系统故障排除耗时，以及由于大量继电器按照特定顺序硬接线连接，导致对系统进行更改非常困难。PLC 通过占用更少的空间、易于故障排除，以及可以对 PLC 的控制系统进行轻松更改，解决了所有这些问题。图 7-1 展示了一个继电器室，其中密集的继电器阵列占用了大量空间，难以进行故障排除和对控制系统进行更改。

本章重点介绍 PLC 的硬件部分，读者将深入了解 PLC 的本质、构成 PLC 的各个部分、PLC 的工作原理、PLC 的类型、主要的 PLC 制造商与供应商，以及如何将前面几章中学到的传感器和执行器接线到 PLC。

图 7-1   继电器室中密密麻麻的继电器阵列

在本章中，将涵盖以下几方面主要内容：

- PLC 概述。
- PLC 模块详解。
- PLC 类型探究。
- PLC 扫描周期解析。
- PLC 主要制造商介绍。
- PLC 接线实践（1）——开关、指示灯和执行器的 PLC 接线。
- PLC 接线实践（2）——接近传感器（三线制）的接线。
- PLC 接线实践（3）——光电式传感器（反射式）的接线。
- 西门子 S7-1200 PLC（CPU 1211C AC/DC/Relay）的接线示例。

虽然本书的每一章都很重要，但为了更好地理解本章，第 2 章和第 3 章非常重要。

7.1 PLC 概述

PLC（可编程逻辑控制器）是一种用于自动化工业过程的工业计算机，包含硬件和软件两部分。它们主要应用于制造业，也可在交通运输、仓储、石油和天然气、建筑等其他行业中应用。PLC 也可被视为一种电子设备，它接受来自传感器和开关的输入信号，进行处理，然后输出信号以控制执行器。PLC 通过开关和传感器从生产现场获取数据，执行预先编写的程序逻辑，并根据程序逻辑的结果输出控制信号，控制与其连接的执行器或机器。PLC 几乎是所有现代工业自动化设备的"大脑"。

下面来深入了解构成 PLC 的各个部分。

7.2 PLC 模块详解

PLC 的硬件部分由多个模块组成。构成 PLC 的基本模块包括以下几个。

- 电源模块。
- CPU 模块。
- 输入模块。
- 输出模块。

图 7-2 展示了 PLC 的基本结构框图。

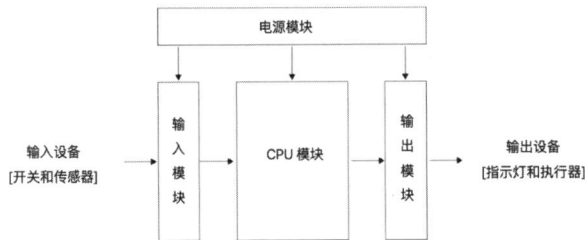

图 7-2　PLC 的基本结构框图

下面将逐一介绍每个模块。

7.2.1 电源模块

PLC 的电源模块为其他部件/模块提供适当的电压和电流。大多数 PLC 使用 24V 直流电源，而电网供电通常为 110V 或 220V 交流电，具体取决于所在国家。电源模块将 110V 或 220V 交流电作为输入，转换并输出所需的电压（通常为 24V 直流）和电流，供给 PLC 的其他部分。电源模块的电流额定值可能从 2A 到约 50A 不等，取决于 PLC 的规模和配置。图 7-3 展示了一款西门子电源模块实物。

　　PLC 的电源模块提供 PLC 正常运行所需的
能量。没有电源的 PLC 就像没有燃料的车辆。电
源模块的工作原理是首先利用变压器将通常为
110V 或 220V 的交流线路电压降压为较低的交流
电压；然后，通过整流器将较低电压的交流电转
换为直流电；接着，电容器对直流电进行平滑或
滤波；最后模块内的稳压电路提供稳定的直流输
出，通常为 24V 直流电。

图 7-3　西门子电源模块

7.2.2　CPU 模块

　　中央处理单元（CPU）可以被视为 PLC 系统的"大脑"。
它由处理器、内存和其他集成电路组成，负责程序执行、数
据存储，以及与其他外部设备（包括编程设备或个人计算机
（PC）、人机界面（HMI）、变频器（VFD）等）的通信。CPU
控制并协调 PLC 的整个运行。图 7-4 展示了西门子 PLC 的
CPU（S7-300 CPU 313）。

　　PLC 的 CPU 功能类似于人脑。人类的所有活动（如行走、
坐立等）都由大脑控制，同样，PLC 的所有操作都由 CPU 控
制。PLC 的 CPU 还可以与个人计算机的 CPU 进行连接，个人
计算机的 CPU 控制着计算机的所有活动。没有 CPU 的计算机
无法运行，同样，没有 CPU 的 PLC 也无法工作。CPU 执行写
入 PLC 的程序，并根据程序做出决策，以实现自动化控制、操
作机器，以及与其他设备进行通信。

图 7-4　西门子 PLC 的 CPU
（S7-300 CPU 313）

7.2.3　输入模块

　　输入模块是将所有输入设备（开关和传感器）连接到 PLC
的部分。它允许 PLC 监视执行必要控制功能所需的开关和传感
器的当前状态，以便在执行程序时使用。输入模块可以分为数
字和模拟两种类型。**数字输入模块**用于连接产生离散信号（开
或关）的输入设备，而**模拟输入模块**用于连接产生模拟信号（如
0 ～ 5V、0 ～ 10V、0 ～ 20mA 或 4 ～ 20mA）的输入设备。

　　图 7-5 展示了西门子 PLC 的一款数字输入模块（SM321，
DI 16X DC24V）。

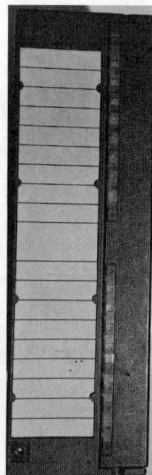

图 7-5　西门子数字输入模块
（SM321，DI 16X DC24V）

输入模块接收来自开关和传感器的信号，并将它们发送到 CPU 进行处理。

7.2.4 输出模块

输出模块是将 PLC 连接到输出设备或执行器的部分。输出设备可以是指示灯、继电器、接触器、电磁阀、控制阀等。PLC 输出模块根据输入的状态和 CPU 中编写的程序结果来操作或控制输出设备。

输出模块也可以分为两类，即数字输出模块和模拟输出模块。

- 数字输出模块：可以控制开关型的输出设备或负载，如指示灯、继电器、接触器、电磁阀等。数字输出模块产生二进制输出（1 或 0），对于这些负载意味着打开或关闭。
- 模拟输出模块：产生可变或变化的信号，范围可以是 0 ～ 5V、0 ～ 10V、0 ～ 20mA 或 4 ～ 20mA。它们用于控制需要在全开和全关之间调节的输出设备，如模拟电压表、模拟电流表、控制阀、变频器等。例如，可以将输出模块连接到控制阀，以在全开和全关之间缓慢地调整控制阀的开度。可以根据需要将控制阀打开到其最大开度的一半或三分之一。

根据输出电路中用于切换负载的元件类型，PLC 的输出模块可分为晶体管型、可控硅型或继电器型。

- 晶体管型：输出电路中使用晶体管来打开或关闭负载。晶体管型输出只能切换直流负载，具有速度快、寿命长、适用于小电流开关的特点。
- 可控硅型：输出电路中使用可控硅（TRIAC）来打开和关闭负载。它只能切换交流负载（即不能用于直流负载）。与继电器型相比，它具有更长的寿命和更快的速度。
- 继电器型：输出电路中使用继电器来切换负载。它可用于交流和直流负载，是最常见的 PLC 输出类型。

图 7-6 展示了西门子数字输出模块的实物图。

输出模块接收来自 CPU 的处理信号，以控制指示灯、继电器、接触器等输出设备。

图 7-6 西门子数字输出模块
（SM322，DO 16X DC24V/0.5A）

7.2.5 其他 PLC 模块

除了上述提到的 PLC 模块，PLC 还可以包含其他模块，分别如下。

- 通信模块：该模块允许 PLC 与工厂内部或远程的其他 PLC、PC 及设备进行通信。PLC 的通信模块通常具有支持特定通信协议（如 PROFIBUS、PROFINET、DeviceNet、Modbus、AS-i 或以太网）的接口或通信端口。可以在第 13 章中了解网络协议。S7-1200 PLC（注：西门子公司推出的一款 PLC，因其紧凑的设计、强大的功能和较低的成本，广泛应用于各种中小型自动化项目。）系统的通信模块包括 CM 1241 RS232、CM 1241 RS485、CM 1243-2 AS-i Master、CM 1242-5 PROFIBUS DP-Slave、CM 1243-5 PROFIBUS DP-Master、CP 1242-7 GPRS，具体取决于想要使用的通信协议类型。

- 定位模块：该模块允许在运动控制系统中进行各种位置控制、速度控制、扭矩控制等。三菱 Q 系列 PLC 的定位模块示例有 QD77GF4、QD77GF8、QD77MS16 等。

> **注意**：感性负载可能产生反向电动势，可能会损坏输出继电器。应使用二极管、压敏电阻或其他吸收电路来保护 PLC 输出免受反向电动势的损坏。

在本节中，读者已经了解了电源模块、CPU 模块、输入模块和输出模块。它们都是 PLC 系统的主要部件，深入理解这些部件将有助于更好地学习后续内容。

7.3　PLC 类型探究

根据硬件规格，PLC 主要分为两种基本类型。

- 紧凑型 PLC。
- 模块化 PLC。

7.3.1　紧凑型 PLC

在紧凑型 PLC 中，CPU、输入模块、输出模块，有时还有电源，都集成在一个模块中。

它默认具有固定或有限数量的 I/O（输入/输出），但部分设计支持扩展模块，可以添加这些模块以增加输入和输出的数量。紧凑型 PLC 也可以称为固定式或集成式 PLC。西门子的 S7-200 和 S7-1200 是紧凑型 PLC 的例子，而三菱的 FX1N、FX2N 等也是紧凑型 PLC 的代表。其他 PLC 制造商也有各自的紧凑型 PLC 系列或型号。

图 7-7 展示了西门子的一款紧凑型 PLC（S7-1200，CPU 1211C，AC/DC/Rly）。

7.3.2　模块化 PLC

在模块化 PLC 中，CPU、输入模块、输出模块和电源都是独立的，即它们未集成在一起。每个模块都插入到一个通用的机架/底板或总线中。

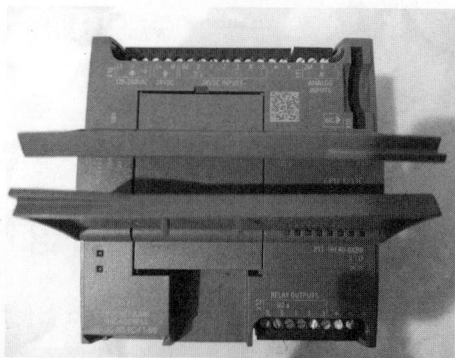

图 7-7　西门子的紧凑型 PLC

图 7-8　西门子的模块化 PLC

根据系统要求，可以通过插入额外的输入和输出模块来增加 I/O（输入/输出）的数量。机架/底板作为 PLC 系统的骨干，将每个模块（电源、CPU、输入、输出和其他模块）连接在一起。图 7-8 展示了西门子的一款模块化 PLC（S7-300）。

在本节中，读者已经了解了两种基本类型的 PLC：紧凑型 PLC 和模块化 PLC。下面来学习 PLC 的扫描周期。

7.4　PLC 扫描周期解析

PLC 扫描周期是解释 PLC 工作原理的有效方法。通过了解它，可以更好地理解 PLC 的运行机制。

PLC 扫描周期是指 PLC 读取输入、运行 PLC 程序、执行诊断和通信任务并更新输出的循环过程。这是一个重复性的过程。PLC 完成一个扫描周期所需的时间称为**扫描时间**，以毫秒为单位。

图 7-9 是 PLC 扫描周期的详解示意图。

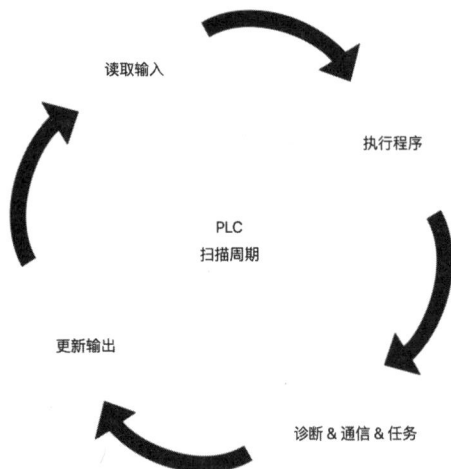

图 7-9　PLC 扫描周期

PLC 扫描周期可能会因所使用的 PLC 具体型号而略有不同。基本上，PLC 首先读取输入，即检查连接的开关和传感器的状态，以确定哪个是开启或关闭的，或者如果是模拟量，则获取当前值。然后，根据输入的状态执行用户程序。接下来，PLC 执行通信任务，包括向控制网络（如 Profibus、Modbus、EtherNet/IP 等）传递必要的信息。它还执行诊断任务，以确保整个 PLC 系统正常运行。然后，在开始新的扫描之前更新输出。

了解 PLC 扫描周期对理解 PLC 工作原理至关重要。接下来，将介绍一些主要的 PLC 制造商。

7.5　PLC 主要制造商介绍

了解主要的 PLC 制造商对选择和使用 PLC 非常重要。下面介绍一些行业领先的 PLC 制造商：

- 西门子（Siemens）：西门子是工业自动化行业中最大的品牌。它们的 PLC 系列和自动化系统称为 SIMATIC，代表 "Siemens Automatic"（西门子自动化）。因此，西门子 PLC 的品牌名称是 SIMATIC。西门子提供各种产品系列，包括 SIMATIC LOGO! PLC、SIMATIC S7-200 系列 PLC、SIMATIC S7-300 系列 PLC、SIMATIC S7-400 系列 PLC、SIMATIC S7-1200 系列 PLC 和 SIMATIC S7-1500 系列 PLC。
- 罗克韦尔自动化（Rockwell Automation）：罗克韦尔自动化是一家总部位于美国威斯康星州密尔沃基的公司。它们的 PLC 产品品牌名称是 Allen-Bradley。罗克韦尔自动化的 PLC 产品系列包括 Allen-Bradley Micrologix PLC 系统、Allen-Bradley CompactLogix 小型 PLC 系统、Allen-Bradley ControlLogix 大型 PLC 系统等。
- 三菱电机（Mitsubishi Electric）：三菱电机是一家总部位于日本东京的公司，也是顶级的 PLC 制造商之一。三菱 PLC 产品的品牌名称是 MELSEC，其产品系列包括 MELSEC-Q 系列、MELSEC-FX 系列、MELSEC-A 系列等。
- 欧姆龙株式会社（Omron Corporation）：欧姆龙也是一家位于日本京都的公司，它们也是 PLC 专业厂商。欧姆龙 PLC 的品牌名称是 SYSMAC。其紧凑型 PLC 系列包括 CPM1A、CPM2A、CP1E、CP1L、CP1H 等；模块化 PLC 系列包括 CJ2M、CJ2H 等；机架式 PLC 系列包括 CS1H、CS1G 和 CS1D。

其他知名的 PLC 制造商及其总部所在地如下。

- 施耐德电气（Schneider Electric）：法国。
- 艾默生（Emerson）（原通用电气 GE）：美国。
- 基恩士（Keyence）：日本。
- B&R 工业自动化（B&R Industrial Automation，现在是 ABB 集团的一部分）：奥地利。
- ABB：瑞士。
- 台达电子（Delta Electronics）：中国台湾。

在本节中，读者已经了解了顶级的 PLC 制造商，包括西门子、罗克韦尔自动化、三菱电机、欧姆龙公司等。还有其他未提及的顶级制造商。PLC 市场规模庞大且增长迅速。随着工业自动化的兴起，工业对 PLC 的需求越来越高。未来，将有更多的 PLC 制造商加入这个市场。

下面来学习有关 PLC 接线的知识。

7.6　PLC 接线实践（1）——开关、指示灯和执行器的 PLC 接线

在本节中，将探讨输入设备（开关）和输出设备（指示灯和执行器）与 PLC 的连接（接线）。下拉（sinking）和上拉（sourcing）是 PLC 接线中的两个重要术语。它们用于描述两个电路或设备之间传统电流流动的方向。传统上，电流总是从正电位（+）流向负电位（−）。每当两个设备之间有电流流动时，一个将是上拉的，另一个将是下拉的。

上拉设备是提供电流的设备（正极），而**下拉设备**是吸收电流的设备（即连接到负极或地的设备）。

在 PLC 接线中，所涉及的两个设备是输入设备和输入模块，或输出设备和输出模块。有些 PLC 的输入/输出模块只能下拉，而有些则可以下拉或上拉，这完全取决于制造商的设计。无论读者在本书中获取了哪些信息，都建议在接线之前查阅输入或输出模块的手册。

许多 PLC 制造商通常在其 PLC 的输入或输出模块上有一个公共端子连接正/负极。当输入/输出模块的公共端子连接到电源的正极（+24V）时，称输入/输出模块为**上拉**；当该公共端子连接到电源的负极（－或 0V）时，称输入/输出模块为**下拉**。

在本书中，将遵循以下 PLC 接线的简单规则。

- 上拉输入设备（开关和传感器）必须连接到下拉输入模块。图 7-10 展示了上拉输入设备（常开（NO）按钮、常闭（NC）按钮，以及限位开关和浮球开关）与下拉输入模块的连接。
- 下拉输入设备（开关和传感器）必须连接到上拉输入模块。图 7-11 展示了下拉输入设备（常开（NO）按钮、常闭（NC）按钮，以及限位开关和浮球开关）与上拉输入模块的连接。
- 上拉输出设备（指示灯和执行器）必须连接到下拉输出模块。图 7-12 展示了上拉输出设备（指示灯、继电器、电磁阀）与下拉输出模块的连接。
- 下拉输出设备（指示灯和执行器）必须连接到上拉输出模块。图 7-13 展示了下拉输出设备（指示灯、继电器、电磁阀）与上拉输出模块的连接。

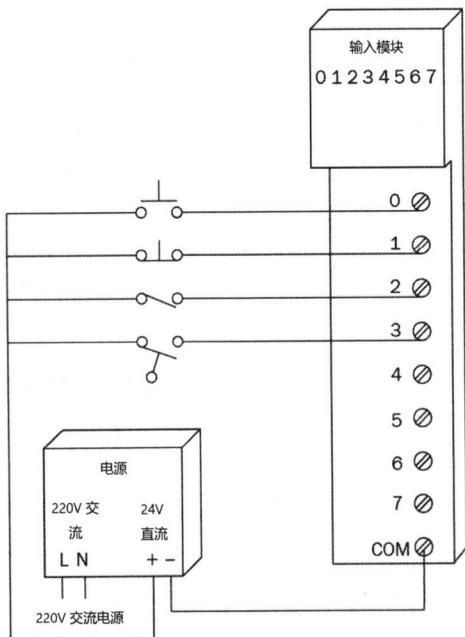

图 7-10　上拉输入设备与下拉输入模块的连接　　　图 7-11　下拉输入设备与上拉输入模块的连接

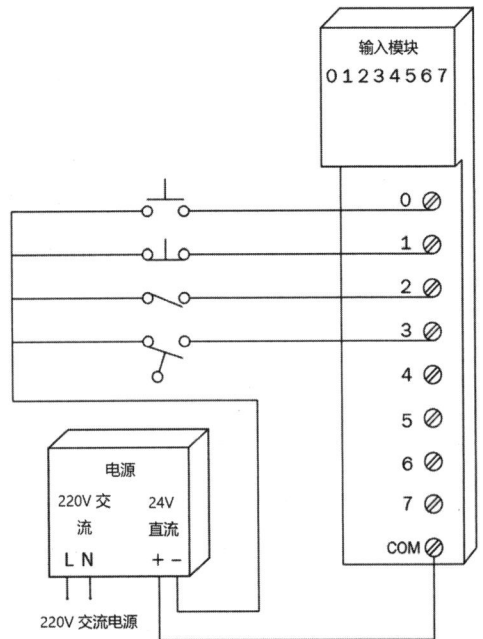

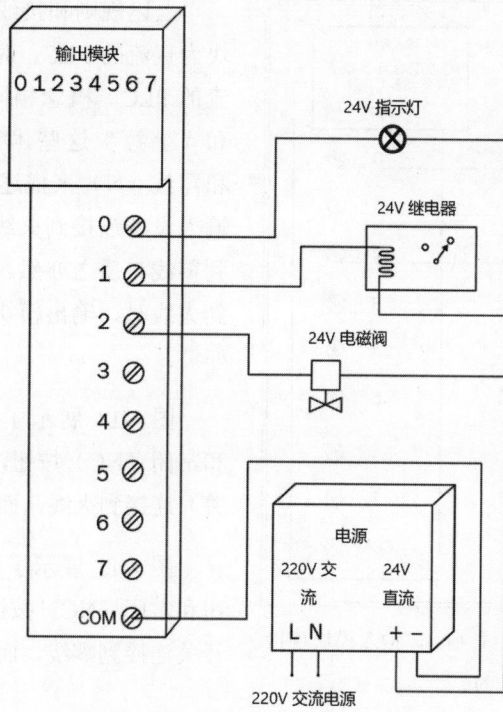

图 7-12　上拉输出设备与下拉输出模块的连接

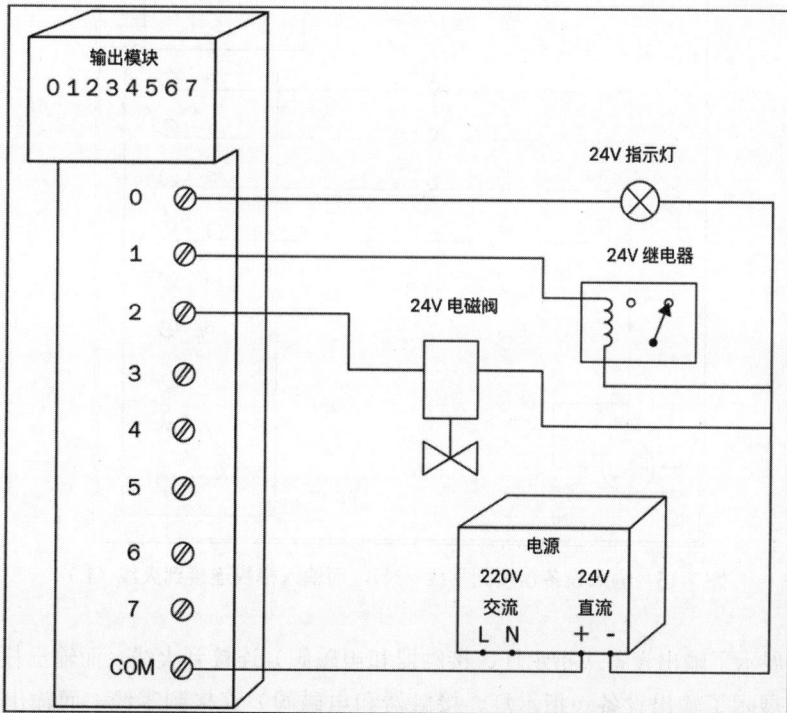

图 7-13　下拉输出设备与上拉输出模块的连接

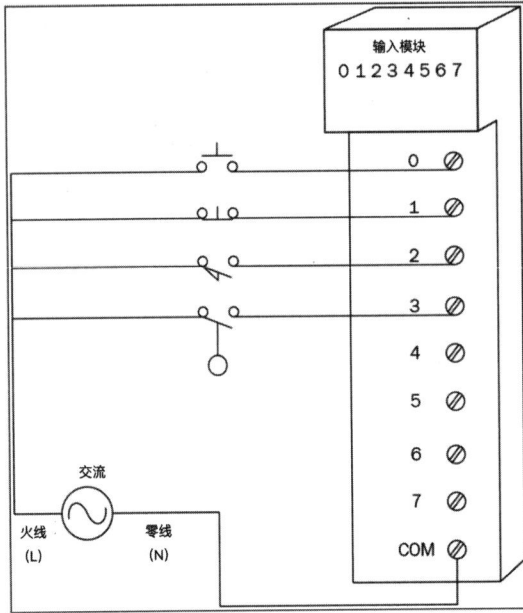

图 7-14　输入设备连接到火线（L），输入模块连接到零线（N）

上述规则和接线图适用于输入或输出模块为直流的 PLC。对于输入或输出模块为交流的 PLC，概念相同，只是不使用"下拉"和"上拉"这些术语。可以使用火线（L）和零线（N）来描述设备的连接。例如，当输入设备连接到火线时，输入模块必须连接到零线，反之亦然。同样，当输出设备连接到火线时，输出模块必须连接到零线，反之亦然。

图 7-14 展示了输入设备（常开（NO）和常闭（NC）按钮，以及限位开关和浮球开关）连接到火线，而输入模块连接到零线。

图 7-15 展示了输入设备常开（NO）按钮和常闭（NC）按钮，以及限位开关和浮球开关连接到零线，而输入模块连接到火线。

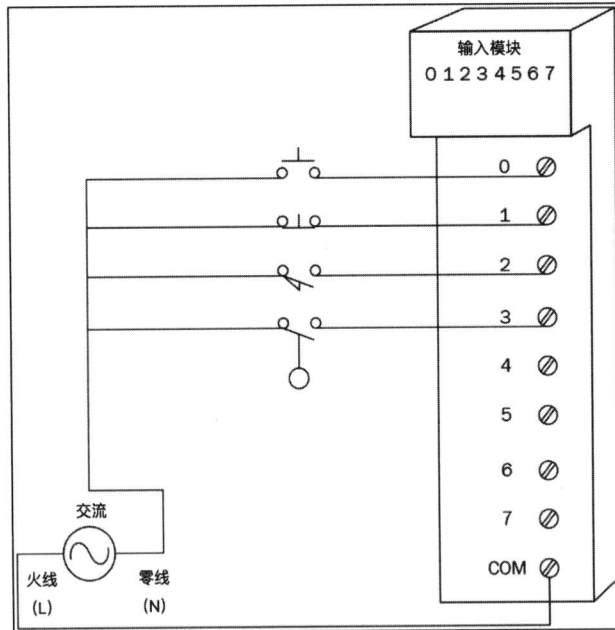

图 7-15　输入设备连接到零线（N），而输入模块连接到火线（L）

图 7-16 展示了输出设备（指示灯、接触器和电磁阀）连接到火线，而输出模块连接到零线。图 7-17 展示了输出设备（指示灯、接触器和电磁阀）连接到零线，而输出模块连接到火线。

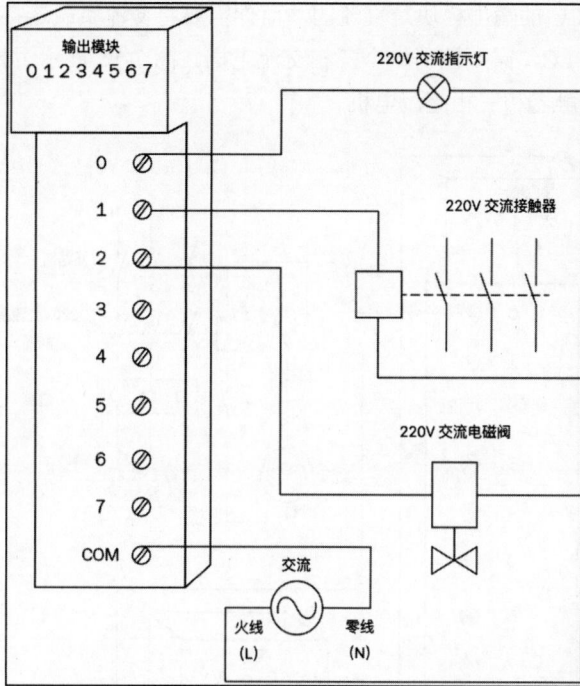

图 7-16　输出设备连接到火线（L），而输出模块连接到零线（N）

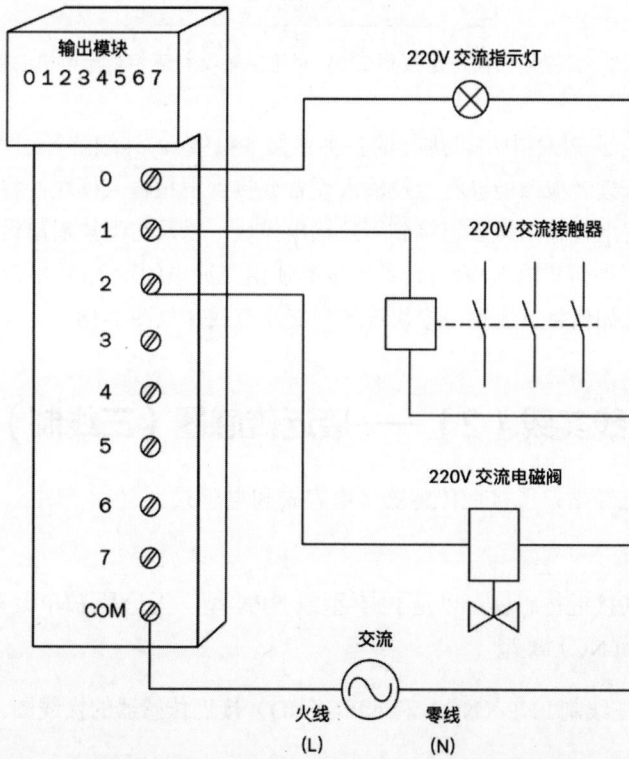

图 7-17　输出设备连接到零线（N），输出模块连接到火线（L）

在某些情况下，PLC 的输出模块是直流的，而你需要将交流负载连接到它。例如，你可能有一个带直流输出的 PLC，需要控制一个三相交流电机。图 7-18 展示了直流输出模块的接线，它连接到 220V 交流接触器和三相交流电机。

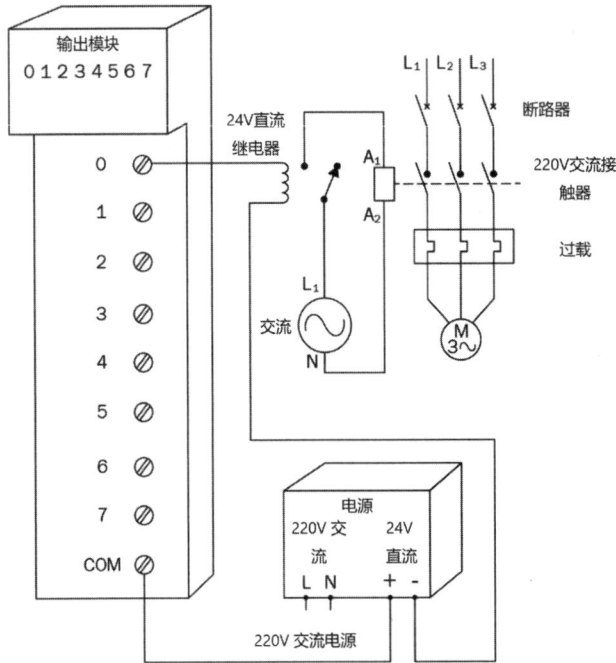

图 7-18　直流输出模块连接到 220V 交流接触器和三相交流电机的接线

在本节中，讨论了 PLC 中可以进行的各种连接（接线）。详细解释了"下拉"和"上拉"这两个术语。现在，读者应该能够将上拉输入设备连接到下拉输入模块，将下拉输入设备连接到上拉输入模块，将上拉输出设备连接到下拉输出模块，以及将下拉输出设备连接到上拉输出模块。本节还解释了如何将输入/输出设备连接到使用交流电的输入/输出模块，并展示了一张接线图，有助于理解如何将直流输出模块连接到交流负载（见图 7-18）。

7.7　PLC 接线实践（2）——接近传感器（三线制）的接线

在第 2 章中，已经学习了接近传感器（电容式和电感式）。在本节中，将学习如何将它们连接到 PLC。

电容式和电感式接近传感器可以是 **PNP 型**或 **NPN 型**。无论是 PNP 还是 NPN，都可以有常开（NO）或常闭（NC）类型。

图 7-19 展示了三线制 PNP（NO）和 NPN（NO）接近传感器的接线图。

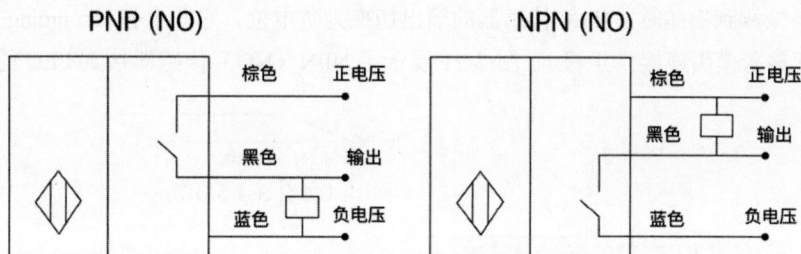

图 7-19　三线制 PNP（NO）和 NPN（NO）接近传感器接线图

现在，来分别介绍 PNP 和 NPN 传感器。

7.7.1　PNP 传感器

PNP 传感器可以称为上拉（sourcing）传感器。回想一下，上拉输入设备提供电流（正极，+），因此，PNP 传感器将提供正电位。当检测到物体时，它的输出切换为正电位。它通常与下拉（sinking）输入模块一起使用（即输入模块的公共端子连接到负极或地）。图 7-20 展示了 PNP（NO）传感器与 PLC 的连接。

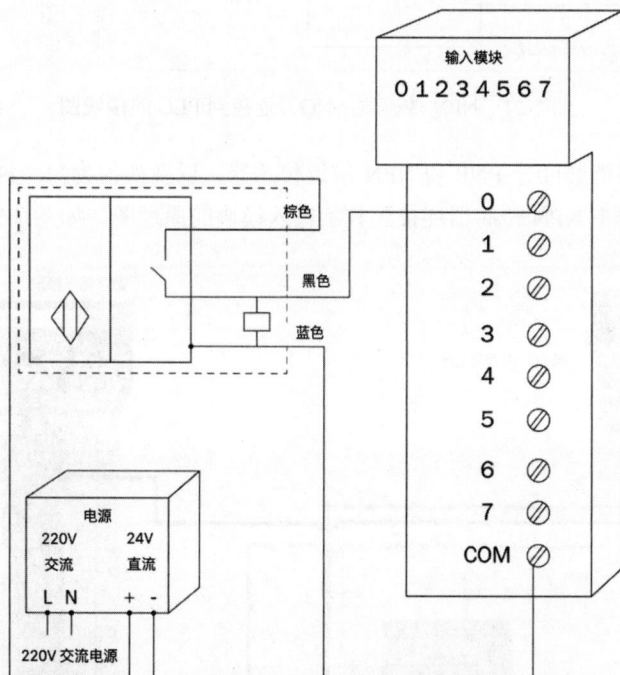

图 7-20　PNP 传感器（NO）连接到 PLC 的接线图

7.7.2　NPN 传感器

另一方面，NPN 传感器可以称为下拉（sinking）传感器。回想一下，下拉输入设备吸收电流，因此，当检测到物体时，NPN 传感器的输出切换为负电位。它与上拉（sourcing）输入模块一起使用（即输入模块连接到正极）。图 7-21 展示了 NPN（NO）传感器接到 PLC 的接线图。

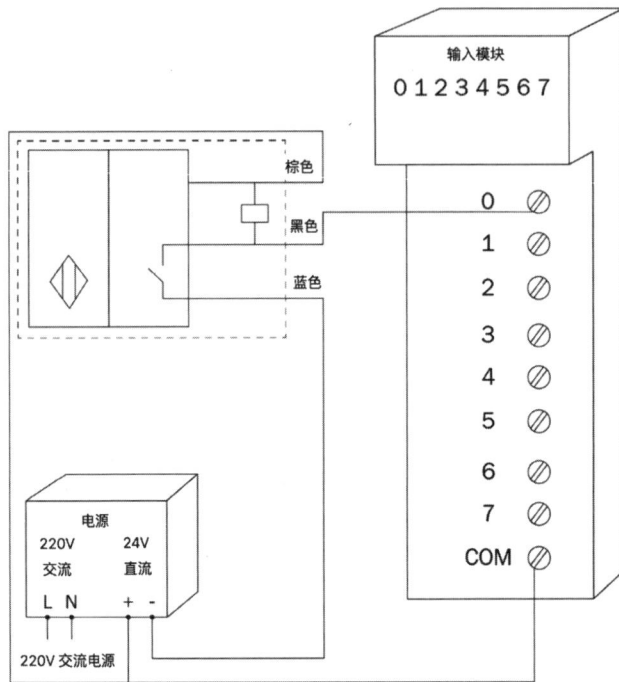

图 7-21　NPN 传感器（NO）连接到 PLC 的接线图

现在，读者已经能够区分 PNP 和 NPN 接近传感器，以及如何为每一种传感器接线。为了更好地理解，来看一下 NPN 传感器连接到数字输入模块的原理图，如图 7-22 所示。

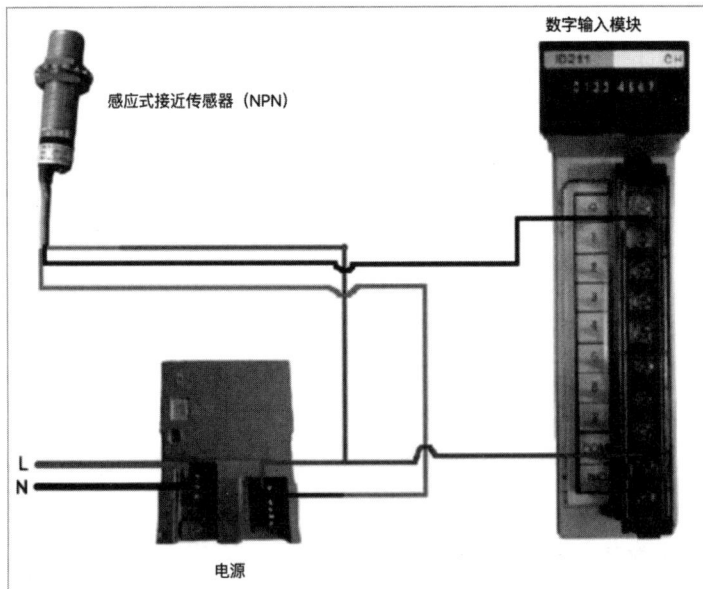

图 7-22　NPN 传感器连接到数字输入模块的原理图

在本节中，读者已经学习了将接近传感器（三线制）连接到 PLC 的基本方法，现在应该能够将 PNP 或 NPN 接近传感器连接到 PLC。

在下一节中，将学习如何将光电式传感器连接到 PLC。

7.8　PLC 接线实践（3）——光电式传感器（反射式）的接线

在第 2 章中已经讲解了光电式传感器，在本节中，将学习如何将光电式传感器接线到 PLC 输入模块。

第 2 章中的图 2-49 展示了反射式光电接近传感器的接线图。

第 2 章中描述的反射式光电接近传感器可以根据与其一起使用的输入模块是下拉还是上拉，来切换为正电位或负电位。如果白色（WH）线连接到正极，那么当检测到物体时，黑色（BK）线将输出正电位（+）；如果白色（WH）线连接到负极，那么当检测到物体时，黑色（BK）线将输出负电位（−）。

图 7-23 展示了光电式传感器连接到**下拉**输入模块的接线。

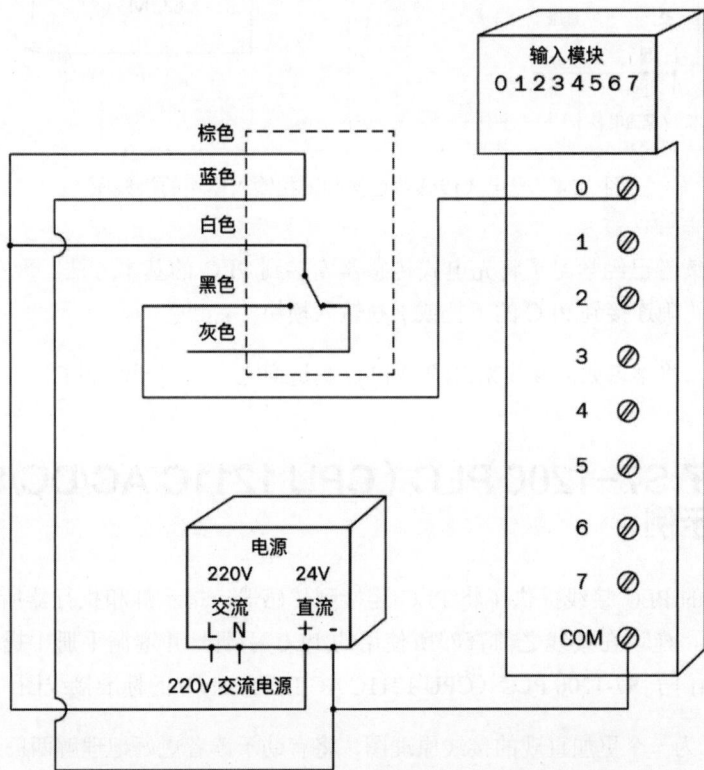

图 7-23　光电式传感器连接到下拉输入模块的接线图

图 7-24 展示了光电式传感器连接到**上拉**输入模块的接线。

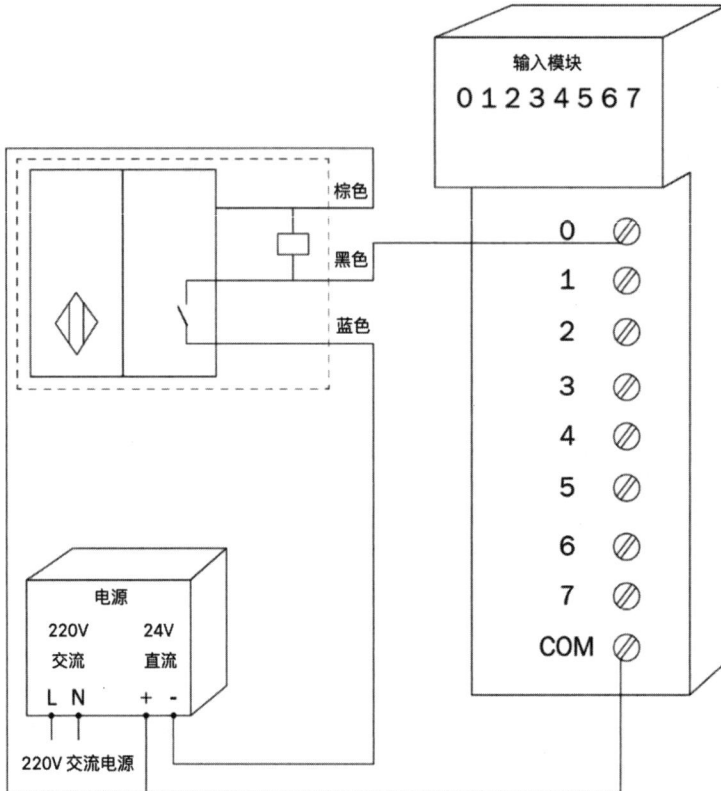

图 7-24　光电式传感器连接到上拉输入模块的接线图

在本节中，读者已经学习了将光电式传感器连接到 PLC 的基本方法。现在读者应该能够将光电式传感器正确连接到 PLC 的下拉或上拉输入模块。

在下一节中，将学习如何接线来自顶级 PLC 制造商之一西门子的 PLC。

7.9　西门子 S7-1200 PLC（CPU 1211C AC/DC/Relay）的接线示例

本章所介绍的 PLC 接线提供了将 PLC 连接到传感器、指示灯和执行器所需的基本技能。但在实际操作中，建议在接线之前查阅所使用的 PLC 手册，并遵循手册中提供的接线指南。图 7-25 展示了西门子 S7-1200 PLC（CPU 1211C AC/DC/Relay）的标准接线图。

图 7-26 所示为一个更加直观的接线原理图，将有助于读者更好地理解西门子 S7-1200 PLC（CPU 1211C AC/DC/Relay）的接线过程。

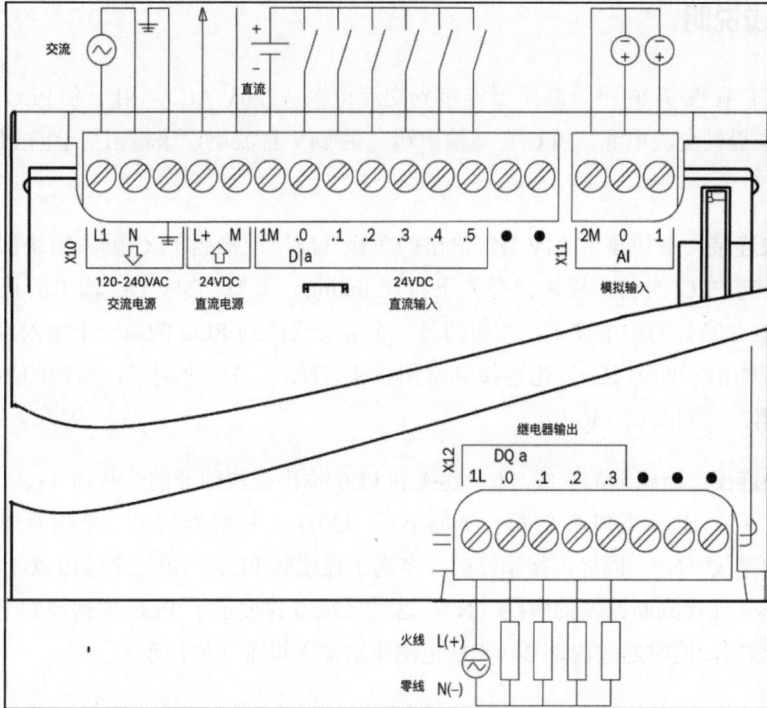

图 7-25　西门子 S7-1200 PLC 接线图（CPU 1211C AC/DC/Relay）

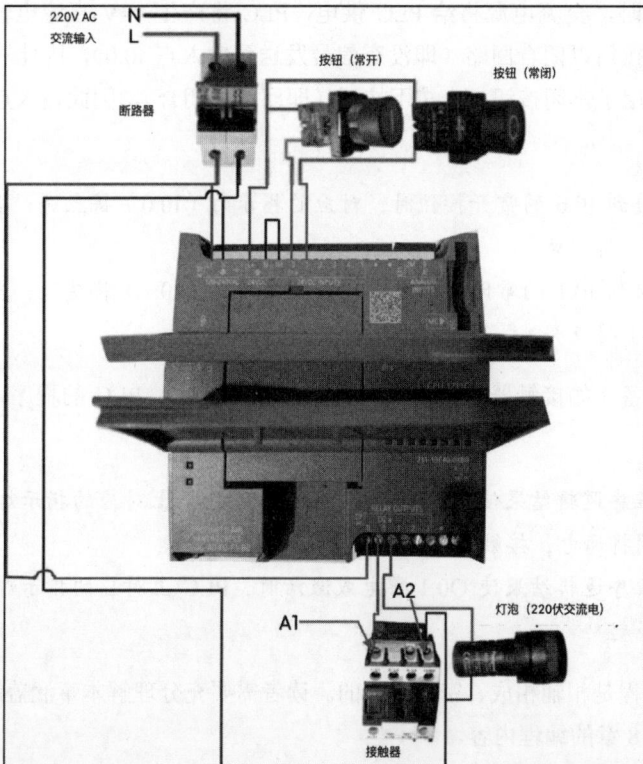

图 7-26　西门子 S7-1200 PLC（CPU 1211C AC/DC/Relay）接线原理图

7.9.1 接线说明

电源连接：在图 7-26 中，断路器连接到交流电源（220V AC），用于在 PLC 的 120-220V 输入端为 PLC 提供交流电源。PLC 在其输出端产生 24V 直流电，该输出用于向 PLC 的输入端发送信号。

输入模块连接（下拉型）：24V DC 输出的负极（M）连接到 PLC 输入模块部分的公共端（M），这意味着 PLC 的输入模块部分为下拉（sinking）类型。24V DC 输出的正极（L+）连接到常开按钮（NO）的一个端子，按钮的另一个端子连接到 PLC 的第一个输入点（I0.0）。同样，24V DC 输出的正极（L+）也连接到常闭按钮（NC）的一个端子，按钮的另一个端子连接到 PLC 的第二个输入点（I0.1）。

输出模块连接：断路器的火线（L）连接到 PLC 输出模块部分的公共端（L）。接触器的一个线圈端子（A1）连接到 PLC 的第一个输出点（Q0.0），接触器的另一个线圈端子（A2）连接到断路器的零线（N）。同样，指示灯的一个端子连接到 PLC 的第二个输出点（Q0.1），指示灯的另一个端子连接到断路器的零线（N）。这种接线方式展示了 PLC 如何控制交流负载（如接触器和指示灯），同时通过内部 24V DC 电源驱动输入设备（如按钮）。

7.9.2 接线操作说明

当断路器闭合时，交流电源将给 PLC 供电，PLC 将产生 24V 直流电输出。由于使用了常开按钮且未按下按钮以闭合回路（即没有信号发送到输入点 I0.0），因此输入点 I0.0 的指示灯将熄灭。由于使用了常闭按钮且未按下按钮（即回路已闭合），因此输入点 I0.1 的指示灯将点亮。

- 当按下连接到 I0.0 的常开按钮时，对应的指示灯（I0.0）将点亮；当释放按钮时，指示灯（I0.0）将熄灭。
- 当按下连接到 I0.1 的常闭按钮时，对应的指示灯（I0.1）将熄灭；当释放按钮时，指示灯（I0.1）将点亮。

连接的输出设备（如接触器和指示灯）的操作取决于写入 PLC 的程序，这将在第 8 章中介绍。

- 当执行的程序逻辑结果使 Q0.0 得电或激活时，PLC 上对应的指示灯（Q0.0）将点亮，接触器线圈将通电，接触器将闭合。
- 同样，当程序逻辑结果使 Q0.1 得电或激活时，PLC 上对应的指示灯（Q0.1）将点亮，指示灯将亮起。

PLC 接线和编程是相辅相成、密切相关的。读者需要充分理解本章涵盖的 PLC 接线内容，以便更好地理解第 8 章的编程内容。

至此，已经介绍完本书的 PLC 接线部分。现在，读者应该能够将按钮、限位开关、接近传感器、指示灯、继电器、接触器、电磁阀和其他输入或输出设备正确连接到 PLC。

7.10　总结

恭喜读者完成本章学习！本章从基础开始，对 PLC 的相关知识进行了深入讲解，涵盖了接线等更高级的部分。现在，读者应该对 PLC 的概念、可用的基本类型、PLC 模块组成，以及作为工业自动化工程师可能需要在 PLC 上进行的各种接线有了深入的了解。

本章重点介绍了 PLC 的硬件部分。第 8 章将聚焦于软件部分，读者将学习如何使用 TIA Portal 对 PLC 进行编程，以执行自动化任务。

7.11　习题

以下内容用于测试读者对本章内容的理解程度。在尝试回答问题之前，请确保已经阅读并理解了本章中的主要内容。

1. _____是一种由硬件和软件组成的工业计算机，用于自动化工业过程。

2. PLC 是_____的缩写。

3. 构成 PLC 的基本模块是：_____、_____、_____和 _____。

4. _____可以被视为 PLC 系统的大脑。

5. 将所有输入设备（开关和传感器）连接到 PLC 的模块或部分称为_____。

6. 将 PLC 连接到输出设备或执行器的模块或部分称为_____。

7. _____是 PLC 读取输入、运行 PLC 程序、执行诊断和通信任务，以及更新输出的循环。

8. PLC 完成一个扫描周期所需的时间称为_____。

9. _____和 _____是用于描述两个电路或设备之间常规电流流动方向的术语。

第8章

PLC 软件概述及 TIA Portal 编程入门

在第 7 章中，学习了可编程逻辑控制器（PLC）的硬件部分，包括将 PLC 与传感器和执行器进行接线。即使 PLC 已连接到开关、传感器和执行器，如果没有编写程序，它也不会执行任何操作。为了使 PLC 的 CPU 能够根据输入做出决策并执行所需的控制功能，必须为其编写程序（使用编程语言编写的一组指令）。对于工业自动化工程师来说，既要了解 PLC 的硬件部分（包括接线），也要了解软件部分（包括编程），这些知识都非常重要。

本章重点介绍 PLC 的软件方面。读者将学习使用最常用的 PLC 编程语言——梯形图（LD）进行编程所需的基本知识。学习如何下载、安装和使用强大的西门子 PLC 编程软件——Totally Integrated Automation Portal（TIA Portal）。

在本章中，将涵盖以下几方面主要内容：

- PLC 中的软件与程序概念。
- PLC 编程语言介绍。
- PLC 编程设备介绍。
- 了解不同的 PLC 编程软件。
- 理解梯形图（LD）的基础知识。
- TIA Portal V13 Professional 和 PLCSIM 的下载与安装。
- 使用西门子 TIA Portal 创建项目并编写程序。

虽然本书的每一部分都很有价值，但为了更好地理解本章，建议先阅读第 2 章、第 3 章和第 7 章。

8.1 PLC 中的软件与程序概念

在深入探讨 PLC 编程语言之前，先来了解一下 PLC 中的软件和程序概念。

在计算机领域，软件通常是一组用计算机能够理解的语言编写的指令，用于执行特定任务。软件也可以称为程序。

为了使 PLC 正常工作，CPU 需要执行两种软件，分别如下。

- 操作系统（固件）。
- 用户程序。

操作系统是由 PLC 制造商编写的程序，设计为在 PLC 通电后自动运行。它负责执行用户程序、建立设备间的通信、管理内存及更新输出。

PLC 用户程序是一组以文本或图形形式表示的指令，代表将为特定工业任务或应用执行的控制功能。它是用户或 PLC 程序员编写的，用于指示 PLC 执行所需的自动化或控制任务。

编程语言通常用于向 PLC 或任何其他计算设备传达指令，以执行特定任务。

8.2　PLC 编程语言介绍

根据国际电工委员会（IEC）标准，在 IEC 61131 的第 3 部分中规定了 5 种用于为 PLC 编写控制和自动化任务程序的编程语言，分别如下。

- 梯形图（Ladder Diagram，LD）。
- 功能块图（Function Block Diagram，FBD）。
- 顺序功能图（Sequential Function Chart，SFC）。
- 指令列表（Instruction List，IL）。
- 结构化文本（Structured Text，ST）。

可以在 IEC 的网店看到 IEC 61131-3 标准（扫描下方二维码）。阅读全文需付费，不过，读者可以免费阅读摘要并下载预览。

> **注意：**
> IEC 是一个国际标准化组织，负责为所有电气、电子和其他相关技术制定和发布国际标准[①]。

让我们详细讨论每种编程语言。

---

① IEC 61131-3：2013（可编程控制器 – 第 3 部分：编程语言）规定了 PLC 编程语言统一套件的语法和语义。这套语言包括两种文本语言：指令列表（IL）和结构化文本（ST）；以及三种图形语言：梯形图（LD）、功能块图（FBD）和顺序功能图（SFC）。第三版取消并替代了 2003 年发布的第二版，进行了技术修订。它是对第二版的兼容扩展，确保了向后兼容性的同时还引入了新特性。主要扩展包括新增的数据类型和转换函数、引用、命名空间，以及对类和功能块的面向对象特性的支持。——译者注

8.2.1 梯形图

在多种 PLC 编程语言中，梯形图是最常见的一种。这是一种图形化的编程语言，大多数工厂技术人员都能轻松理解，因为它类似于他们熟悉的继电器电路图。该语言通常使用常开（Normally Open，NO）或常闭（Normally Closed，NC）触点作为输入。根据对输入执行的逻辑，特定的输出会被激活。

图 8-1 展示了使用梯形图实现的一个简单的 **AND**（与）逻辑程序[①]。只有当输入 1 和输入 2 都为真（即逻辑 "1" 或 "ON"[②]）时，输出 1 才会被激活。

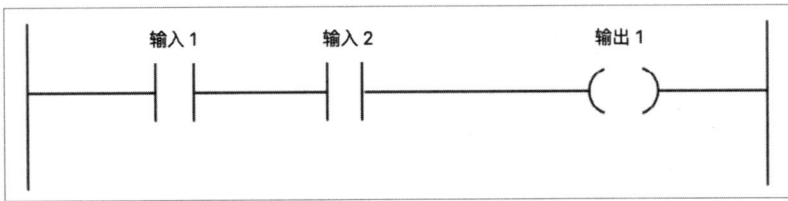

图 8-1　使用梯形图的简单 AND（与）逻辑程序

在梯形图编程中：

- 常开触点：当关联的输入信号为真时，触点导通（逻辑上闭合），逻辑信号可以通过。
- 常闭触点：当关联的输入信号为假时，触点导通（逻辑上闭合），逻辑信号可以通过。

换句话说：

- 对于常开触点，输入信号为真时，触点逻辑上闭合。
- 对于常闭触点，输入信号为假时，触点逻辑上闭合。

因此，在梯形图中，输出是否被激活取决于输入信号的逻辑状态和所使用的触点类型。

图 8-2 展示了使用梯形图实现的一个简单的 **OR**（或）逻辑程序。当输入 1 或输入 2 或者两者（输入 1 和输入 2）都为真（即逻辑 "1" 或 "ON"）时，输出 1 将被激活。

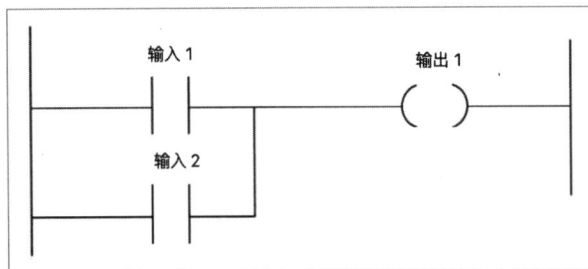

图 8-2　使用梯形图的简单 OR（或）逻辑程序

---

① 之所以称为梯形图，是因为这种程序由一条条水平线构成，看起来很像梯子。

② 这里的 "真" 或 "ON" 指的是**输入信号的逻辑状态**，而不是触点的物理状态。

图 8-3 展示了一个结合了 **AND**（与）和 **OR**（或）逻辑的程序。如果输入 1 或输入 2 为真，并且输入 3 也为真（即逻辑"1"或"ON"），则输出 1 将被激活。

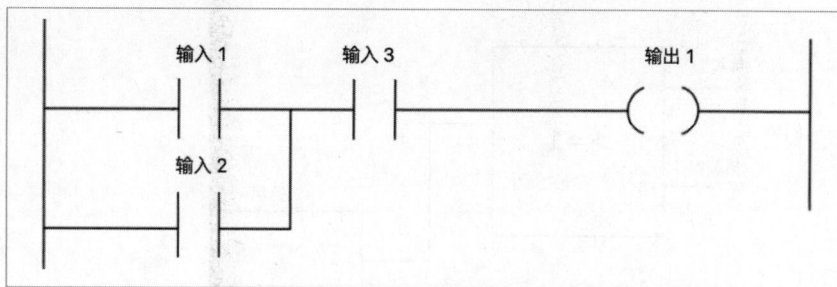

图 8-3　结合 AND（与）和 OR（或）梯形图逻辑的程序

8.2.2　功能块图

功能块图是一种图形化语言，其中程序元素以块的形式表示并相互连接。具有多行代码的功能被表示为一个块，程序中可以连接多个块。

图 8-4 展示了使用功能块图实现的一个简单的 **AND**（与）逻辑程序。只有当输入 1 和输入 2 都为真（即逻辑"1"或"ON"）时，输出 1 才会被激活。

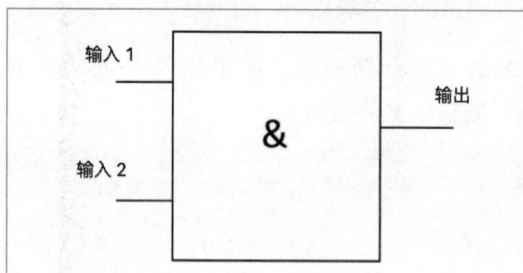

图 8-4　使用功能块图的简单 AND（与）逻辑程序

图 8-5 展示了使用功能块图实现的一个简单的 **OR**（或）逻辑程序。当输入 1 或输入 2 或者两者都为真（即逻辑"1"或"ON"）时，输出 1 将被激活。

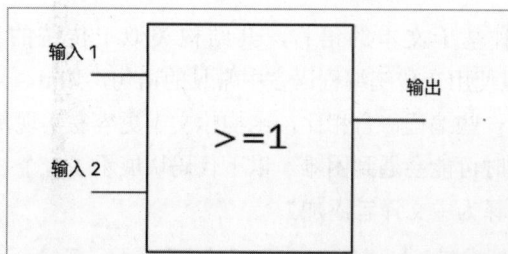

图 8-5　使用功能块图的简单 OR（或）逻辑程序

图 8-6 展示了一个结合了 **AND（与）**和 **OR（或）**逻辑的程序。如果输入 1 或输入 2 为真，并且输入 3 也为真（即逻辑"1"或"ON"），则输出 1 将被激活。

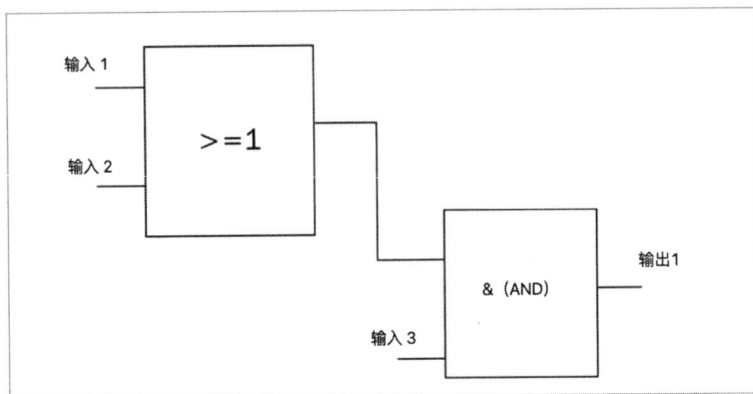

图 8-6　结合 AND（与）和 OR（或）功能块图逻辑的程序

8.2.3　指令列表

指令列表是一种基于文本的语言，类似于汇编语言。指令列表按顺序列出，就像汇编语言一样。使用指令列表编写的程序在处理速度上比国际电工委员会（IEC）定义的其他 PLC 编程语言更快。然而，这种编程语言的一个缺点是，当处理大型或复杂程序时，调试难度较大。

以下是使用指令列表编写的示例程序。如果输入 A 或输入 B 为真（即逻辑"1"或"ON"），并且输入 C 为真，则输出 Y 将被激活。

```
LD      A
OR      B
AND     C
OUT     Y
END
```

8.2.4　结构化文本

结构化文本也是一种基于文本的语言，其结构类似于传统的编程语言，如 C、C++、Python 和 Java 等。它可以使用在传统编程语言中常见的语句，如 if、while 和 for，来处理输入和输出。与梯形图或其他一些编程语言相比，结构化文本更容易实现复杂的算法。然而，它的一个缺点是程序员在调试时可能会遇到困难。以下代码块展示了一个使用结构化文本编写的简单程序（程序中的中文注释为中文译者添加）。

```
VAR
    PushButton1: BOOL;// 定义一个布尔变量表示按钮
```

```
        PilotLamp1: BOOL;// 定义一个布尔变量表示指示灯
END_VAR
IF PushButton1 = TRUE THEN
        PilotLamp1:= TRUE// 如果按钮被按下，点亮指示灯
        ELSE
            PilotLamp1;// 否则，关闭指示灯
        END_IF
END_IF
```

这段程序模拟了一个简单的按钮控制灯的功能。

8.2.5　顺序功能图

顺序功能图也是一种图形化的编程语言，类似于计算机科学中使用的常规流程图。它使用步骤/状态和转换来表示程序逻辑。独立的步骤（用矩形框表示）描述要执行的操作或动作，并通过垂直线按顺序连接。在每个步骤之间都有一个转换条件（必须为真才能继续执行的逻辑语句），如图 8-7 所示。使用顺序功能图，可以轻松地可视化和设计复杂的顺序任务。

现在读者应该能够区分各种 PLC 编程语言（LD、FBD、ST、IL 和 SFC）。了解这些知识并非旨在让读者成为能使用所有 5 种编程语言的 PLC 程序员；相反，它的目的是让读者对这些编程语言有一个简要的了解，并能够区分它们。如本章前面提到的，本书将专注于梯形图，这将在后续章节中详细介绍。接下来先快速了解一下 PLC 编程设备。

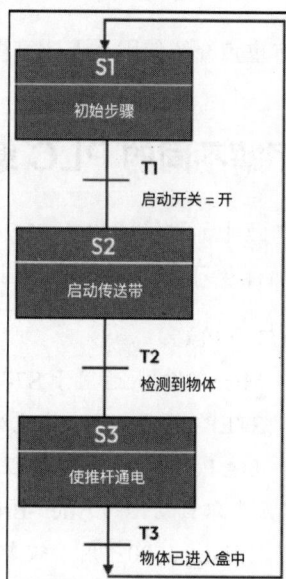

图 8-7　使用顺序功能图的示例程序，S1、S2 和 S3 代表不同的操作步骤，而 T1、T2 和 T3 代表各步骤之间的转换条件

8.3　PLC 编程设备介绍

PLC 编程设备是用于编写、编辑和传输程序到 PLC 的设备或工具。这些设备/工具不仅可以向 PLC 写入程序，还可以从 PLC 读取程序。PLC 编程中的几个概念如下。

- 下载（Download）或写入（Write）：是指将程序从编程设备传输到 PLC。
- 上传（Upload）或读取（Read）：是指将程序从 PLC 传输到编程设备。

编程设备还可以帮助排除 PLC 故障。常见的编程设备有以下两种。

（1）手持设备。

- ◆ 通常通过专用电缆连接 PLC。
- ◆ 具有程序输入、编辑、下载和上传功能的按键。
- ◆ 配备小型显示屏用于查看指令。
- ◆ 优点：便携、操作简单。
- ◆ 缺点：功能有限，适合简单编程任务。

（2）个人计算机（PC）。

- ◆ 安装 PLC 制造商提供的专业编程软件用于编程操作。
- ◆ 通过通信电缆与 PLC 连接。
- ◆ 优点：最常用，功能强大，界面友好，适合复杂编程任务。
- ◆ 缺点：相对不便携。

本书将重点介绍使用个人计算机作为编程设备的相关知识。

8.4　了解不同的 PLC 编程软件

在第 7 章中，已经了解了 PLC 制造商，包括西门子、罗克韦尔自动化和三菱电机等。这些制造商都有专门用于编程和配置其 PLC 的软件。以下是不同 PLC 制造商的编程软件示例。

- 西门子 PLC。
  - ◆ MicroWIN：适用于 S7-200 系列。
  - ◆ STEP 7 Manager：传统编程环境。
  - ◆ TIA Portal：集成化编程环境，支持多种 PLC 型号。
- 罗克韦尔自动化的 Allen-Bradley PLC。
  - ◆ RSLogix 500：用于较老的 PLC 型号。
  - ◆ RSLogix 5000/Studio 5000：用于新一代 ControlLogix 系列。
- 三菱电机 PLC。
  - ◆ GX Developer：传统编程软件。
  - ◆ GX Works：新一代集成开发环境。

本书将重点介绍 TIA Portal，这是西门子推出的先进集成开发环境，用于编程和配置多种西门子 PLC，包括 S7-300、S7-400、S7-1200 和 S7-1500 系列。这里选择 TIA Portal 不仅是因为它代表了 PLC 编程软件的发展趋势，集成了多种功能，适用范围广，还因为它支持从简单到复杂的各种自动化任务，能够很好地满足不同层次的需求。

在本章中，将特别介绍西门子 S7-1200 系列中的 SIMATIC S7-1200 CPU 1211C AC/DC/Rly 型号。关于这款 PLC 的接线详情，请参考"第 7 章　PLC 硬件及接线详解"。

本节将使用 TIA Portal V13 版本进行学习。虽然已有更新的版本（如 V14、V15、V17 等后续更新版本），但 V13 版本足以满足我们的学习需求，并且在许多工业环境中仍广泛使用。

接下来，将深入学习最常用的 PLC 编程语言——梯形图（LD）的基础知识。

8.5　理解梯形图的基础知识

8.2.1 节讲过，梯形图是一种直观易学的 PLC 编程语言，用于创建工业自动化和机器控制程序。

在第 1 章中提到，在 PLC 出现之前，工业自动化主要依赖于继电器、定时器和接触器等硬件组件。这些组件通过硬接线的方式连接在一起，以实现所需的控制或自动化功能。设计此类控制系统时使用继电器逻辑电路，还用它对系统进行故障排查。

继电器逻辑电路是一种电气图，使用标准符号表示各种组件（如继电器、开关、定时器和接触器）及其连接关系，旨在实现特定的控制或自动化任务。典型的继电器逻辑电路包含以下几个元素。

- 两条垂直线（导轨）：左侧代表电源电压（火线或正极），右侧代表零电位（中性线或负极）。
- 梯级（rungs）：连接两条垂直线的水平线（类似于梯子的横档）。每个梯级包含输入和输出，输入必须为 ON 时，输出才能被启用。
- 输入设备：如按钮、开关等，连接在梯级的左侧。
- 输出设备：如指示灯、电机等，连接在梯级的右侧。

图 8-8 展示了一个典型的继电器逻辑电路梯形图示例。

电路功能解析如下。

- 梯级 1：简单的点动控制。按下按钮 1 时，指示灯 1 亮；释放按钮，指示灯 1 熄灭。
- 梯级 2：与（AND）逻辑控制。只有同时按下按钮 2 和按钮 3，指示灯 2 才会亮起。释放任一按钮，指示灯熄灭。
- 梯级 3：这是一个自锁电路。按下按钮 4 时，继电器线圈（CR1）得电并保持。即使按钮 4 被释放，线圈仍保持得电状态。这是因为 CR1 的常开触点与按钮 4 并联。当按钮 4 被按下时，线圈 CR1 得电，其常开触点闭合，提供了电流流向线圈的替代路径。因此，线圈保持得电状态。按钮 5 是一个停止按钮（常闭），当按下时，会切断电流，线圈失电，直到再次按下按钮 4。

梯形图编程语言的设计灵感来源于继电器逻辑电路，这就是为什么许多技术人员发现梯形图易于理解和使用。然而，梯形图使用更加抽象的符号表示法来表达逻辑操作（见图 8-8），而不是具体的电气元件符号。

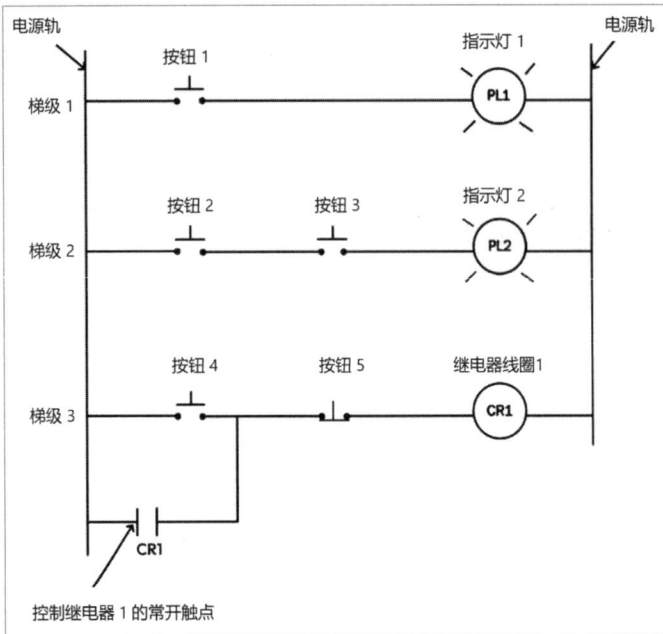

图 8-8　一种继电器逻辑电路梯形图

图 8-9 所示为使用西门子编程软件（TIA Portal）编写的与图 8-8 等效的梯形图程序。

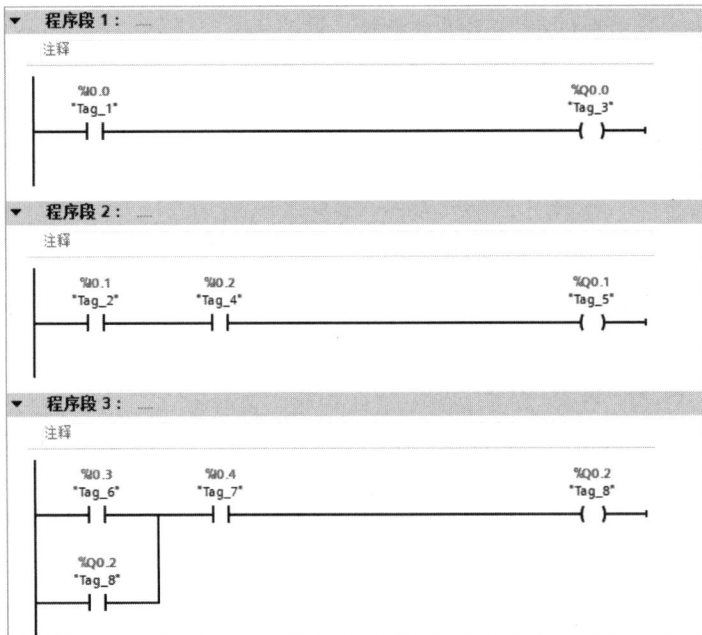

图 8-9　使用西门子 TIA Portal 软件编写的与图 8-8 等效的梯形图程序

图 8-10 说明了如何将按钮、指示灯和控制继电器连接到实际的 PLC，以使程序按要求运行。实际上，使用 PLC 和梯形图实现图 8-8 中如此简单的继电器逻辑电路并不经济。在这

里使用的原因是为了便于读者理解，并让读者了解继电器逻辑电路与梯形图编程语言之间的关系。

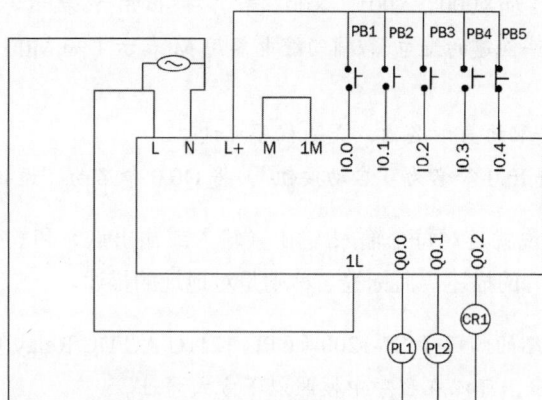

图 8-10 连接到西门子 S7-1200 PLC（CPU 1211C AC/DC/Relay）的按钮、指示灯和控制继电器

通过本节学习，读者应该已经对梯形图有了基本了解。在接下来的章节中，将深入探讨更多梯形图编程知识，开始实际的 PLC 编程工作。

8.5.1 探索梯形图程序的基本元素

要使用梯形图编写 PLC 程序，需要了解构成梯形图程序的基本元素。以下是梯形图程序的关键组成部分。

- 电源导轨：这是两条垂直线，一条在最左侧（火线），另一条在最右侧（中性线）。
- 梯级：这些是连接两条导轨以完成电路的水平线。电源从火线流经梯级到中性线。每个梯级代表一个独立的逻辑单元或控制功能。程序执行时，PLC 从上到下、从左到右扫描每个梯级。
- 输入元素：代表输入设备的常开（NO）和常闭（NC）触点符号，这些对应的输入设备如按钮、选择开关、限位开关或浮球开关等，都是硬连线到 PLC 的。输入设备的物理状态决定了程序中对应触点的逻辑状态（开或闭）。
- 输出元素：通常表示为线圈符号。对应实际硬连线到 PLC 的输出设备，如指示灯、继电器、电磁阀、电机等。输出的状态取决于与之相关的逻辑条件是否满足。
- 逻辑表达式：输入和输出元素的组合，用于实现特定的控制功能。可以是简单的与/或逻辑，也可以是复杂的组合逻辑。
- 地址表示法和标签名称。
  - 地址表示法。
    - 用于唯一标识 PLC 中的每一个输入/输出点和内部/软件创建的设备（如定时器、计数器）。
    - 不同制造商采用不同的表示方法：西门子（本书重点介绍）：输入用 I 表示（如

I0.0、I0.1、I0.2 等），输出用 Q 表示（如 Q0.0、Q0.1、Q0.2、Q0.3 等），软件创建的继电器/辅助继电器用 M 表示（如 M0.0、M0.1、M0.2 等）。三菱：输入用 X 表示（如 X000、X001、X002 等），输出用 Y 表示（如 Y000、Y001、Y002 等），软件创建的继电器/辅助继电器用 M 表示（如 M0、M1、M2 等）。

- ◆ 标签名称。
  - ▶ 为地址分配的易读名称，提高程序可读性。
  - ▶ 例如，将 I0.0 命名为"启动按钮"，将 Q0.0 命名为"运行指示灯"。

地址表示法简单来说就是对每个输入/输出（输入或输出点）和软件创建的设备（如继电器、定时器和计数器等）的描述，而标签名称则是对地址的描述。

- ◆ 本书重点介绍的西门子 S7-1200（CPU 1211C AC/DC/Relay），它有 6 个数字输入和 4 个数字输出，可以在程序中按照以下方式寻址。
  - ▶ 输入（共 6 个）：I0.0、I0.1、I0.2、I0.3、I0.4、I0.5。
  - ▶ 输出（共 4 个）：Q0.0、Q0.1、Q0.2、Q0.3。

- ● 注释：用于解释梯形图中一个梯级或一组梯级将执行的逻辑操作。它们通常显示在每个梯级的开头，以提高程序的可读性和可维护性。

> **注意**：可以在 PLC 或 PLC 型号的手册中找到输入/输出寻址方式。在对任何想要编程的 PLC 进行编程之前，请务必阅读其文档或手册。

图 8-11 展示了带有标签的梯形图程序示例。

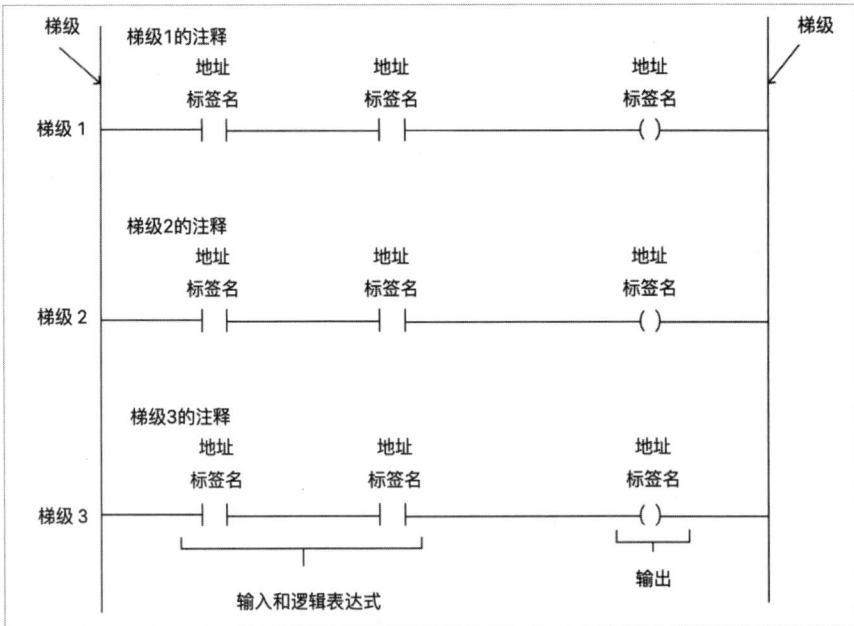

图 8-11　带有标签的梯形图程序示例

8.5.2　梯形图编程规则

遵循以下规则将有助于使用梯形图编写出高效、易维护的 PLC 程序。

1. 输入连接规则

常开（NO）触点和常闭（NC）触点在梯形图中可以串联或并联连接。

- 串联连接：实现逻辑"与"操作。
- 并联连接：实现逻辑"或"操作。

图 8-12 展示了串联和并联连接的例子。

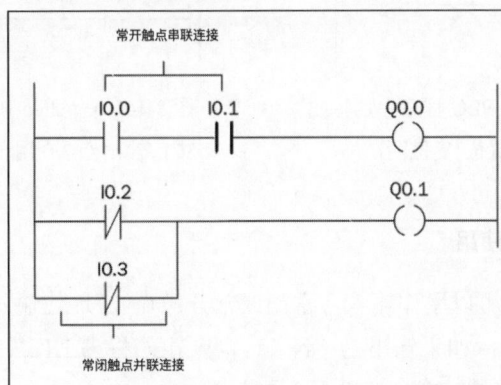

图 8-12　梯级 1 的输入串联连接，梯级 2 的输入并联连接

2. 输出连接规则

输出（线圈）只能并联连接，不能串联连接。图 8-13 展示了正确的输出并联的连接方式。

3. 输入的重复使用

在一个程序中，同一个输入可以多次使用，也就是说，单个输入可以用于不同的梯级。图 8-14 展示了同一个输入在不同梯级中的使用。

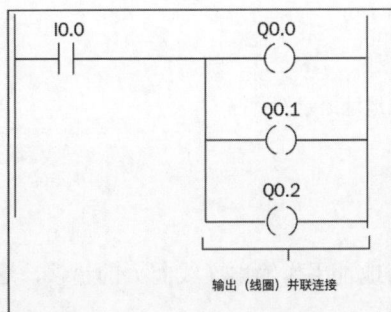

图 8-13　输出（线圈）的并联连接

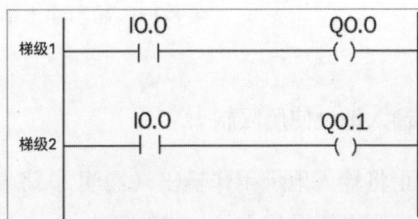

图 8-14　同一个输入在梯级 1 和梯级 2 中使用

4. 输出的使用限制

通常，**同一个输出**在程序中不能被多次使用，**除非**是在以下情况下。

（1）置位/复位（Set/Reset）操作：用于创建具有记忆功能的控制逻辑。图 8-15 展示了在西门子 PLC 程序中，输出被用于两次置位/复位操作。

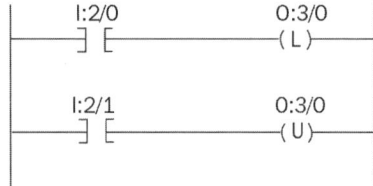

（2）锁存/解锁（Latch/Unlatch）操作：与置位/复位类似，但在不同品牌 PLC 中可能有所不同。图 8-16 展示了 Allen-Bradley PLC 程序中，输出被用于两次锁存/解锁操作。

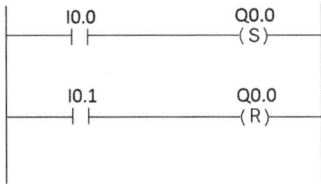

图 8-15　在西门子 PLC 程序中，输出　　图 8-16　在 Allen-Bradley PLC 程序
Q0.0 被用于置位/复位两次　　　　　中，输出 O:3/0 用于锁存/解锁两次

5. 输出地址作为输入使用

输出（线圈）的地址可以用作输入（常闭或常开触点）。这使输入具有与输出相同的逻辑状态（1 或 0）；也就是说，如果输出为 ON（1），则输入将为 HIGH（1）；如果输出为 OFF，则输入将为 LOW（0）。这种技术允许以下 3 种操作。

- 创建自锁电路。
- 实现复杂的顺序控制。
- 监控输出状态以触发其他操作。

图 8-17 展示了输出地址用作输入的示例程序。

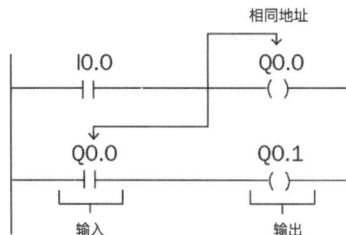

图 8-17　显示输出地址用作输入地址的示例程序

6. 输入地址使用限制

禁止将输入地址用作输出（线圈）。不要犯将输入地址用作输出（线圈）的错误，这可能导致程序逻辑错误和不可预测的行为。

遵循这些规则不仅能确保 PLC 程序在逻辑上正确，还能提高程序的可读性和可维护性。在后续章节中，将通过实际编程练习来应用这些规则。

接下来，将学习如何下载和安装 PLC 编程软件及仿真器，为实际编程做准备。这些工具将帮助读者在实际硬件上测试之前验证自己的程序逻辑。

8.6　TIA Portal V13 Professional 和 PLCSIM 的下载与安装

西门子提供了其编程软件 TIA Portal（博途软件）的 21 天免费试用版，同时还提供一个 PLC 仿真器 PLCSIM，让用户能够模拟运行程序。因此，即便没有实际的 PLC 硬件，也可以编写程序并通过仿真器观察其运行情况。可以在线免费下载 TIA Portal V13 Professional 和 PLCSIM，用于学习 PLC 编程。如果需要避免使用限制，也可以选择购买 TIA Portal 的正式许可证。

8.6.1　下载 TIA Portal V13 和 PLCSIM 的步骤

请按照以下步骤下载 TIA Portal V13 和 PLCSIM。

（1）访问下载页面：使用以下链接进入下载页面：https://support.industry.siemens.com/cs/document/109745155/simatic-step-7-including-plcsim-v13-sp2-trial-download?dti=0&lc=en-WW。

图 8-18 显示了下载链接的页面。

图 8-18　西门子 TIA Portal V13 专业版和 PLCSIM 的下载页面（1）

```
DVD 1: (STEP 7 Prof. V13 SP2)
  SIMATIC_STEP_7_Professional_V13_SP2_Upd4.001 (650.0 MB)
  SIMATIC_STEP_7_Professional_V13_SP2_Upd4.002 (650.0 MB)
  SIMATIC_STEP_7_Professional_V13_SP2_Upd4.003 (650.0 MB)
  SIMATIC_STEP_7_Professional_V13_SP2_Upd4.004 (650.0 MB)
  SIMATIC_STEP_7_Professional_V13_SP2_Upd4.005 (650.0 MB)
  SIMATIC_STEP_7_Professional_V13_SP2_Upd4.006 (650.0 MB)
  SIMATIC_STEP_7_Professional_V13_SP2_Upd4.007 (650.0 MB)
  SIMATIC_STEP_7_Professional_V13_SP2_Upd4.008 (650.0 MB)
  SIMATIC_STEP_7_Professional_V13_SP2_Upd4.009 (650.0 MB)
  SIMATIC_STEP_7_Professional_V13_SP2_Upd4.010 (650.0 MB)
  SIMATIC_STEP_7_Professional_V13_SP2_Upd4.011 (26.0 MB)
  SIMATIC_STEP_7_Professional_V13_SP2_Upd4.exe (2.8 MB)

DVD 2: (Hardware Support Packages, Open Source Software, Tools)
  SIMATIC_STEP_7_Professional_V13_SP2_Upd4.2.001 (650.0 MB)
  SIMATIC_STEP_7_Professional_V13_SP2_Upd4.2.002 (650.0 MB)
  SIMATIC_STEP_7_Professional_V13_SP2_Upd4.2.003 (650.0 MB)
  SIMATIC_STEP_7_Professional_V13_SP2_Upd4.2.004 (650.0 MB)
  SIMATIC_STEP_7_Professional_V13_SP2_Upd4.2.005 (501.3 MB)
  SIMATIC_STEP_7_Professional_V13_SP2_Upd4.2.exe (2.8 MB)
```

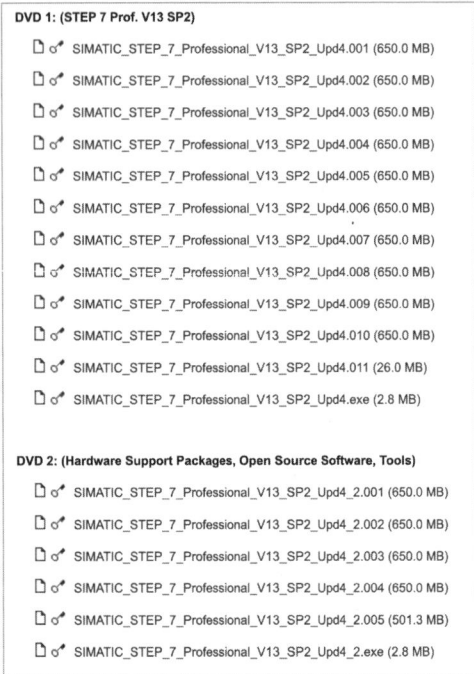

图 8-19　西门子 TIA Portal V13 专业版和 PLCSIM 的下载页面（2）

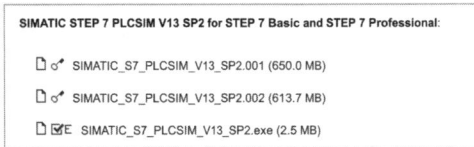

```
SIMATIC STEP 7 PLCSIM V13 SP2 for STEP 7 Basic and STEP 7 Professional:
  SIMATIC_S7_PLCSIM_V13_SP2.001 (650.0 MB)
  SIMATIC_S7_PLCSIM_V13_SP2.002 (613.7 MB)
  SIMATIC_S7_PLCSIM_V13_SP2.exe (2.5 MB)
```

图 8-20　西门子 TIA Portal V13 专业版和 PLCSIM 的下载页面（3）

（2）下载 STEP 7 Professional V13 SP2：滚动到相应部分，将所有列出的文件下载到同一个文件夹中，如图 8-19 所示。

> 注意：单击任何下载文件时，会出现登录界面。如果已有西门子工业在线支持账号，请直接登录。如果没有，请单击"Yes, I would like to register now."（是，我想现在注册）按钮，按照指引完成注册后再登录下载文件。

（3）下载 PLCSIM：继续向下滚动到"SIMATIC STEP 7 PLCSIM V13 SP2 for STEP 7 Basic and STEP 7 Professional"部分，如图 8-20 所示，同样将所有列出的文件下载到同一个文件夹中。

8.6.2　安装 TIA Portal V13

请按照以下步骤安装 TIA Portal V13。

（1）运行安装程序：打开存放下载文件的文件夹，双击安装文件 SIMATIC_STEP_7_Professional_V13_SP2_Upd4.exe。如果操作正确，将看到如图 8-21 所示的安装界面。

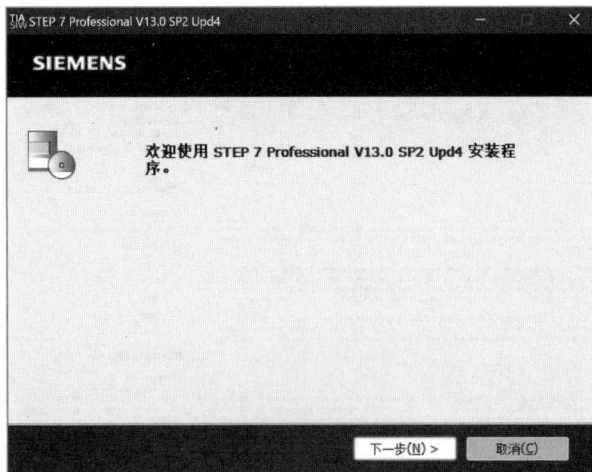

图 8-21　安装 TIA Portal V13

（2）完成安装：单击"下一步"按钮继续。在许可证传输屏幕上，选择"跳过许可证传输"。按照屏幕提示完成安装，并按要求重启计算机。

8.6.3　安装 PLCSIM

请按照以下步骤安装 PLCSIM。

（1）运行安装程序：打开存放 PLCSIM 下载文件的文件夹，双击安装文件 SIMATIC_S7_PLCSIM_V13_SP2.exe。如果操作正确，将看到如图 8-22 所示的安装界面。

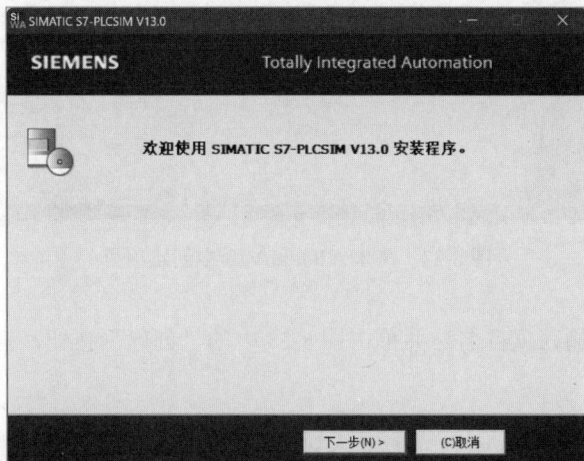

图 8-22　安装 PLCSIM

（2）完成安装：按照屏幕指示完成安装。完成后根据提示重启计算机。

至此，已经成功在计算机上安装了 TIA Portal V13 和 PLCSIM。在本章后续内容和下一章中，将使用这些软件进行实践学习。接下来，先从创建项目开始，学习如何使用这些软件工具。

> **特别提示**：如果读者在中国大陆地区访问西门子官方网站遇到困难，可以考虑使用 VPN 或联系西门子中国技术支持获取本地下载源。此外，建议选择网络状况较好的时段进行下载，以确保文件的完整性。

8.7　使用西门子 TIA Portal 创建项目并编写程序

启动 TIA Portal，创建一个项目，并按照以下步骤编写一个简单的程序。

（1）启动软件：从开始菜单中启动 TIA Portal V13，或双击桌面上的 TIA Portal V13 图标，在打开的窗口中选择"创建新项目"选项。

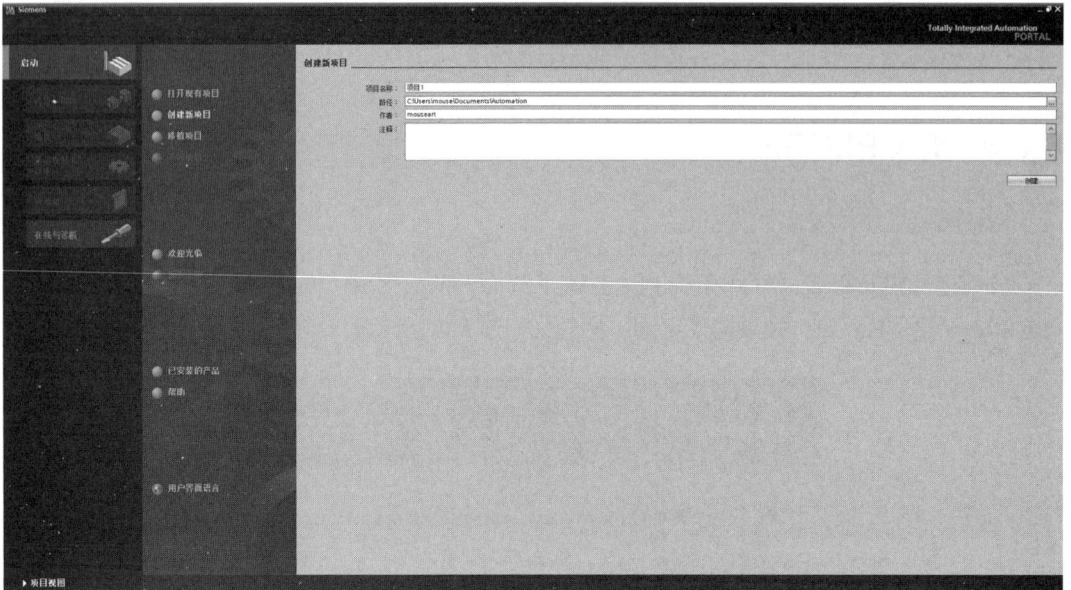

图 8-23　在 TIA Portal V13 中创建项目

（2）命名项目：输入项目名称并单击图 8-23 中的"创建"按钮，进入如图 8-24 所示的窗口。

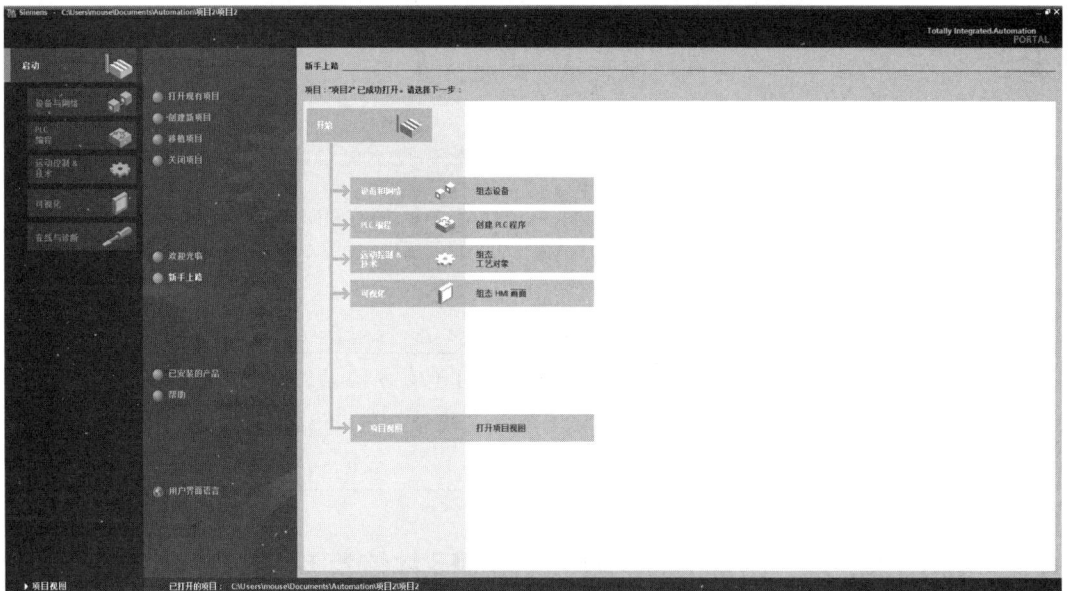

图 8-24　在 TIA Portal V13 中配置设备（1）

（3）配置设备：在图 8-24 中选择"设备与网络"选项，进入如图 8-25 所示的窗口。

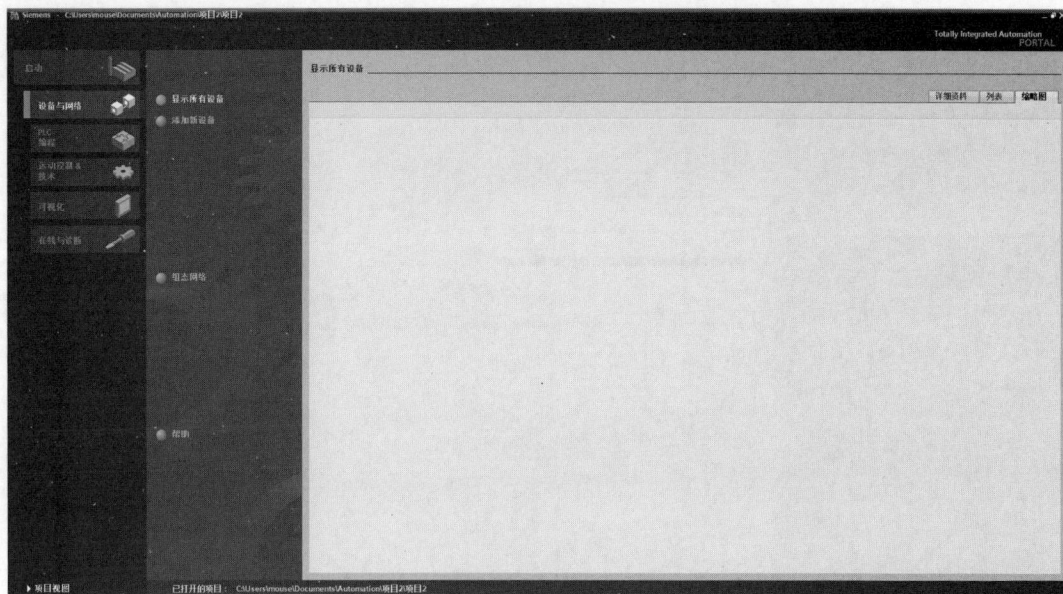

图 8-25　在 TIA Portal V13 中配置设备（2）

（4）添加控制器：选择"添加新设备"选项，在右侧选择"控制器"选项，如图 8-26 所示。

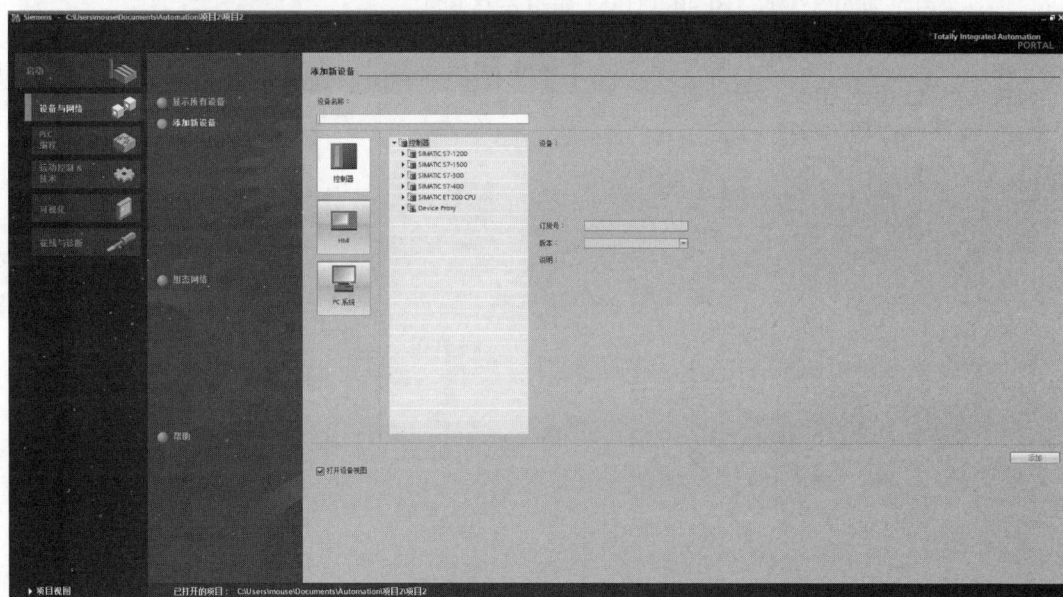

图 8-26　在 TIA Portal V13 中配置设备（3）

（5）选择 CPU：展开 SIMATIC S7 1200 | CPU | CPU1211C AC/DC/Rly，如图 8-27 所示，在 Automation License Management - STEP 7 Basic（自动化许可管理 - STEP 7 Basic）对话框中选择 STEP 7 Professional 选项。

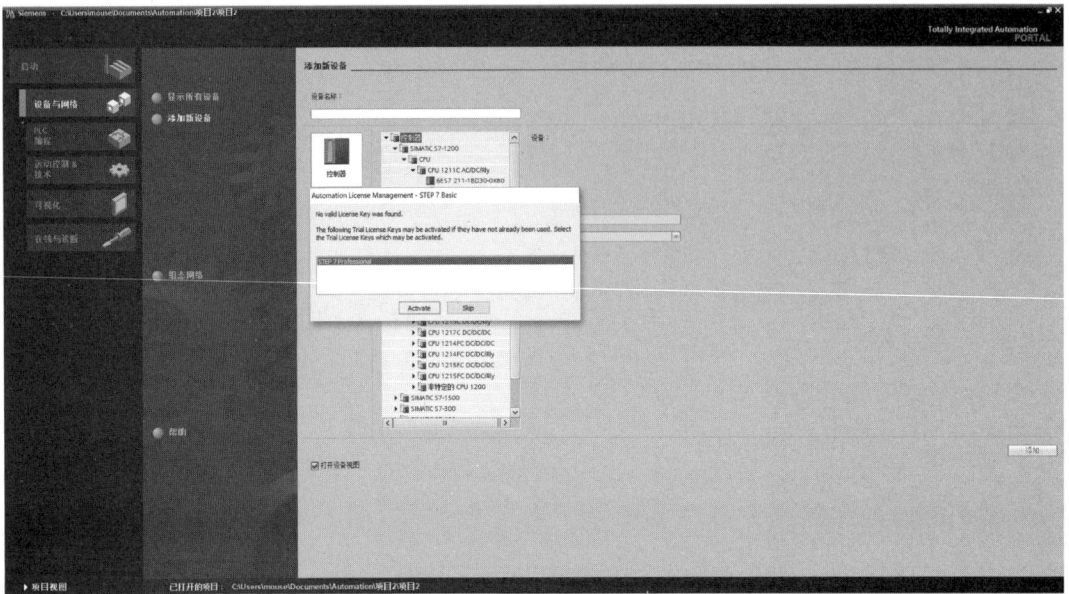

图 8-27　在 TIA Portal V13 中配置设备（4）

（6）激活许可：单击 Activate（激活）按钮，启用 21 天试用许可证，并从列表框中选择 PLC 的订货号，如 6ES7 211-1BE40-0XB0，如图 8-28 所示。

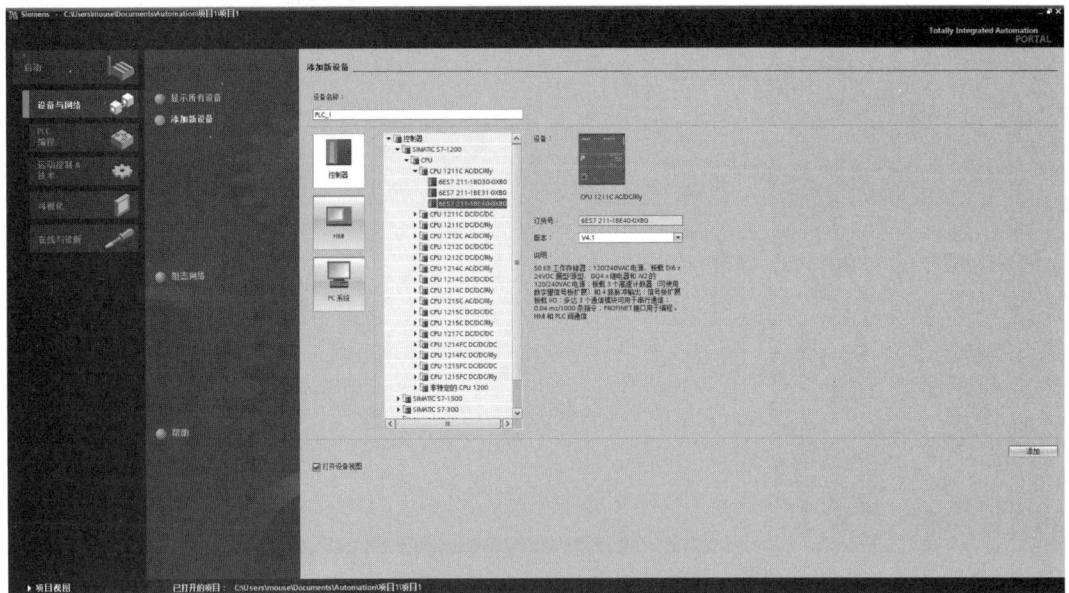

图 8-28　在 TIA Portal V13 中配置设备（5）

（7）确认添加：在如图 8-28 所示的界面中单击"添加"按钮。将看到程序主界面，如图 8-29 所示。

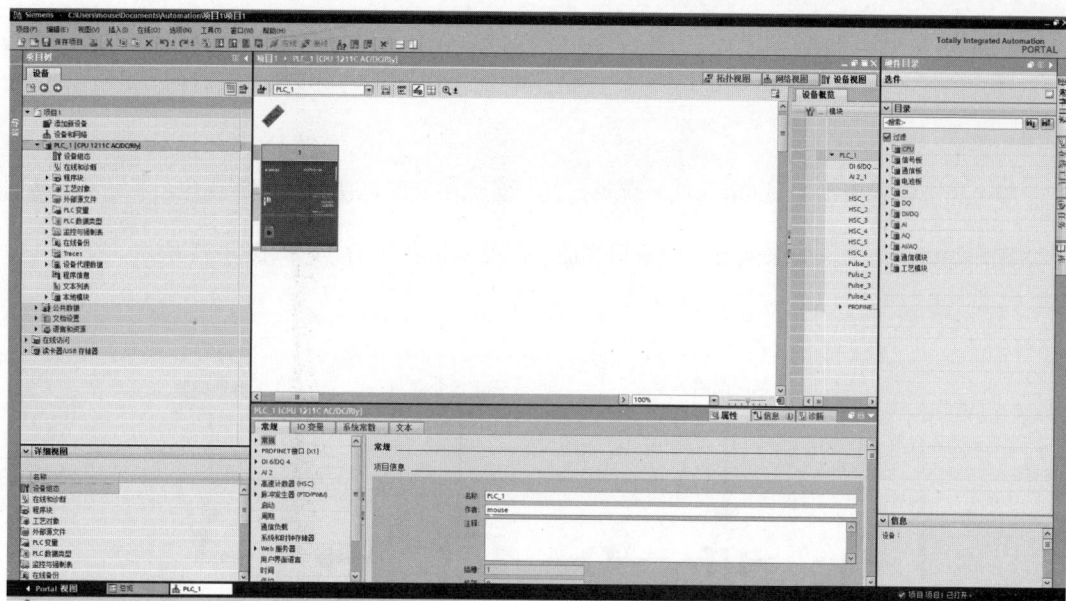

图 8-29　在西门子 TIA Portal 中编写程序（1）

（8）进入编程环境：在屏幕左侧的项目树中，展开"程序块"选项并双击 Main [OB1] 进入编程环境，如图 8-30 所示。

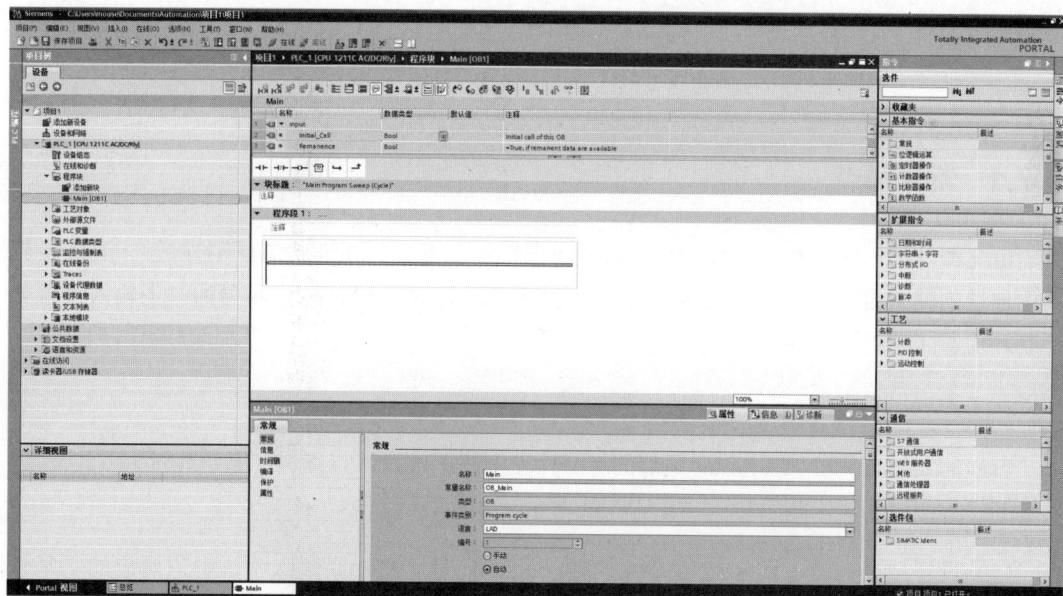

图 8-30　在西门子 TIA Portal 中编写程序（2）

恭喜，读者现在已经进入了编写、编辑和下载程序到 PLC 的界面。

接下来，将编写一个简单的程序，它包含 3 个梯级。

（1）第一个梯级：实现简单逻辑，当按下按钮时点亮一盏灯。

（2）第二个梯级：实现 AND（与）逻辑，两个常开触点必须同时闭合才能使输出线圈通电。

（3）第三个梯级：实现 OR（或）逻辑，任一触点闭合即可使输出线圈通电。

在开始编程之前，先来熟悉一些编程界面上的基本指令和工具，如图 8-31 所示。

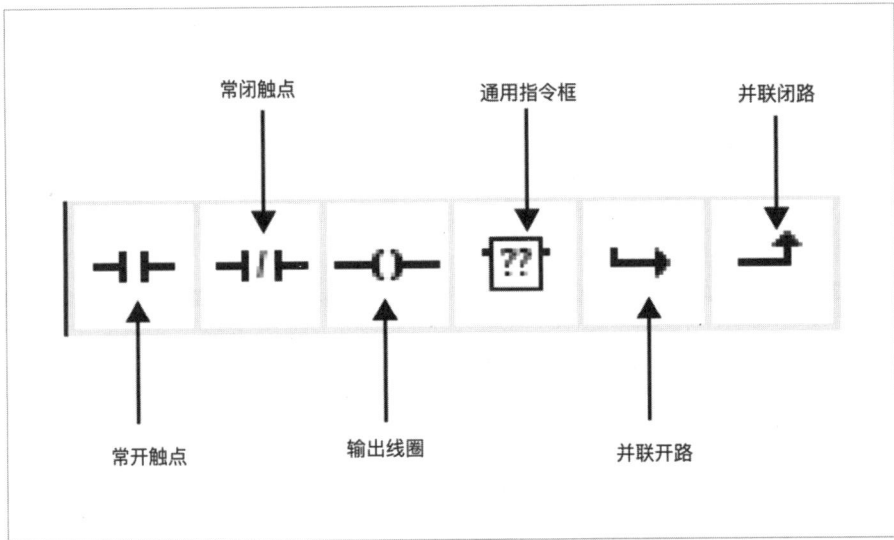

图 8-31　TIA Portal V13 中用于编写程序的指令和工具

8.7.1　常开触点

定义和功能：常开触点（NO Contact）在正常状态下处于断开状态（不导通）。当连接到其位地址的输入设备（如开关或传感器）处于闭合状态（1）时，触点将导通；当输入设备处于断开状态（0）时，触点将保持断开。

在 TIA Portal 中使用常开触点的步骤如下。

（1）插入触点：在 TIA Portal 顶部的指令栏左侧找到常开触点图标（通常显示为 –||–）。将其拖到"程序段 1"中的横线上，如图 8-32 所示。

（2）设置地址：双击图 8-32 中新插入触点上的问号（??.?）。输入与该触点对应的实际输入设备的位地址，如 I0.0。

（3）确认设置：输入地址后，按两次 Enter 键或单击编辑框外部区域来确认更改。正确设置后，将看到如图 8-33 所示的结果。

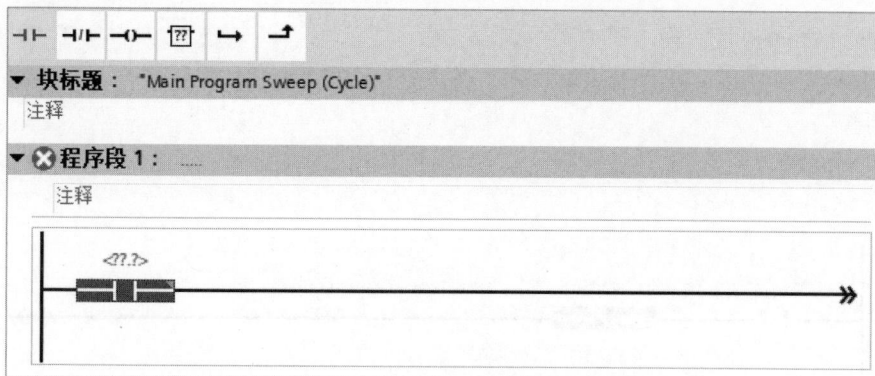

图 8-32　使用常开触点指令（1）

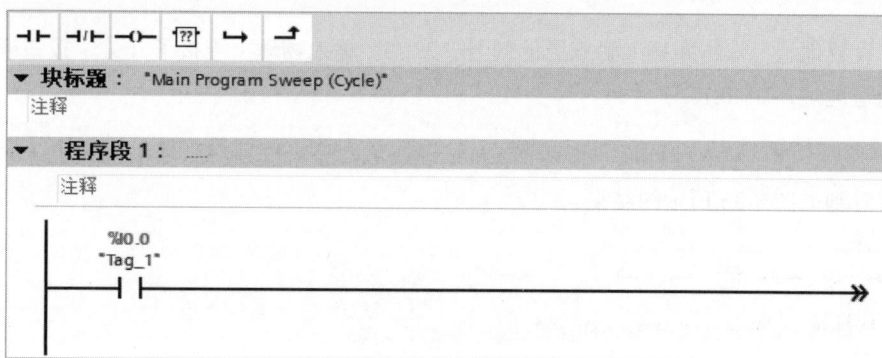

图 8-33　使用常开触点指令（2）

重要提示：

- 确保输入的地址与 PLC 硬件配置中的实际输入地址一致。
- 在 TIA Portal 中，可以使用注释功能为触点添加说明，以增强程序的可读性。
- 如果使用的是仿真器（如 PLCSIM），请确保在仿真器中正确设置了相应的输入状态。

8.7.2　常闭触点

定义和功能：常闭触点（NC Contact）在正常状态下允许电流通过。当连接到其通道的输入设备（如开关或传感器）为 ON（1）时，触点将不允许电流通过；当连接到其通道的输入设备为 OFF（0）时，触点将允许电流通过。

在 TIA Portal 中使用常闭触点的步骤如下。

（1）插入触点：在 TIA Portal 的指令栏中找到常闭触点图标（通常显示为 –|/|–）。将其拖到"程序段 1"中的横线上，如图 8-34 所示。

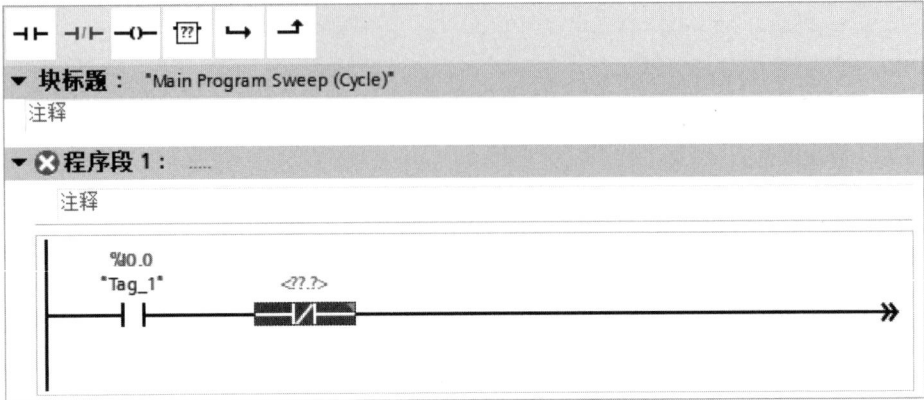

图 8-34　使用常闭触点指令（1）

（2）设置地址：双击新插入触点上的问号（??.?）。输入物理上连接了开关、按钮或传感器的输入通道地址，如 I0.1。

（3）确认设置：输入地址后，按两次 Enter 键或单击编辑框外部区域来确认更改。正确设置后，将看到如图 8-35 所示的结果。

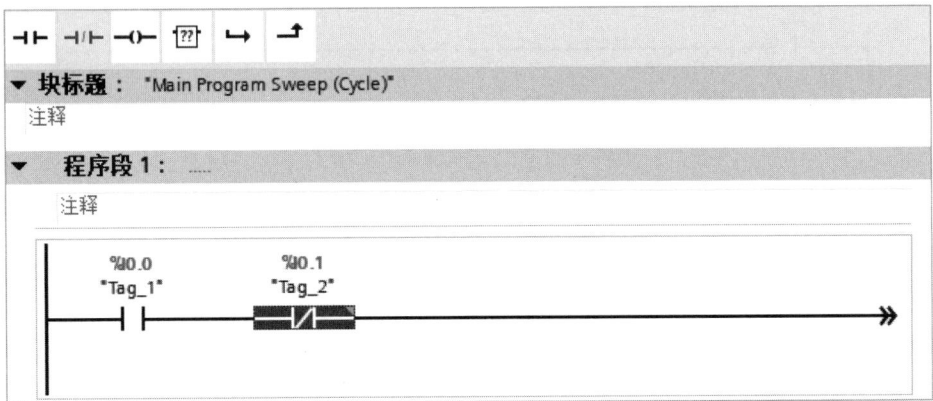

图 8-35　使用常闭触点指令（2）

8.7.3　输出线圈

定义和功能：输出线圈（Coil/Assignment）代表一个会根据程序逻辑状态通电或断电的继电器。当程序中的逻辑条件满足时，线圈通电；不满足时，线圈断电。物理连接到其通道的负载（如指示灯或其他执行器）将随线圈的通断状态而开启或关闭。

在 TIA Portal 中使用输出线圈的步骤如下。

（1）插入线圈：将输出线圈图标（通常显示为 –( )–）拖到"程序段 1"中的线末端，如图 8-36 所示。

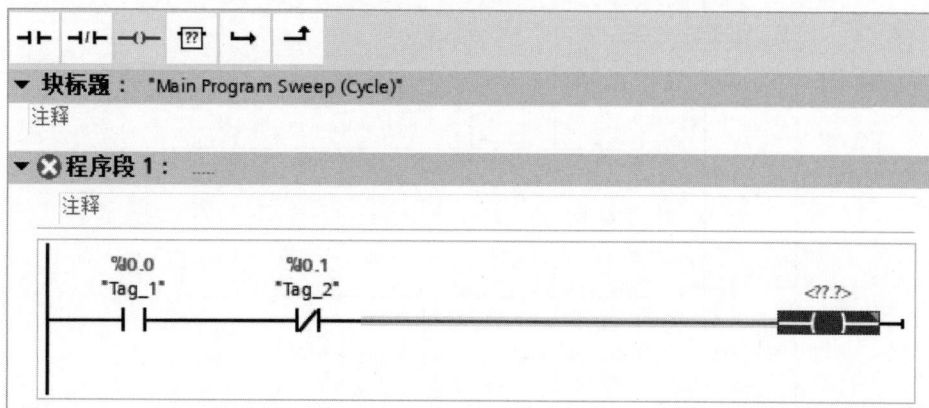

图 8-36　使用输出线圈指令（1）

（2）设置地址：双击新插入线圈上的问号（??.?）。输入与该线圈对应的实际输出设备的位地址，如 Q0.0。

（3）确认设置：按两次 Enter 键确认输入，将看到如图 8-37 所示的结果。

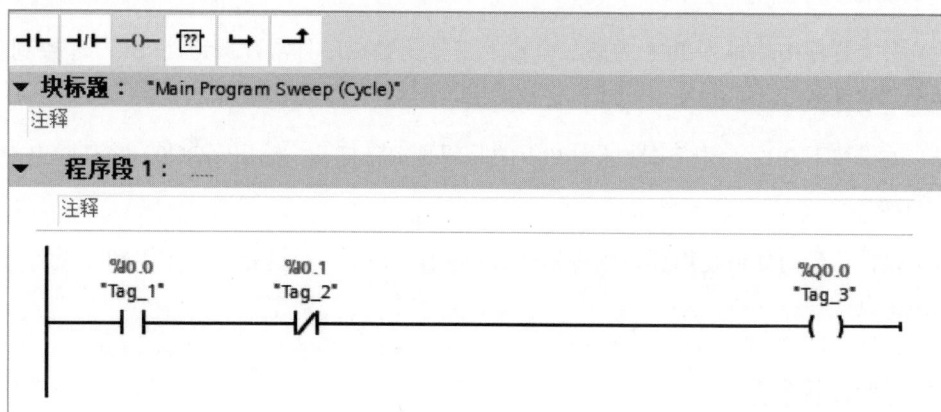

图 8-37　使用输出线圈指令（2）

程序说明

PLC 的工作原理基于接线和程序的协同。下面参考图 8-38 的接线来解释程序逻辑。

接线说明如下。

- 常开按钮 PB1 连接到输入地址 I0.0。
- 常开按钮 PB2 连接到输入地址 I0.1。
- 指示灯 PL1 连接到输出地址 Q0.0。

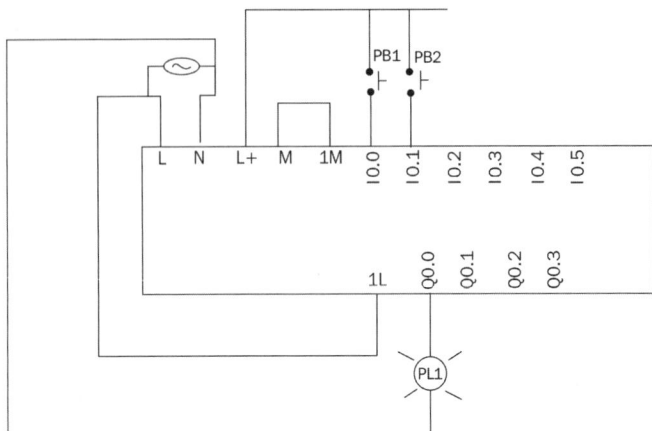

图 8-38　将两个按钮和一个指示灯连接到西门子 S7-1200 PLC（CPU 1211C AC/DC/Relay）的接线图

程序说明如下。

（1）当连接到 I0.0 的常开按钮（PB1）被按下时，程序中地址为 I0.0 的常开触点将闭合，允许信号通过。

（2）由于程序中地址为 I0.1 的第二个输入是常闭触点，且常开按钮（PB2）连接到 I0.1，因此只要 PB2 未被按下，输出（Q0.0）将被通电，指示灯 PL1 将点亮。

（3）如果按下 PB2，程序中地址为 I0.1 的常闭触点将打开，输出（Q0.0）将被断电，指示灯 PL1 将熄灭。

接下来，将学习如何使用通用指令框（Empty Box）指令，这是一个用于插入更复杂功能块的通用工具。

8.7.4　通用指令框

定义和功能：通用指令框（Empty Box）是 TIA Portal 中的一个多功能工具，允许用户选择各种指令，如常开触点、常闭触点、输出线圈（=）、通电延时定时器（TON）或加法计数器（CTU）等。

在 TIA Portal 中使用通用指令框的步骤如下。

（1）插入通用指令框：将通用指令框拖到"程序段 2"中的横线上，如图 8-39 所示。

（2）选择指令类型：双击指令框中的两个问号（??），然后单击框右侧的下拉箭头图标，查看可选择的指令列表，如图 8-40 所示。

（3）确认指令选择：例如，选择常开（NO）指令，然后按两次 Enter 键确认，将看到如图 8-41 所示的结果。

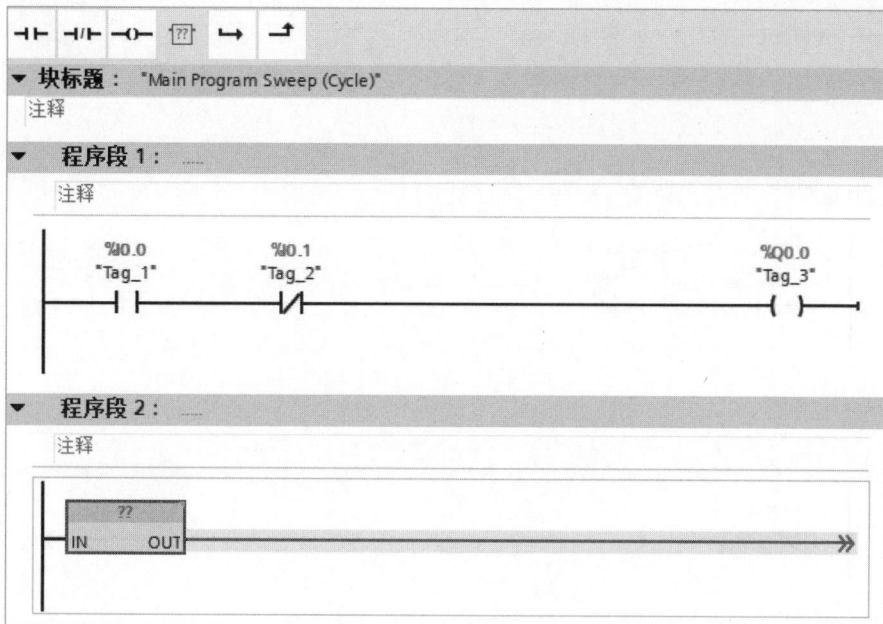

图 8-39 使用通用指令框（1）

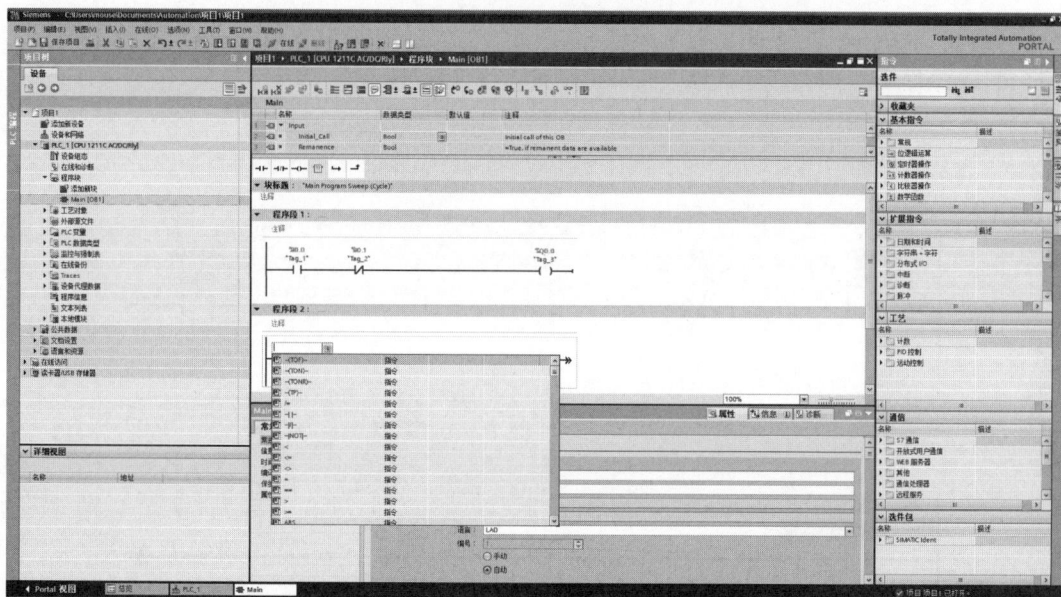

图 8-40 使用通用指令框（2）

（4）设置地址：双击新出现的问号（??.?），输入对应的输入设备位地址，如 I0.2。

（5）确认地址设置：按两次 Enter 键确认，结果如图 8-42 所示。

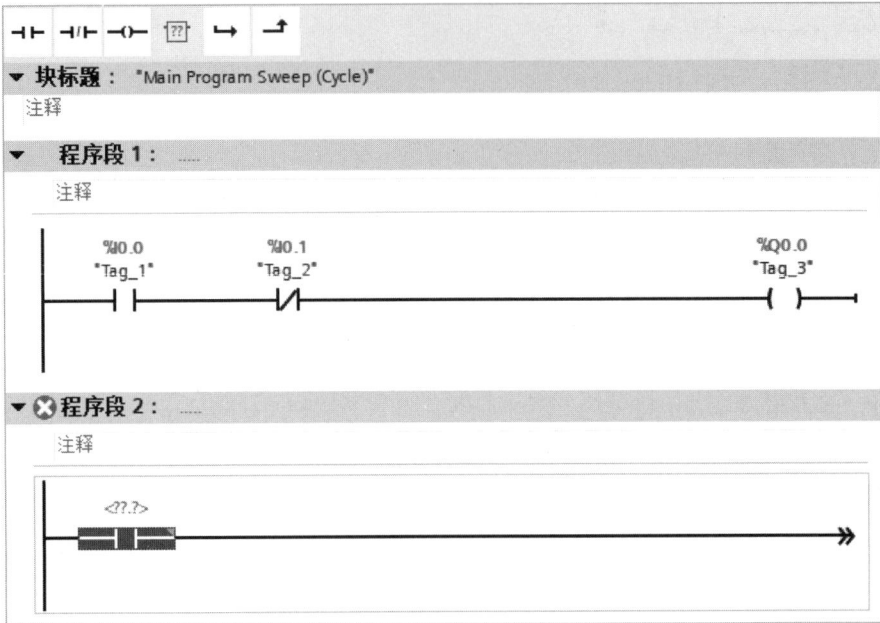

图 8-41　使用通用指令框（3）

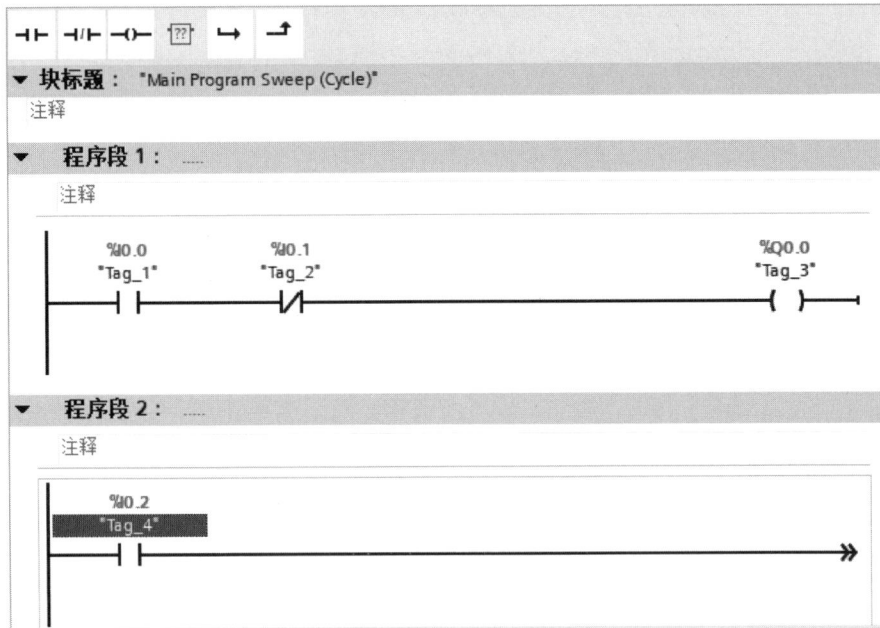

图 8-42　使用通用指令框（4）

（6）添加输出线圈：重复步骤 1～步骤 5，添加一个输出线圈（=）指令，并设置其地址为 Q0.1（对应实际输出设备的位地址）。最终结果如图 8-43 所示。

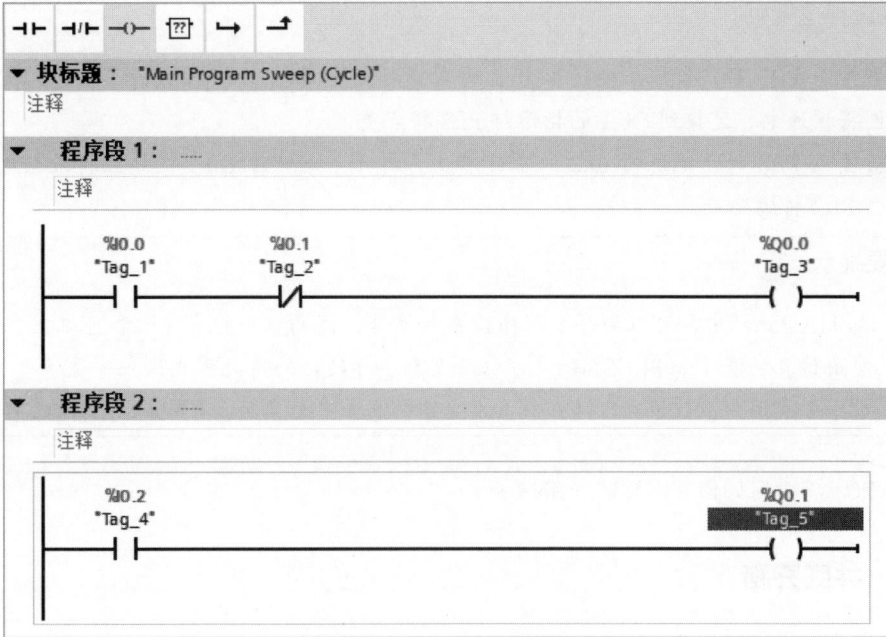

图 8-43　向梯级添加输出线圈

程序说明

假设有以下硬件连接（见图 8-44）。

- 常开按钮 PB3 连接到输入地址 I0.2。
- 指示灯 PL2 连接到输出地址 Q0.1。

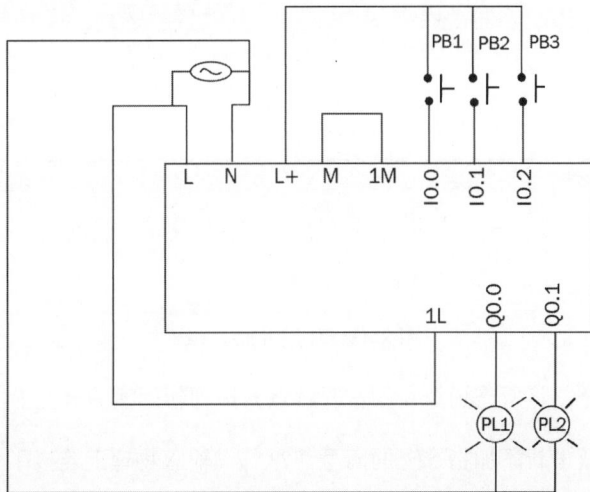

图 8-44　将 3 个按钮和 2 个指示灯连接到西门子 S7-1200 PLC（CPU 1211C AC/DC/Relay）

程序运行逻辑如下。

- 当按下 PB3 时，程序中地址为 I0.2 的常开触点将闭合，信号流通，地址为 Q0.1 的线圈将被通电。连接到 Q0.1 的指示灯 PL2 将点亮。
- 当释放 PB3 时，地址为 I0.2 的常开触点将打开，地址为 Q0.1 的线圈将被断电，指示灯 PL2 将熄灭。

> **重要提示：**
> - 在 TIA Portal 中，可以为每个程序段添加注释，提高程序的可读性和可维护性。
> - 使用仿真功能（如 PLCSIM），可以在没有实际硬件的情况下测试程序逻辑。
> - 对于中文用户，建议在 TIA Portal 的设置中选择中文界面，可以提高编程效率。

接下来，将学习如何使用并联开路指令。

8.7.5　并联开路

定义和功能：顾名思义，并联开路（Open Branch）用于打开一个分支，是一个用于创建并行逻辑路径的重要工具。当需要并联连接指令时使用它。

在 TIA Portal 中使用并联开路的步骤如下。

（1）插入并联开路：将并联开路图标拖到"程序段 2"中的主线上，如图 8-45 所示。

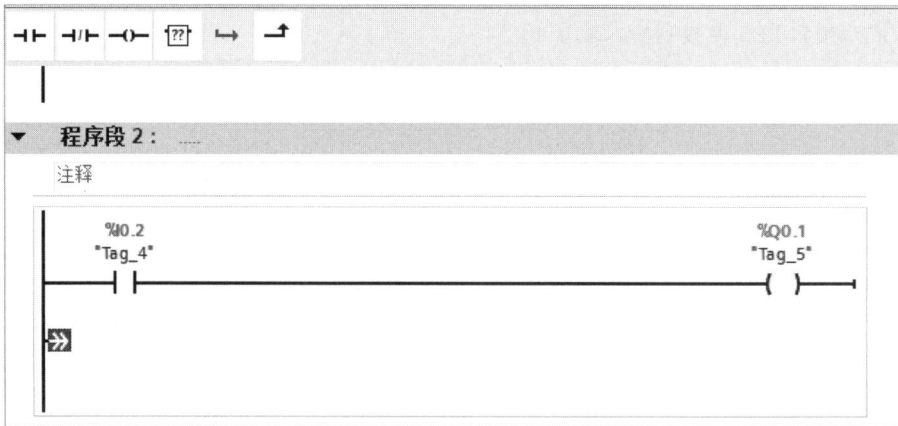

图 8-45　使用并联开路

（2）添加并联指令：将所需指令（如常开触点）拖到新创建的分支上，如图 8-46 所示。

（3）设置地址：双击新添加指令上的问号（??.?），输入物理上连接了开关、按钮或传感器的输入通道地址，如 I0.3。

（4）确认设置：按两次 Enter 键确认，结果如图 8-47 所示。

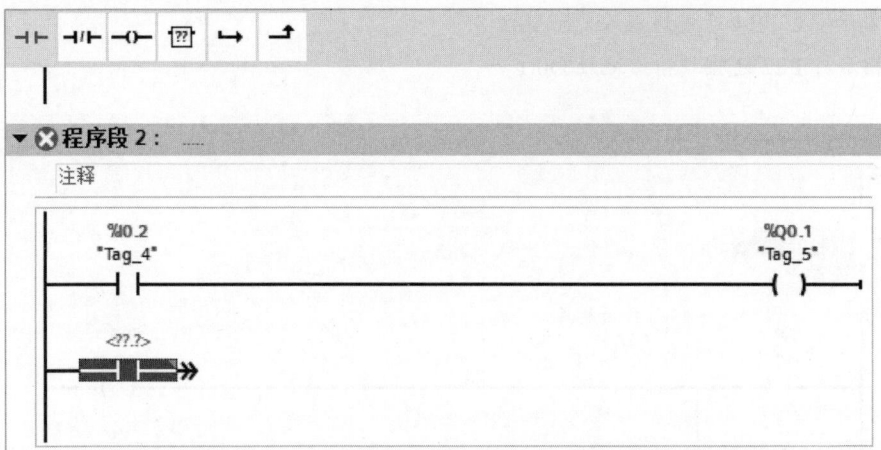

图 8-46　向分支添加指令（1）

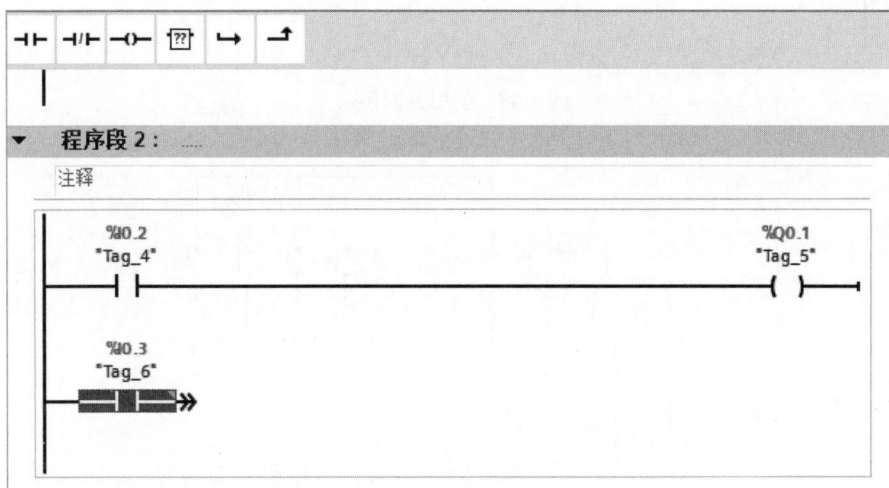

图 8-47　向分支添加指令（2）

8.7.6　并联闭路

定义和功能：顾名思义，并联闭路（Close Branch）用于关闭已打开的分支。现在来关闭分支以完成"程序段 2"中的程序。

使用步骤：将并联闭路图标拖到分支的末端，如图 8-48 所示。

上述程序（见图 8-48）是一个简单的 OR（或）逻辑电路。下面简要讨论一下这个程序。

程序说明

这是一个简单的 OR（或）逻辑电路。假设有以下硬件连接（见图 8-49）。

- 常开按钮 PB3 连接到输入地址 I0.2。

- 常开按钮 PB4 连接到输入地址 I0.3。
- 指示灯 PL2 连接到输出地址 Q0.1。

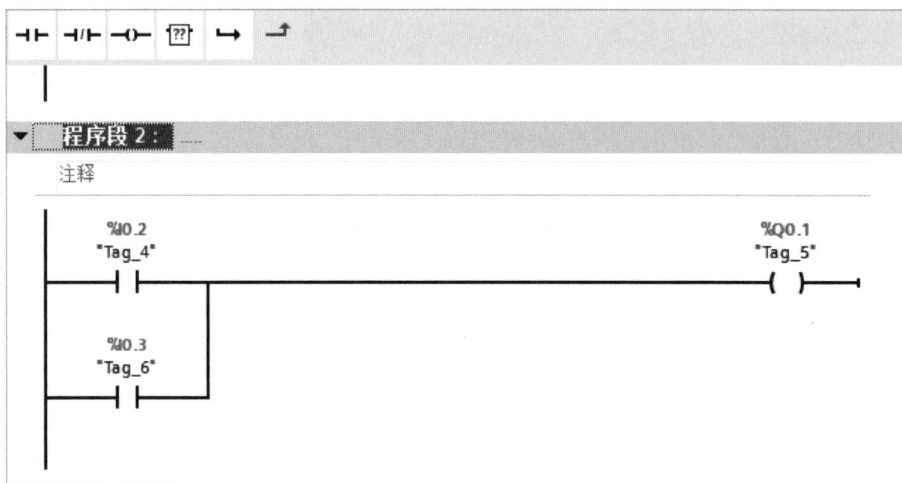

图 8-48　使用并联闭路

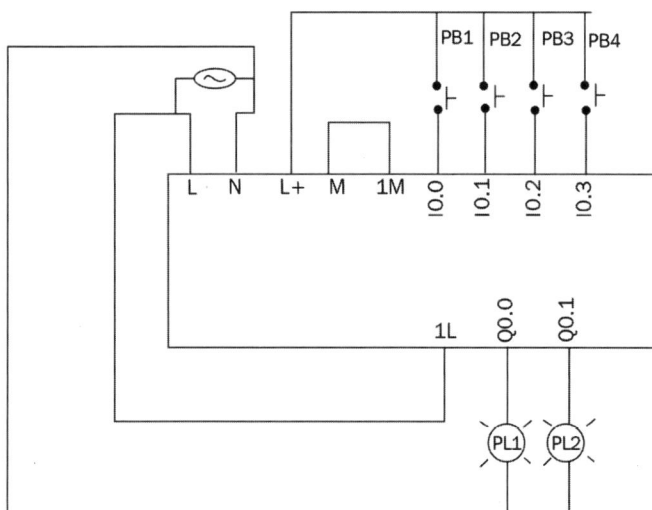

图 8-49　将 4 个按钮和 2 个指示灯连接到西门子 S7-1200 PLC（CPU 1211C AC/DC/Relay）

程序运行逻辑如下。

- 如果按下 PB3 或 PB4（或同时按下两者），地址为 Q0.1 的线圈将被通电，连接到 Q0.1 的指示灯 PL2 将点亮。
- 当两个按钮都释放时，电流不再流向地址为 Q0.1 的线圈，连接到 Q0.1 的指示灯 PL2 将熄灭。

重要提示：经常保存项目很重要。按 Ctrl+S 组合键或选择"项目 | 保存"命令来保存更改。

本节学习了如何在 TIA Portal 中创建项目和编写简单程序。现在，读者应该掌握了如何使用基本的指令和工具，如常开触点、常闭触点和通用指令框，来编写一个简单的梯形图程序。

8.8　总结

恭喜读者完成本章学习！本章重点介绍了 PLC 的软件部分，包括以下几点内容。

- 不同 PLC 编程语言的对比。
- 编程设备和软件的基本概念。
- 梯形图（LD）编程的基础和规则。
- 西门子 TIA Portal 软件的基本使用方法。

作为工业自动化工程师，掌握这些知识对于理解和开发 PLC 控制系统至关重要。

下一章将进一步讨论 PLC 编程。读者将学习如何仿真程序运行，如何将程序下载到实物 PLC，以及如何编写更复杂和高级的 PLC 程序。

8.9　习题

以下内容用于测试读者对本章内容的理解程度。在尝试回答这些问题之前，请确保已经阅读并理解了本章中的主要内容。

1. _____是一组用计算机能够理解的语言编写的指令，用于执行特定任务。

2. _____是以文本或图形形式表示的一组指令，代表将为特定工业任务或应用执行的控制功能。

3. 根据 IEC 标准，IEC 61131 第 3 部分中规定的用于编写 PLC 程序以控制和自动化任务的 5 种编程语言是_____、_____、_____、_____和 _____。

4. _____是几种 PLC 编程语言中最常见的。它是一种图形化编程语言，大多数工厂技术人员容易理解，因为它类似于他们熟悉的继电器接线图。

5. IEC 是_____的缩写。

6. _____是一种图形语言，其中程序元素以功能块的形式表示并相互连接。

7. _____是一种类似于汇编语言的基于文本的语言。

8. 两种常见的编程设备是_____和 _____。

9. _____是连接两条电源线以完成电路的横线。

第 9 章
TIA Portal 之 PLC 编程深度探索

在第 8 章中，学习了 PLC 编程的基础知识，包括 PLC 编程语言、PLC 编程设备、PLC 编程软件、梯形图基础、梯形图（梯形逻辑程序）的元素、梯形图编程规则、下载和安装 TIA Portal V13 专业版和 PLCSIM（PLC 仿真机），以及如何使用 TIA Portal 创建项目和编写程序。

本章将通过实践使用在上一章下载和安装的编程软件，带领读者深入学习 PLC 编程。还将介绍程序仿真，使读者能够在没有实际 PLC 的情况下，直接在个人计算机或笔记本电脑上验证编写程序的运行结果。

在本章中，将涵盖以下几方面主要内容：

- 打开已保存的程序。
- 使用 Siemens TIA Portal 和 PLCSIM 仿真程序。
- PLC 编程中的锁存和解锁。
- 在程序中将输出地址用作输入。
- 使用置位输出和复位输出指令。
- 使用定时器操作指令。
- 使用计数器操作指令。
- 使用移动操作指令。
- 使用比较操作指令。
- 使用 PLC 进行液位控制。
- 使用 PLC 的自动灌装、封盖和包装系统。

为了更好、更全面地理解本章内容，建议先熟悉第 2 章、第 3 章、第 7 章和第 8 章。

本章实际上是第 8 章的延续。因此，在阅读本章之前，必须熟悉相关术语和 TIA Portal 编程软件，并且已经练习了第 8 章中讲解的程序和指令。

9.1　打开已保存的程序

打开在第 8 章中保存的项目程序，继续学习 PLC 编程。

（1）启动 TIA Portal 应用程序。

（2）选择"打开现有项目"选项，选择在第 8 章中编辑的"项目 1"选项，然后单击"打开"按钮，如图 9-1 所示。

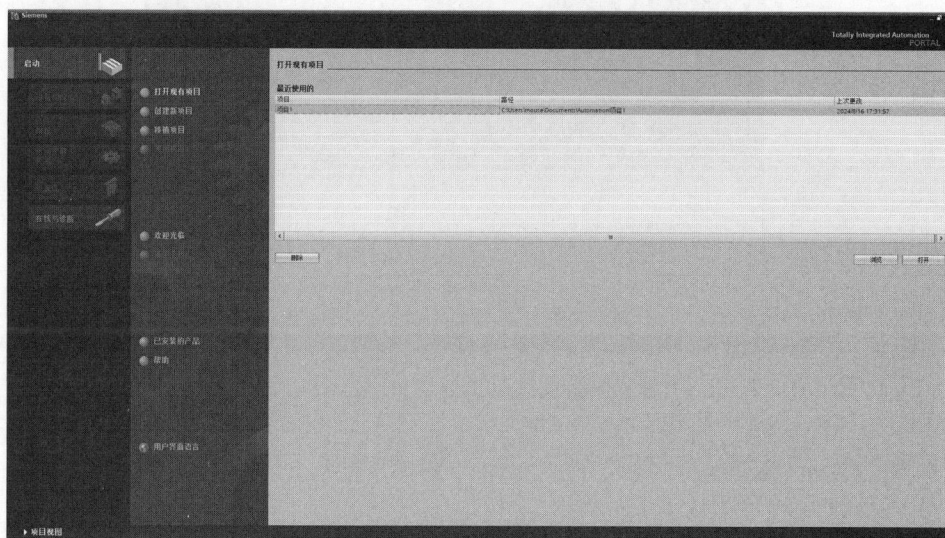

图 9-1　打开已保存的项目——打开现有项目

（3）单击"打开"按钮后，界面如图 9-2 所示。选择"打开项目视图"选项。

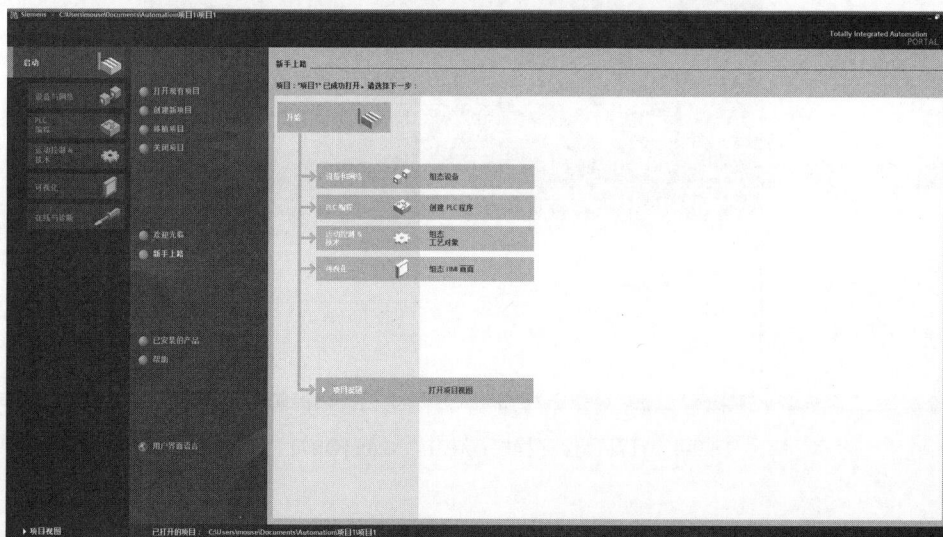

图 9-2　打开已保存的项目：打开项目视图

（4）在如图 9-3 所示的窗口左侧双击 PLC 文件夹（PLC_1），然后双击"程序块"选项。

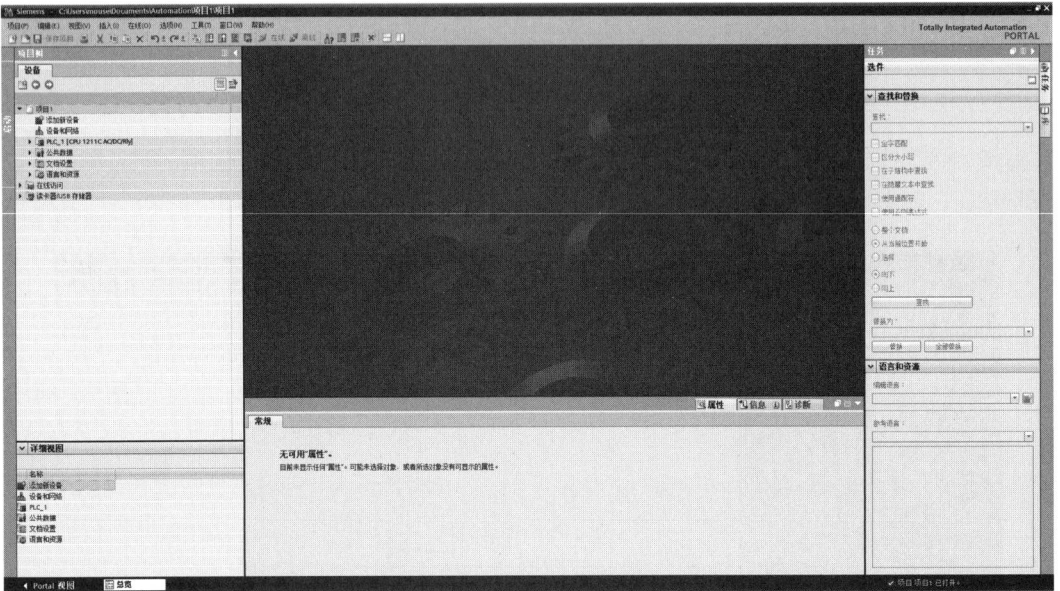

图 9-3 打开已保存程序: PLC_1 [CPU 1211C AC/DC/Rly]

（5）在如图 9-4 所示的窗口中，双击"Main [OB1]"选项。

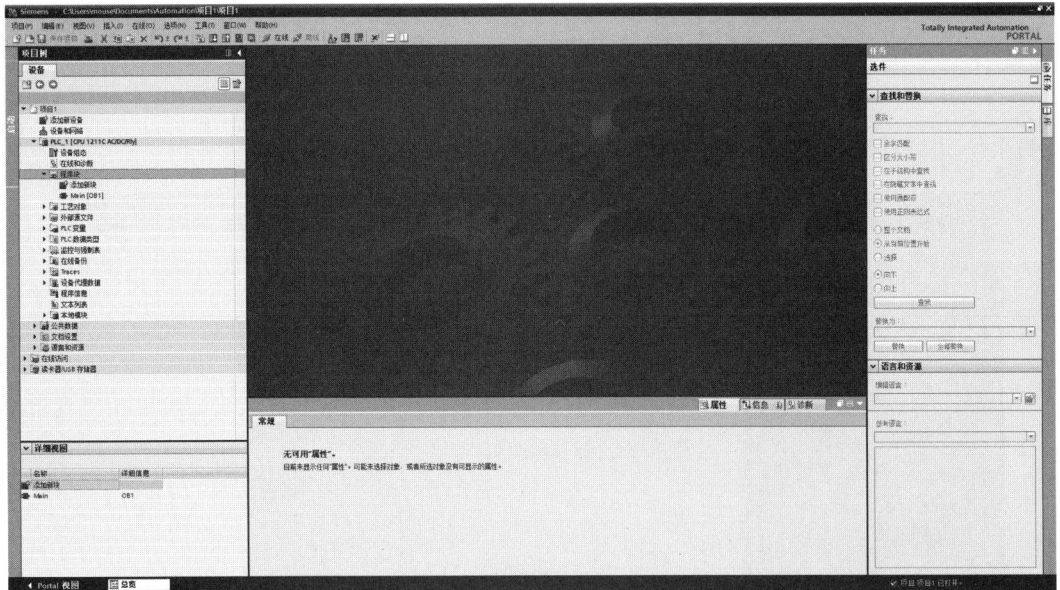

图 9-4 打开已保存程序: 双击"Main [OB1]"选项

程序将打开并显示梯形图，如图 9-5 所示。

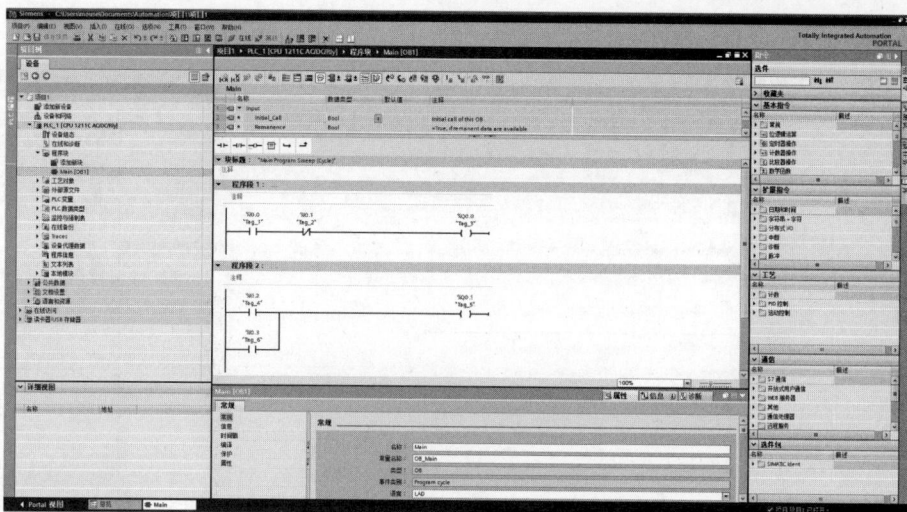

图 9-5　显示梯形图的程序界面

　　至此，我们已经学习了如何在 TIA Portal 中打开已保存的程序。接下来，将学习如何仿真程序的运行，这将帮助读者在没有实际 PLC 的情况下测试和优化自己的程序。

9.2　使用 Siemens TIA Portal 和 PLCSIM 仿真程序

　　本节学习如何使用 Siemens TIA Portal 仿真程序——PLCSIM。将使用第 8 章中编写的程序作为示例。

　　（1）打开项目。使用 9.1 节的步骤打开项目与程序，将显示如图 9-6 所示的界面。单击"编译"按钮并确保程序中没有错误。

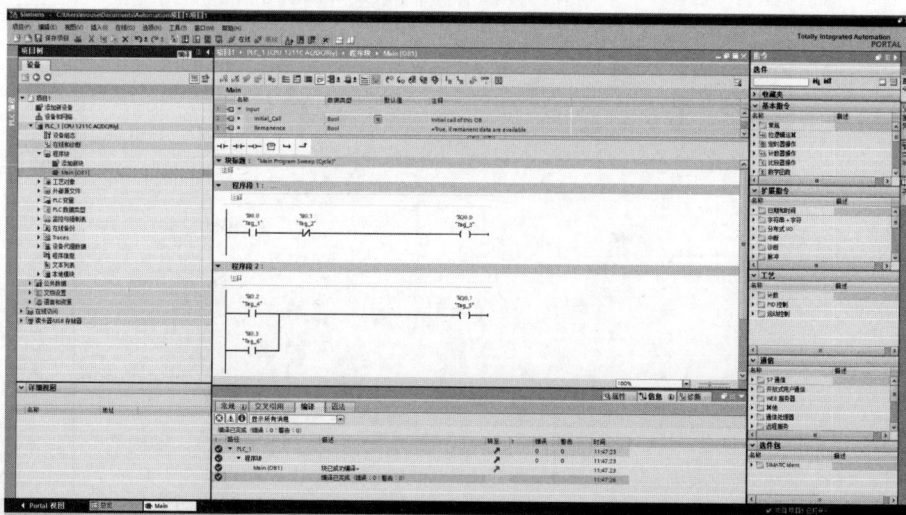

图 9-6　显示"编译"按钮的打开项目（手指图标指示的位置）

（2）启动仿真。单击"开始仿真"按钮，如图 9-7 所示。

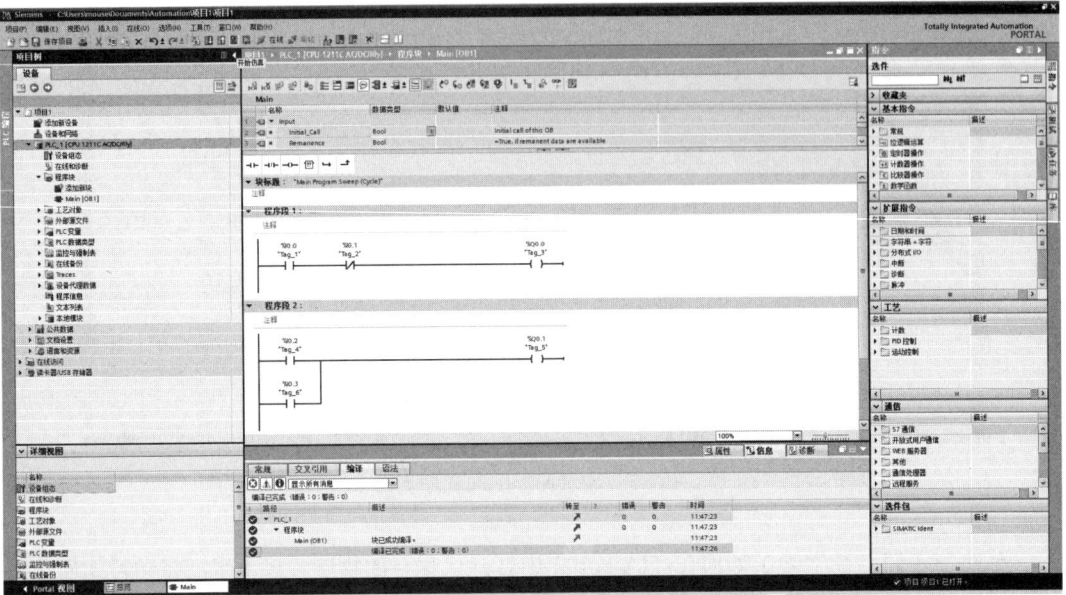

图 9-7　显示无错误的编译程序（0 个错误）

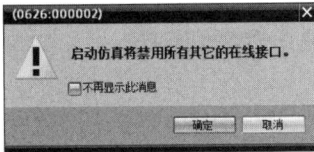

图 9-8　仿真警告消息

（3）确认警告。将弹出如图 9-8 所示的警告消息。单击"确定"按钮。

系统将显示如图 9-9 所示的界面。

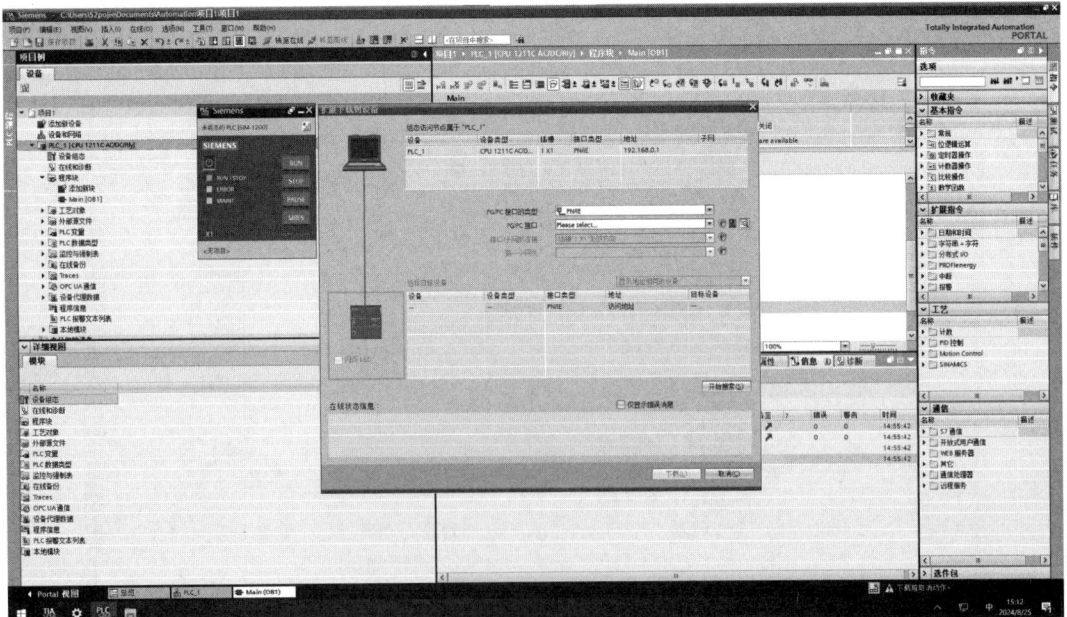

图 9-9　"扩展下载到"设备对话框

（4）配置仿真设置。在如图 9-9 所示的"PG/PC 接口"下拉列表框中选择"PLCSIM S7-1200/S7-1500"选项，然后单击"开始搜索"按钮，结果如图 9-10 所示。选择地址为 192.168.0.1 的 CPUcommon，然后单击"下载"按钮。

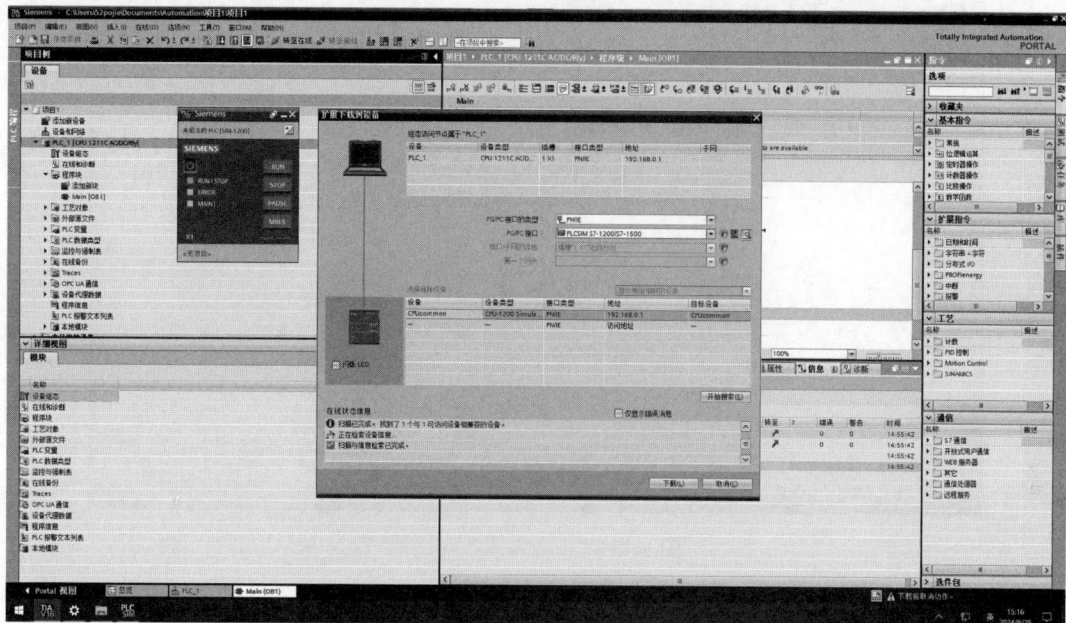

图 9-10　搜索结果

（5）保存设置。在弹出的如图 9-11 所示的确认窗口中，单击"是"按钮，以保存 PG/PC 接口的设置。

（6）完成下载。在如图 9-12 所示的"下载预览"对话框中单击"装载"按钮。

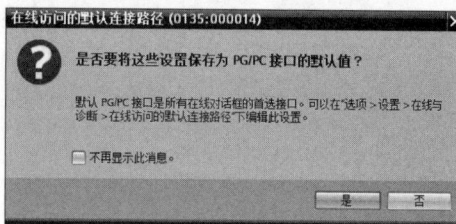

图 9-11　在线访问默认连接路径消息的确认窗口

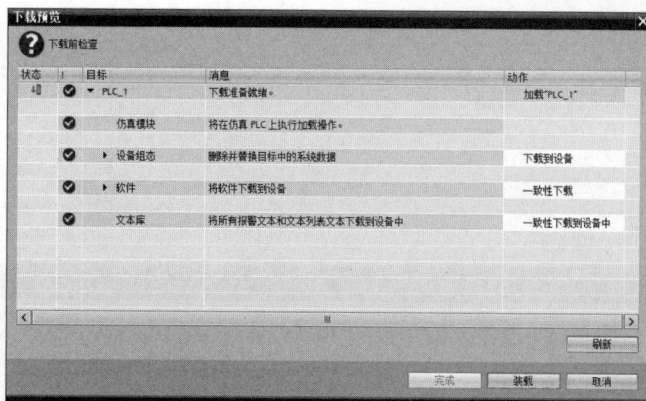

图 9-12　"下载预览"对话框

在如图 9-13 所示的"下载结果"对话框中选择"全部启动"复选框，然后单击"完成"按钮。

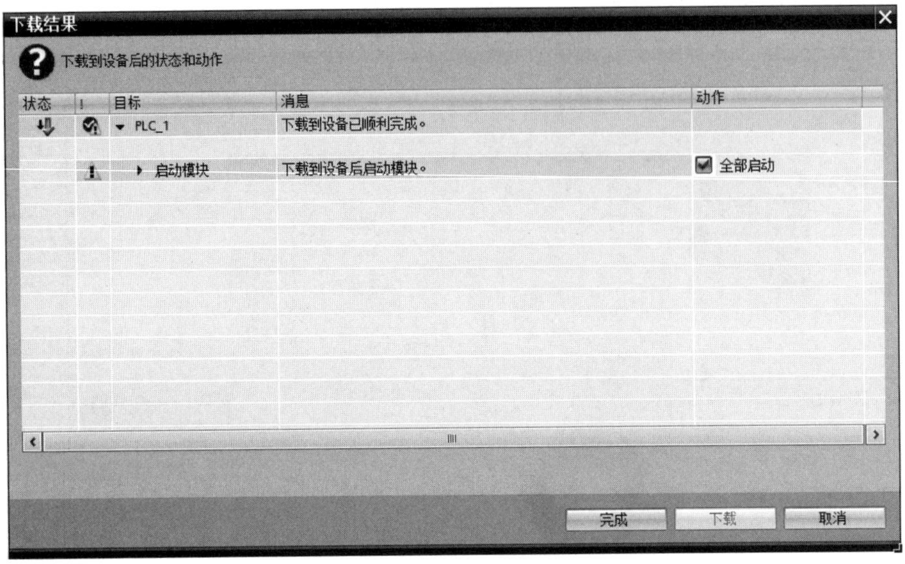

图 9-13　"下载结果"对话框

然后，将看到如图 9-14 所示的界面。

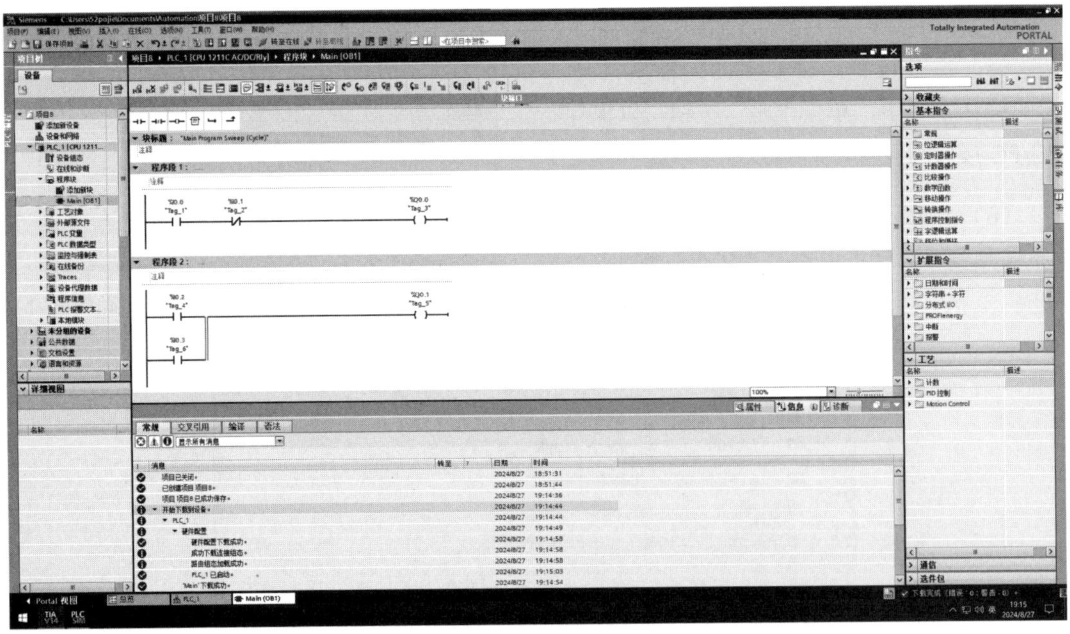

图 9-14　准备仿真的程序，以及任务栏上的 PLCSIM 图标

（7）启动 PLCSIM，配置仿真环境。单击如图 9-14 所示的任务栏中的 PLCSIM 按钮，使仿真器显示在屏幕上，如图 9-15 所示。单击"切换到项目视图"按钮。

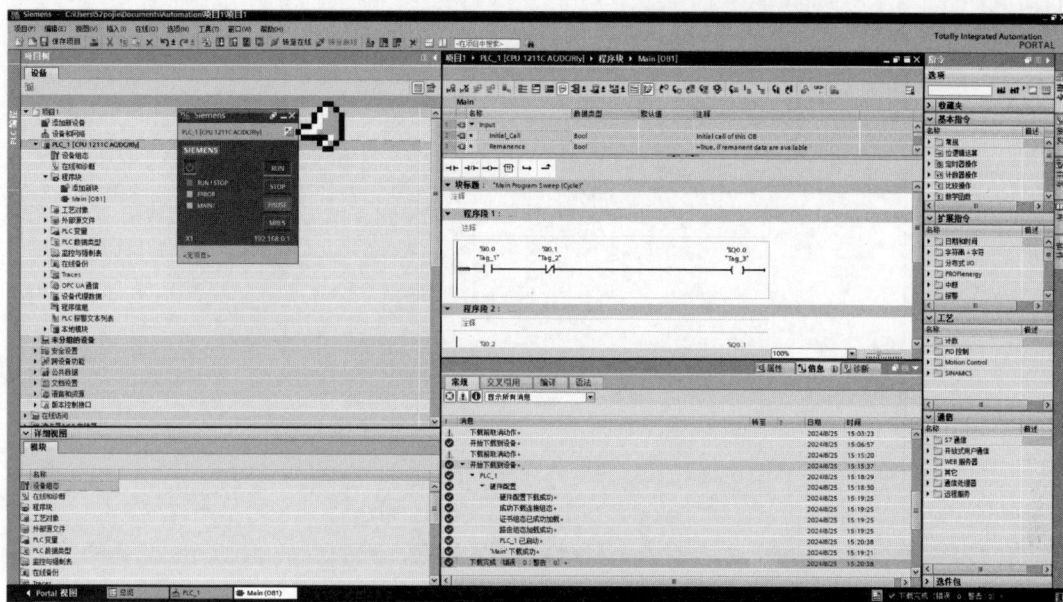

图 9-15　屏幕上的仿真器窗口

此时的计算机屏幕应该变成如图 9-16 所示的样子。

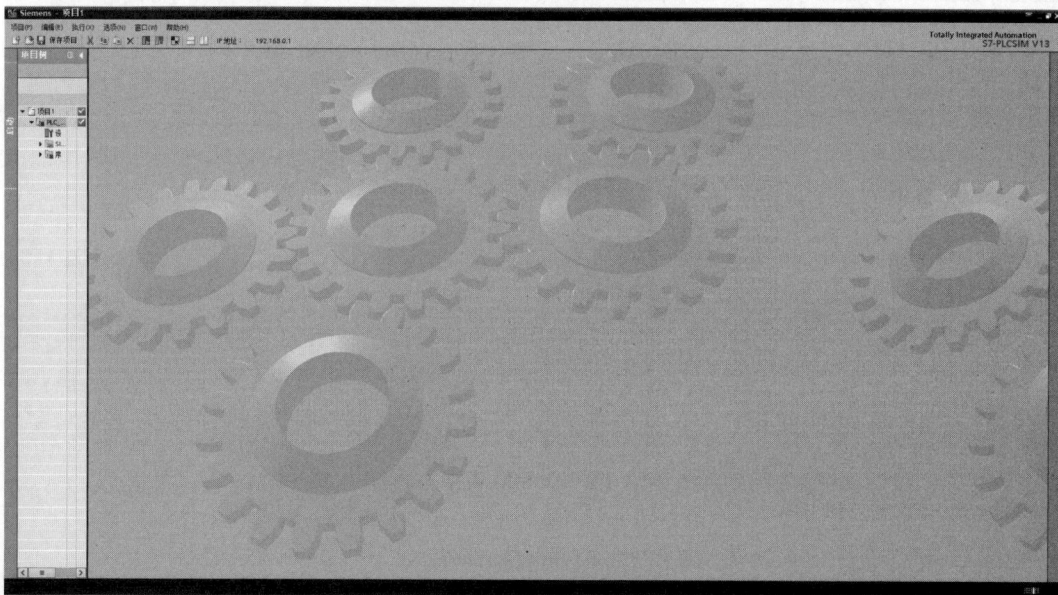

图 9-16　仿真器的项目视图

展开左侧面板，使其看起来如图 9-17 所示。

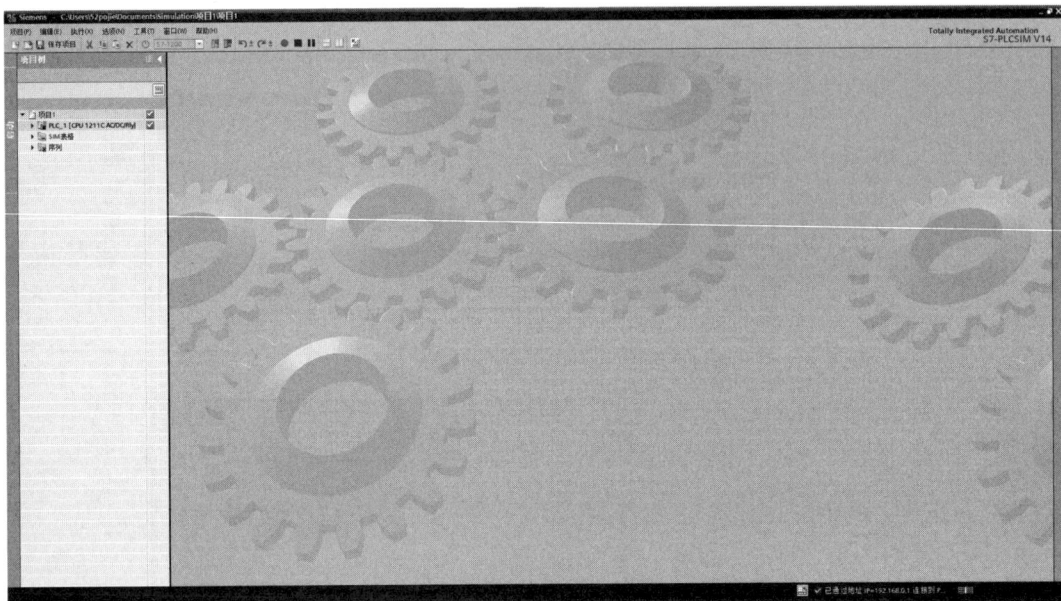

图 9-17　左侧面板展开的样子

在左侧列表展开"SIM 表格"选项，如图 9-18 所示。

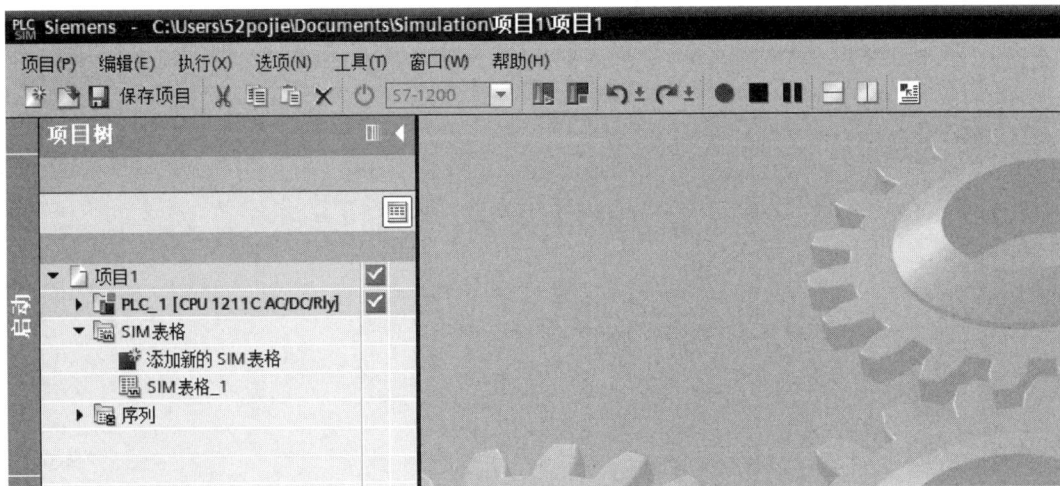

图 9-18　展开"SIM 表格"选项

双击"SIM 表格 _1"选项，此时的界面如图 9-19 所示。

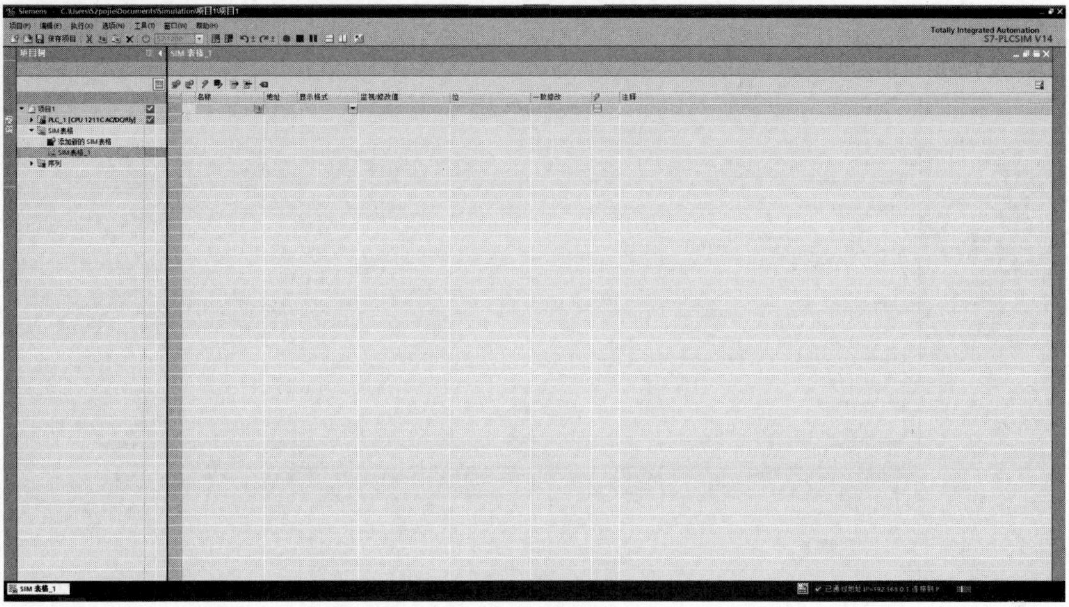

图 9-19　SIM 表格 _1

在 "SIM 表格 _1" 的 "地址" 列中添加所使用的所有 I/O（输入/输出）地址，如图 9-20 所示。

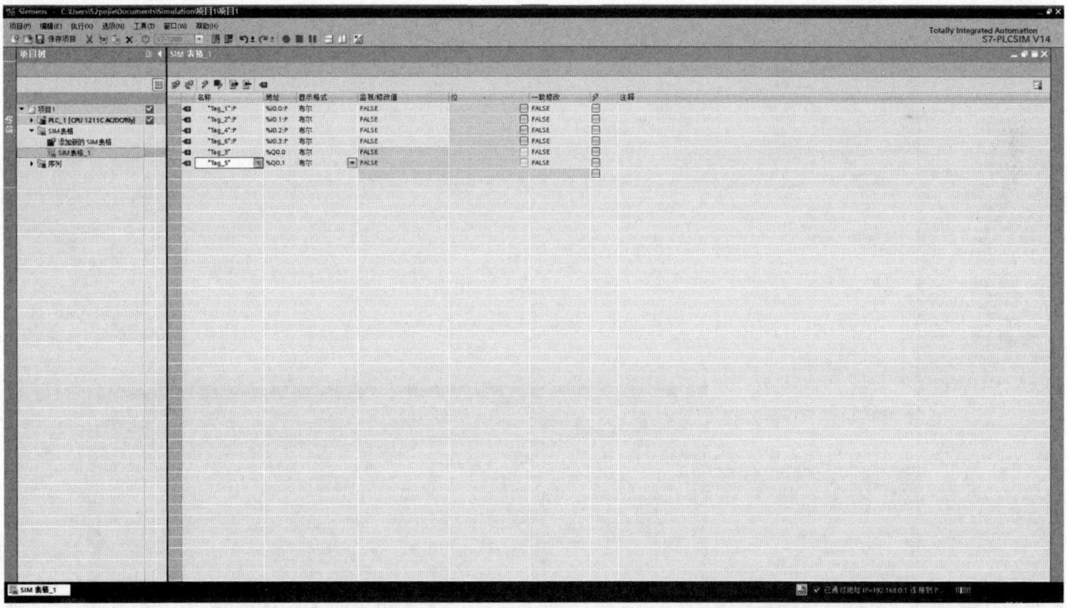

图 9-20　添加了 I/O（输入/输出）地址的仿真器项目视图

（8）设置监视模式。通过单击任务栏中的 TIA V13 按钮返回编程环境，然后单击 "启用/禁用监视" 按钮，打开监视模式，如图 9-21 所示。

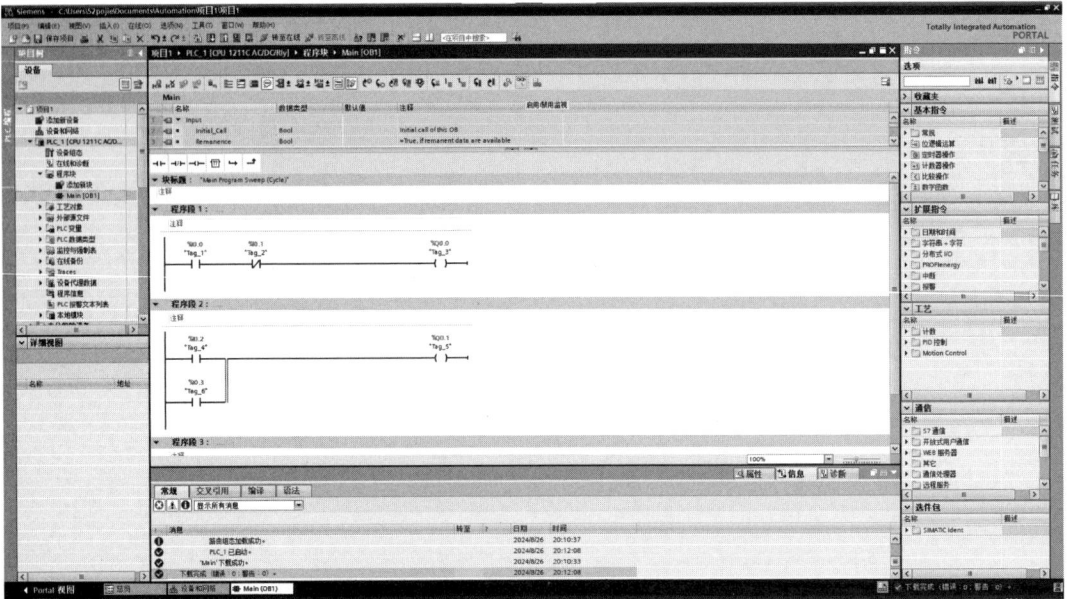

图 9-21　启用/禁用监视

（9）准备仿真。单击任务栏中的 PLCSIM 按钮，让仿真器的项目视图同时显示在屏幕上，如图 9-22 所示。

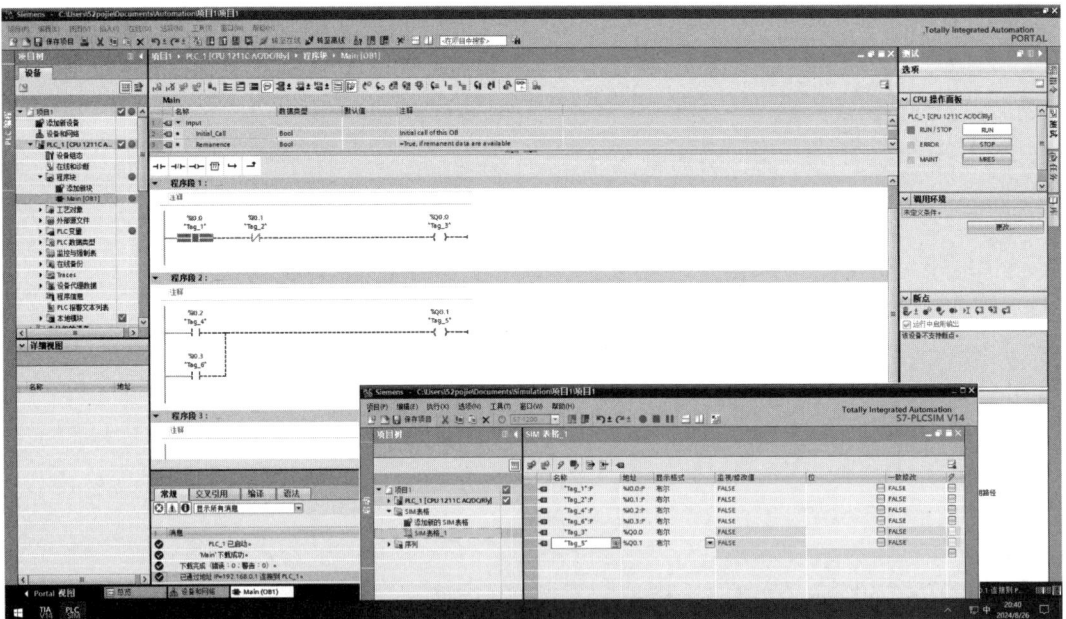

图 9-22　重新排列屏幕，同时显示程序和添加了 I/O 地址的仿真器项目视图

（10）开始仿真操作。现在，调整仿真器的项目视图窗口，让"SIM 表格 _1"的"位"列内容能够正常显示，如图 9-23 所示。下面来仿真"程序段 1"。在如图 9-22 所示的截图中，可以看到 I0.0 的位没有被标记，而输出 Q0.0 保持关闭状态，因为信号无法流向它。

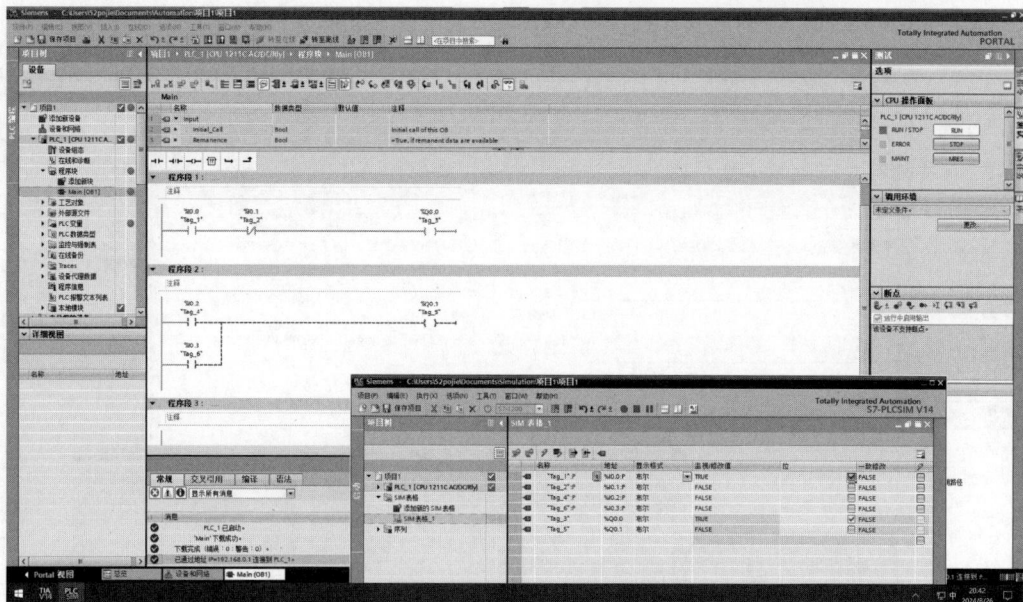

图 9-23　"程序段 1"的仿真结果

标记 I0.0 的位（选择 I0.0 的位的复选框），设置"监视/修改值"为"TRUE"。可以在编程区的"程序段 1"看到地址为 Q0.0 的线圈变为了打开状态，如图 9-23 所示。

可以在仿真器中标记或取消标记任何输入地址的位，来模拟打开或关闭它们，并观察输出如何响应输入。

现在来仿真"程序段 2"。标记 I0.2 的位，Q0.1 将打开，效果如图 9-24 所示。

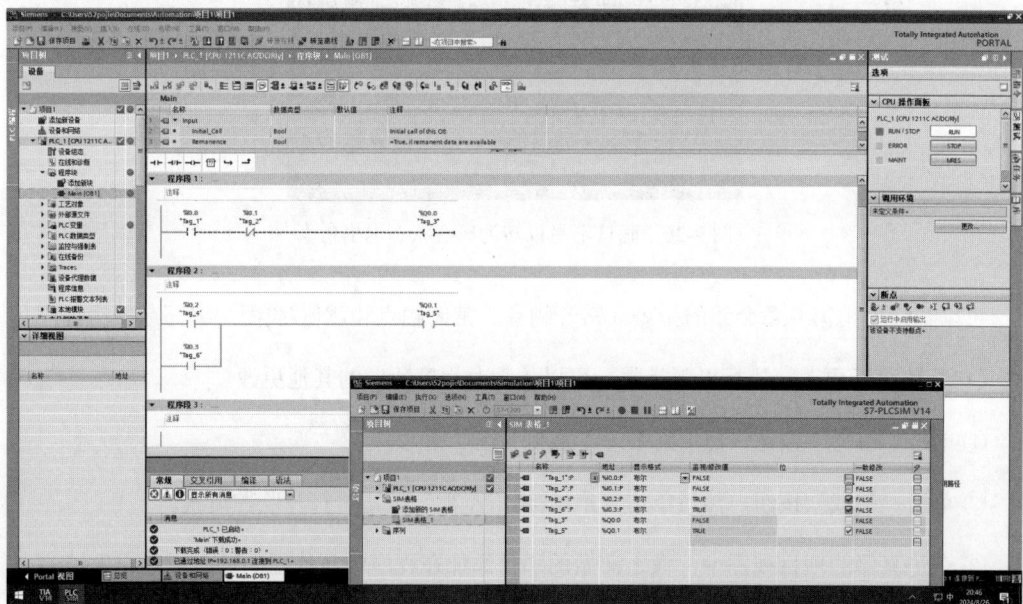

图 9-24　当 I0.2 被标记（打开）时"程序段 2"的仿真结果

取消标记 I0.2 的位并标记 I0.3 的位，Q0.1 仍然会打开，如图 9-25 所示。

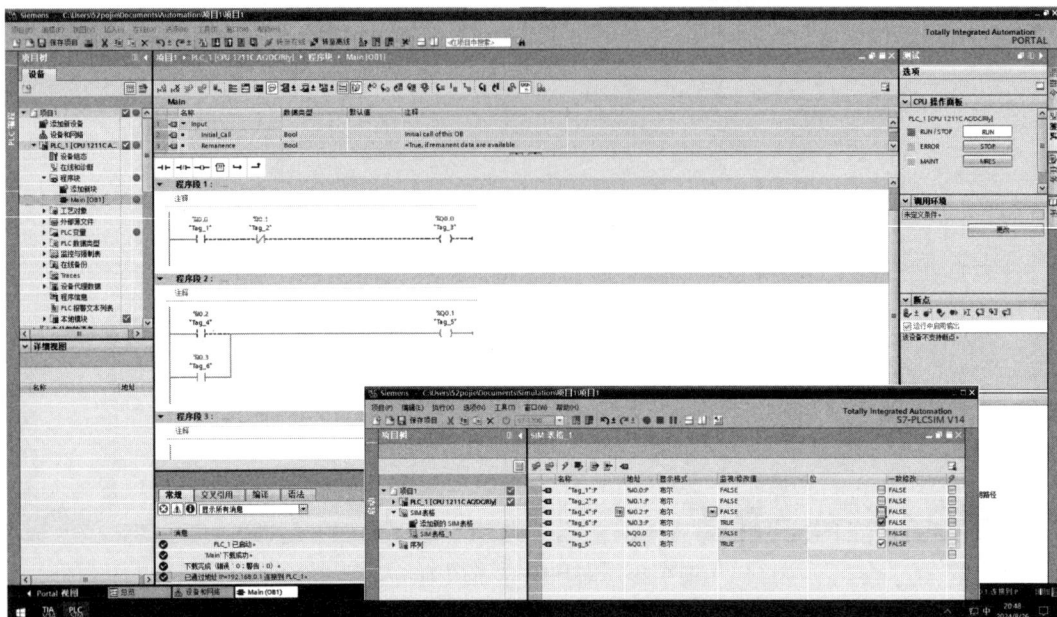

图 9-25　当 I0.2 未标记而 I0.3 被标记时"程序段 2"的仿真结果

观察当你打开输入时，信号（绿色）如何从左向右流动以激活线圈（输出）。

（11）结束仿真，继续编程。要结束仿真并继续编写程序，单击"启用/禁用监视"按钮，关闭监控模式。在弹出的如图 9-26 所示的离线确认窗口中单击"是"按钮。

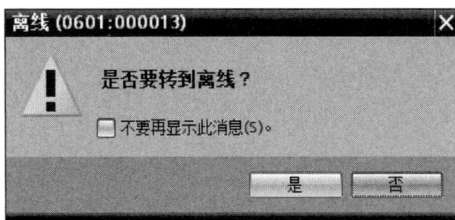

图 9-26　确认消息以转为离线状态退出仿真

可以继续使用第 8 章介绍的指令（常开触点、常闭触点和赋值/线圈）编写或编辑程序。

（12）仿真新更改。执行以下步骤，可以仿真对程序所做的其他更改。

① 单击"编译"按钮，然后选择"下载到设备"选项。

② 单击"装载"按钮，然后单击"启用/禁用监视"按钮，打开监控模式。

③ 在仿真器的项目视图中，像之前做的那样添加在程序中新使用的输入或输出地址。

④ 通过标记或取消标记想要打开或关闭的输入地址的位，来测试程序。

9.3　PLC 编程中的锁存和解锁

锁存（Latching）是一种用于在输入信号停止后，仍然保持输出通电或激活状态的技术。锁存使瞬时按下的按钮行为类似于自锁开关；换句话说，按下按钮后，即使释放按钮，输出仍将保持通电（ON）状态。

解锁（Unlatching）则是一种用于使已锁存的输出断电的方法或技术。

9.3.1　使用常开按钮实现启动和停止的锁存和解锁程序

在"程序段 3"中编写如图 9-27 所示的简单程序，以观察使用常开按钮启动和停止时，锁存和解锁是如何工作的。

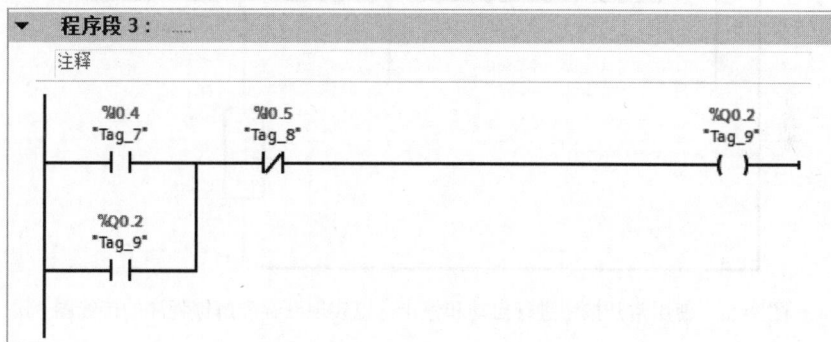

图 9-27　使用常开按钮进行启动和停止的锁存和解锁程序

该程序的 PLC 接线如图 9-28 所示。

（1）接线说明：该接线图显示启动按钮（常开）连接到 I0.4，停止按钮（常开）连接到 I0.5，负载（可以是接触器的线圈）连接到 Q0.2。

（2）程序逻辑：当按下启动按钮时，程序中地址为 I0.4 的常开触点将闭合。由于程序中的 I0.5 是常闭触点，电源将流向地址为 Q0.2 的线圈并使其通电。当释放启动按钮时，程序中地址为 I0.4 的常开触点打开，但地址为 Q0.2 的输出仍保持通电。这是因为与输出 Q0.2 地址相同的常开触点与 I0.4 并联，而通电的线圈 Q0.2 闭合了与 I0.4 并联的、地址为 Q0.2 的常开触点，这为信号流向 Q0.2 创造了另一条路径。因此，即使在按钮释放后，地址为 Q0.2 的输出线圈仍保持 ON 状态。这被称为锁存。

当按下停止按钮时，地址为 I0.5 的常闭触点打开。电源将不再流向线圈。地址为 Q0.2 的输出线圈将断电（OFF）。这被称为解锁。

这里使用的停止按钮是不安全的，因为当按钮发生故障时，输出可能将保持通电，机器将继续运行。这在工业应用中是不推荐且不安全的。

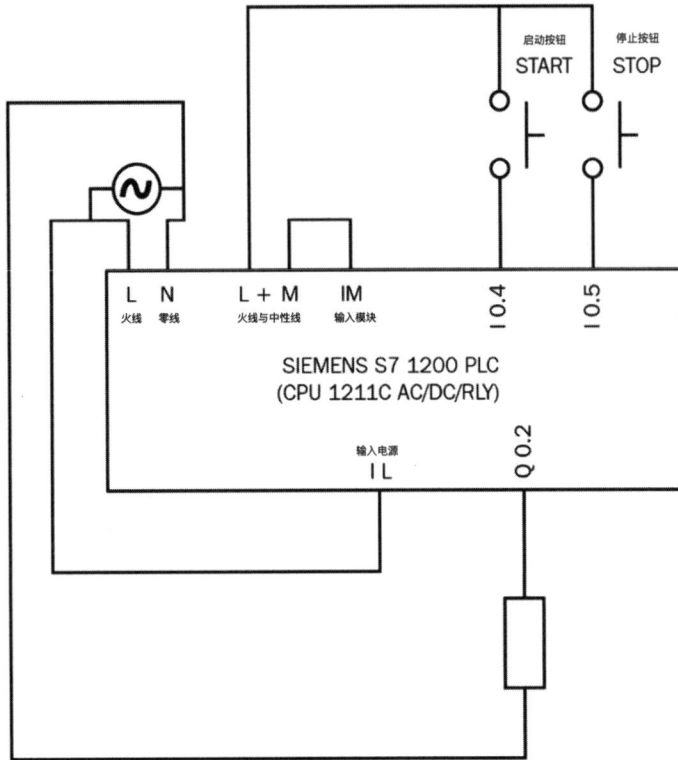

图 9-28　使用常开按钮进行启动和停止，以实现锁存和解锁程序的接线图

9.3.2　使用常开按钮启动和常闭按钮停止的锁存和解锁程序

编辑"程序段 3"中的程序，将用于 I0.5 的常闭触点改为常开触点，如图 9-29 所示。

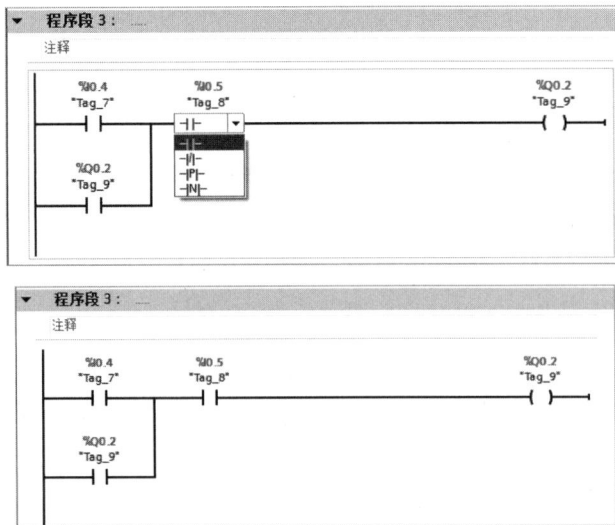

图 9-29　使用常开按钮启动和常闭按钮停止的锁存和解锁程序

该程序的 PLC 接线如图 9-30 所示。

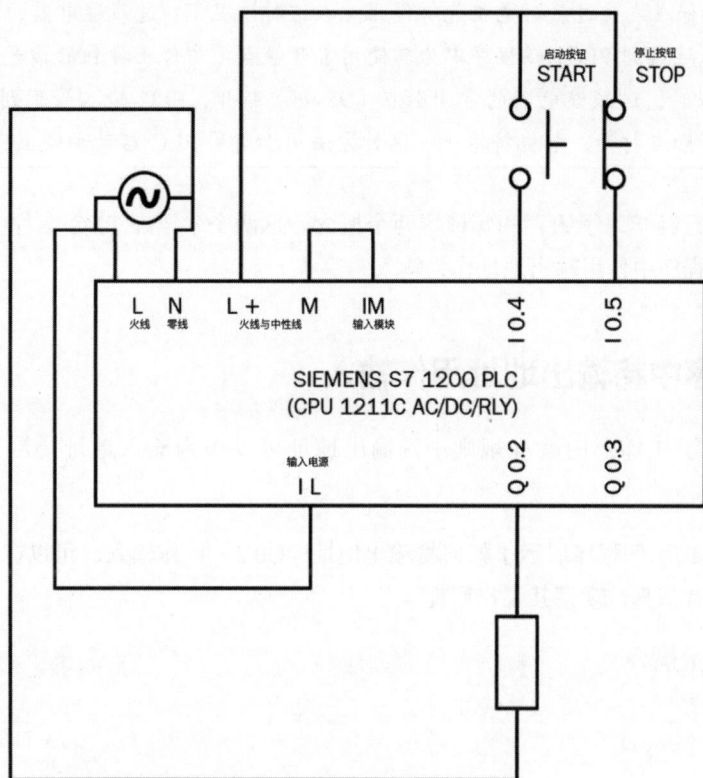

图 9-30　使用常开按钮启动和常闭按钮停止的锁存和解锁程序的接线图

（1）接线说明：如图 9-30 所示，启动按钮（常开）连接到 I0.4，停止按钮（常闭）连接到 I0.5，负载（可以是接触器的线圈）连接到 Q0.2。

（2）程序逻辑：当按下启动按钮时，程序中地址为 **I0.4** 的常开触点将闭合。由于停止按钮是常闭按钮，正常情况下电流通过，因此程序中地址为 **I0.5** 的常开触点也处于闭合状态。电源将流向地址为 **Q0.2** 的线圈并使其通电。当释放启动按钮时，程序中地址为 **I0.4** 的常开触点打开，但地址为 **Q0.2** 的输出仍保持通电状态，这是因为在程序中，与输出 **Q0.2** 地址相同的常开触点与 **I0.4** 并联。通电的线圈 **Q0.2** 闭合了程序中与 **I0.4** 并联的、地址为 **Q0.2** 的常开触点。这为信号流向 **Q0.2** 提供了另一条路径。因此，即使在释放按钮后，地址为 **Q0.2** 的输出线圈仍保持 ON 状态。这被称为**锁存**。

当按下停止按钮时，由于停止按钮是常闭按钮，按下后电路断开，程序中地址为 **I0.5** 的常开触点将打开。电源将不再流向线圈，地址为 **Q0.2** 的输出线圈将断电（OFF）。这被称为**解锁**。

这里使用的停止按钮是安全的，因为当按钮发生故障时，输出将断电，连接到停止按钮的机器将不会运行。这在工业应用中是推荐且安全的。

> **注意：** 如果输出（Q0.2）将用于为感应电机供电，那么在接触器和电机之间必须使用过载继电器，以确保在发生过载时电机能够停止。在这种情况下，过载继电器的常闭触点（95-96）将作为输入连接到 PLC，在程序中为其使用常开触点（与停止按钮的常开触点串联）。这样，当发生过载时，过载继电器的常闭触点（95-96）断开，PLC 输入检测到信号中断，程序中对应的常开触点打开，电机将停止。这种方法用于使用 PLC 启动和停止感应电机。

现在，读者已经学习了锁存和解锁这两个概念。这两个术语在 PLC 编程中很重要。下一节将学习如何在程序中使用输出地址作为输入。

9.4 在程序中将输出地址用作输入

第 8 章介绍了在梯形图编程规则中，输出地址可以作为输入地址（常开或常闭触点）使用。

图 9-31 所示的示例程序展示了如何将输出地址（Q0.2）用作输入。可以在"程序段 4"中编写此程序并进行仿真，观察其工作原理。

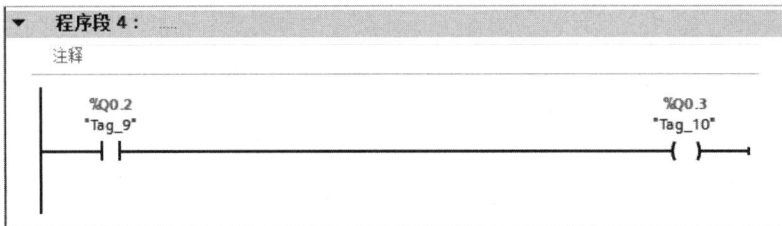

图 9-31 输出地址（Q0.2）用作输入中的常开（NO）触点

该程序的接线图如图 9-32 所示。

假设一个指示灯（PL3）连接到 Q0.3，每当 Q0.2 为 ON 时，程序中地址为 Q0.2 的常开触点将闭合，因为地址为 Q0.2 的线圈已通电，连接到 Q0.3 的 PL3 将点亮。

如果编辑程序，将地址为 Q0.2 的常开触点替换为常闭（NC）触点，如图 9-33 所示，程序的行为将有所不同。

每当 Q0.2 为 ON 时，程序中地址为 Q0.2 的常闭触点将打开，因为地址为 Q0.2 的线圈已通电，连接到 Q0.3 的 PL3 将熄灭。

这个例子展示了如何在 PLC 程序中使用输出地址 Q0.2 作为另一个输出 Q0.3 的控制输入，以及更改触点类型（从常开到常闭）如何影响程序的行为。

刚刚学习了如何将输出地址用作输入，这是 PLC 编程中另一个重要技术。接下来，将学习 SET（置位）和 RESET（复位）指令。

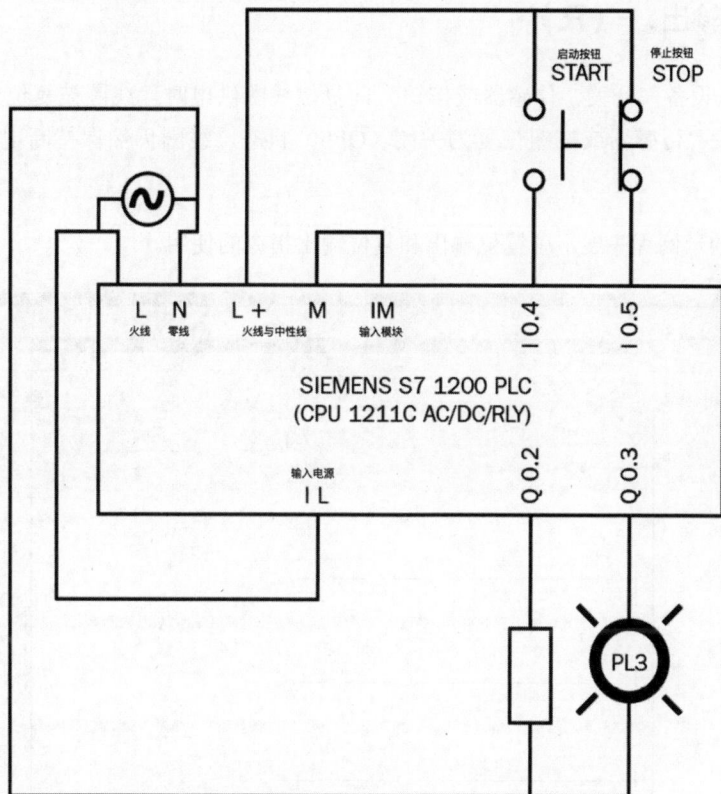

图 9-32　使用输出地址作为输入的程序的接线图

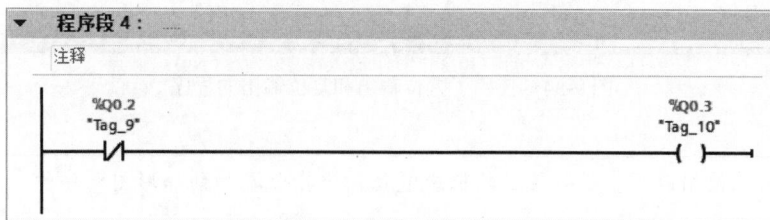

图 9-33　输出地址（Q0.2）用作输入的常闭（NC）触点

9.5　使用置位输出和复位输出指令

置位输出和复位输出指令是梯形图编程中两个重要的输出（线圈/赋值）指令。

9.5.1　置位输出:−(S)

当通过输入设备（开关、传感器或按钮）向置位线圈供电时，线圈被置位（通电）。即使提供电源的开关、传感器或按钮恢复为关闭（OFF）状态，线圈仍然保持置位（ON）状态，直到被复位。

9.5.2 复位输出：-（R）

当通过输入设备（开关、传感器或按钮）向复位线圈供电时，线圈被复位（断电）。即使提供电源的开关、传感器或按钮恢复为关闭（OFF）状态，线圈仍然保持断电（OFF）状态，直到再次被置位。

图 9-34 中的示例程序展示了置位输出和复位输出指令的使用。

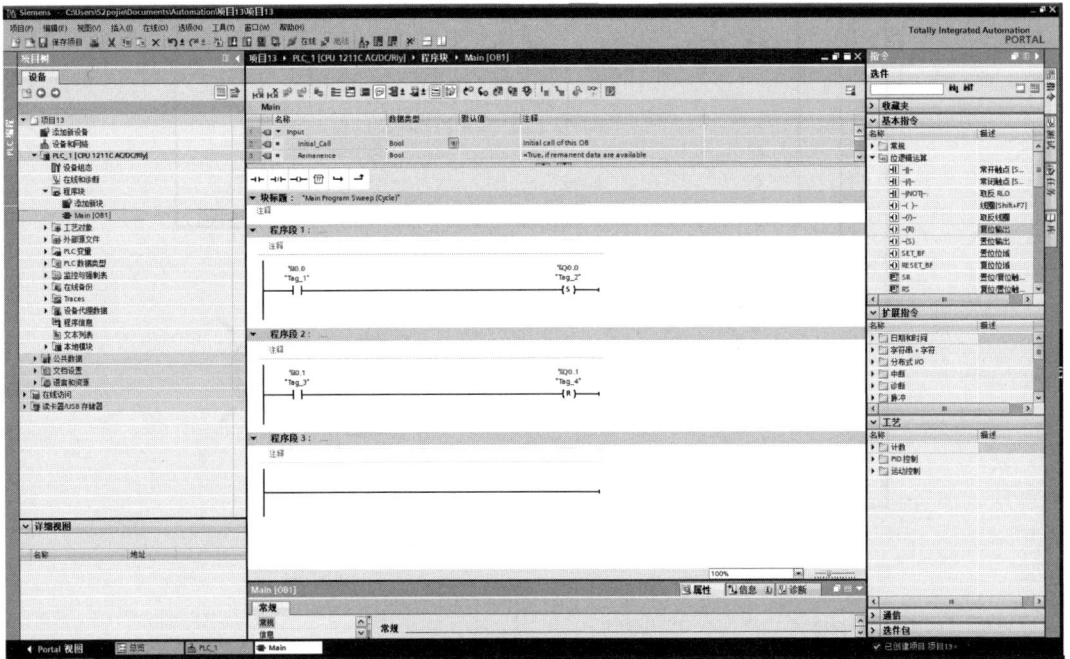

图 9-34　使用了置位输出和复位输出的程序

注意：可以使用以下步骤将置位输出或复位输出指令添加到梯形图程序段中。

在编程环境的右侧，选择"基本指令 | 位逻辑运算"选项，将置位输出指令或复位输出指令拖到梯形图程序段，输入输出地址，如 Q0.0，然后按两次 Enter 键。

该程序（使用置位输出与复位输出指令）的接线图如图 9-35 所示。

根据接线图 9-35，当按下连接到 I0.0 的启动按钮时，输出 Q0.0 将被置位（通电），并且即使在释放按钮后，它仍然保持通电状态。

当按下连接到 I0.1 的停止按钮时，输出 Q0.0 将被复位（断电），并且即使在释放按钮后，它仍然保持断电状态。

现在，读者应该能够在 PLC 程序中使用置位输出和复位输出指令了。在下一节中将学习定时器操作指令。

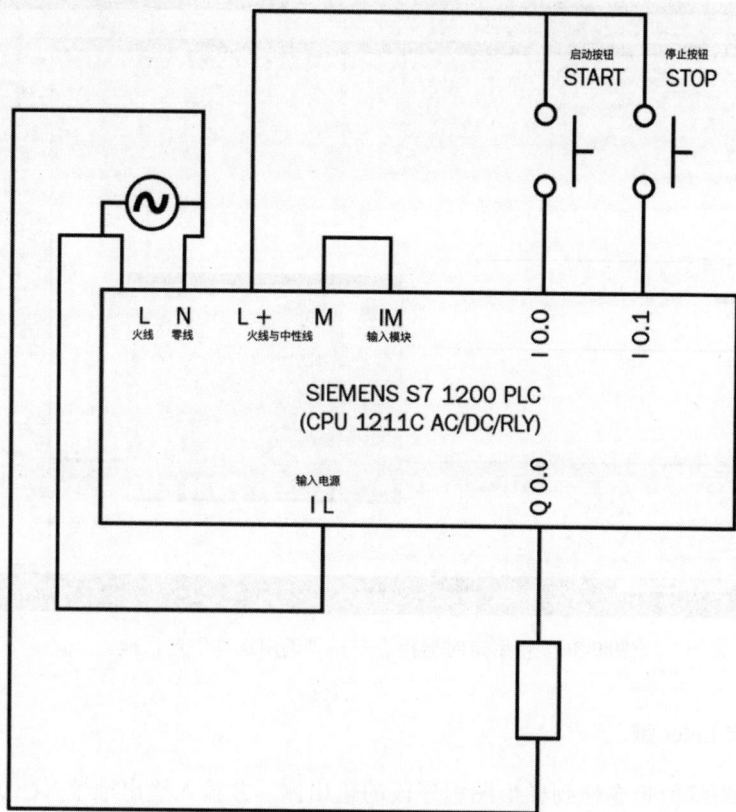

图 9-35   实现置位输出和复位输出指令的 PLC 接线

9.6   使用定时器操作指令

定时器指令是一种延迟指令，它可以用来进行延迟操作。定时器有多种类型，常见的有接通延时（TON）和断开延时（TOF）。

9.6.1   接通延时定时器

当输入保持闭合（ON）状态达到预设时间后，激活输出。

下面来编写一个简单的程序来演示接通延时，步骤如下。

（1）在新的程序段上，添加一个常开指令并指定地址，如 I0.0。

（2）在编程环境的右侧，选择"基本指令 | 定时器操作"选项，将"TON"（接通延时）指令拖到梯形图程序段，并输入名称，如 time1，如图 9-36 所示，单击"确定"按钮。

（3）双击 PT（编程时间）处的问号（???），输入希望 Q（输出）被延时激活的时间，如 25s 或 T#25s。

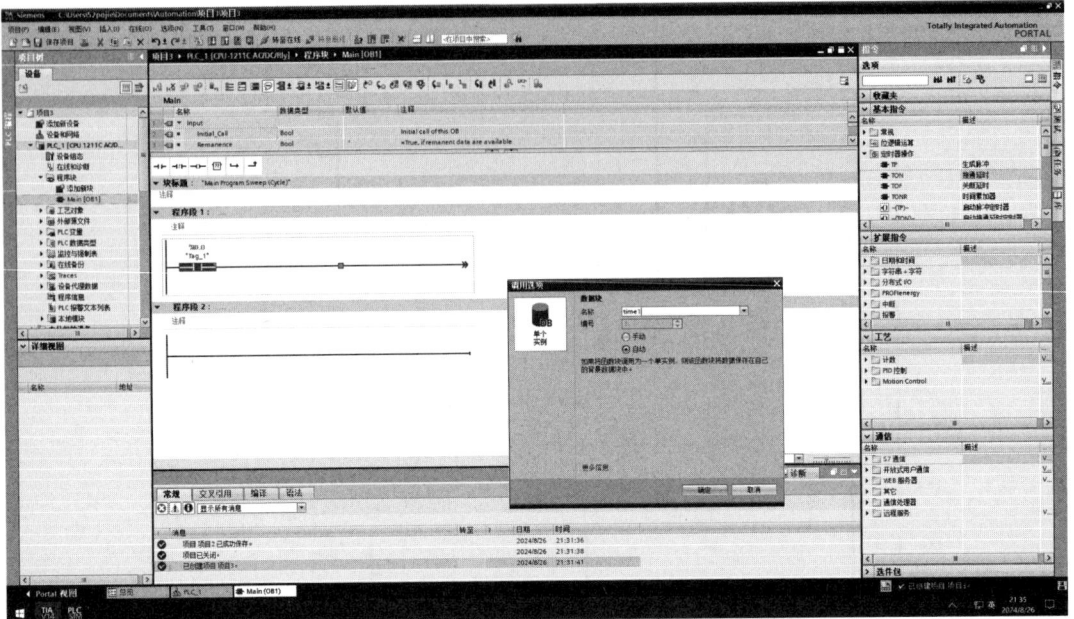

图 9-36　使用定时器指令——"调用选项"对话框

（4）按两次 Enter 键。

（5）将线圈/赋值指令拖到梯形图程序段的输出侧，并输入输出地址（Q0.0），如图 9-37
所示。

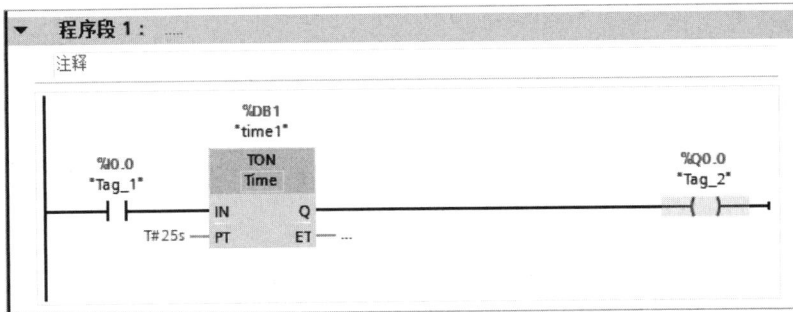

图 9-37　使用定时器指令——完整的定时器程序

该程序的接线图如图 9-38 所示。

根据接线图 9-38，当连接到 I0.0 的开关被按下（ON）时，程序中的 I0.0 将闭合，按照程
序设定，Q0.0 将在 25 秒后通电（ON）。输入必须保持为 ON，才能使定时器完成计时并使输
出通电。因此，测试上述程序时，建议使用按下后保持 ON 状态的开关，而不是按钮。

定时器的输出可用于激活或停用程序中的任何其他输出。在"程序段 2"中，添加一个常
闭（NC）触点，输入 "time1".Q，并添加另一个地址为 Q0.1 的输出（线圈/赋值），如图 9-39
所示。

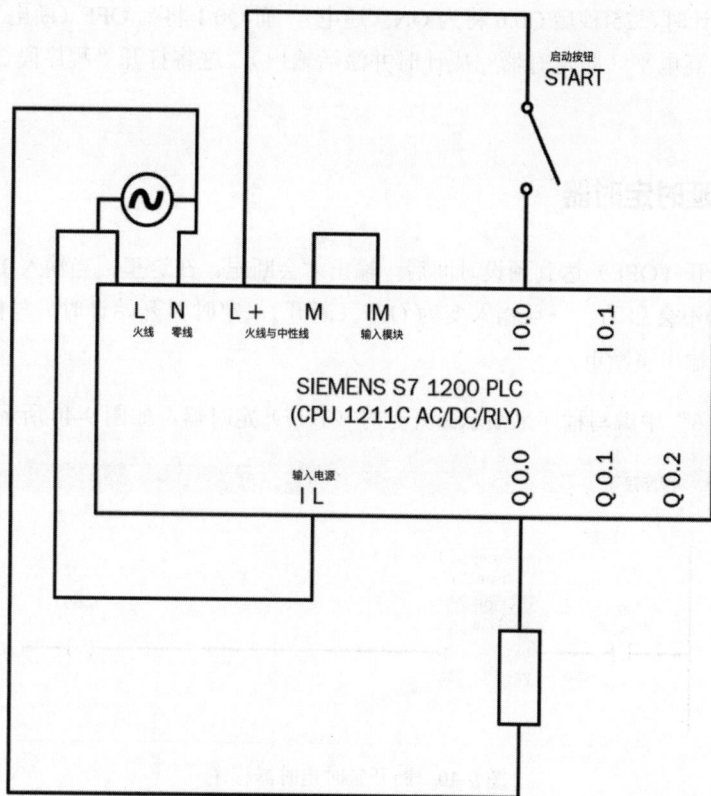

图 9-38　实现定时器指令程序的 PLC 接线

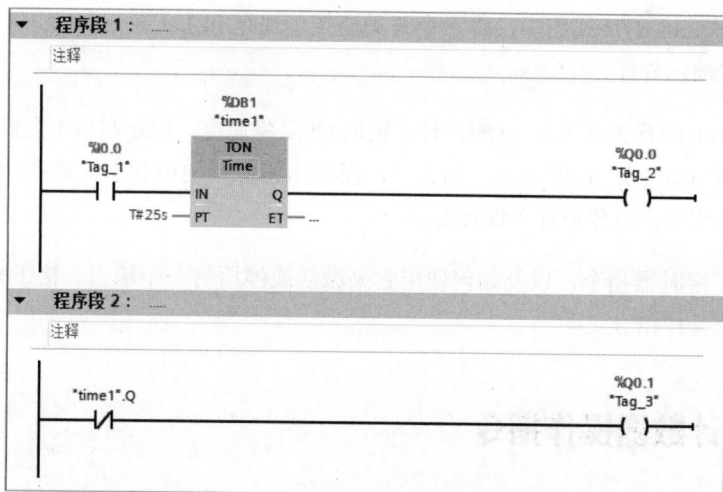

图 9-39　使用定时器指令——定时器的输出用于激活或停用另一个输出

同时，在图 9-38 的接线图中将一个输出（负载）连接到通道（Q0.1）。

当接线图中 I0.0 的开关未闭合（OFF）时，通道 I0.0 未接通，定时器不会启动，Q0.1 将通电（ON），因为在程序中，"程序段 2"的输入侧使用了常闭触点。当 I0.0 为闭合（ON）

时，定时器开始计时，25 秒后 Q0.0 将为 ON（通电），而 Q0.1 将为 OFF（断电），因为定时器的输出信号变为高电平（即定时器完成计时并激活输出），这将打开"程序段 2"中使用的常闭触点。

9.6.2 断开延时定时器

当输入为断开（OFF）达到预设时间后，输出才会断电。在这里，当输入接通时，输出将通电，但定时器不会启动。一旦输入变为 OFF（断开），定时器开始计时。与接通延时不同，当计时结束时，输出将断电。

在"程序段 3"中编写程序来演示断开延时（TOF）定时器，如图 9-40 所示。

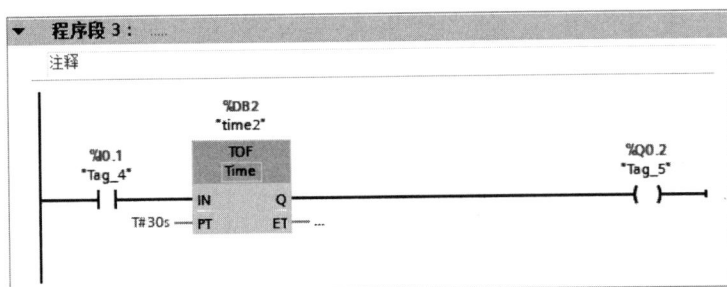

图 9-40　断开延时定时器程序

使用断开延时（TOF）替换上一节中使用的接通延时（TON）。

同时，在图 9-38 的接线图中，将一个开关连接到通道 I0.1，将一个输出（负载）连接到通道（Q0.2）来演示程序。

当连接到 I0.1 的开关被按下（ON）时，输出 Q0.2 将通电，但定时器不会启动。一旦输入（I0.1）变为断开（OFF），定时器将开始计时，而输出将保持通电状态，直到计时结束。请尝试编写并仿真该程序，以便更深入地理解。

刚刚学习了定时器指令，以及如何使用它来激活或停用另一个输出。接下来，继续在 9.7节中学习计数器操作指令。

9.7　使用计数器操作指令

计数器指令是一种在其输入被触发时进行加计数或减计数的指令，当达到预设值时会激活输出。它可以用于确定某个事件在过程中的发生次数。在本节中，将了解常用的计数器指令，包括加计数和减计数。

9.7.1　加计数

加计数（CTU）指令在每次其输入从 0 变为 1 时，计数器的值将增加 1，例如，当按钮被按下并释放，或传感器被激活时。当输入被触发的次数（计数器的当前值）等于或大于预设值（PV）时，计数器的输出将被激活（通电）。

在这个例子中，一个指示灯（PL1）连接到 Q0.0。一个 PNP 型接近传感器（常开，NO）连接到 I0.0，一个常开按钮连接到 I0.1，如图 9-41 所示。

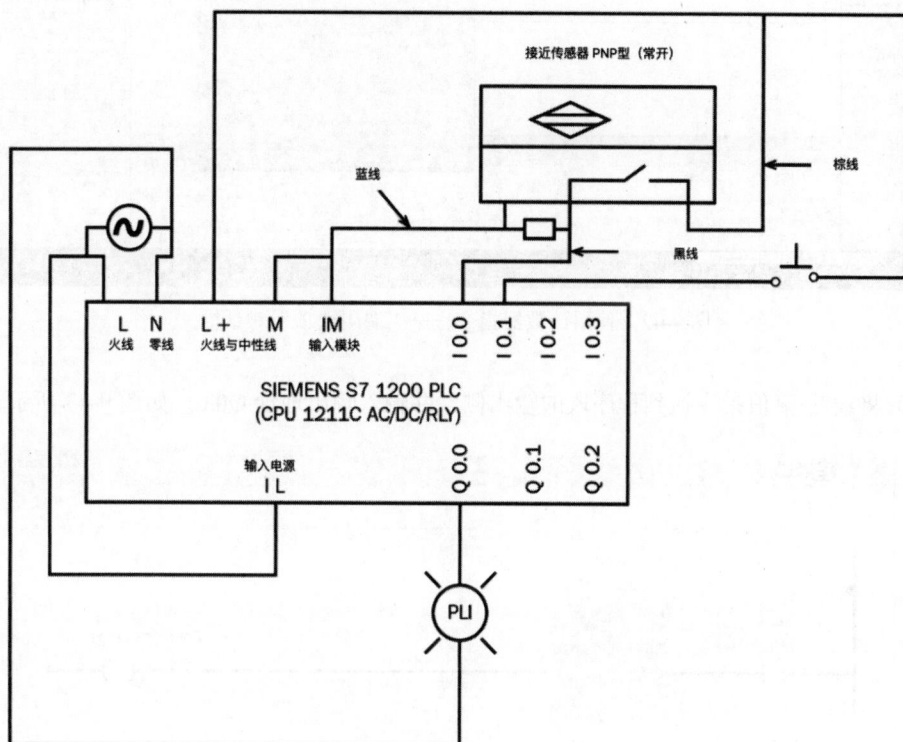

图 9-41　使用带有接近传感器的计数器指令的 PLC 接线

按照以下步骤来编写一个简单的程序，学习如何使用计数器指令。

（1）在新的程序段上，添加一个常开指令并指定地址，如 I0.0。

（2）在编程环境的右侧，选择"基本指令 | 计数器操作"选项，将 CTU（加计数）指令拖到梯形图程序段，并输入名称，如 counter1，如图 9-42 所示。单击"确定"按钮。

（3）双击 PV（预设值）处的问号（???），输入使 Q（输出）通电所需的输入触发次数，如 5。

（4）连续按两次 Enter 键。

（5）将一个常开触点拖到 R（复位）并输入地址 I0.1。

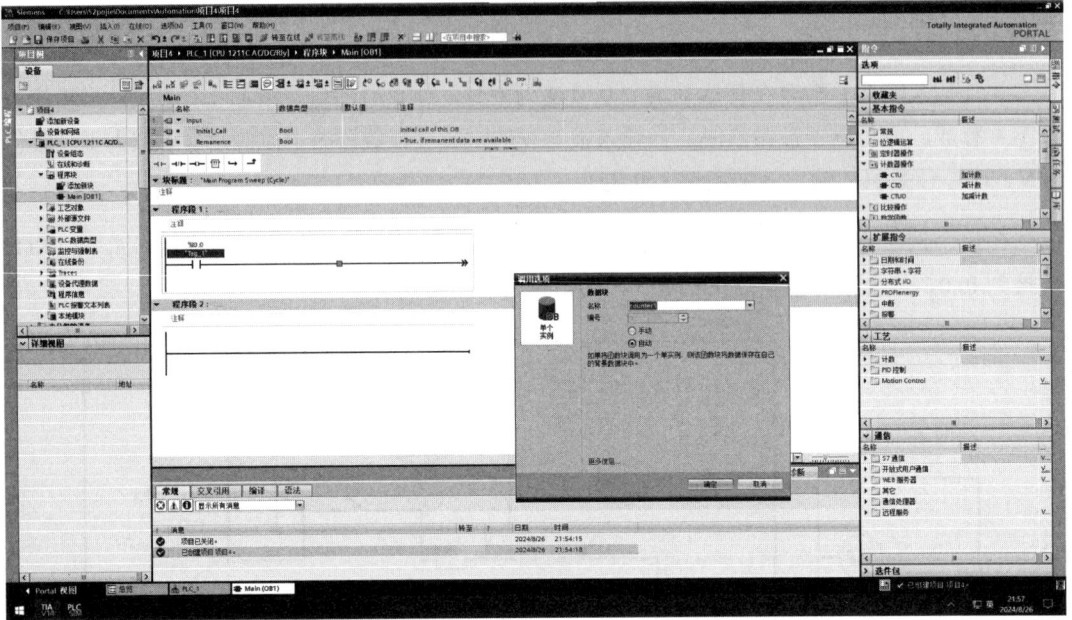

图 9-42　使用计数器指令——"调用选项"对话框

（6）将线圈/赋值指令拖到程序段的输出侧，并输入输出地址 Q0.0，如图 9-43 所示。

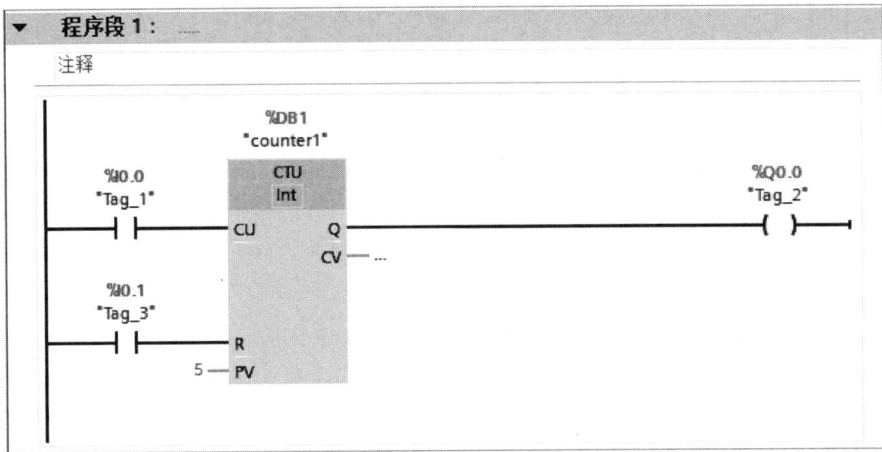

图 9-43　使用计数器指令——完整的计数器程序

从如图 9-41 所示的接线图可以看出，当接近传感器检测到物体时，I0.0 将变高电平（ON）。当不再检测到物体时，I0.0 将变低电平（OFF）。

在如图 9-43 所示的程序中，当输入 I0.0 在 ON 和 OFF 之间切换了 5 次后，Q0.0 将被激活（通电）。当按下并释放连接到 I0.1 的按钮时，计数器将复位。

与定时器类似，计数器的输出可用于激活或停用程序中的任何其他输出。

通过执行以下步骤编写"程序段 2"中的程序。

（1）在"程序段 2"中添加一个常闭（NC）触点，在问号（???）处输入 "counter1".QU，然后按两次 Enter 键。

（2）添加一个输出（线圈/赋值）并指定地址 Q0.1，如图 9-44 所示。

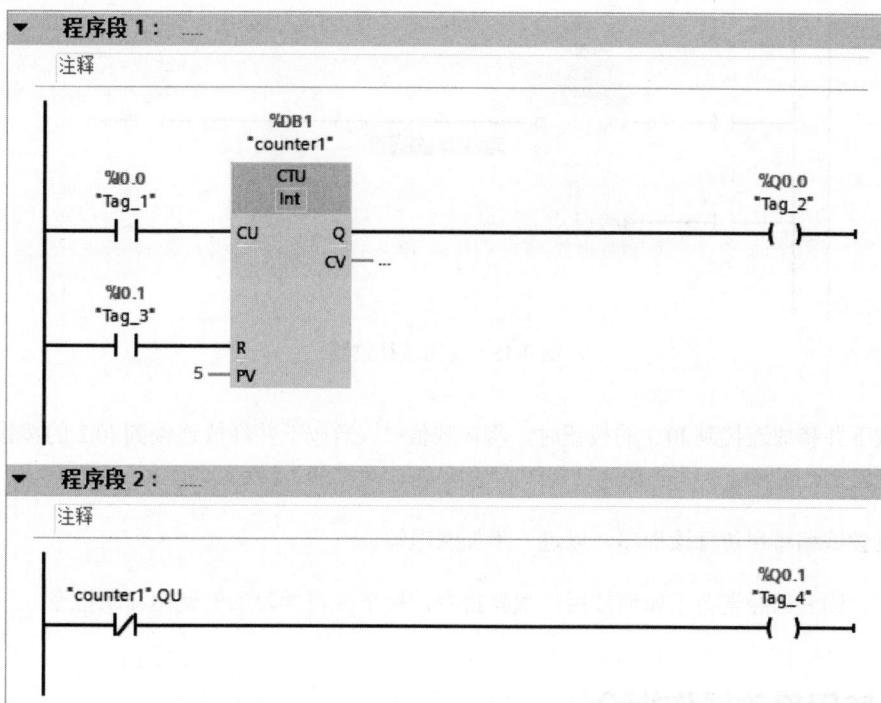

图 9-44　使用计数器指令——计数器的输出用于激活或停用另一个输出

此外，为了演示程序效果，请在如图 9-41 所示的接线图中，在通道 Q0.1 上添加一个负载（输出）。

在上述程序（见图 9-44）中，当 I0.0 未被触发时，计数器不会计数。由于在"程序段 2"的输入侧使用了常闭触点，Q0.0 将断电（OFF），而 Q0.1 将通电（ON）。当 I0.0 被触发 5 次后，Q0.0 将为 ON（通电），而 Q0.1 将为 OFF（断电），因为计数器的输出被激活（高电平），这将打开"程序段 2"中使用的常闭触点。

9.7.2　减计数

减计数（CTD）指令在其输入每次被触发（从 0 变为 1）时，计数值将减少 1，例如，当按钮被按下并释放，或传感器被激活和停用时。当计数器的当前值等于零（从预设值开始减计数）时，计数器的输出将被激活（通电）。

在以下示例中，使用了减计数（CTD）指令，预设值为 **7**。

在如图 9-41 所示的接线中，将一个负载（输出）添加到通道 Q0.2，将一个按钮添加到通道 I0.2，另一个按钮添加到通道 I0.3，以演示接下来的程序（见图 9-45）。I0.2 用于触发输入，而 I0.3 用于 LD（加载）输入，Q0.2 用作输出。

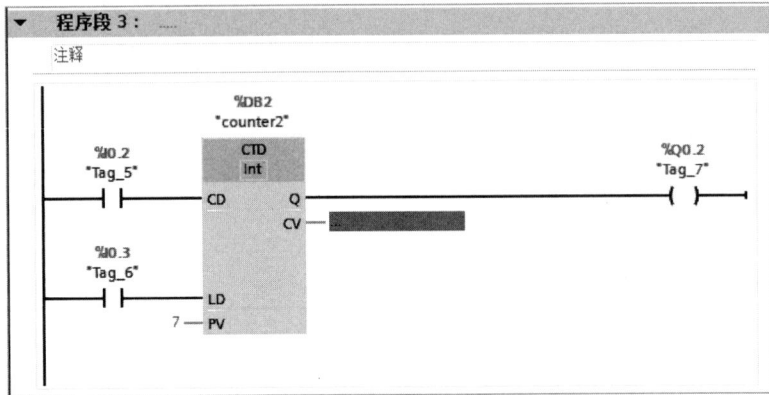

图 9-45　使用减计数器

当按下并释放连接到 I0.3 的按钮时，将加载值 7。当按下并释放连接到 I0.2 的按钮时，计数值将开始每次减少 1。当计数达到零时，输出 Q 将被激活，Q0.2 将通电。

建议尝试编写和仿真该程序，以进一步加深理解。

现在，读者已经学会了如何使用计数器指令，接下来将学习如何使用移动指令。

9.8　使用移动操作指令

移动操作指令将值从一个源移动到目标。TIA Portal 中有各种移动操作。在本书中，将学习如何使用移动值（MOVE）指令，这是最常用的移动操作指令。

按照以下步骤编写一个简单的程序，当按下连接到 I0.0 的按钮时，将值 20 移动到寄存器 MW0。

（1）在新的程序段上，添加一个常开指令并指定地址，如 I0.0。

（2）在编程环境的右侧，选择"基本指令|移动操作"选项，并将"移动值（MOVE）"指令拖到梯形图程序段。

（3）双击 IN 处的问号（???），并输入一个值，如 20。

（4）双击 OUT1 处的问号（???），并指定目标地址，如 MW0，如图 9-46 所示。

当按下连接到 I0.0 的按钮时，程序中的常开触点 I0.0 将闭合，值 20 将被写入寄存器 MW0。

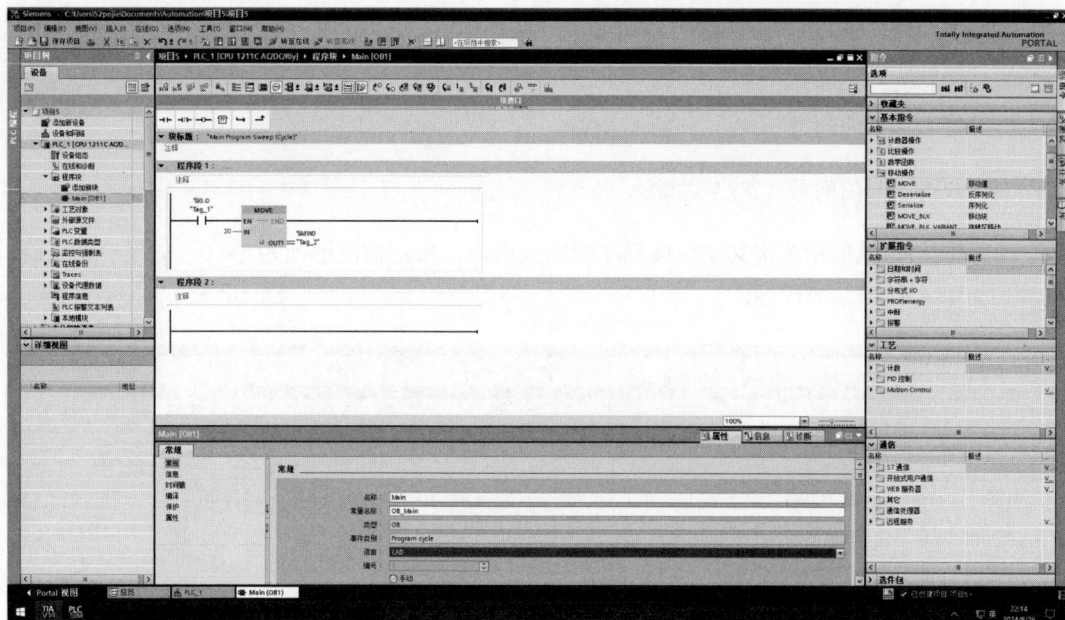

图 9-46　使用移动操作指令 "MOVE"

注意：MW0 是 Siemens PLC 中字数据类型（16 位）的内存地址。

9.9　使用比较操作指令

比较操作指令用于测试两个源值之间的关系。

表 9-1 显示了 S7 1200 中可用的比较指令及其含义。

表 9-1　比较操作指令及其含义

比较操作指令	描述
CMP ==	等于
CMP <>	不等于
CMP >=	大于或等于
CMP <=	小于或等于
CMP <	小于
CMP >	大于

本节将学习如何使用 "CMP >"（大于）指令。同样的概念也适用于其他比较指令。

按照以下步骤编写一个简单的程序，将寄存器 MW0 中的值与 5 进行比较。同时，将继续使用上一节的程序。

（1）在编程环境的右侧，选择"基本指令 | 比较操作"选项，并将"CMP >"（大于）指令拖到梯形图程序段（程序段 2）。

（2）双击顶部的问号（???）并输入 MW0。

（3）双击底部的问号（???）并输入 5。

（4）将线圈/赋值指令拖到梯形图程序段的输出侧，指定输出地址为 Q0.0。如果一切正确，将看到如图 9-47 所示的内容。

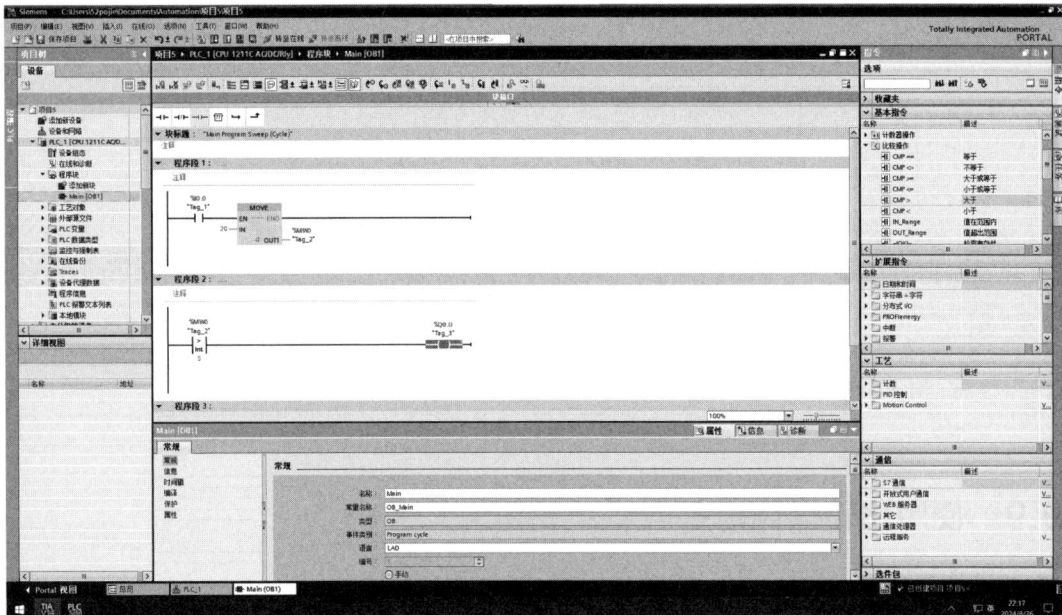

图 9-47 使用比较操作指令

当未按下连接到 I0.0 的按钮时，MW0 为 0，由于 0 小于 5，输出 Q0.0 将断电。当按下该按钮时，MW0 将为 20，由于 20 大于 5，输出 Q0.0 将通电。

当仿真程序时，会发现以下现象。

- 当 I0.0 未被标记（低电平）时，MW0 的值为 0。由于 0 小于 5，输出 Q0.0 断电。
- 当 I0.0 被标记（高电平）时，MW0 的值变为 20。由于 20 大于 5，输出 Q0.0 通电。

图 9-48 展示了当 I0.0 被标记（高电平）时，输出 Q0.0 通电的仿真结果。

现在，读者已经学会了如何在 Siemens TIA Portal 中使用比较操作指令。了解了各种 PLC 编程指令后，在接下来的部分中，将使用所学的指令来探讨 PLC 在实际工业应用中的一些示例。

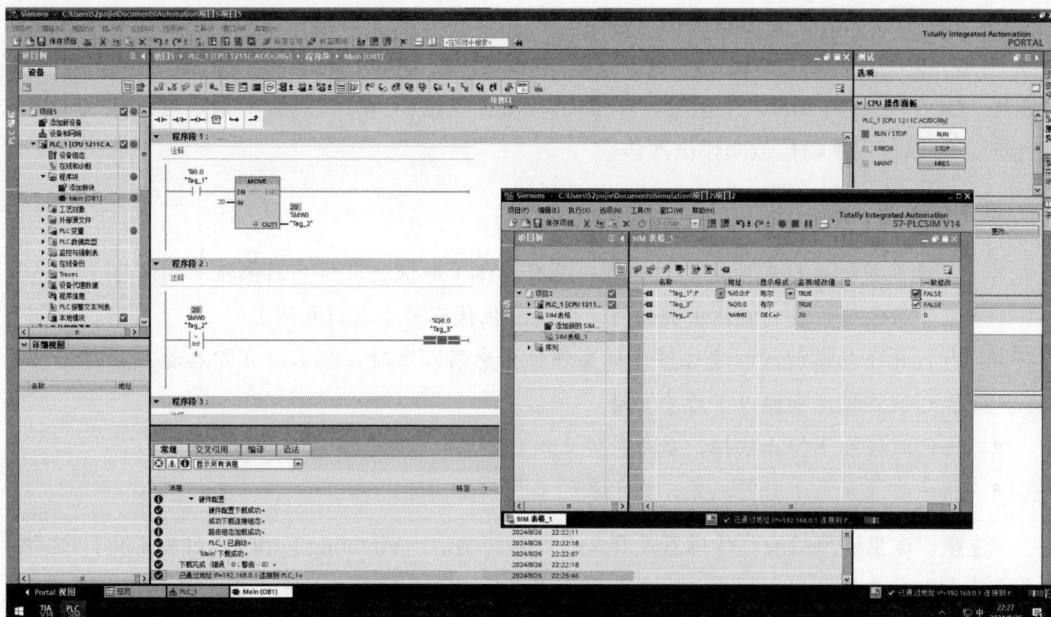

图 9-48　比较程序的仿真结果

9.10　使用 PLC 进行液位控制

图 9-49 展示了一个在工业中应用的液位控制系统。

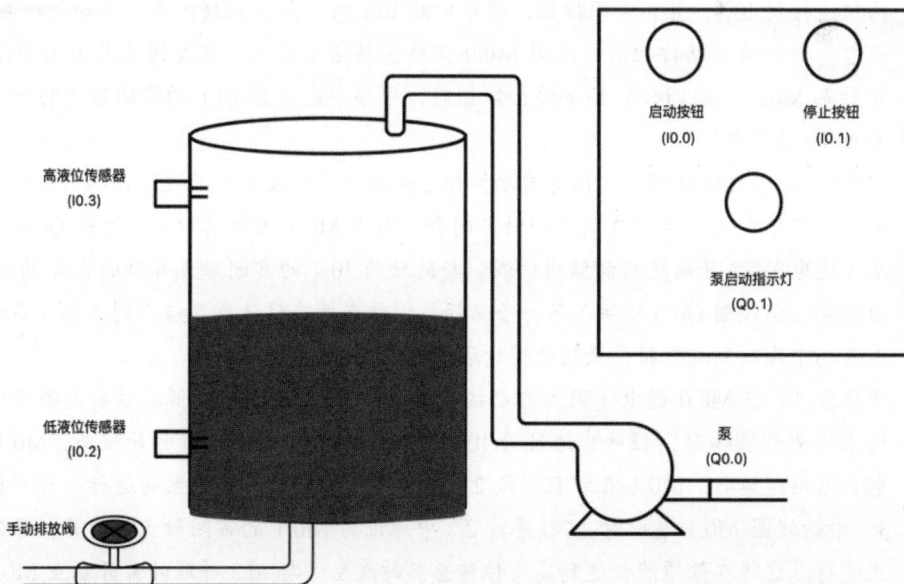

图 9-49　液位控制系统

该储罐配备了两个液位传感器（高液位传感器和低液位传感器）。低液位传感器连接到 **I0.2**，高液位传感器连接到 **I0.3**。一个通过接触器连接到 **Q0.0** 的泵负责向储罐供液。启动按钮（常开，NO）连接到 **I0.0**，停止按钮（常闭，NC）连接到 **I0.1**。泵启动指示灯连接到 **Q0.1**。需要时，可以使用手动排放阀排出液体。

操作逻辑如下。

- 当按下并释放启动按钮，且储罐中没有液体（即低液位传感器未检测到液体）时，泵应开始运行，直到液体填满储罐（即高液位传感器检测到液体）。
- 当打开手动排放阀，液位下降到高液位传感器以下时，泵不应立即启动，直到液位下降到低液位传感器以下后才启动。
- 任何时候按下停止按钮，泵都应停止运行。
- 指示灯应在泵运行时点亮，指示泵的工作状态。

> **注意**：这里使用的液位传感器是音叉式液位传感器（Vibrating Fork Level Sensor）。这种液位传感器当未接触到介质（如液体、自由流动的固体、颗粒或粉末）时，音叉以其自然频率振动；当接触到介质时，其振动频率发生变化，从而输出一个可作为 PLC 输入信号的电信号。

程序可以按照如图 9-50 所示的方式编写。

各个程序段的说明如下。

- 程序段 1：当按下连接到 I0.0 的启动按钮时，程序中的 I0.0 常开触点闭合。由于停止按钮连接到 I0.1，且为常闭按钮，程序中的 I0.1 常闭触点保持闭合，这会使线圈 M0.0 通电。当释放启动按钮后，线圈 M0.0 仍将保持通电状态，这是因为与 I0.0 并联的常开触点 M0.0 已经闭合。按下停止按钮时，程序中地址为 I0.1 的常闭触点将打开，线圈 M0.0 将断电。
- 程序段 2：当 M0.0 通电（因为启动按钮已被按下并释放）且低液位传感器未检测到液体时，程序中地址为 I0.2 的常闭触点闭合。由于 M0.1 为常闭触点，输出 Q0.0 将被激活（通电），泵开始运行向储罐供液。与地址为 I0.2 的常闭触点并联的常开触点 I0.2，为信号流向线圈 Q0.0 提供了另一条路径，以便在低液位传感器检测到液体且高液位传感器尚未检测到液体时，泵仍能继续运行。
- 程序段 3：当 M0.0 通电（因为启动按钮已被按下并释放），且低液位和高液位传感器均未检测到液体时，程序中地址为 I0.2 和 I0.3 的常开触点保持打开状态，M0.1 将断电，泵继续运行。M0.1 在"程序段 2"中用于在其通电时停止泵的运行。当"程序段 3"中的线圈 M0.1 通电时，"程序段 2"中地址为 M0.1 的常闭触点将打开，导致泵停止运行。这将在储罐液位达到高液位传感器时发生。与 I0.3 并联的常开触点 M0.1，用于在手动排放阀打开、储罐液位逐渐下降时，为信号流向 M0.1 提供另一条路径。随着液位下降，当液位低于高液位传感器时，程序中地址为 I0.3 的常开触点将打开。由于不希望 M0.1 断电导致泵立即启动（换句话说，希望液位下降到低液位传感器以下时泵才启动），因此使用地址为 M0.1 的触点保持线圈 M0.1 通电。这样，泵将保持关闭状态，直到液位下降到低液位传感器以下。回顾操作说明，当打开手动排放阀且液位下降到高液位传感器以下时，泵不应启动，直到液位下降到低液位传感器以下。

● 程序段 4：该程序段负责泵启动指示灯的控制。使用与泵线圈相同的地址 Q0.0 的常开触点作为输入，在程序段的输出部分使用地址为 Q0.1 的线圈。每当 Q0.0 通电（表示泵正在运行），地址为 Q0.0 的常开触点闭合，Q0.1 被激活（通电）。因此，连接到 Q0.1 的指示灯将在泵运行时点亮。

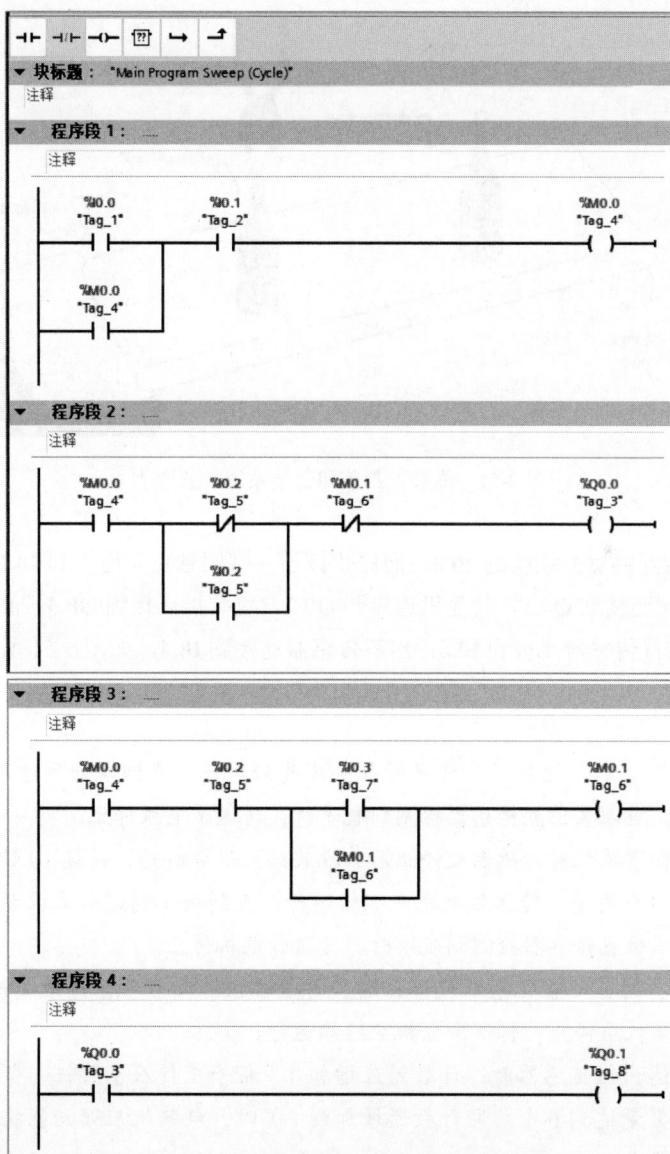

图 9-50　使用梯形图的液位控制程序

刚刚，学习了一个可用于工业的简单液位控制系统。掌握这些知识可以帮助读者开发更高级的液位控制方案。在下一节中，将了解使用 PLC 的自动灌装、封盖和包装系统。

9.11 使用 PLC 的自动灌装、封盖和包装系统

图 9-51 展示了 PLC 的另一种工业应用。

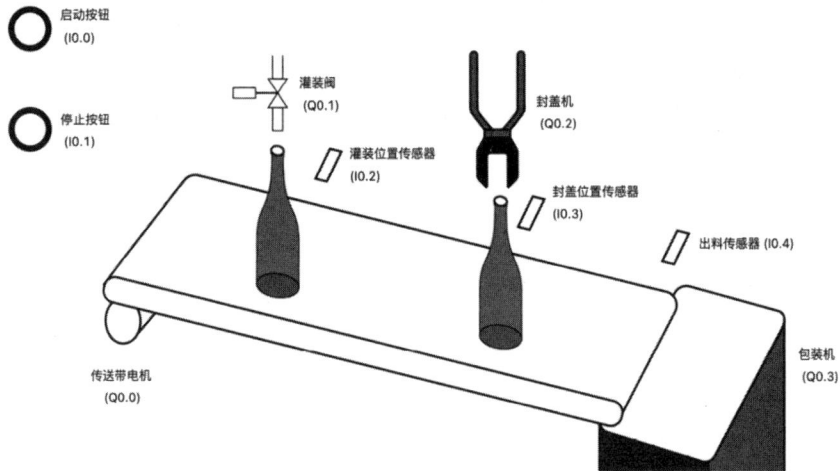

图 9-51 灌装、封盖和包装系统示意图 [①]

启动按钮（常开触点）连接到 **I0.0**，而停止按钮（常闭触点）连接到 **I0.1**。传送带电机连接到 **Q0.0**，灌装阀连接到 **Q0.1**，封盖机连接到 **Q0.2**，包装机连接到 **Q0.3**。灌装位置传感器连接到 **I0.2**，封盖位置传感器连接到 **I0.3**，出料传感器连接到 **I0.4**，如图 9-51 所示。

操作说明如下。

- 当按下并释放启动按钮时，传送带电机应开始运行，直到瓶子到达灌装位置传感器。换句话说，当灌装位置传感器检测到瓶子时，传送带电机停止。
- 当传送带在灌装位置传感器处停止后，灌装阀应立即打开，持续 10 秒以灌装瓶子。10 秒后，阀门应关闭，传送带电机应继续运行，直到瓶子到达封盖位置传感器。也就是说，当封盖位置传感器检测到瓶子时，传送带电机停止。
- 当传送带在封盖位置传感器处停止后，封盖机应立即启动，持续 4 秒为瓶子封盖。4 秒后，封盖机应停止，传送带电机应继续运行。
- 当瓶子到达出料传感器时，计数器应增加 1，瓶子应掉入包装机。当出料传感器检测到的瓶子数量达到 6 个（即计数器增加到 6）时，包装机应开始包装这 6 个瓶子，并在 5 秒后停止。

---

① 英文原图有 2 处标注错误，中文已修订。——译者注

程序可以按照如图 9-52 所示的方式编写。

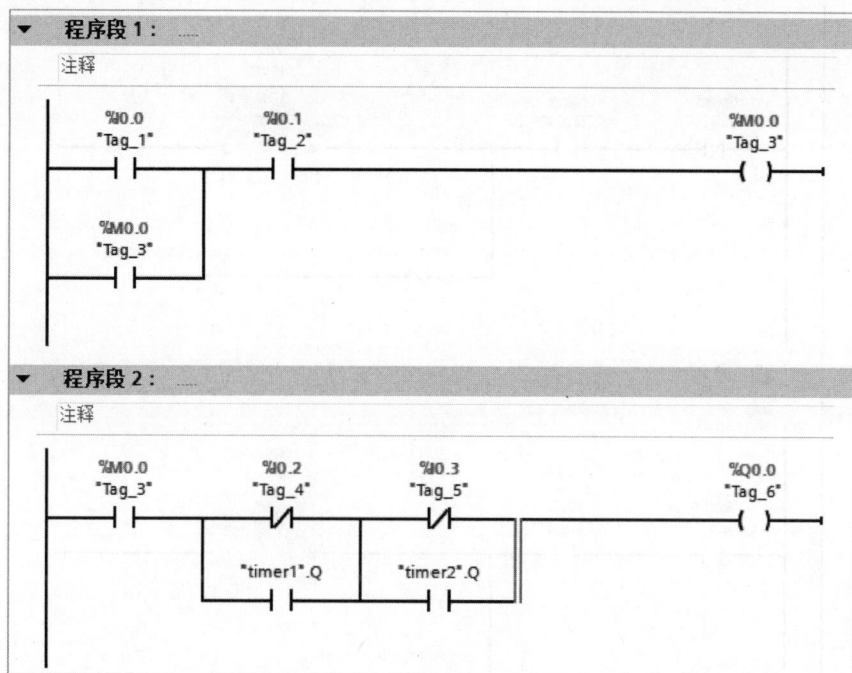

图 9-52　程序的前半部分

图 9-53 所示为灌装、封盖和包装系统的 PLC 梯形图程序。

以下是对各程序段的解释。在 PLC 编程中，网络是指梯形图中的独立逻辑单元，每个网络执行特定的控制功能。

- 程序段 1：这是一个简单的启动和停止控制程序。当按下并释放启动按钮时，M0.0 将被置位，并保持置位状态，直到按下 I0.1 处的停止按钮。
- 程序段 2：当在"程序段 1"中按下并释放启动按钮后，M0.0 被置位，程序中地址为 M0.0 的常开触点将闭合。由于 I0.2（灌装位置传感器的地址）和 I0.3（封盖位置传感器的地址）为常闭触点，Q0.0（传送带电机的地址）将被激活，传送带电机开始运行。当灌装位置传感器检测到瓶子时，它将置位，这将使 I0.2 打开，导致电机在该位置停止，直到计时器 1（灌装时间）结束，并且并联于 I0.2 的常开触点（计时器 1）闭合，为信号流向线圈 Q0.0 提供一条替代路径，使传送带继续运行。当封盖位置传感器检测到瓶子时，它将置位，这将使 I0.3 打开，导致电机在该位置停止，直到计时器 2（封盖时间）结束，并且并联于 I0.3 的常开触点（计时器 2）闭合，为信号流向线圈 Q0.0 提供一条替代路径，使传送带继续运行。
- 程序段 3：当由于按下并释放启动按钮而使地址为 M0.0 的常开触点闭合，并且由于灌装位置传感器检测到瓶子而使地址为 I0.2 的常开触点闭合时，10 秒计时器（计时器 1）将启动，同时，地址为 Q0.1 的输出将被激活。因此，连接到 Q0.1 的灌装阀将打开以

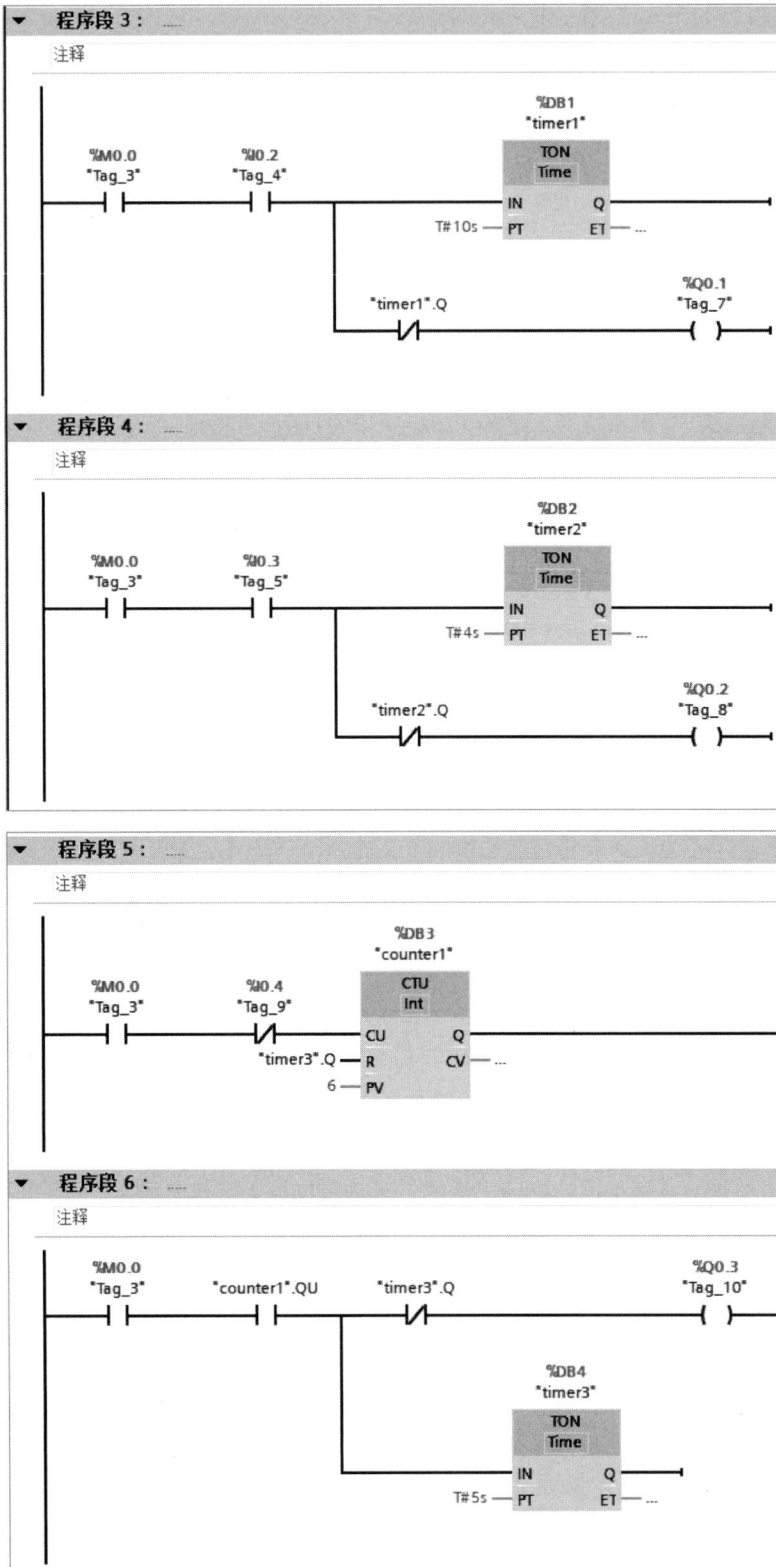

图 9-53 程序的后半部分

灌装瓶子。10 秒后，由于与地址为 Q0.1 的线圈串联的常闭触点（计时器 1）在 10 秒后计时器 1 被激活后打开，阀门将关闭。

- 程序段 4：当由于按下并释放启动按钮而使地址为 M0.0 的常开触点闭合，并且由于封盖位置传感器检测到瓶子而使地址为 I0.3 的常开触点闭合时，4 秒计时器（计时器 2）将启动，同时，地址为 Q0.2 的输出将被激活。因此，连接到 Q0.2 的封盖机将开始为瓶子封盖。4 秒后，由于与地址为 Q0.2 的线圈串联的常闭触点（计时器 2）在 4 秒后计时器 2 被激活后打开，封盖机将停止。

- 程序段 5：当由于按下并释放启动按钮而使地址为 M0.0 的常开触点闭合，并且由于出料传感器检测到瓶子而使地址为 I0.4 的常开触点闭合时，计数器（计数器 1）将开始。每当有瓶子经过时，计数器将增加 1。

- 程序段 6：当由于按下并释放启动按钮而使地址为 M0.0 的常开触点闭合，并且"程序段 5"中的计数器已增加到 6 时，常开触点（计数器 1）将闭合，由于计时器 3 为常闭触点，地址为 Q0.3 的线圈将被激活，连接到 Q0.3 的包装机将开始包装这 6 个瓶子。当计数器 1 增加到 6 时，5 秒计时器（计时器 3）也开始计时。5 秒后，常闭触点（计时器 3）将打开，连接到 Q0.3 的包装机将停止。"程序段 5"中的计数器（计数器 1）也将在计时器 3 的 5 秒结束后复位，以便下一个瓶子将被计为 1，并继续计数到 6，此时包装机将再次开始包装。

本节中学习的自动灌装、封盖和包装系统的程序，几乎涵盖了前面学习的所有指令。请尝试自行编写并仿真该程序，以加深对用于 PLC 梯形图编程语言的指令在实际应用中的理解。

9.12　总结

恭喜读者成功完成本章学习！PLC 是现代自动化机器的核心，而编程则是使用 PLC 实现机器自动化的关键。

通过本章学习，读者应该已经掌握了以下内容。

（1）理解锁存和解锁的概念。

（2）学会如何将输出地址用作输入。

（3）熟悉定时器、计数器、移动和比较操作指令。

（4）能够使用本章介绍的技术和指令编写程序。

本章还讨论了仿真这一关键环节。读者应该能够在编写程序后对其进行仿真，以了解它是否能正常工作。本章最后两节可能是最引人入胜的部分，讲解本书内容在实际中的应用，包括使用 PLC 进行液位控制，以及 PLC 控制的自动灌装、封盖和包装系统。建议读者亲自动手实践这些应用，以加深理解。

下一章将学习人机界面（Human Machine Interface，HMI）及其与 PLC 的协同使用。HMI 是工业自动化工程师必须熟悉的另一个有趣且强大的设备。

9.13 习题

以下内容用于测试读者对本章内容的理解程度。在尝试回答这些问题之前。请确保已经阅读并理解了本章的主要内容。

1. ＿＿＿＿＿＿＿是一种即使在输入信号停止后仍能保持输出激活状态的技术。

2. ＿＿＿＿＿＿＿指令可用于延迟操作的执行。

3. ＿＿＿＿＿＿＿指令可用于确定某个事件在过程中发生的次数。

4. ＿＿＿＿＿＿＿指令用于测试来自两个不同源的两个值之间的关系。

第 10 章
人机界面全面解析

在第 7 ～ 9 这 3 章中，深入探讨了可编程逻辑控制器（PLC），它们是大多数自动化机器的核心。并且，还学习了如何利用 PLC、传感器和执行器来实现自动化工业过程。然而，在实际工业应用中，单靠这些设备通常无法满足完整的功能需求。为此，人机界面（Human Machine Interface，HMI，译者注：后面部分都使用此英文简称指代）通常被集成到生产线和其他工业过程中，使用户能够轻松控制机器设备并获取实时的状态反馈。

回顾上一章的内容，大家共同学习了如何通过 PLC 控制机器，操作员通过按下按钮启动机器，指示灯将显示机器的运行状态。将 HMI 集成到这样的系统中，可以显著提升操作体验。HMI 不仅允许操作员启动或停止机器，还能通过图形界面或触摸屏提供机器的反馈和状态更新。

在本章中，将学习如何使用 HMI 与 PLC 接口，向机器发送指令并获取机器的反馈。将使用 TIA Portal 创建用于监控和控制的 HMI 界面，你还将学习如何模拟 HMI 程序（这是一种在没有真实 HMI 面板的情况下测试程序的有效方法），以及如何将设计好的 HMI 图形下载到真实的 HMI 面板（如西门子的 KTP400）中，用于实际应用。

在本章中，将涵盖以下几方面主要内容：

- 人机界面简介。
- 探索 HMI 的应用。
- 理解 HMI 的编程和开发。
- 了解 HMI 编程软件。
- 了解主要的 HMI 制造商及其编程软件。
- PLC 和 HMI 的接口技术。
- 将程序下载到 PLC 和 HMI。

技术准备

在开始学习本章之前，需要做好以下准备工作。

- 掌握前面关于 PLC、传感器和执行器的内容。

- 在你的计算机上安装 TIA Portal V13 软件。请参阅第 8 章获取安装指南。
- 可能需要的其他设备包括西门子 HMI（KTP400）和西门子 S7-1200 PLC（CPU 1211C AC/DC/Relay）。

10.1　人机界面简介

人机界面是允许人类与机器交互的图形界面。读者已经了解到，PLC 可以控制和自动化工业机器。而 HMI 则使人类能够与机器进行交互或通信。无论如何自动化一个过程，仍然需要人类操作员来启动或初始化过程、执行特定功能，以及监控运行状态。

HMI 允许人类向 PLC 发送指令来控制过程，同时接收来自 PLC 的过程运行反馈。HMI 通常通过通信电缆连接到 PLC，具体取决于所使用的协议（如 Ethernet/IP、Profinet、Profibus 或 Modbus）。关于这些协议，将在第 13 章中进行深入探讨。在本章中，将使用 Profinet 作为建立 HMI 和 PLC 之间通信的协议。

简单来说，PLC 通过电缆连接到机器或传感器和执行器。图 10-1 展示了人类操作员、HMI、PLC 和机器之间的关系，以及它们之间的通信流程。

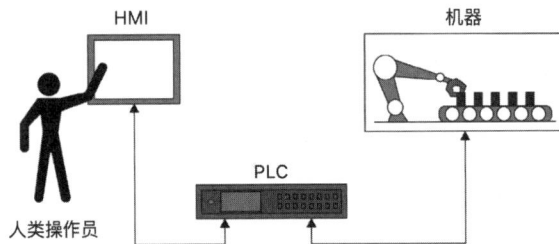

图 10-1　人类操作员、HMI、PLC 和机器的系统交互示意图

HMI 不局限于制造业和工业环境。实际上，在日常生活中经常接触到 HMI，例如，汽车配备了触摸屏界面，驾驶员或乘客可以通过它控制空调、加热、音响等系统。这些触摸屏就是典型的 HMI，用户可以通过触摸屏界面与车载系统交互。

简而言之，HMI 是一种允许人类控制机器的界面（通常采用图形化方式）。它也被称为人机接口（Man-Machine Interface，MMI）、操作员界面终端（Operator Interface Terminal，OIT）或用户界面（User Interface，UI）。HMI 的设计旨在确保操作员能够轻松地监控和控制机器。它还可以帮助操作员监控警报并及时做出响应。通常使用不同的颜色来表示警报的优先级，HMI 警报提供了有关重要事件和故障的信息。

HMI 的另一个重要功能是趋势显示，即以图形方式表示一段时间内的数据。HMI 允许操作员在图形界面中监控或查看来自传感器的实时数据。此外，HMI 还支持设定值管理，可以设计和编程 HMI，让操作员轻松直观地从图形界面更改设定值。

HMI 包括硬件和软件两部分，它们共同实现了人类操作员与机器之间的通信。

图 10-2 展示了一个操作员可以使用的 HMI 图形操作界面示例。

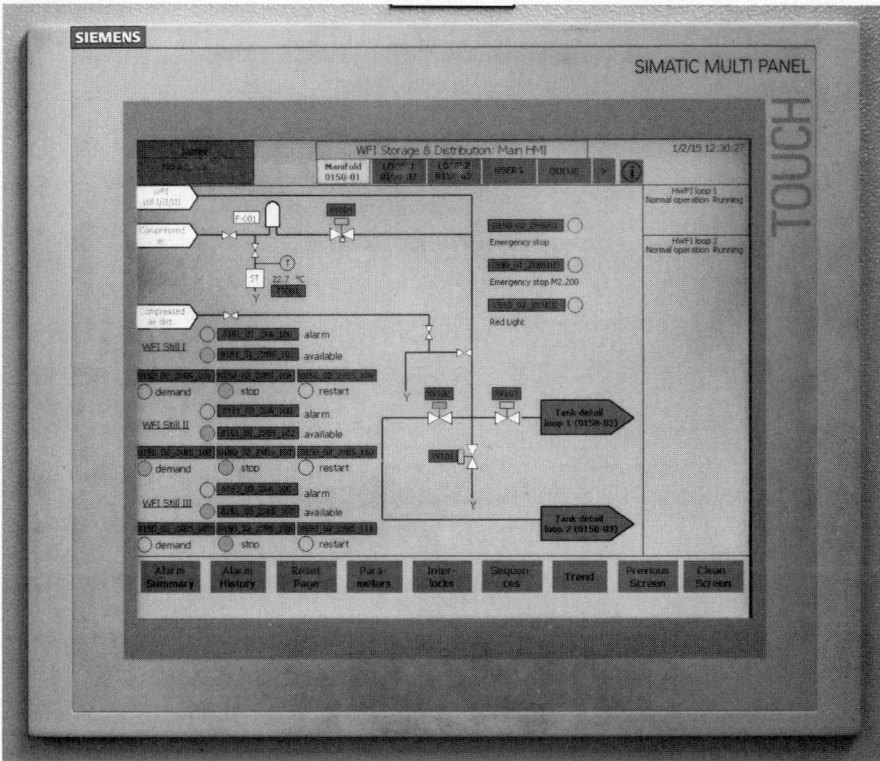

图 10-2　操作员可以使用的 HMI 图形操作界面示例

　　如图 10-2 所示，HMI 用图形界面（通常是触摸屏）取代了传统的连接到 PLC 的开关，以及其他形式的控制器和状态指示器。HMI 使人类操作员能够方便地监控过程、启动或停止操作、调整设定值等，以及执行其他需要人工干预的控制功能。

10.2　探索 HMI 的应用

人机界面几乎已经广泛应用于所有行业。以下是一些典型的工业应用领域。

- 食品和饮料行业：在食品和饮料行业中，HMI 可用于轻松监控和控制生产过程，以确保产品质量。HMI 允许在生产中使用"配方"。这里的"配方"是指用户可以根据要生产的产品类型选择的数据或数值。配方总结了特定产品的生产数据或机器配置。这些数据存储在 HMI 中，随后在特定时间从 HMI 传输到 PLC 或控制器，以切换到其他产品类型的生产。当需要生产多种产品时，就会使用"配方"。"配方"的使用不仅在食品行业有优势，在其他生产多种产品的行业中也具有很大益处。
- 石油和天然气行业：HMI 为钻井和钻机操作员提供了一种实时控制和监控现场应用的手段。HMI 还在石油和天然气的其他领域发挥作用，如炼油过程控制和管道完整性管理。

- 电力行业：HMI 可用于变电站或电力系统的其他区域，以便轻松执行开关操作和其他控制操作。
- 废水处理系统：在废水处理过程中，HMI 被用于查看、控制和管理处理系统的所有方面，包括 pH 值、化学药剂使用情况和水箱液位。
- 交通运输：通过 HMI 实现人与机器之间的交互，可以提高公共交通系统的性能、效率和安全性。

10.3　理解 HMI 的编程和开发

HMI 编程涉及创建机器操作的视觉表示（图形界面）、控制命令，以及编写执行所需功能的代码。

HMI 的主要目的是允许操作员控制机器或工艺流程。因此，HMI 设计必须满足以下要求。

- 信息易获取：确保用户可以轻松访问必要的信息和控制选项。
- 快速导航：允许用户尽可能快速地导航到不同的区域。
- 状态显示：允许用户或操作员查看机器的当前状态。操作员必须能够通过 HMI 上的视觉指示来判断机器是否正在运行或已停止。
- 辅助决策：提供其他必要信息，帮助操作员做出正确的决策。

10.4　了解 HMI 编程软件

HMI 编程软件是一种特殊的软件，用于设计图形界面，并在需要时编写代码，以实现用户（人）与机器之间的交互。该软件通常安装在用于编程的计算机上。编程完成后，通过通信电缆将程序下载到 HMI 面板，就像前面对 PLC 所做的那样。

不同品牌的 HMI 面板有不同的编程软件。下一节将讨论各种 HMI 制造商及其编程软件。

10.5　了解主要的 HMI 制造商及其编程软件

以下是几家知名的 HMI 制造商及其产品信息。

- 西门子（Siemens）。
    - 简介：西门子是一家德国公司，是自动化行业的顶级公司之一，主要生产 SIMATIC HMI 系列产品。
    - HMI 型号：KTP400、KTP600、KTP700 等。
    - HMI 编程软件：WinCC。
- 罗克韦尔自动化（Rockwell Automation）。
    - 简介：罗克韦尔自动化是北美顶级的自动化公司之一。
    - HMI 品牌：PanelView 系列，包括 PanelView 600、PanelView 800、PanelView+400 等。

◆ HMI 编程软件: RSView32 和 FactoryTalk View。
● 施耐德电气 (Schneider Electric)。
　　◆ 简介: 施耐德电气是欧洲领先的电气设备制造商之一。
　　◆ HMI 品牌: Magelis 和 Harmony 系列。
　　◆ HMI 编程和配置软件: EcoStruxure Operator Terminal Expert 和 Vijeo Designer。
● 三菱电机 (Mitsubishi Electric Corporation)。
　　◆ 简介: 三菱电机是日本三菱集团旗下的公司。
　　◆ HMI 系列: 图形操作终端 (GOT), 包括 GOT 1000 系列和 GOT 2000 系列。
　　◆ HMI 编程软件: GT Works3 (GOT HMI 设计软件)。

本书将重点介绍西门子的 HMI (KTP400) 及其编程软件 WinCC。在接下来的部分中, 将学习如何将西门子的 HMI (KTP400) 连接到 PLC, 以及如何在 TIA Portal 中使用 WinCC 开发 HMI 画面。

10.6　PLC 和 HMI 的接口设计

在第 9 章中, 学习了如何使用按钮来启动和停止机器, 以及如何使用指示灯来显示负载的开关状态。

如前所述, HMI 允许操作员通过 PLC 与机器进行交互。这意味着需要一个 PLC 来与机器通信。

在本节中, 将学习如何使用 Profinet 通信协议, 将西门子 HMI (KTP 400) 与西门子 PLC 连接起来。还将使用 TIA Portal 对 PLC 进行编程, 并使用 WinCC 来开发 HMI 应用程序。WinCC 是前面在第 8 章中安装 TIA Portal 时一并安装的软件。

完成本节学习后, 读者将能够实现 PLC 和 HMI 的接口连接, 通过 HMI 控制机器 (如电机) 的启停并获取其状态反馈。

图 10-3 展示了西门子 HMI (KTP 400) 的外观。

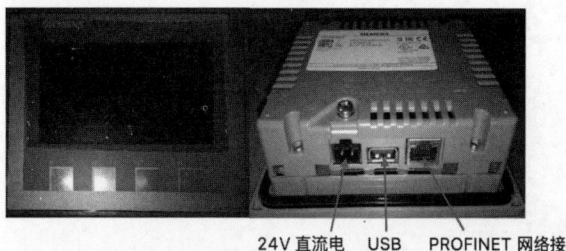

24V 直流电　USB　PROFINET 网络接

图 10-3　西门子 HMI 面板 (KTP 400)

请按照下面完整的步骤配置 PLC-HMI 项目。

10.6.1 创建项目与添加 PLC

（1）启动 TIA Portal，选择"创建新项目"选项，输入项目名称（如 PLC-HMI-PRACTICE），如图 10-4 所示，单击"创建"按钮。

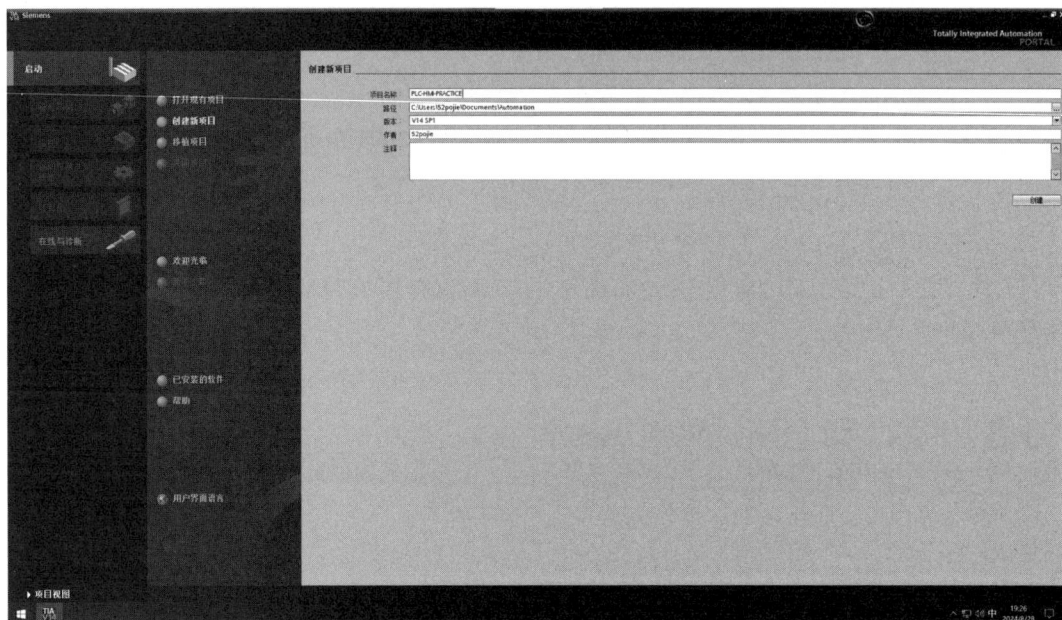

图 10-4　TIA Portal 的创建新项目界面

（2）成功创建项目后，在如图 10-5 所示的界面中选择"组态设备"选项。

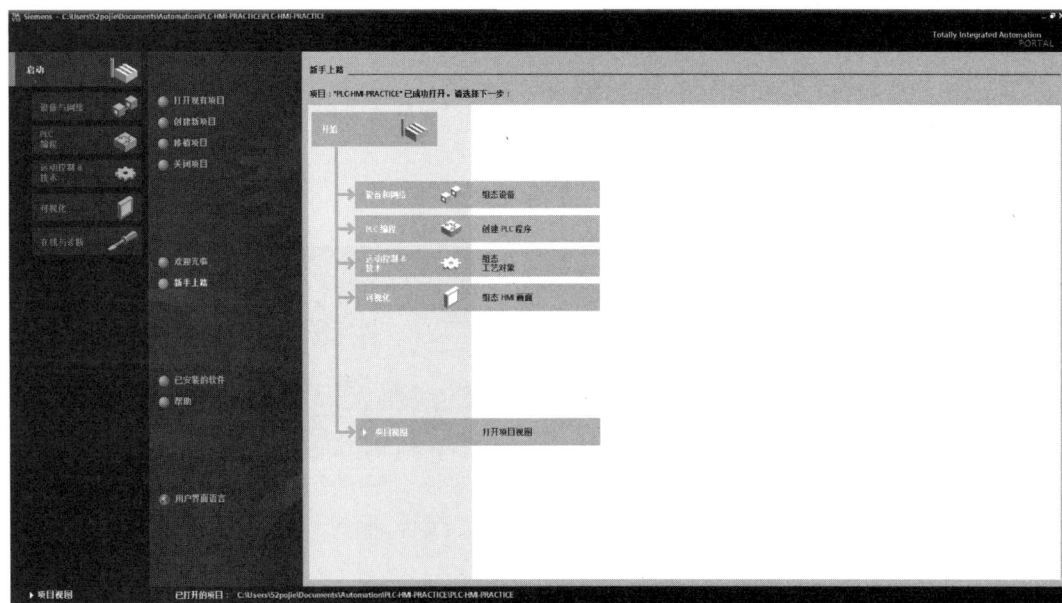

图 10-5　新项目创建的启动视图

（3）在如图 10-6 所示的界面中选择"添加新设备"选项，从设备列表框中选择"控制器"选项。依次展开 SIMATIC S7-1200 | CPU | CPU1211C AC/DC/Rly 列表，根据自己打算使用的 PLC 选择相应的订货号，如 6ES7 211-1BE40-0XB0：

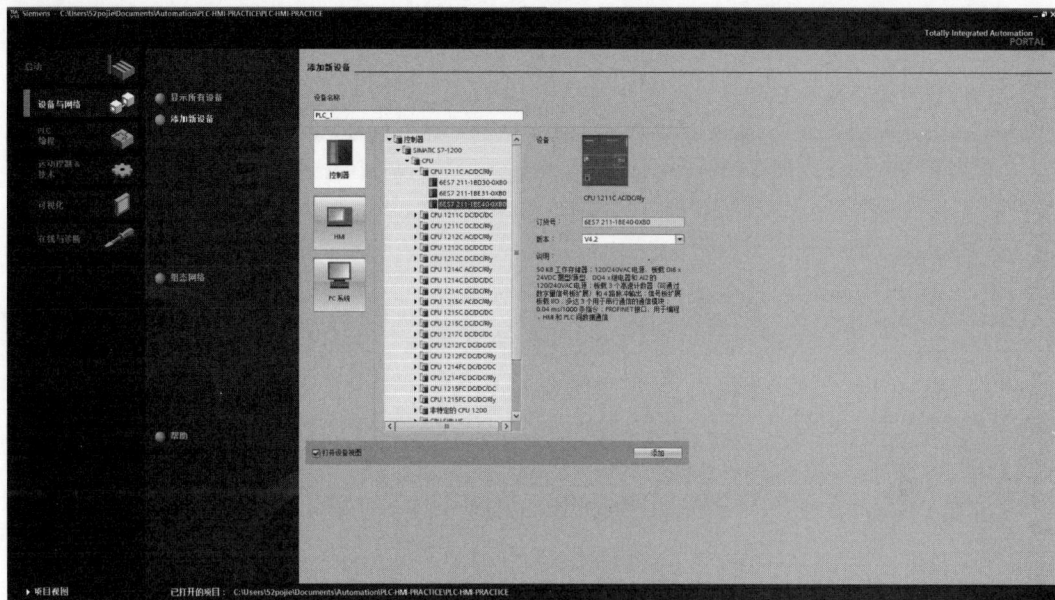

图 10-6　选择 PLC 控制器

（4）单击"添加"按钮，将看到如图 10-7 所示的界面。

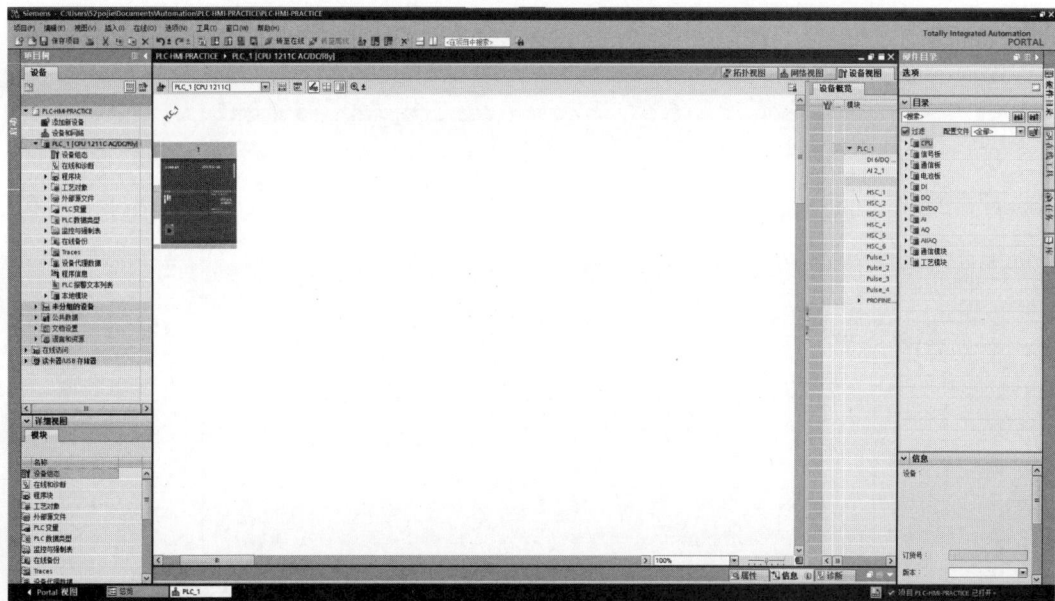

图 10-7　PLC 被添加到项目中

10.6.2 PLC 程序配置

1. 创建梯形图程序

（1）在左侧展开"程序块"并双击"Main（OB1）"选项，以创建梯形图编程环境，如图 10-8 所示。

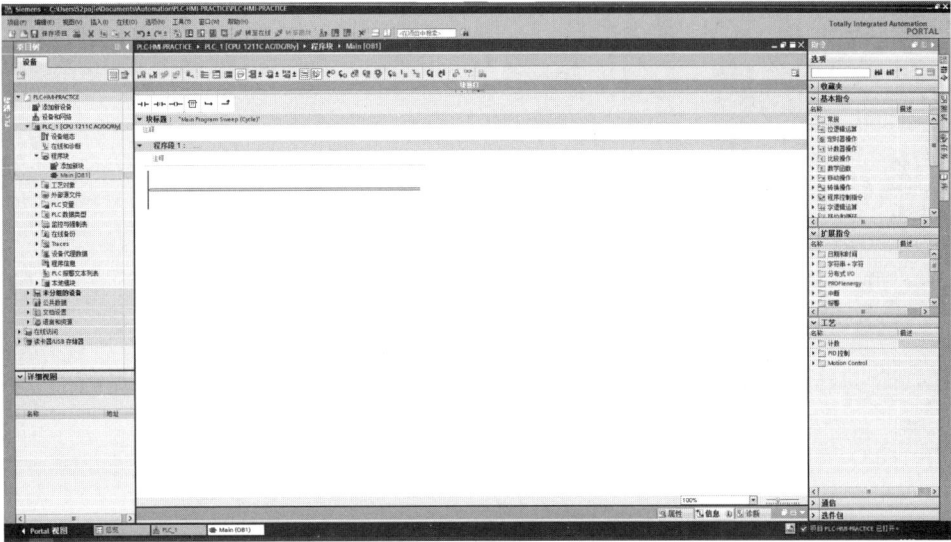

图 10-8　梯形图编程环境

（2）编写程序，使得无须将物理按钮连接到 PLC。将使用内部存储位，如图 10-9 所示。

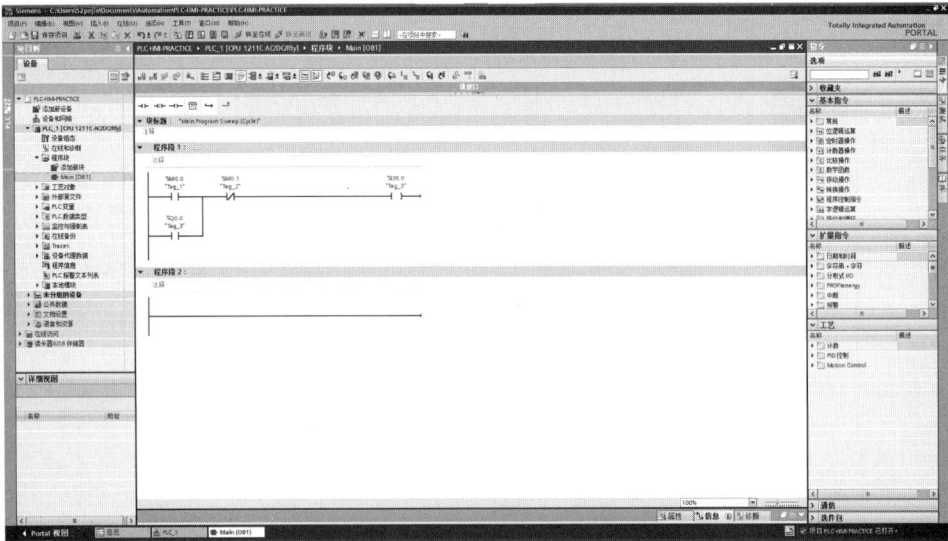

图 10-9　使用 M0.0 和 M0.1 作为存储位的启动和停止梯形图程序

2. 变量配置

（1）右击每个标签，在弹出的快捷菜单中选择"重命名变量"命令，在弹出的"重命名变量"对话框中修改名称，如将"Tag_1"改为"Start"，如图 10-10 所示。

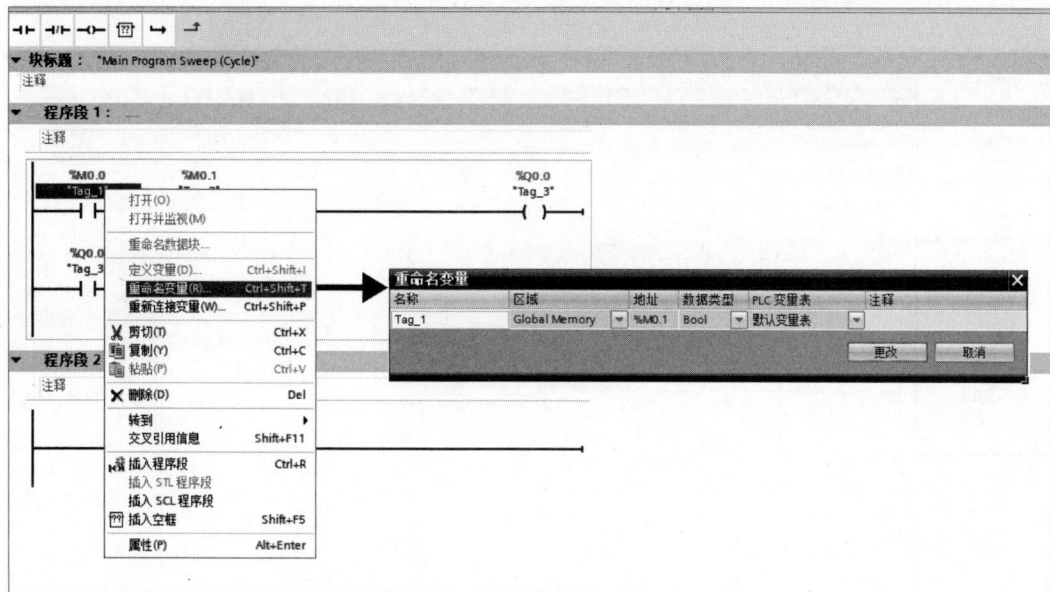

图 10-10　重命名变量标签

（2）输入新名称并单击"更改"按钮。对所有标签重复此操作，得到如图 10-11 所示的结果。

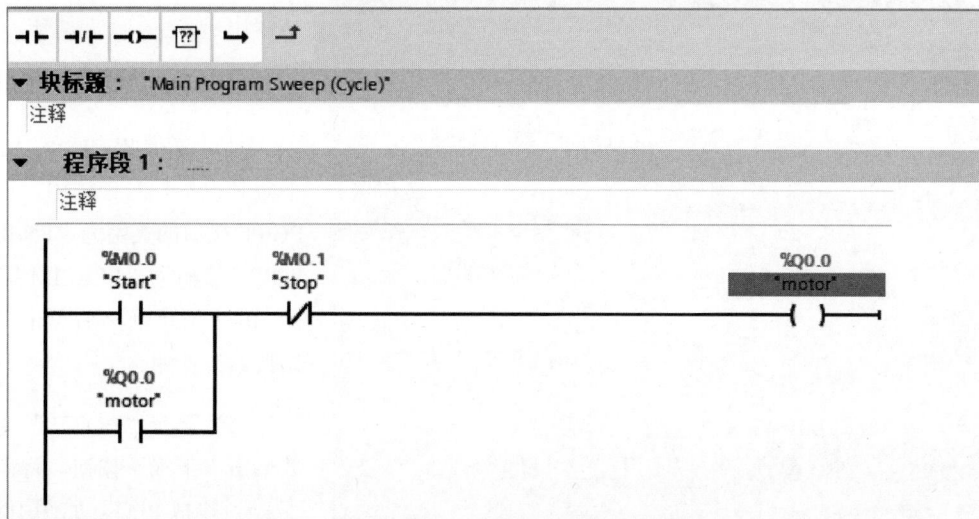

图 10-11　所有标签已重命名

10.6.3 PLC 程序下载与仿真

（1）单击顶部工具栏中的"保存项目"按钮。

（2）单击"开始仿真"按钮，弹出提示信息，如图 10-12 所示。

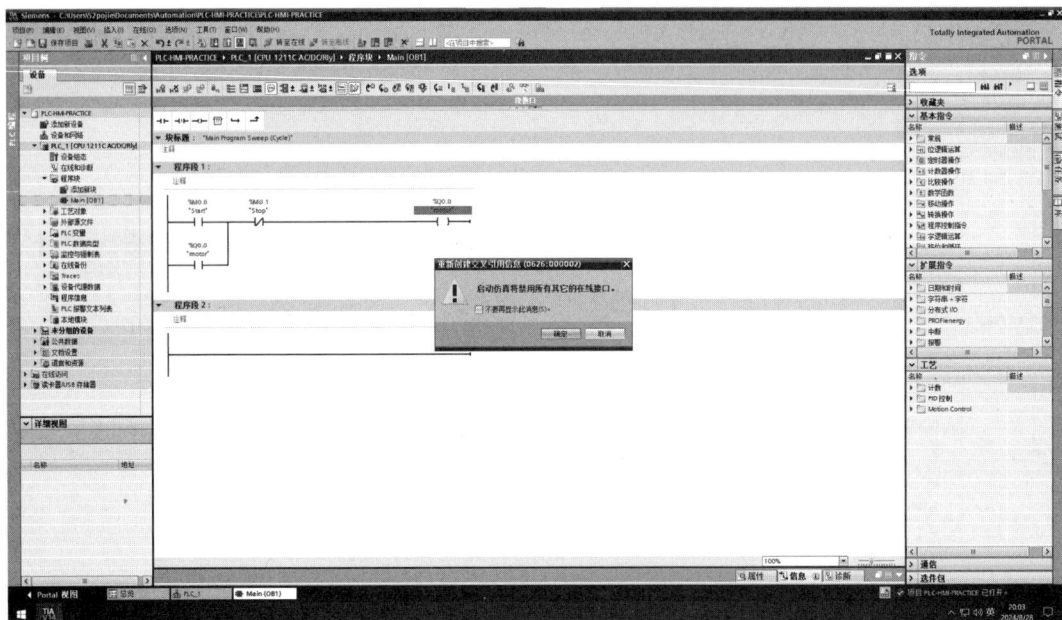

图 10-12 启动仿真时出现的提示信息

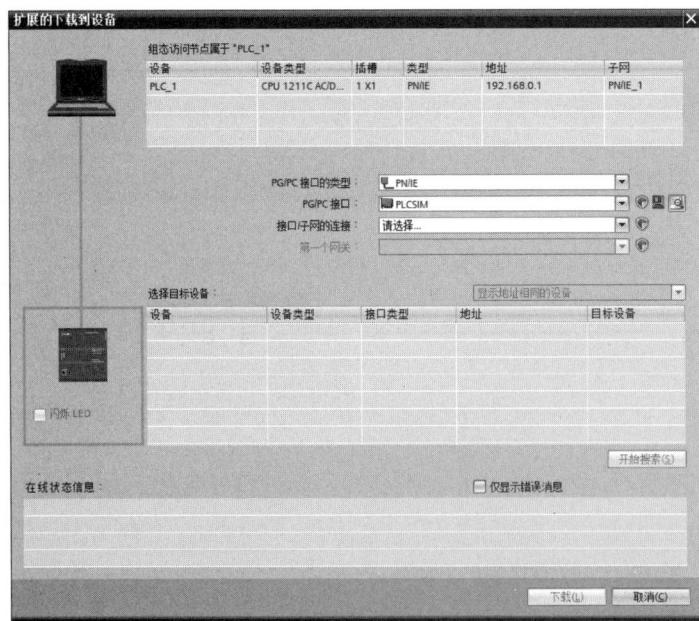

图 10-13 "扩展的下载到设备"对话框

接下来配置下载参数，继续操作。

（3）单击"确定"按钮。

（4）在弹出的"扩展的下载到设备"对话框中，设置 PG/PC 接口的类型为"PN/IE"，PG/PC 接口为"PLCSIM"，如图 10-13 所示，然后单击"开始搜索"按钮。

（5）选择"PLC_1"选项并单击"下载"按钮，将程序下载到虚拟 PLC，如图 10-14 所示。

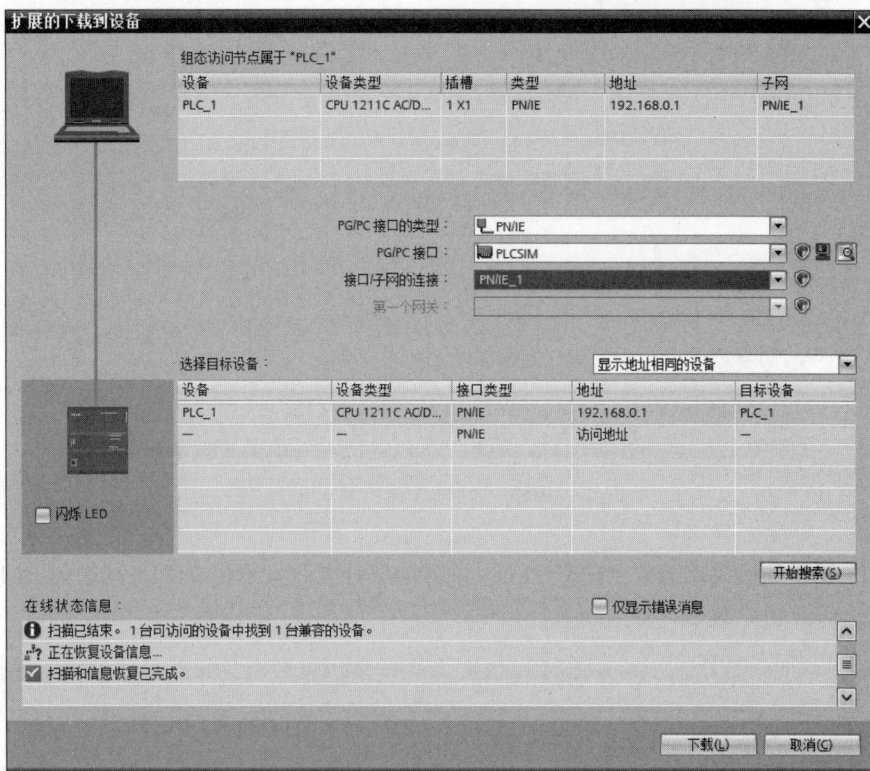

图 10-14　下载程序到虚拟 PLC

（6）在弹出的"下载预览"对话框中单击"装载"按钮，如图 10-15 所示。

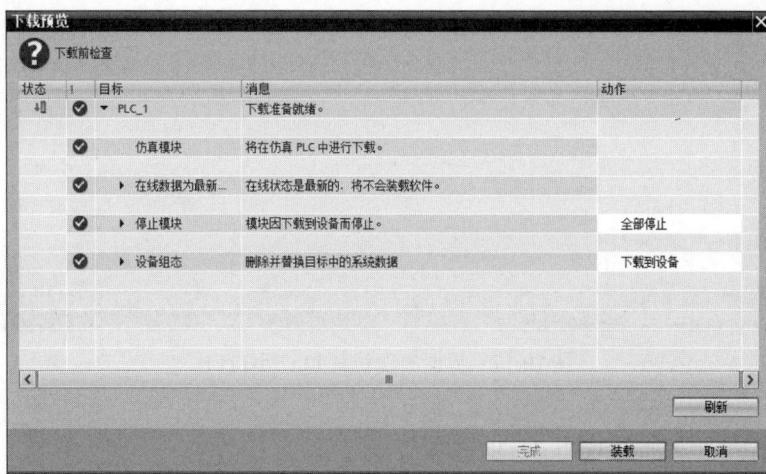

图 10-15　"下载预览"对话框

（7）在"下载结果"对话框中选择"全部启动"复选框，单击"完成"按钮，如图 10-16 所示。

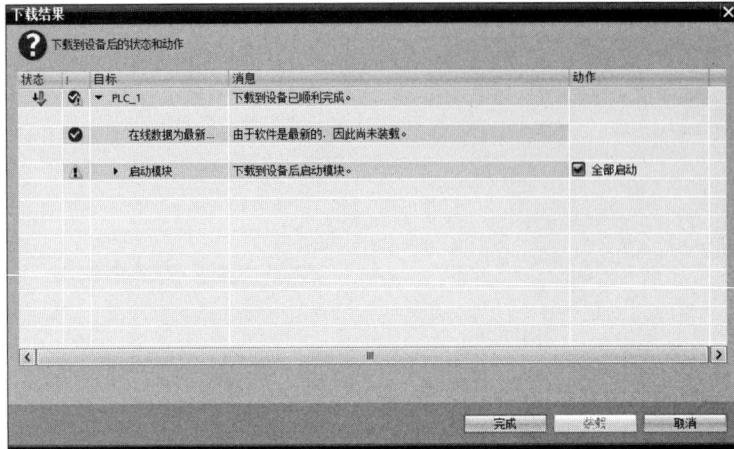

图 10-16 "下载结果"对话框

（8）PLC 程序已成功加载到仿真 PLC。读者的屏幕上应显示仿真 PLC，如图 10-17 所示。可以最小化仿真 PLC 窗口，以避免遮挡工作区。

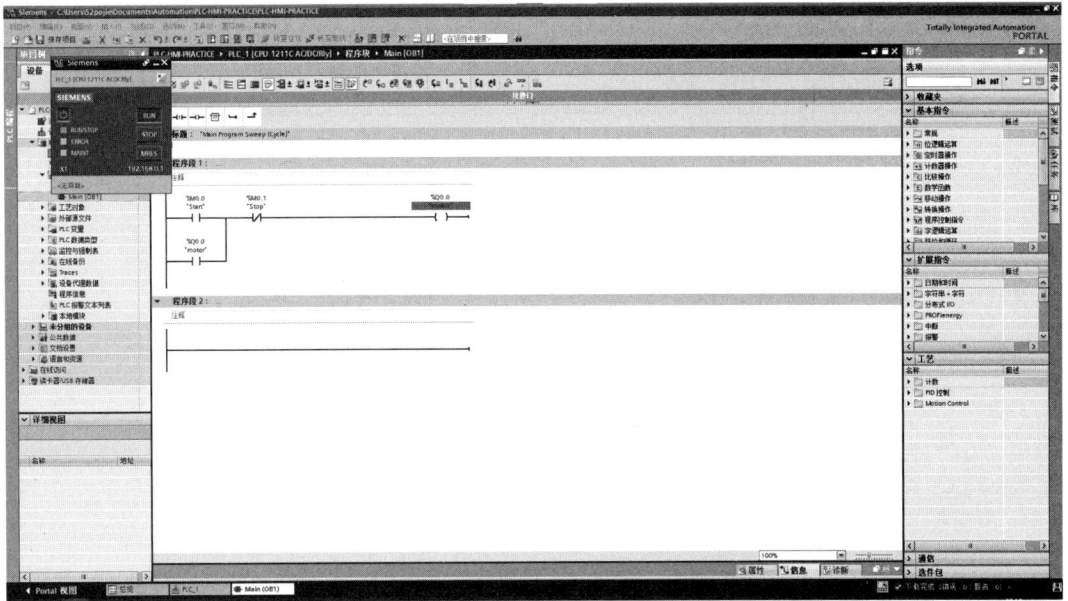

图 10-17　界面出现仿真 PLC 小窗口

接下来，将学习如何将 HMI 添加到项目中。

10.6.4　HMI 设备选择

（1）选择"视图 | 转到 portal 视图"命令，如图 10-18 所示。

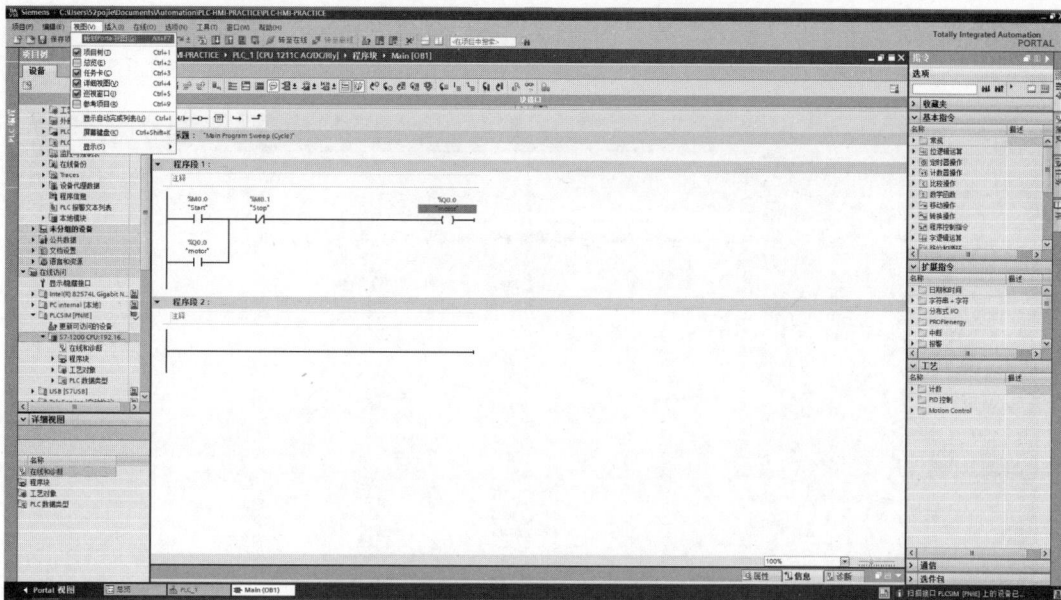

图 10-18　转到启动视图

（2）选择"添加新设备"选项，并在右侧选择"HMI"选项。

（3）依次展开"SIMATIC 精简系列面板 | 4"显示屏 | KTP400 Basic"，选择 HMI 订货号，如 6AV2 123-2DB03-0AX0。单击"添加"按钮，如图 10-19 所示。

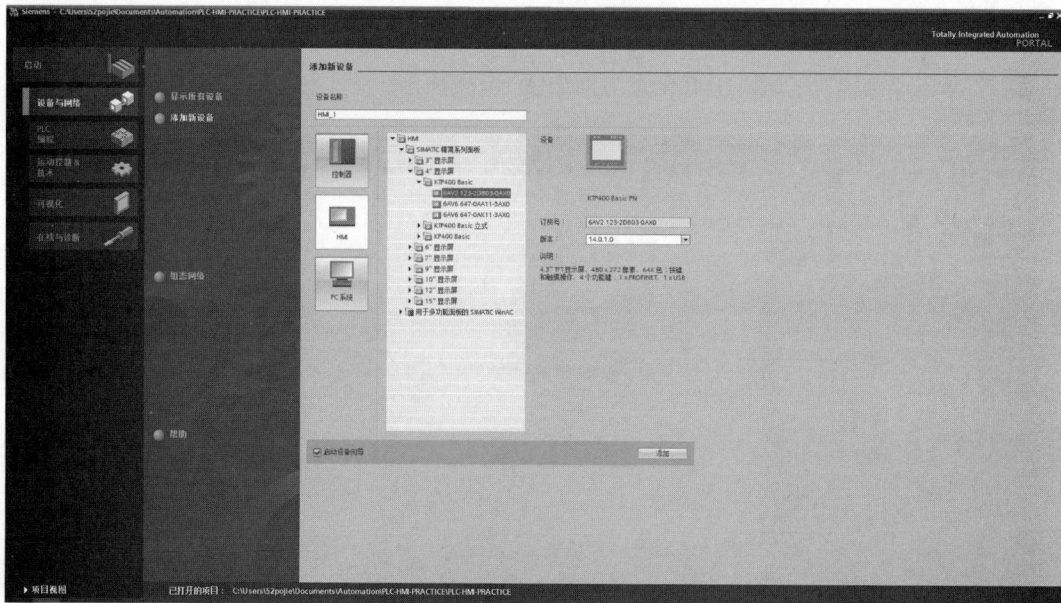

图 10-19　选择"HMI"设备

接下来进行 HMI 初始配置，继续操作。

（4）单击"取消"按钮，以跳过 HMI 设备向导，因为这里将手动进行配置，如图 10-20 所示。

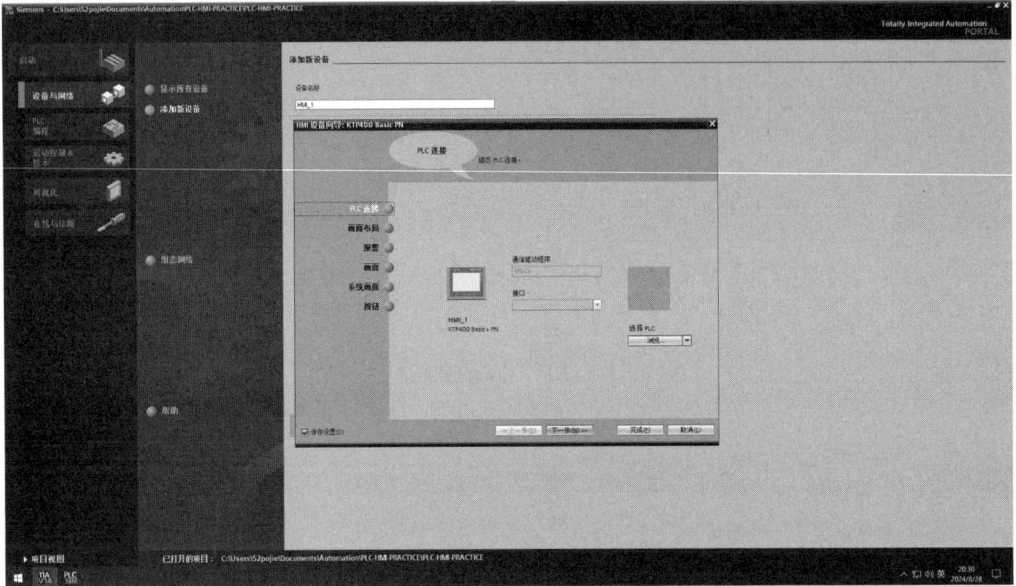

图 10-20 "HMI 设备向导"对话框

注意：使用向导可以更快地创建 HMI 画面，但在这里选择从头开始创建，以便更专业地理解配置过程。

（5）单击"确定"按钮，HMI 配置界面如图 10-21 所示。

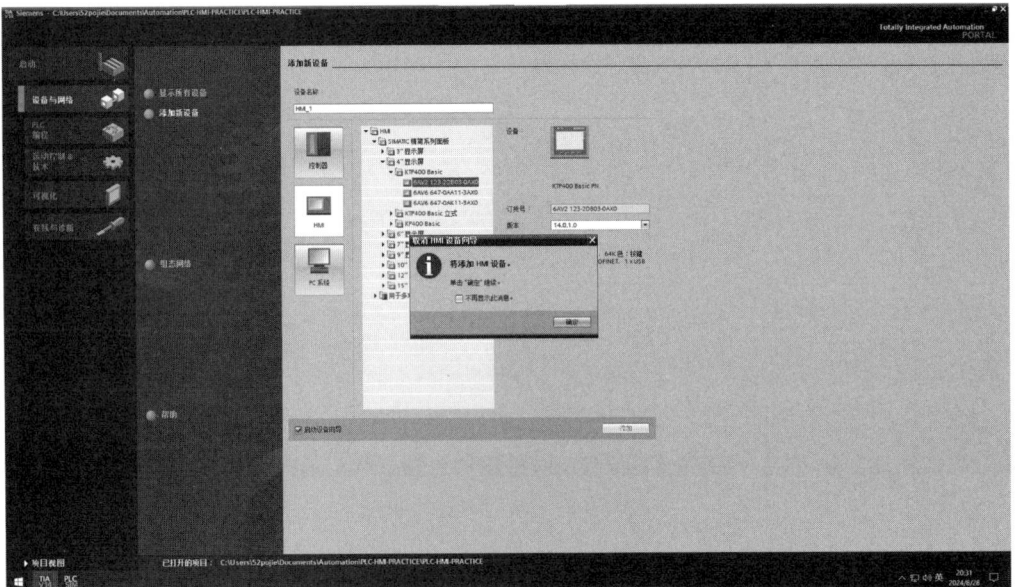

图 10-21 取消 HMI 设备向导的警告信息

此时，读者应该看到如图 10-22 所示的界面，HMI_1（KTP400）已添加到项目中。现在，项目树中有了两个文件夹（PLC_1 和 HMI_1）。

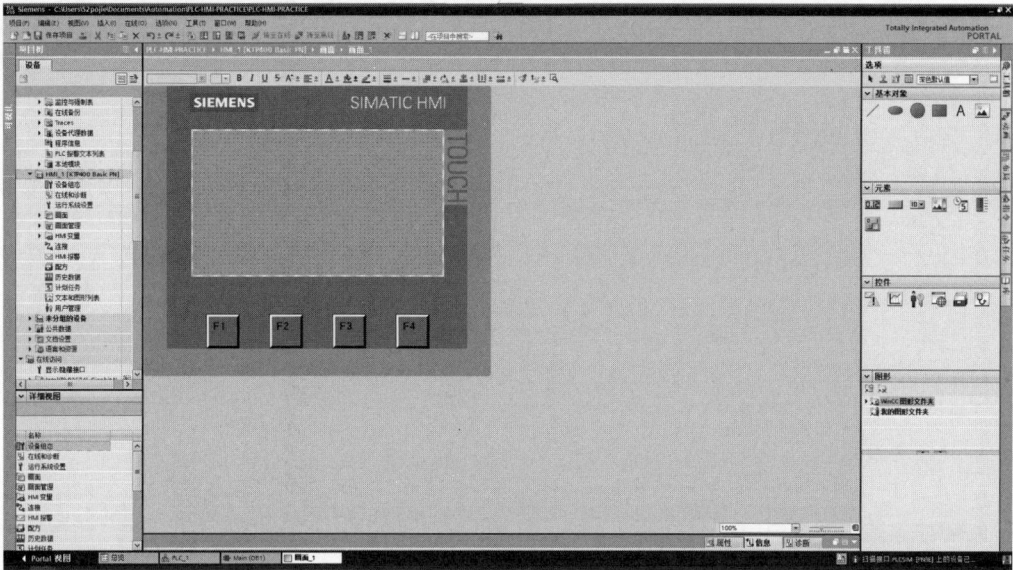

图 10-22 HMI 已添加到项目中

10.6.5 HMI 与 PLC 的通信配置

1. 建立设备通信

（1）在左侧项目树中双击"设备和网络"选项，如图 10-23 所示。

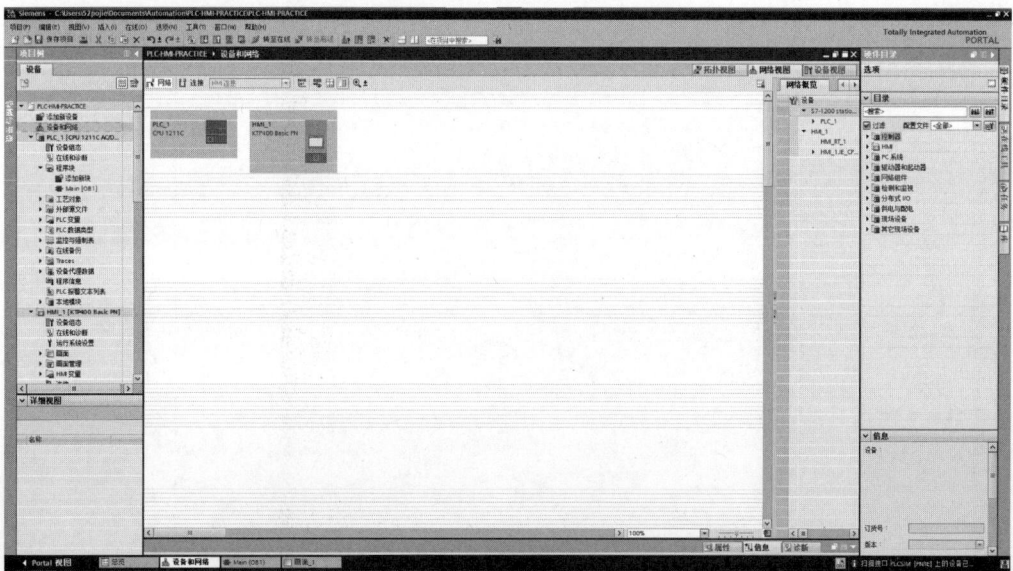

图 10-23 设备和网络视图

（2）将 PLC 的 Profinet 网络接口拖到 HMI 的网络接口上，建立设备间的通信连接，如图 10-24 所示。

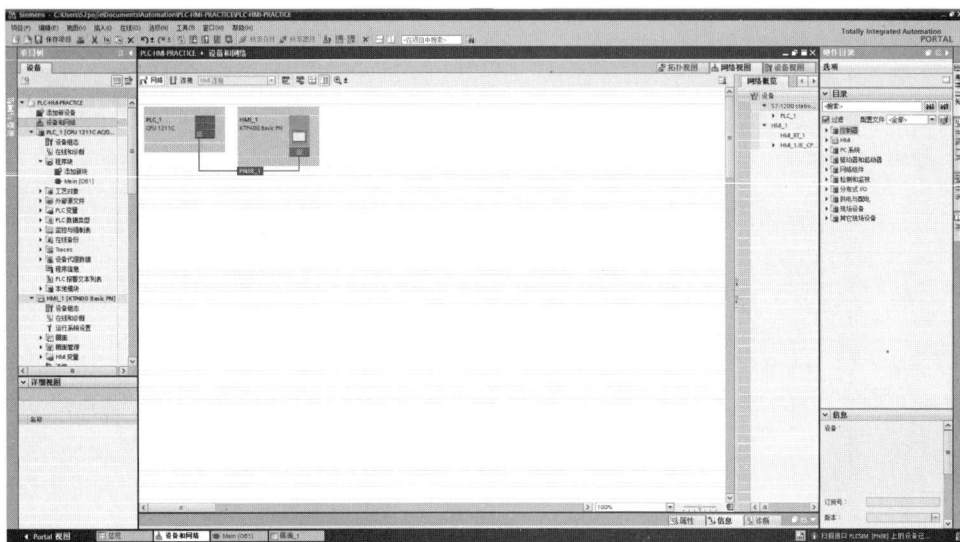

图 10-24　通过 Profinet 链接 PLC 和 HMI

现在，来设计一个图形用户界面（GUI），供操作员用来启动或停止电机，并有指示灯显示电机的状态。

2. 创建操作界面

（1）在左侧项目树中展开"HMI_1 | 画面"选项，双击"画面_1"选项，如图 10-25 所示。

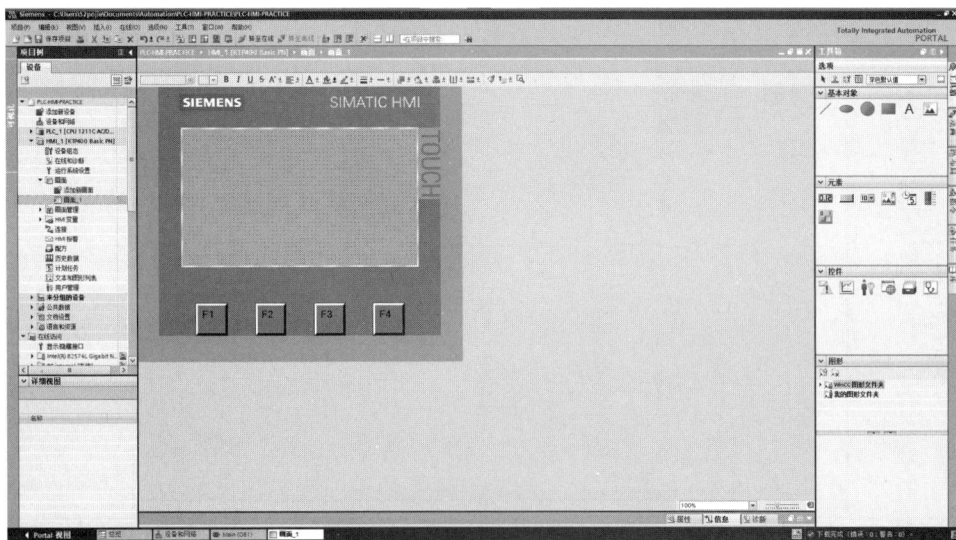

图 10-25　HMI 屏幕编辑

（2）从右侧的"元素"选项卡中拖动一个按钮到画面上，并将其名称改为 Start，如图 10-26 所示。

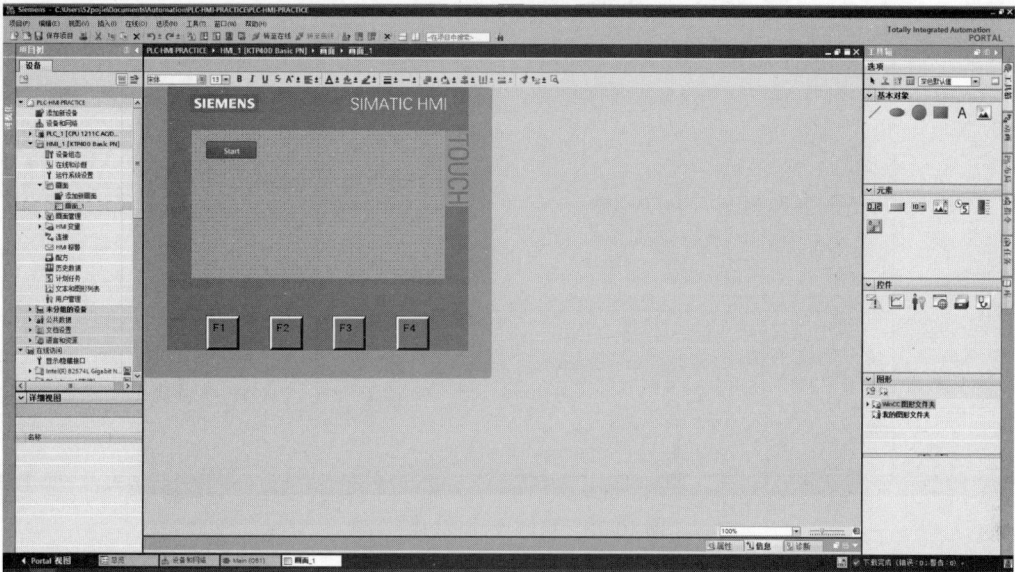

图 10-26　添加"Start"按钮

（3）再插入一个按钮并命名为 Stop，如图 10-27 所示。

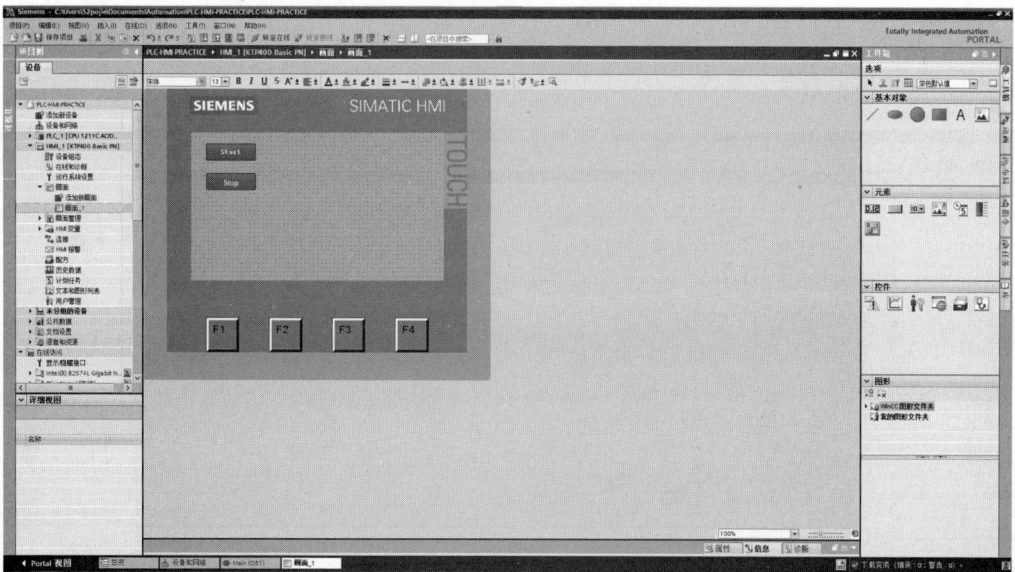

图 10-27　插入"Stop"按钮

下面来修改按钮的外观。

（4）可以选中按钮，通过下方的"属性"选项卡来更改其外观，如图 10-28 所示。

图 10-28　更改设计按钮的外观

注意： 在上述示例中，填充模式选择了"实心"，颜色选择了绿色。读者可以尝试创建类似的效果。

现在，为按钮配置功能。

（5）选中 Start 按钮，选择下方的"事件"选项卡，如图 10-29 所示。

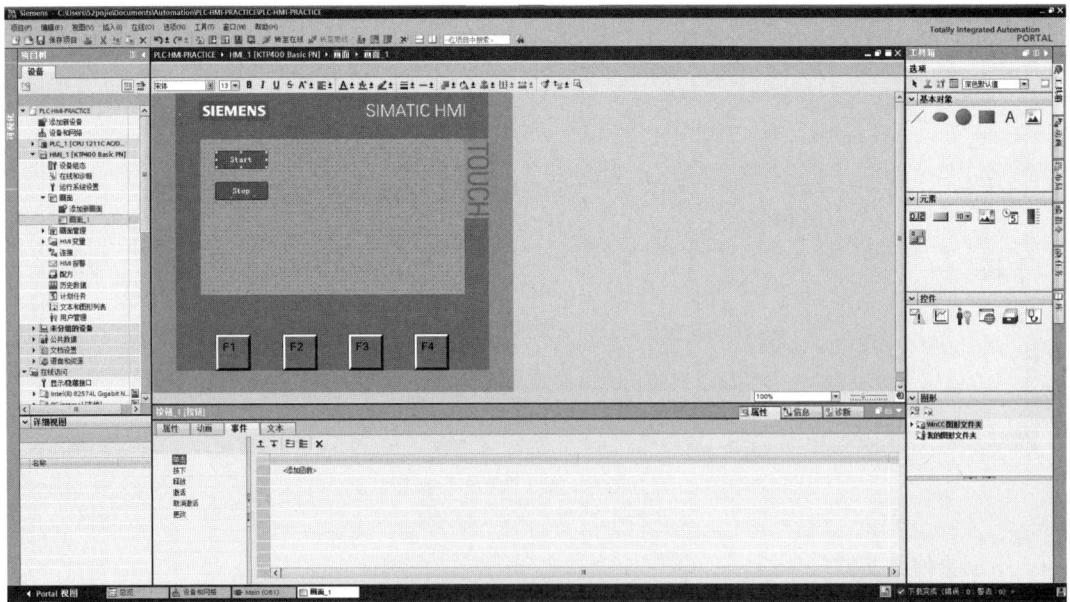

图 10-29　"事件"选项卡

如图 10-29 所示，有各种选项可用（单击、按下、释放等）。读者可以指定按钮在被单击、按下或释放等时将要执行的功能。这里选择"按下"选项。

（6）单击"添加函数"下拉按钮，如图 10-30 所示。

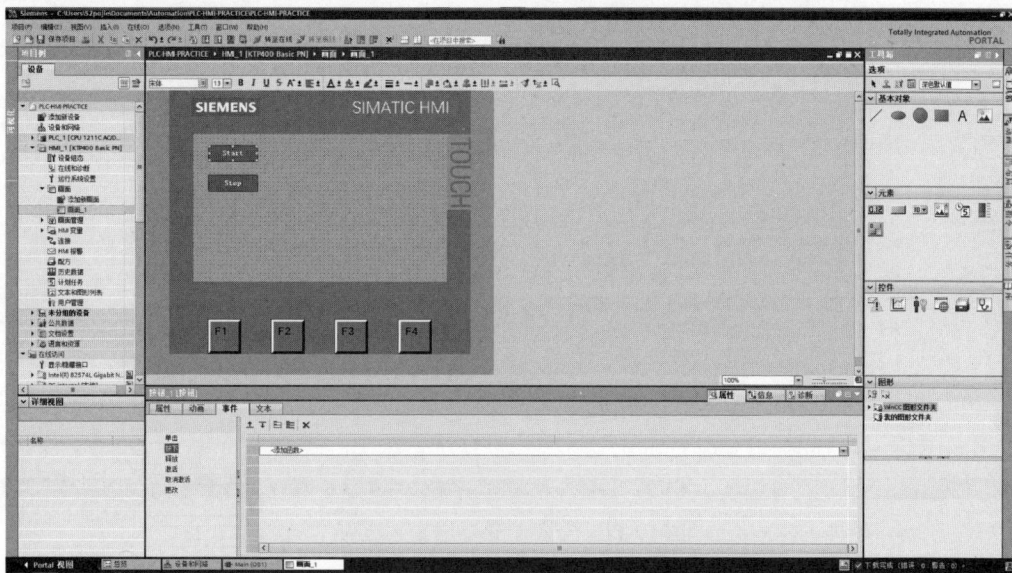

图 10-30　单击"添加函数"下拉按钮

3. 配置按钮变量

（1）在搜索栏中输入"按下按键"，会出现"按下按键时置位位"并选择它，结果如图 10-31 所示。

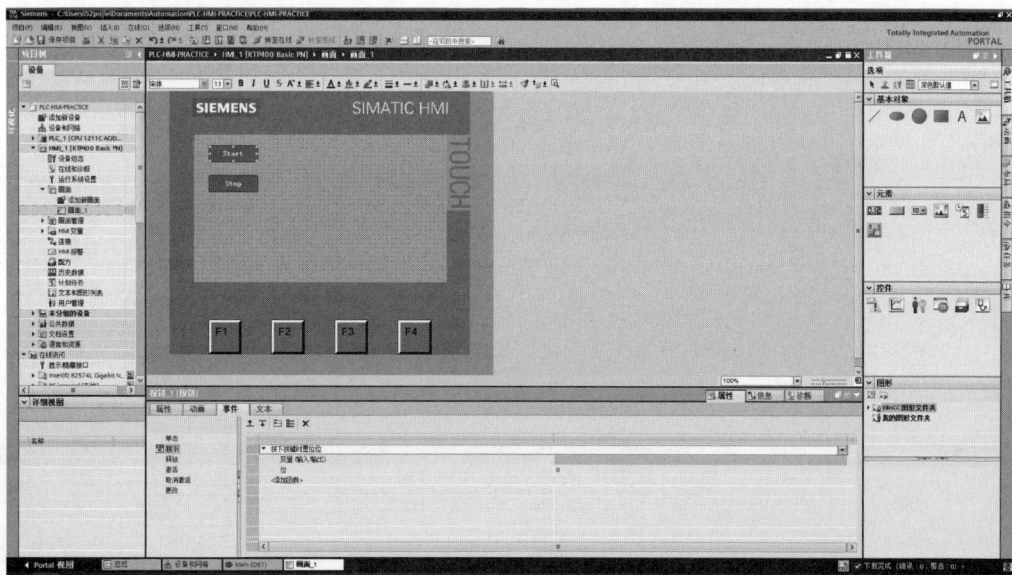

图 10-31　选择"按下按键时置位位"选项

（2）单击"变量（输入/输出）"选项右侧的"…"图标，会打开如图 10-32 所示的窗口。

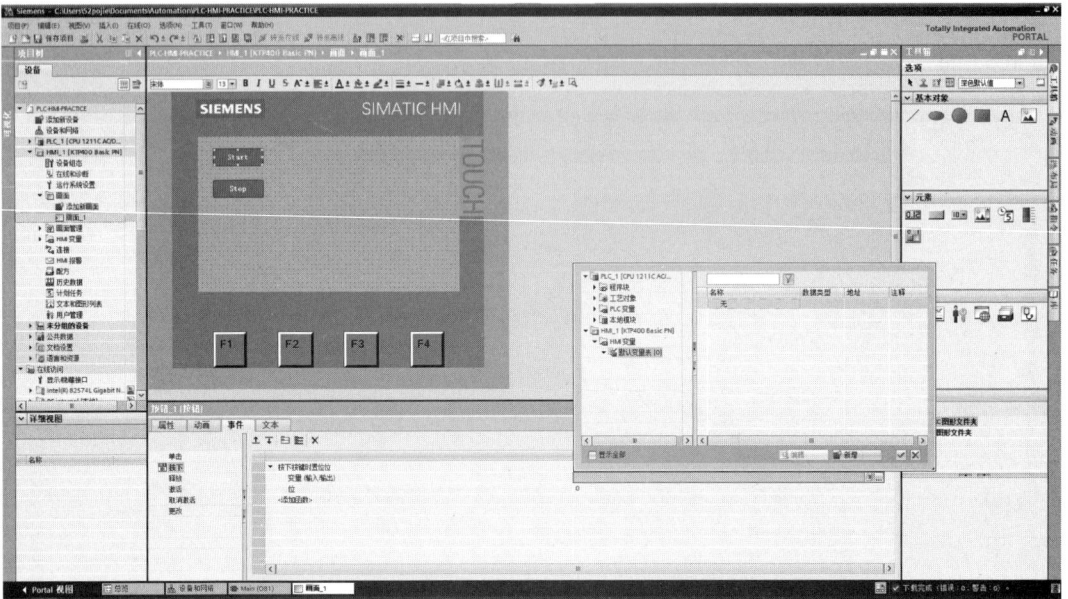

图 10-32　变量（输入/输出）选项

（3）展开"PLC 变量"选项并选择"默认变量表 [31]"选项，以获得如图 10-33 所示的内容。

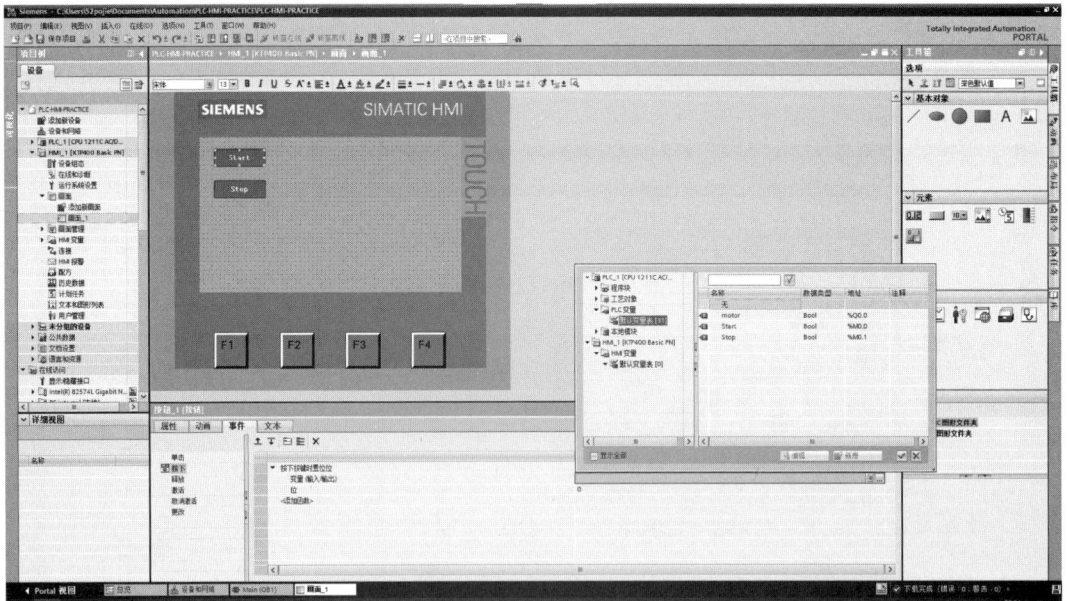

图 10-33　"默认变量表 [31]"的界面

（4）双击默认变量表中的 Start 选项。

此时，应该得到如图 10-34 所示的结果。

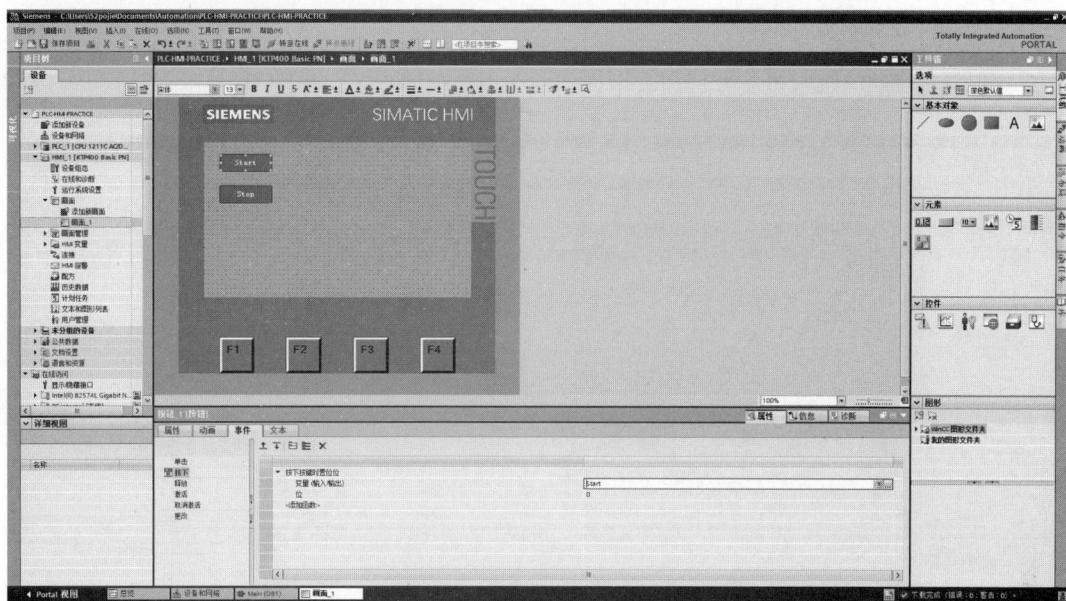

图 10-34　为 Start 按钮选择 PLC 变量（start）

（5）选中 Stop 按钮，选择"事件"选项卡，重复前面的操作。

（6）在"默认变量表 [31]"中双击 Stop 选项，结果如图 10-35 所示。

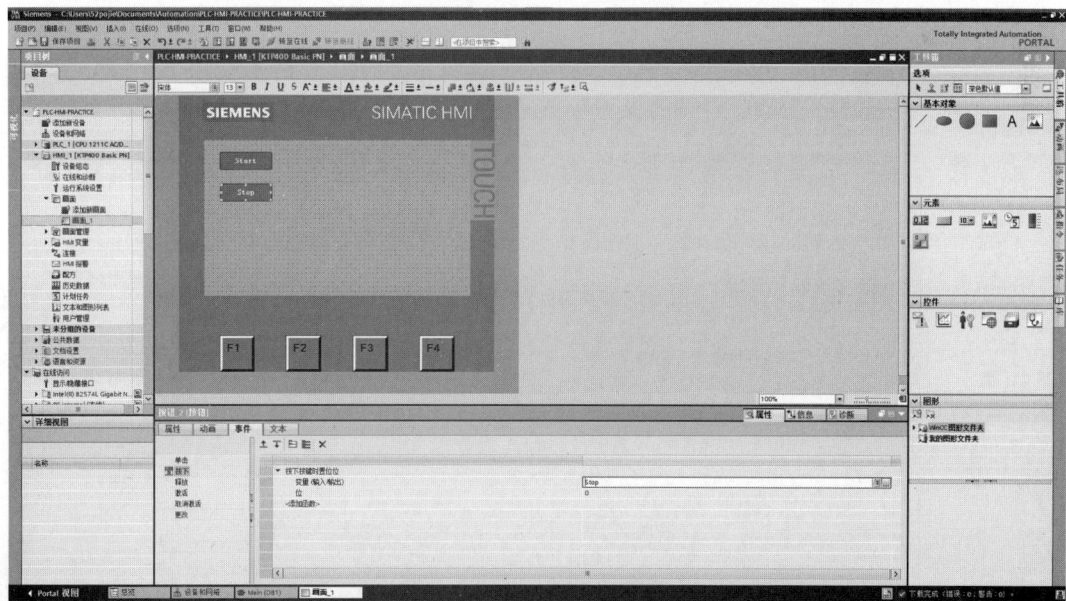

图 10-35　为 Stop 按钮选择 PLC 变量（stop）

现在，已经成功为按钮添加了功能。

接下来，需要在画面上添加一个指示灯，来显示电机的运行状态。

先绘制一个矩形来表示电机。

（1）从右侧的"基本对象"选项卡中拖动一个矩形到屏幕上，如图 10-36 所示。

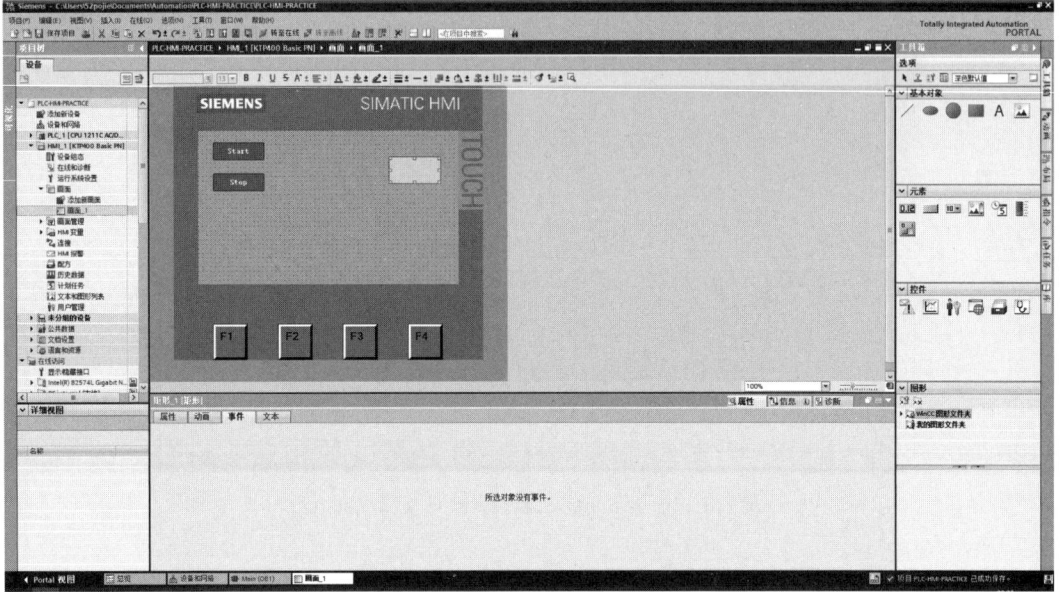

图 10-36　拖动一个矩形到屏幕上

（2）选择下方的"动画"选项卡，选择"动态化颜色和闪烁"选项，如图 10-37 所示。

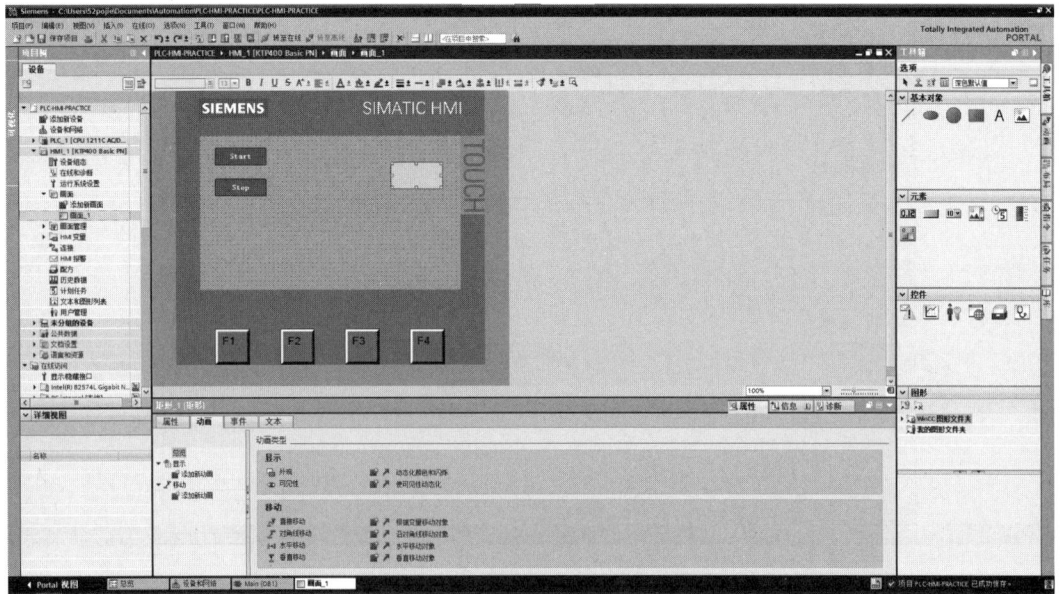

图 10-37　"动画"选项卡（属性配置）

4. 配置状态变量

此时，应该看到如图 10-38 所示的内容。

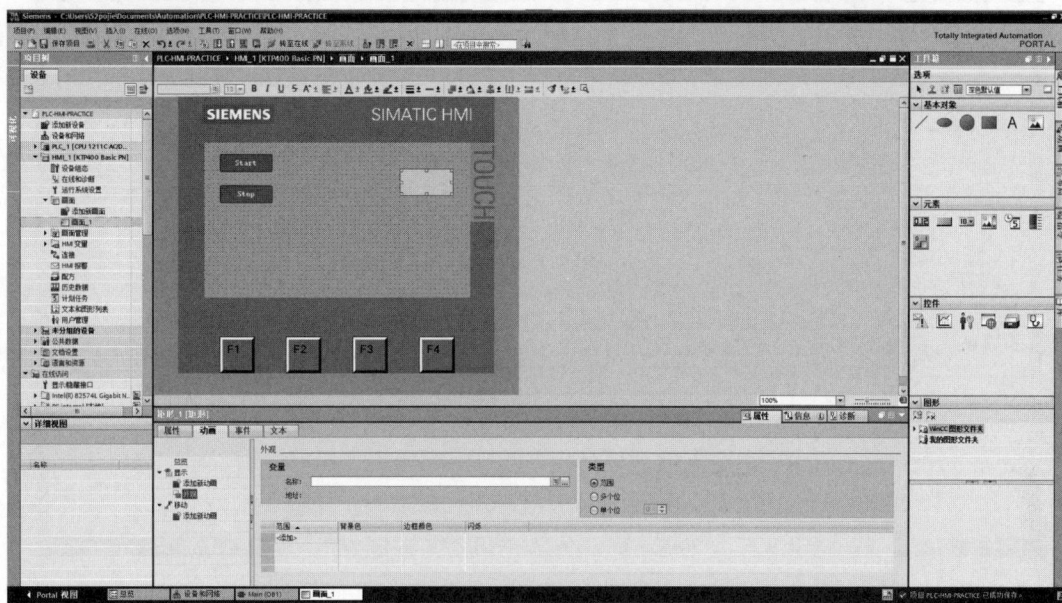

图 10-38 "变量"的"名称框"

（1）单击"变量 | 名称"选项中最右边的"…"按钮。

（2）展开"PLC 变量"选项并双击"默认变量表 [31]"选项，如图 10-39 所示，然后双击
motor 选项。

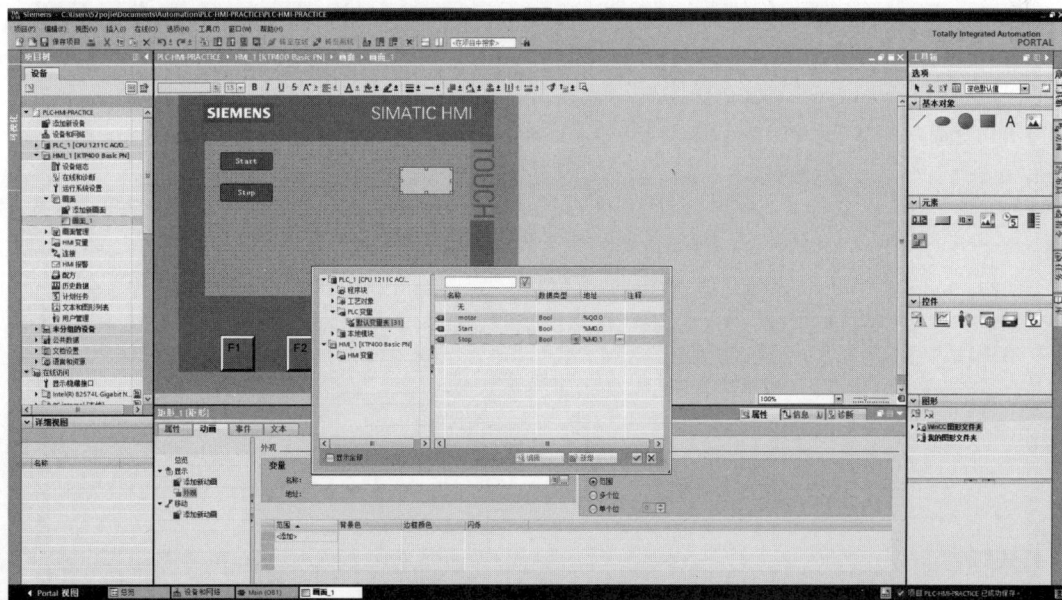

图 10-39 PLC 变量列表

（3）在外观下方的列表框中双击添加范围 0 和 1，并将背景颜色分别更改为红色（范围 0，表示停止状态）和绿色（范围 1，表示运行状态），如图 10-40 所示。

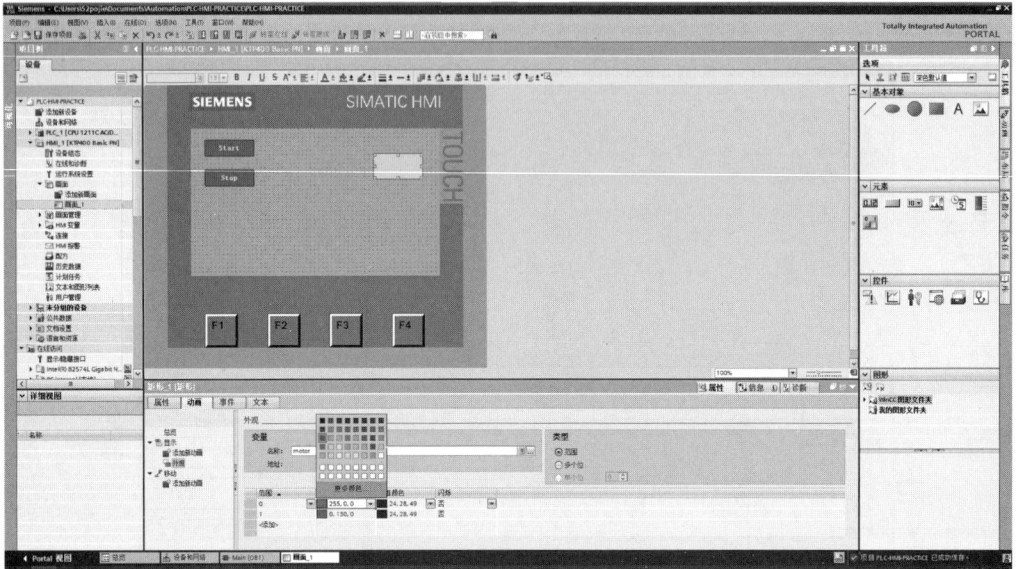

图 10-40　为电机变量配置的范围"0"和"1"

5. 启动仿真环境

（1）单击顶部工具栏中的"保存项目"按钮，再单击 HMI 界面编辑区的空白区取消选择矩形，然后单击"开始仿真"按钮并在弹出的"启动模拟"对话框中单击"确定"按钮，如图 10-41 所示。

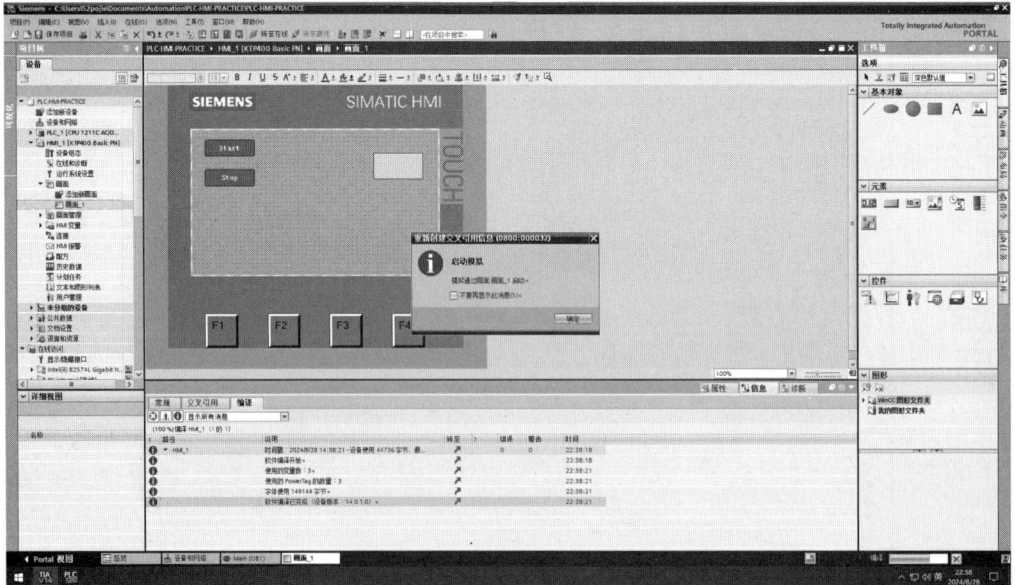

图 10-41　"启动模拟"对话框

（2）现在应该看到仿真窗口——RT Simulator（RT 仿真），如图 10-42 所示。

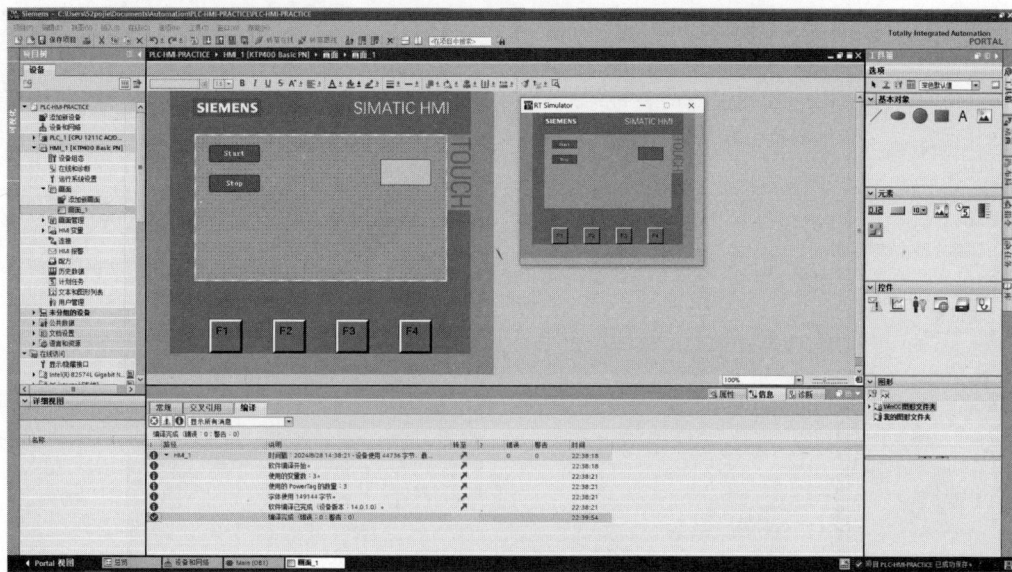

图 10-42　HMI 仿真窗口

6. 监视程序运行

（1）在左侧展开"PLC_1"文件夹并展开"程序块"选项，双击"Main [OB1]"选项以查看 PLC 程序，如图 10-43 所示。

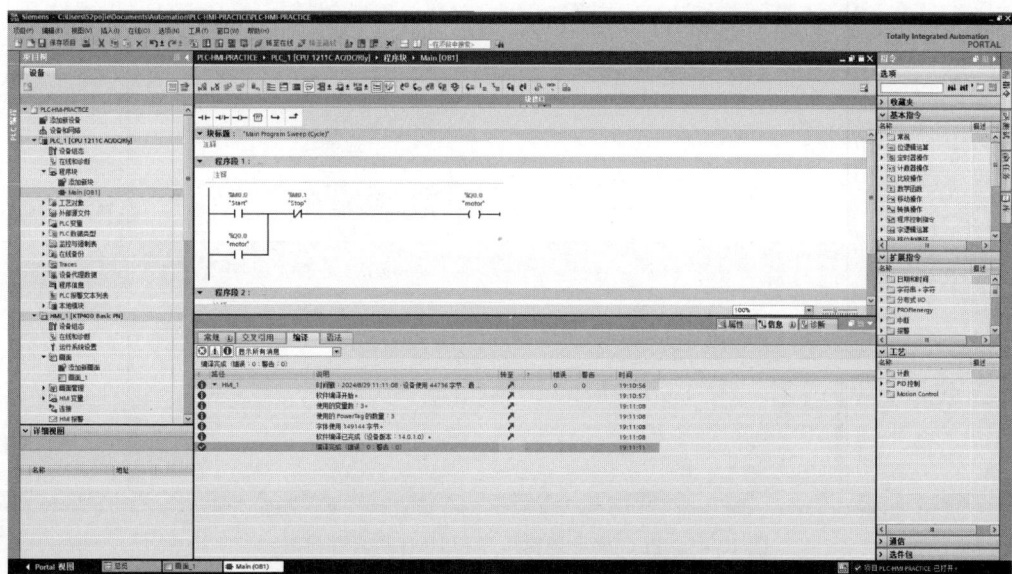

图 10-43　PLC 启动和停止的梯形逻辑程序

（2）单击"启用/禁用监视"图标，开始在线监控，如图 10-44 所示。

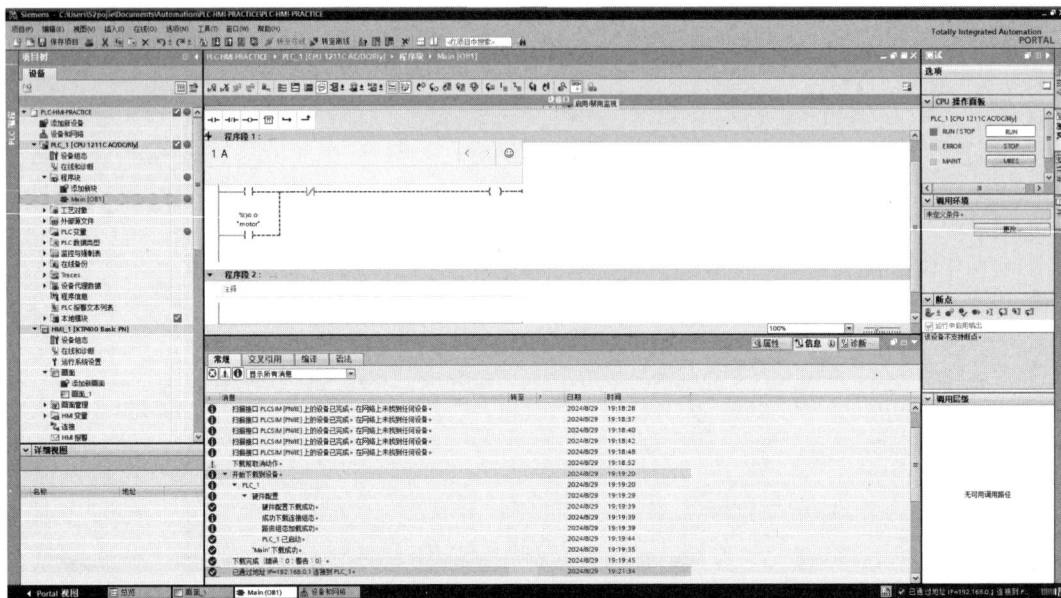

图 10-44　启动仿真梯形逻辑程序

（3）调整窗口，以同时显示 PLC 梯形逻辑程序和 HMI 屏幕，如图 10-45 所示。

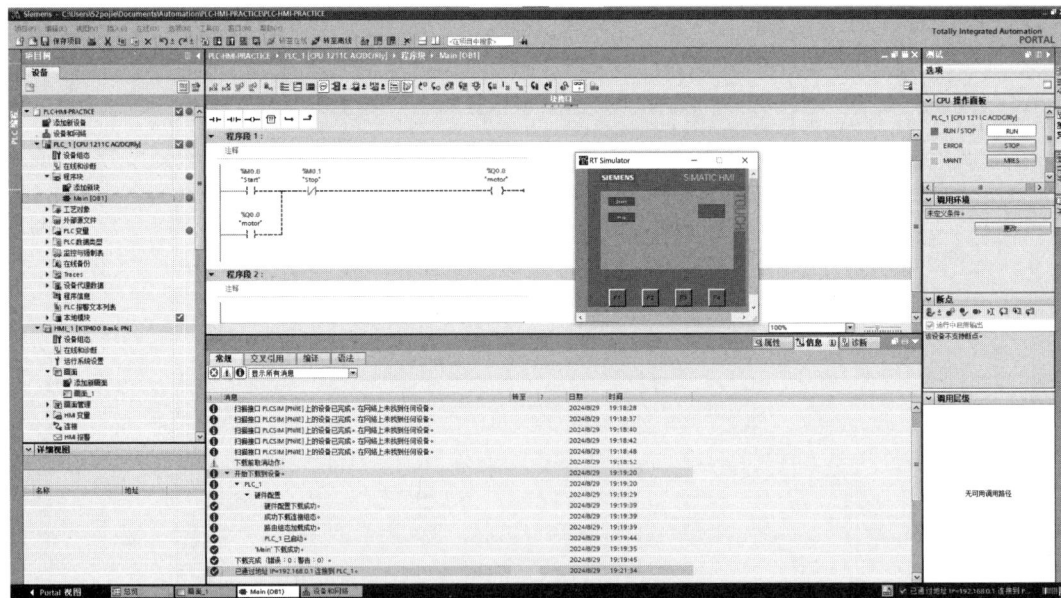

图 10-45　PLC 梯形逻辑程序和 HMI 仿真并排显示

7. 功能测试

（1）按下并释放 Start（启动）按钮，效果如图 10-46 所示，模拟 HMI 上的红色矩形变成了绿色，表明电机已经启动运行。

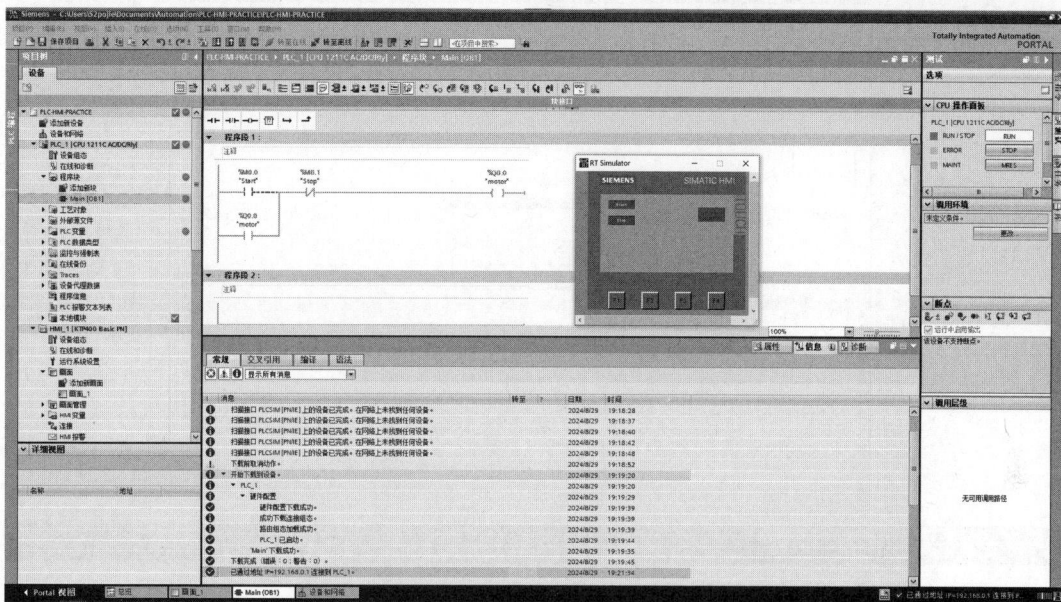

图 10-46 按下"启动"按钮时的模拟结果

（2）按下并释放 Stop（停止）按钮，效果如图 10-47 所示，模拟 HMI 上的绿色矩形变成了红色，表明电机已停止运行。

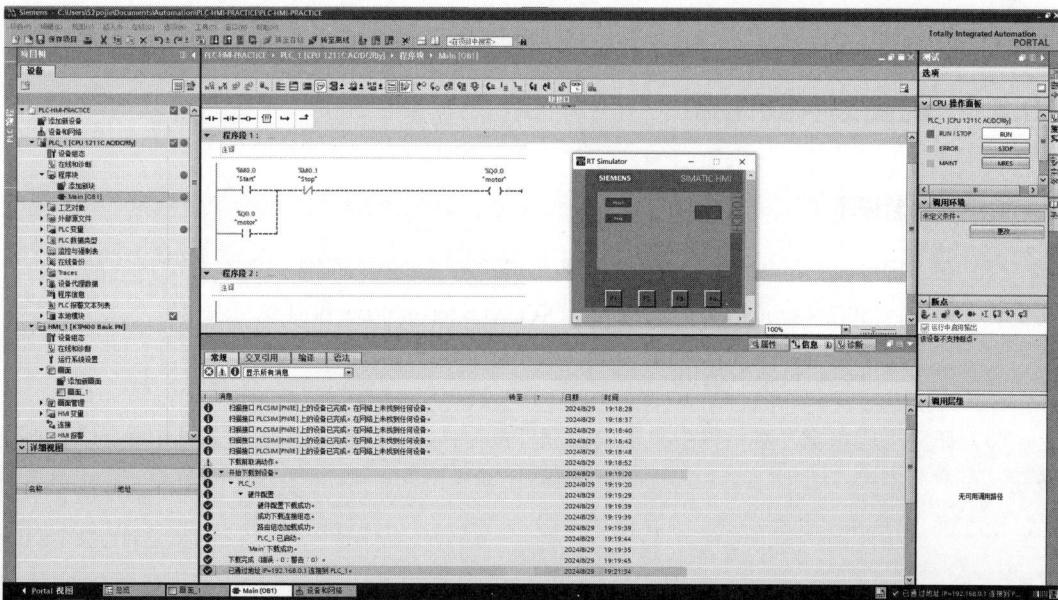

图 10-47 按下"停止"按钮时的模拟结果

（3）再次单击"启用/禁用监视"按钮以停止 PLC 程序模拟，会弹出如图 10-48 所示的提示对话框。

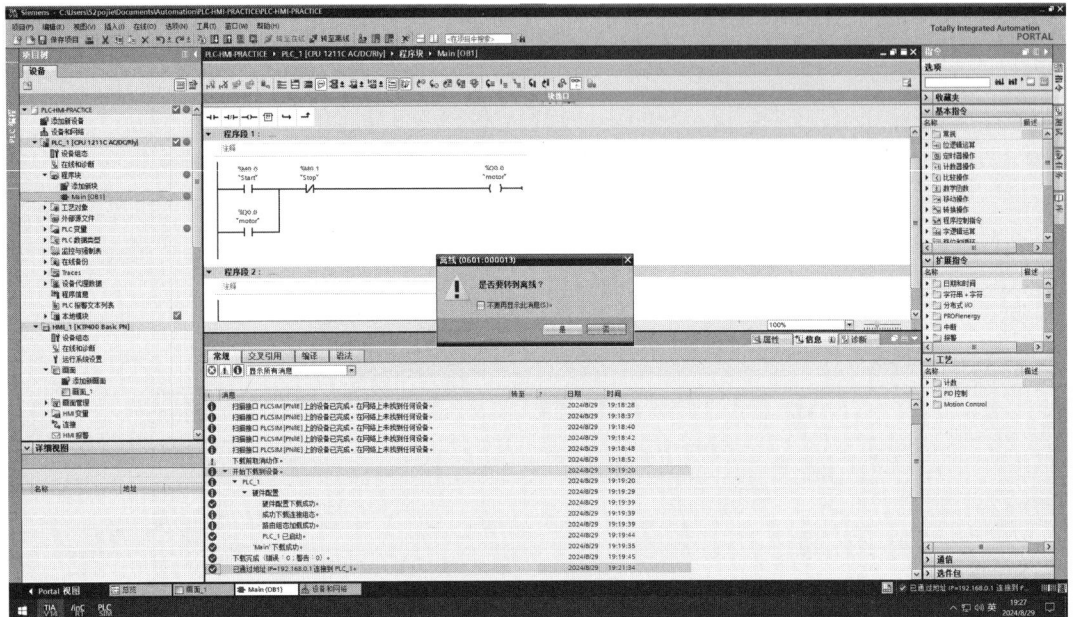

图 10-48 离线确认消息

8. 结束测试

（1）单击"是"按钮以确认离线。

（2）关闭 HMI 仿真。最后，单击"保存项目"按钮，保存对项目所做的所有更改。

10.6.6 配置搅拌电机控制

1. 下载更新程序

（1）在"程序段 2"中编写如图 10-49 所示的搅拌电机控制程序，为其分配适当的地址和变量名（例如，M0.2（switch1）开关输入，Q0.1（mixer-motor）搅拌电机输出）。

（2）单击"下载到设备"按钮。

（3）在"下载预览"对话框中单击"装载"按钮；在"下载结果"对话框中单击"完成"按钮。

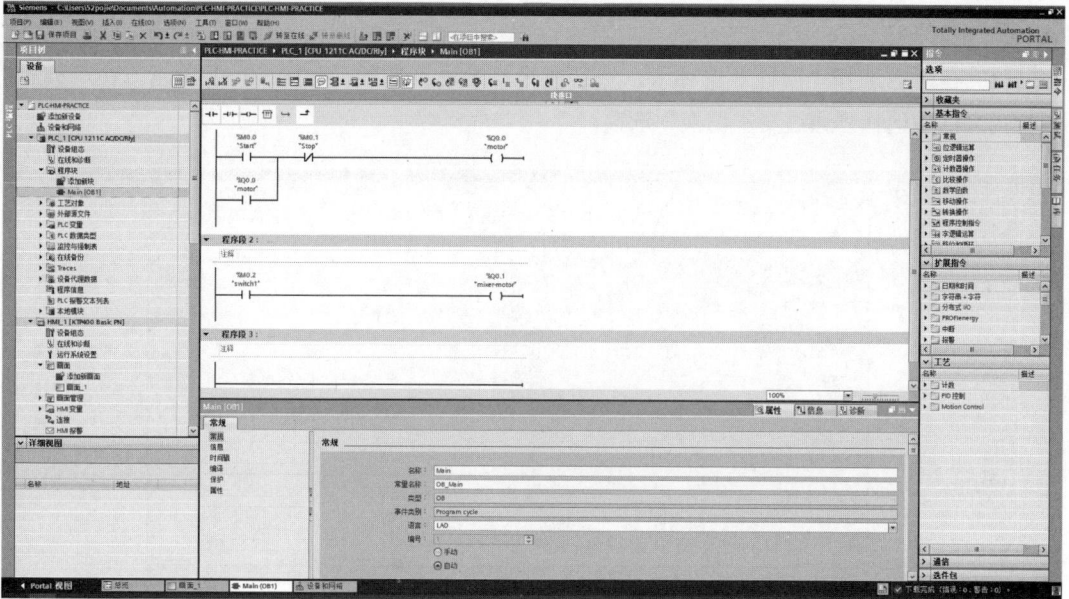

图 10-49　用于启动和停止搅拌电机的程序

2.配置新 HMI 界面

（1）在左侧项目树中，展开"HMI_1"文件夹的"画面"选项，并双击"画面_1"选项。

（2）在右侧的"元素"选项卡中，将一个开关拖动到正在编辑的画面上，并根据需要调整大小如图 10-50 所示。

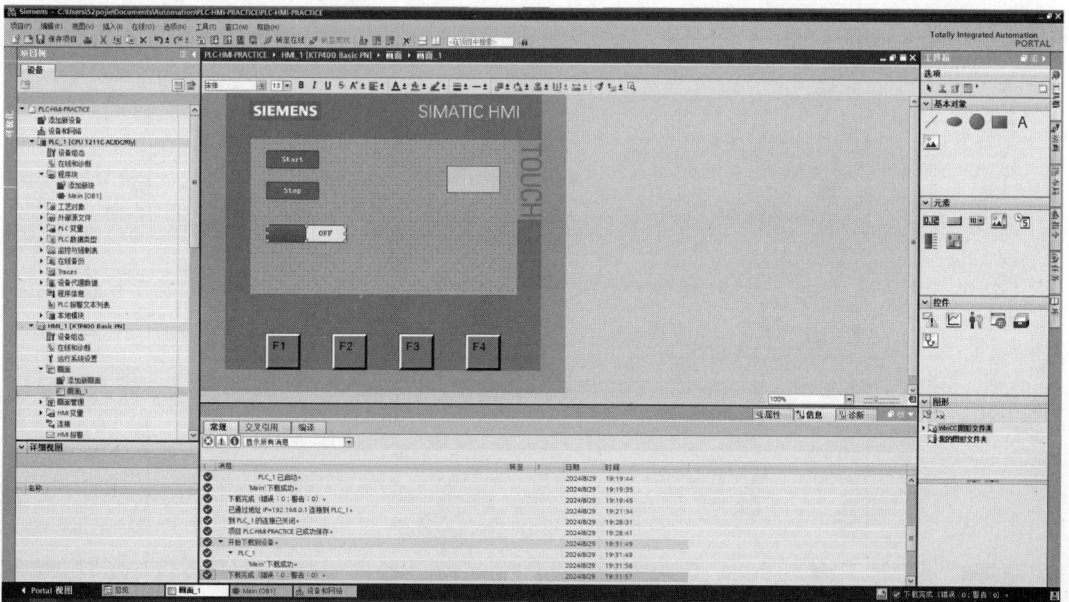

图 10-50　插入开关并调整大小

3. 配置开关属性

（1）在下方选择"属性"选项卡，然后选择"常规"选项，如图 10-51 所示。在"模式"下拉列表框中选择"通过文本切换"选项。

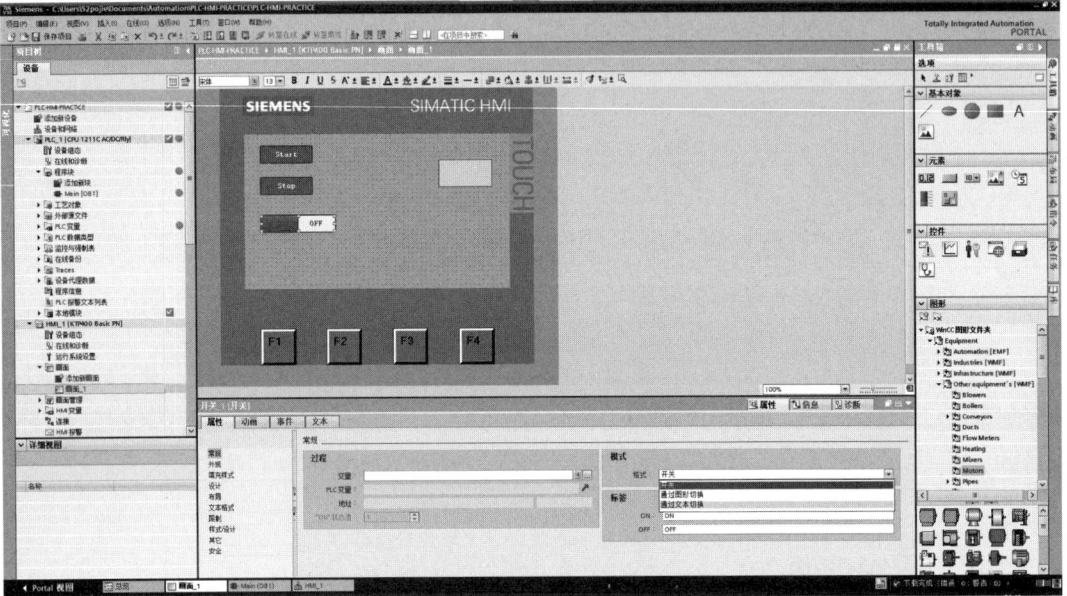

图 10-51 选择"常规"选项

（2）在"文本"选项组中，为 ON 和 OFF 状态分别输入合适的文本，如截图 10-52 所示。

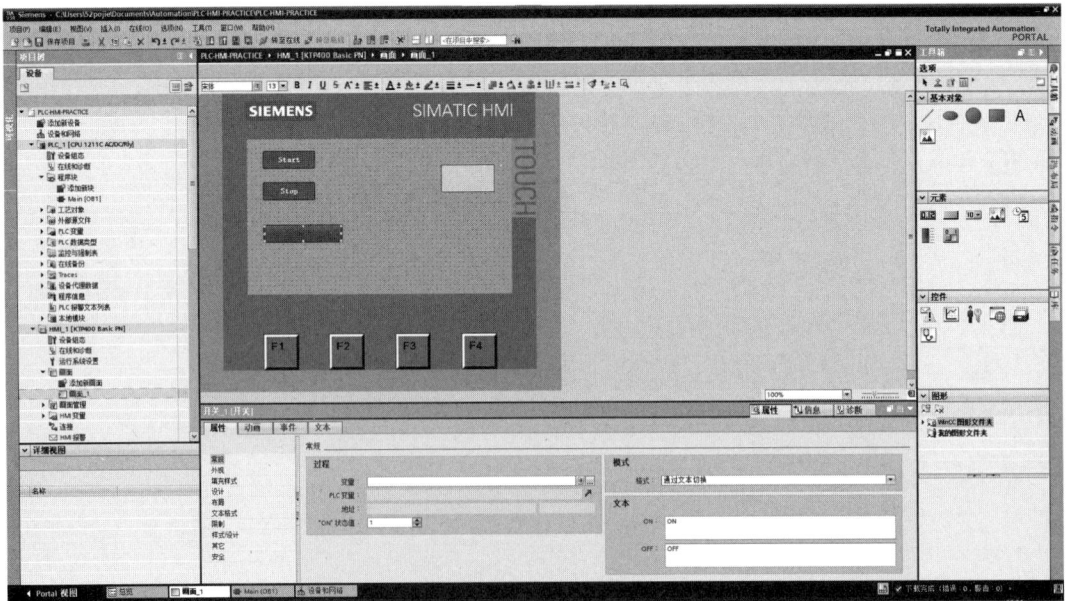

图 10-52 选择"通过文本切换"模式时的"常规"选项卡

4.配置开关变量

（1）单击"变量"右侧的"…"按钮，展开"PLC 变量"按钮，并双击"默认变量表
[33]"按钮，如图 10-53 所示。

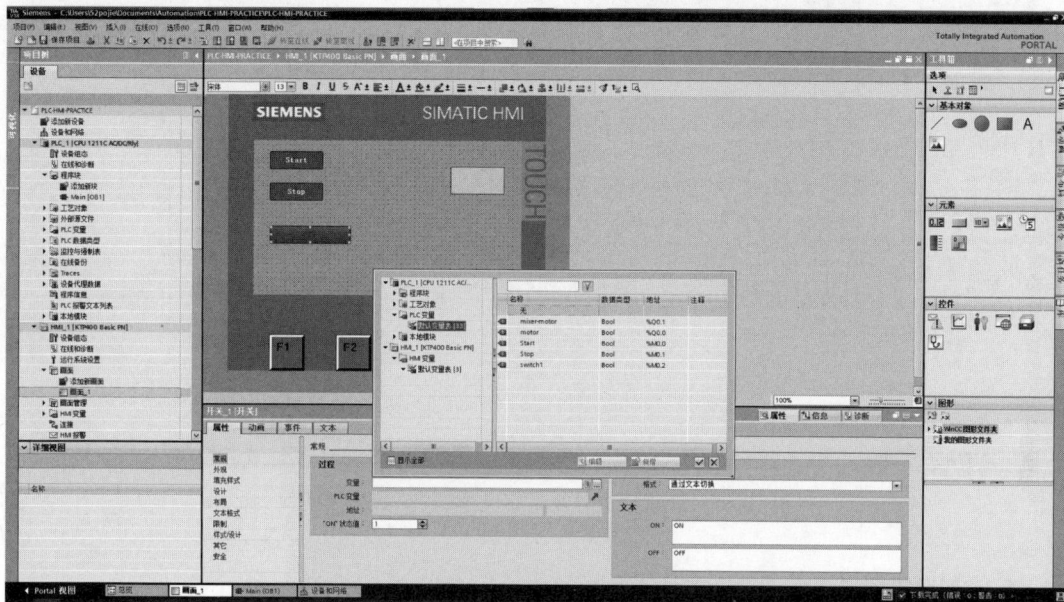

图 10-53　默认变量表

（2）双击 switch1 以选择该变量，此时的幕看起来如图 10-54 所示。

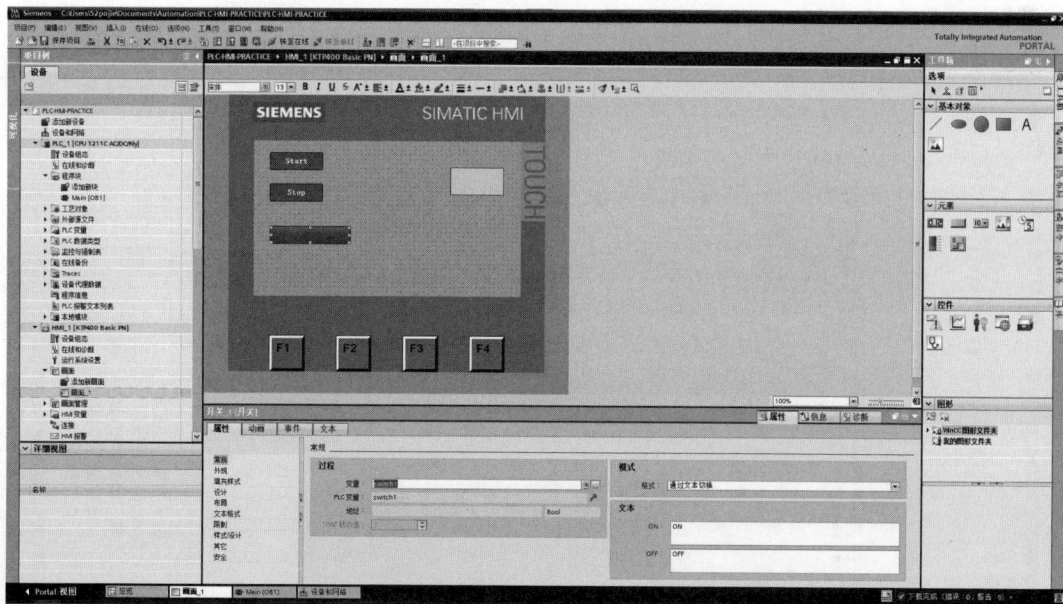

图 10-54　选择 switch1 作为变量

（3）选择"外观"选项，将文本颜色更改为红色，如图 10-55 所示。

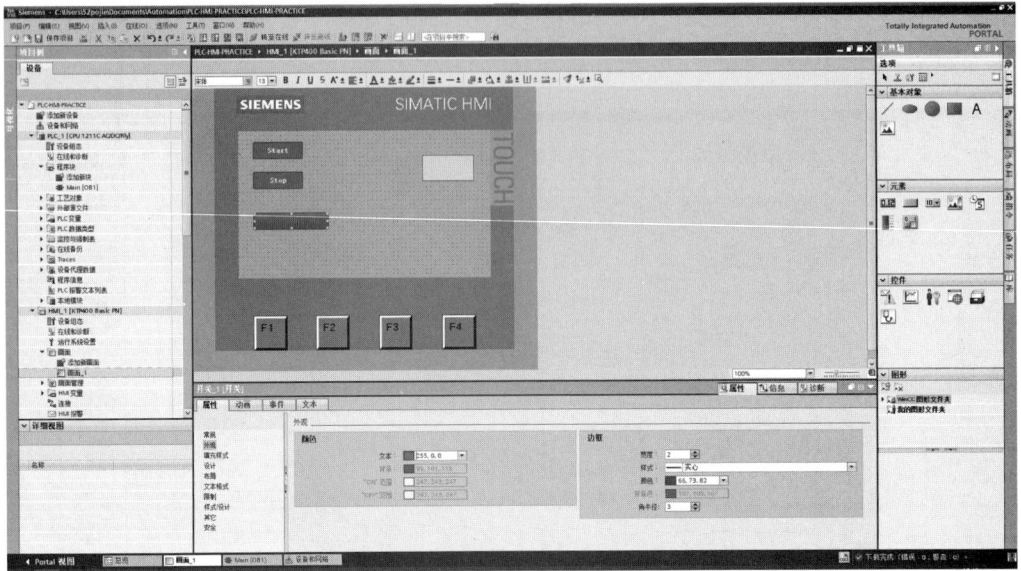

图 10-55　设置开关外观（将文本颜色更改为红色）

5. 添加电机图形显示

（1）要插入搅拌电机图形，请从右侧的"图形"选项卡中，将一个电机图像拖动到画面中，并根据需要调整大小。具体路径为："WinCC 图形文件夹 | Eauipment | Other equipment's [WMF] | Motors"（此路径可能因 WinCC 版本不同而有所差异）。在选项下方将看到一系列电机图形，如图 10-56 所示。

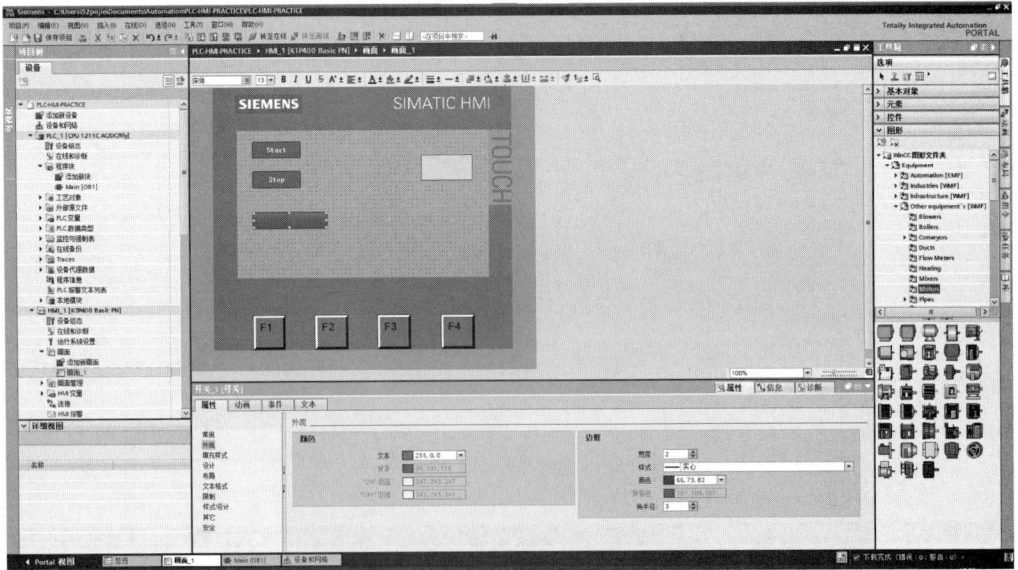

图 10-56　电机图形列表

（2）将选中的电机图形拖到屏幕上，得到如图 10-57 所示的结果。

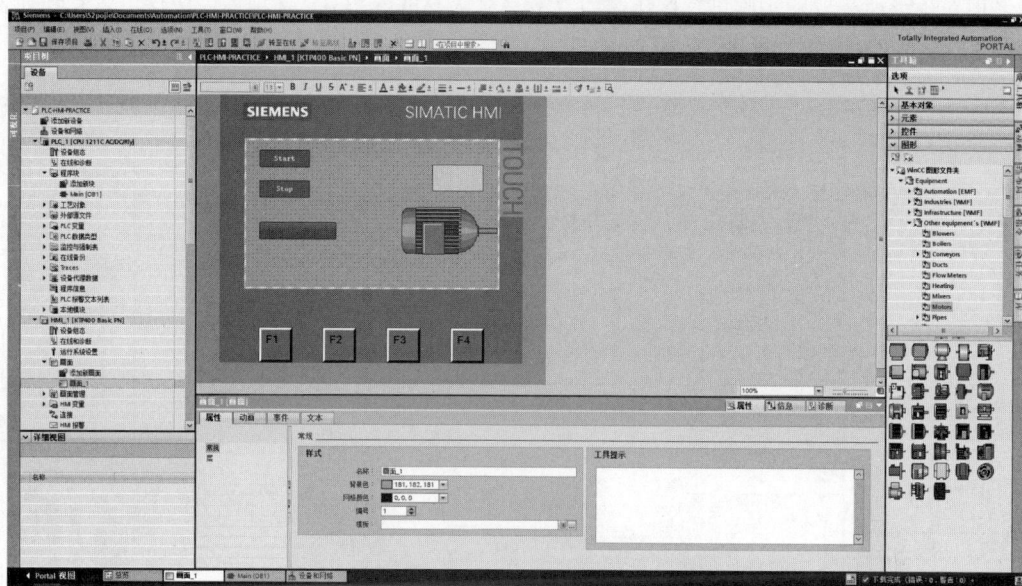

图 10-57　屏幕上的电机图形

6. 配置状态指示器

（1）从"基本对象"选项卡中拖动一个圆形，并小心地将其放置在电机图形上的适当位置，如图 10-58 所示。

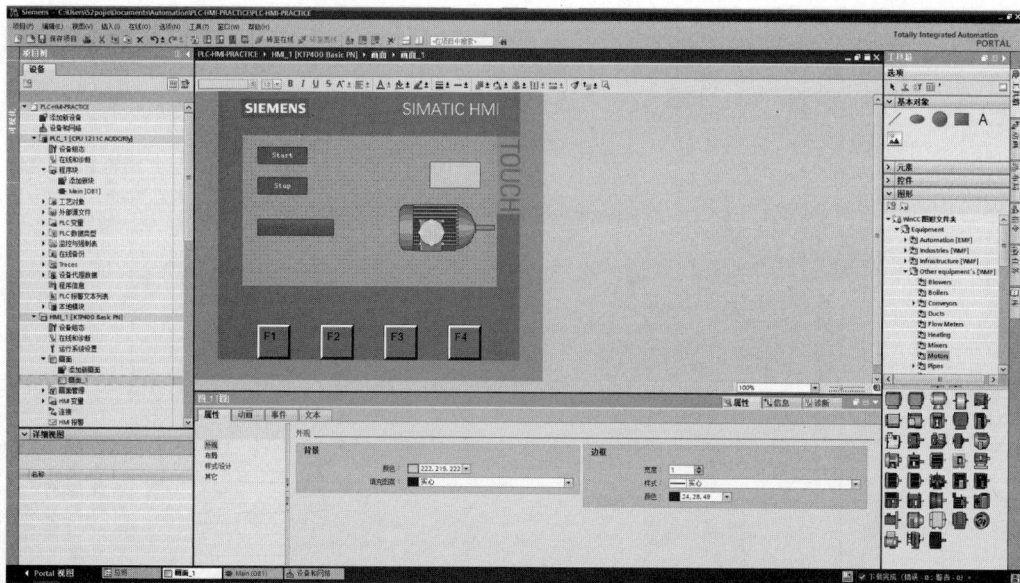

图 10-58　添加圆形并放置在电机图形上

（2）选择电机上的圆形，选择"动画"选项卡，选择"动态化颜色和闪烁"选项，然后按照之前对矩形所采取的步骤进行操作。当双击"默认变量表 [33]"选项后，应该可以看到列表中的 mixer-motor 选项，如图 10-59 所示。

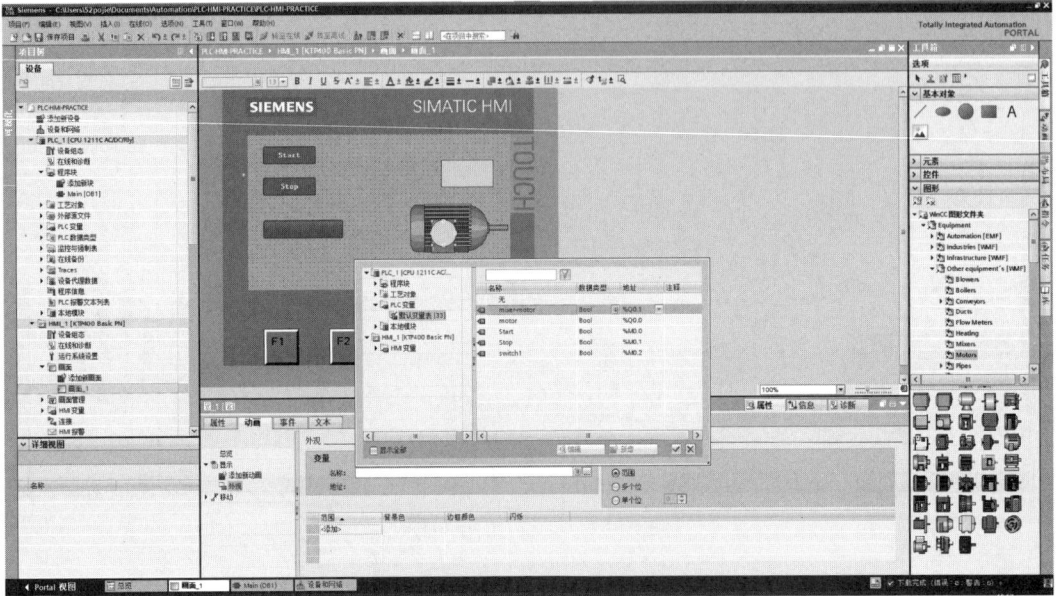

图 10-59　在 PLC 变量列表中显示 mixer-motor 的默认变量表（状态指示器变量配置）

（3）双击 mixer-motor 选项，得到如图 10-60 所示的结果。

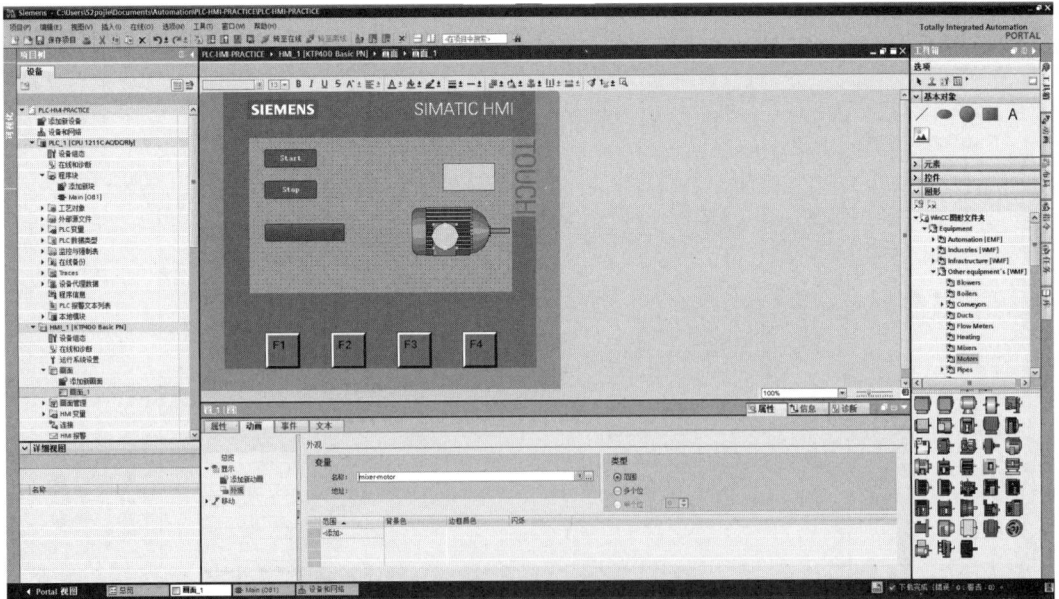

图 10-60　选择了 mixer-motor 的界面

（4）双击添加范围值"0"和"1"，并将背景颜色分别更改为红色（0）和绿色（1），用于表示电机的停止（0）和运行（1）状态，如图 10-61 所示。

图 10-61　选择范围和颜色

7. 最终测试运行

（1）保存项目，然后单击屏幕空白处以取消选择圆形。单击"开始仿真"按钮，当出现启动模拟消息时单击"确定"按钮，此时的仿真窗口如图 10-62 所示。

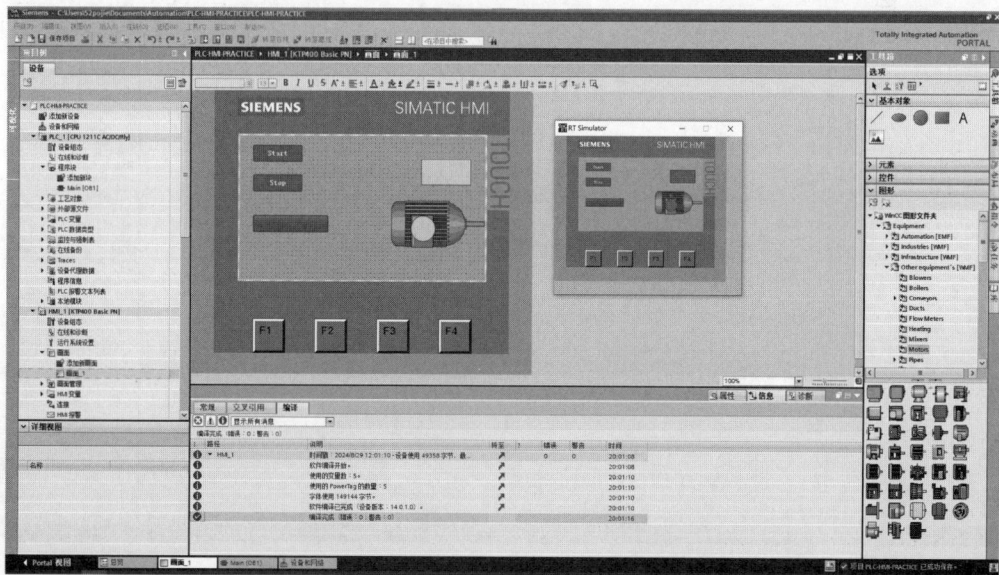

图 10-62　开关控制搅拌电机程序 HMI 仿真

（2）展开左侧项目目录的 PLC 下的"程序块"选项，双击 Main_0B1 选项。

（3）单击"启用/禁用监视"按钮，启动监控模式，得到如图 10-63 所示的结果。

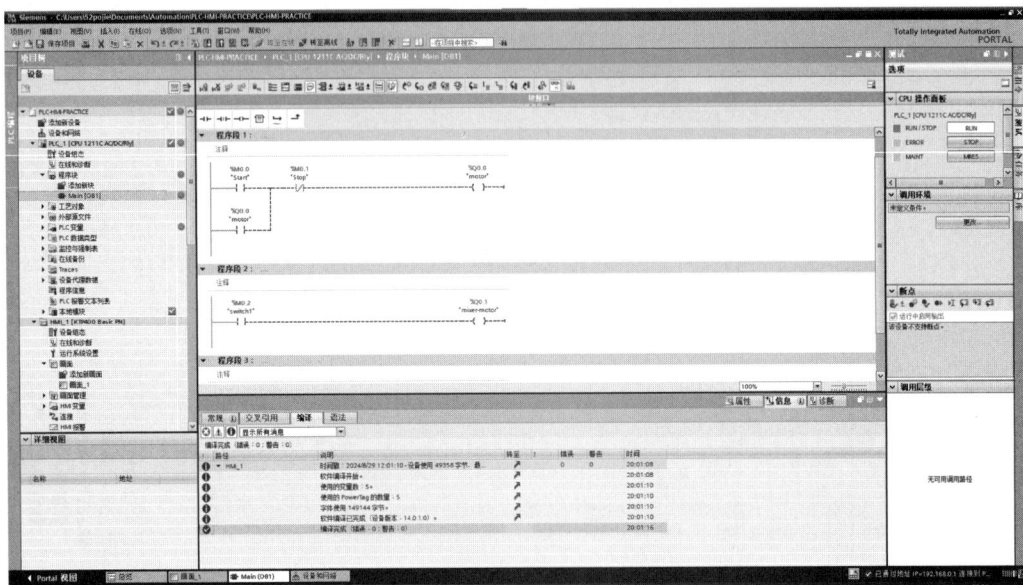

图 10-63　梯形逻辑的监控模式

8. 测试结果验证

（1）现在调整屏幕布局，以同时显示 PLC 梯形逻辑模拟和 HMI 仿真，如图 10-64 所示。

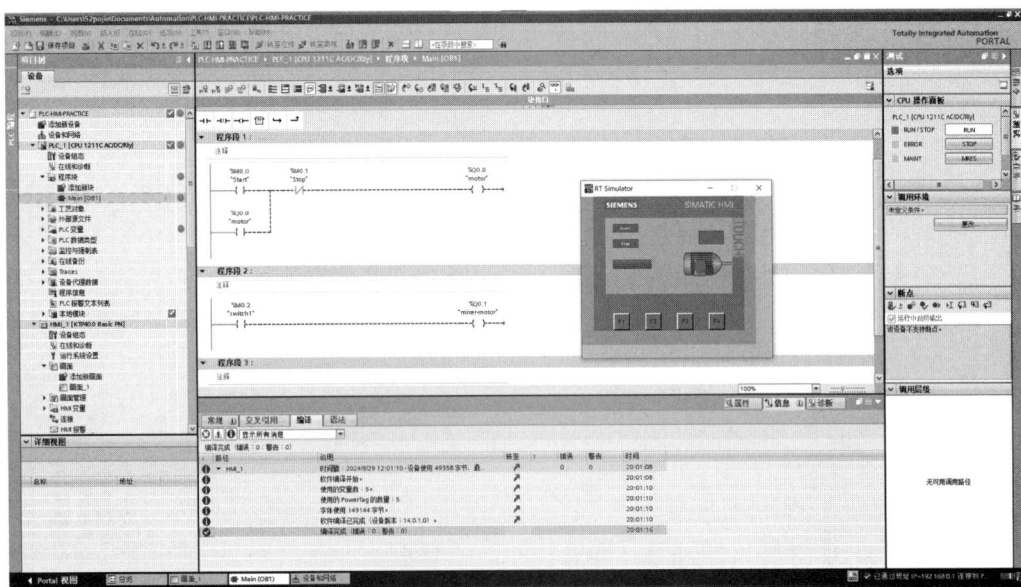

图 10-64　HMI 仿真和处于监控模式的 PLC 梯形逻辑

（2）在 HMI 仿真界面上单击开关并观察结果。编程区梯形图的 switch1 开关应显示为通电状态，同时 HMI 仿真界面上的开关文字变为红色 ON，电机上的红色圆形应变为绿色，表示电机正在运行，如图 10-65 所示。

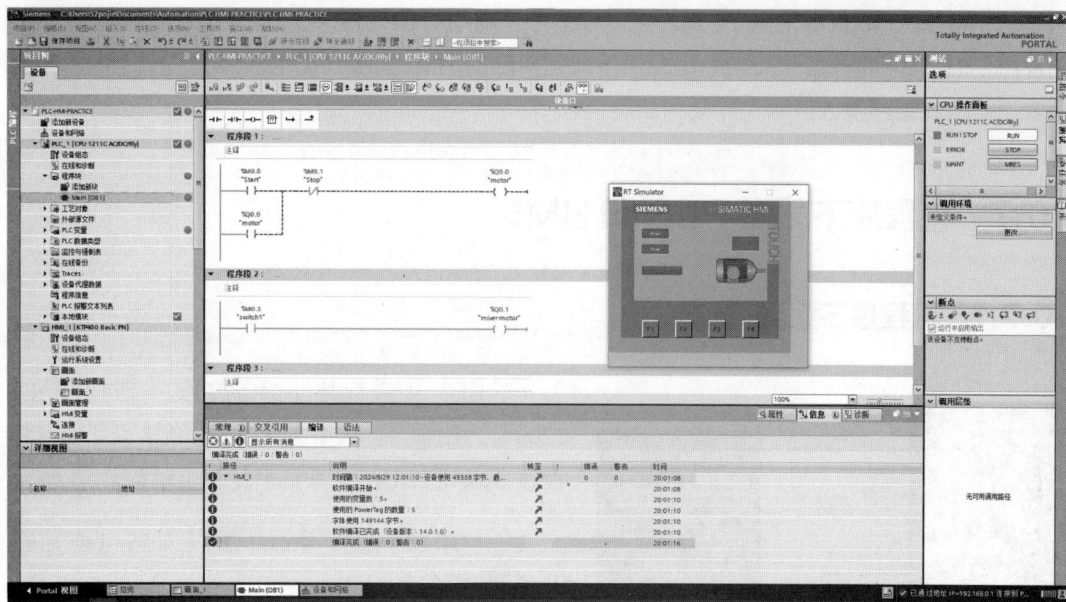

图 10-65　单击 HMI 仿真界面上的开关时的模拟结果

（3）再次在 HMI 仿真界面上单击开关来关闭它。开关应显示 OFF（开关已关闭），而电机上的圆圈应变为红色，表示电机已停止，如图 10-66 所示。

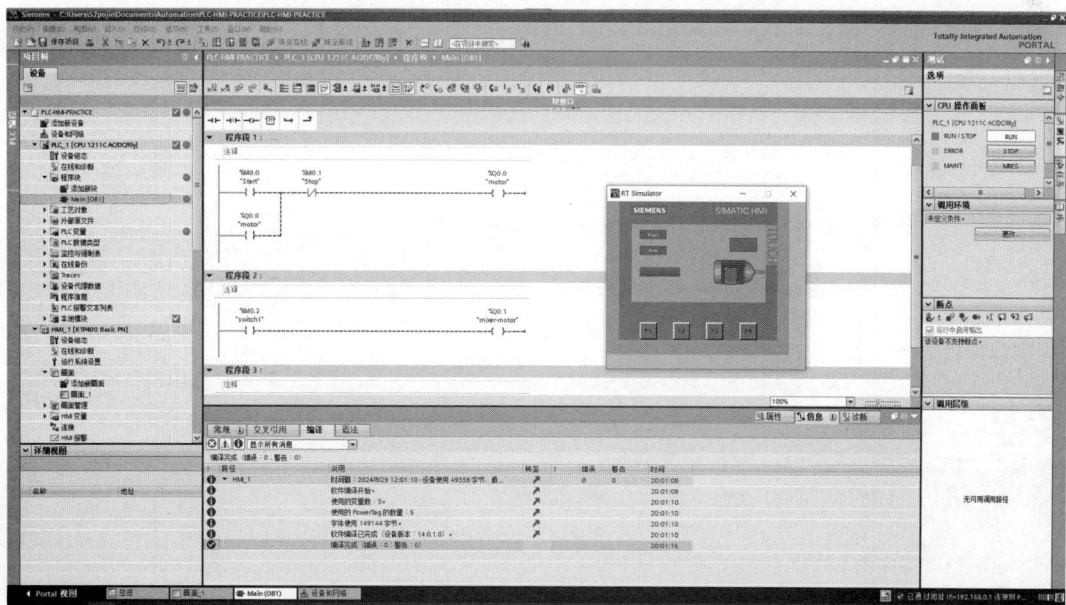

图 10-66　再次单击开关时的模拟结果（第二次单击）

完成测试后，可以关闭 HMI 仿真，也可以关闭监控以停止梯形逻辑模拟。选择离线并关闭 PLCSIM。

恭喜！读者已成功模拟了一个与 HMI 接口的 PLC 系统。通过这个练习，读者现在应该更清楚地了解 PLC 如何与 HMI 交互。在下一节中，将学习如何将 PLC 程序加载到实际的 PLC 硬件中，以及如何将设计好的 HMI 画面下载到实际的 HMI 面板（如 KTP 400）中。这将帮助读者了解从虚拟环境过渡到实际硬件的过程。

10.7　将程序下载到 PLC 和 HMI

10.7.1　将程序下载到 PLC

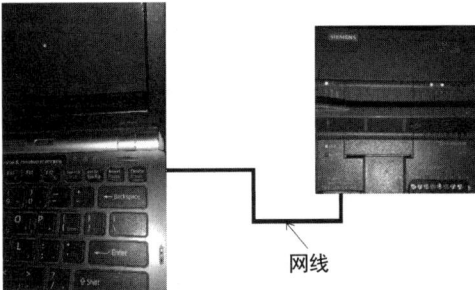

图 10-67　使用网线将 PC（笔记本电脑）连接到 PLC（S7 1200）

下面先从将程序下载到 PLC（西门子 S7-1200）开始学习。在第 9 章中，已经学习了如何将程序下载到 PLC，这里将重复这个过程。

（1）如图 10-67 所示，用以太网电缆连接 PLC 和 PC。

（2）在屏幕左侧，展开 PLC 文件夹，转到"程序块"并双击"Main [0B1]"选项，以显示所编写的程序，如图 10-68 所示。然后在左侧栏双击程序块上方的"设备组态"选项。

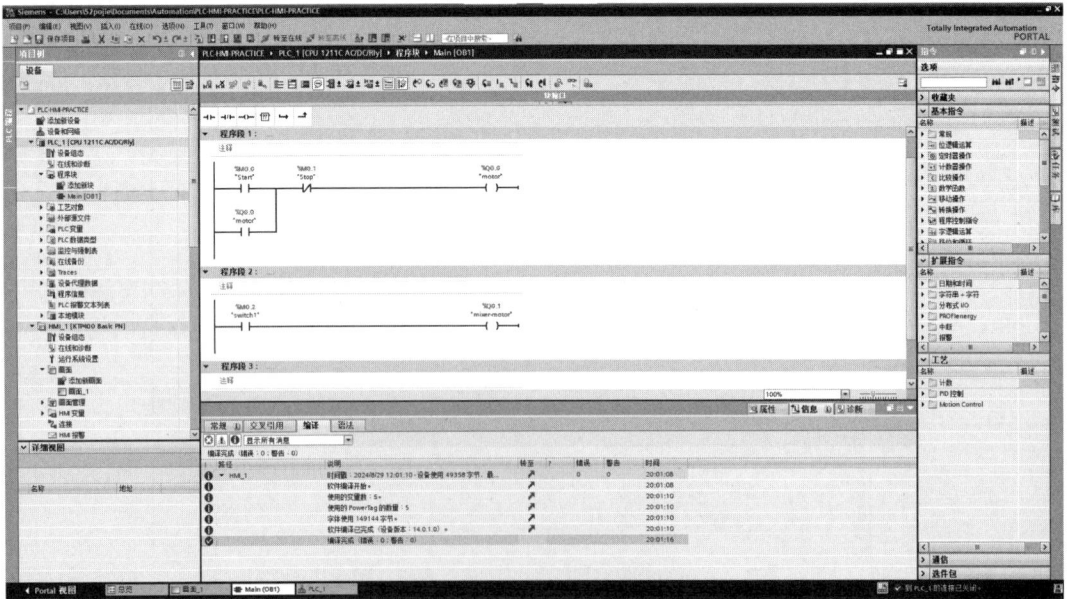

图 10-68　梯形图逻辑程序

（3）在如图 10-69 所示的窗口中，依次选择下方的"属性 | 常规 | PROFINET 接口 [X1]:"
选项。

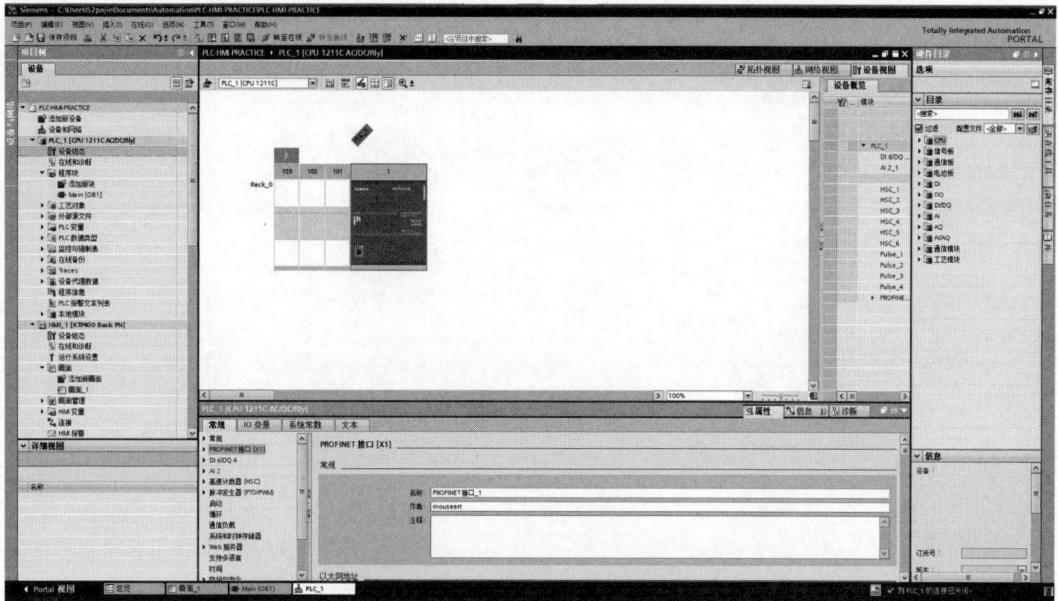

图 10-69 设备组态（PLC）

（4）向下滚动并在相应的文本框中输入 IP 地址和适当的子网掩码，检查计算机的局域网
IP 地址（假设是 192.168.0.3），在此可以为 PLC 设置 IP 地址为 192.168.0.4，子网掩码通常是
255.255.255.0，如图 10-70 所示。

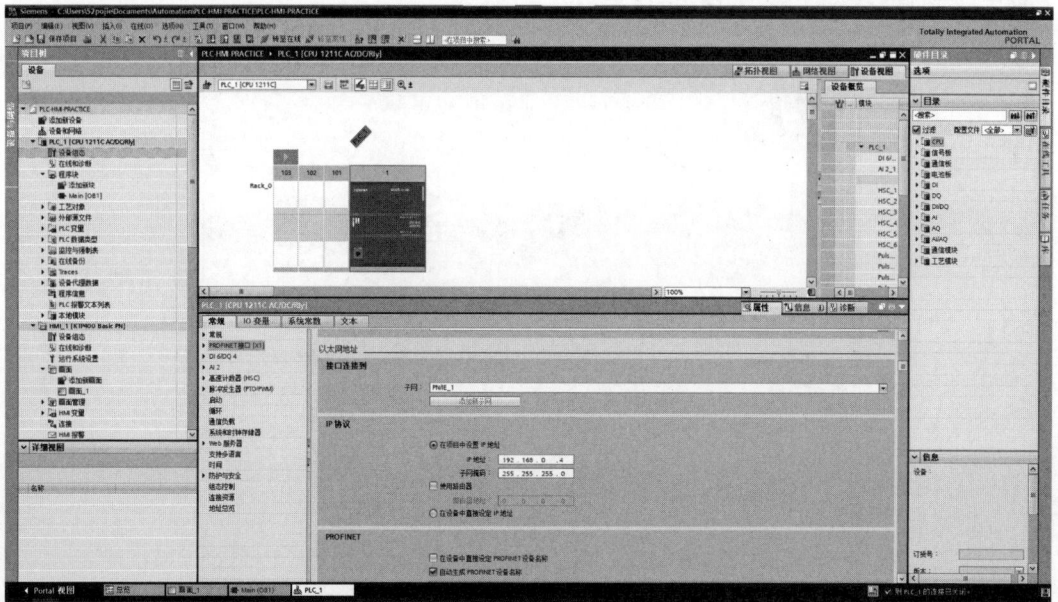

图 10-70 设置 PLC 的 IP 地址和子网掩码

（5）单击顶部的"保存项目"按钮，再单击"编译"按钮，然后单击"下载到设备"按钮，弹出"扩展的下载到设备"对话框，如图 10-71 所示。

图 10-71 "扩展的下载到设备"对话框

注意：在单击"下载到设备"按钮之前，确保 PLC 模拟软件 PLCSIM 未运行。

（6）在"PG/PC 接口的类型"下拉列表框中选择 PN/IE 选项，并在"PG/PC 接口"下拉列表框中选择你的以太网卡，如图 10-72 所示。

图 10-72 已选择的 PG/PC 接口

（7）单击"开始搜索"按钮，系统应该能找到 PLC，如图 10-73 所示。

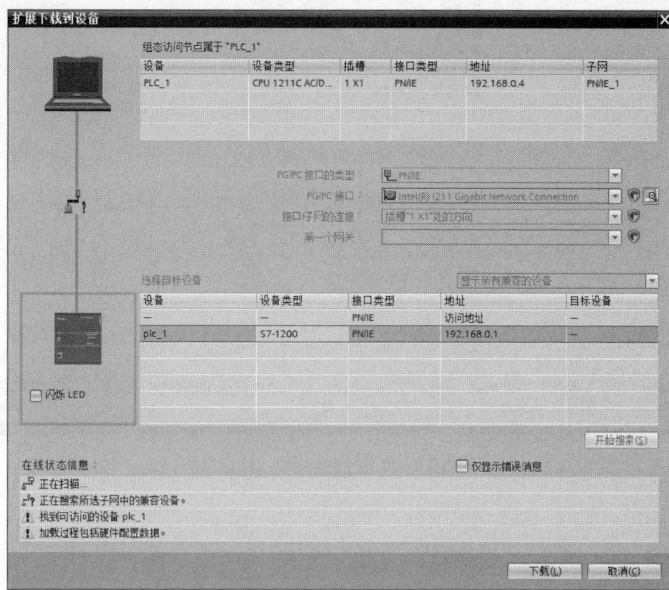

图 10-73　搜索后找到的 PLC

（8）选择图 10-73 中找到的 PLC，然后单击"下载"按钮，弹出如图 10-74 所示的"下载预览"对话框，单击"装载"按钮。

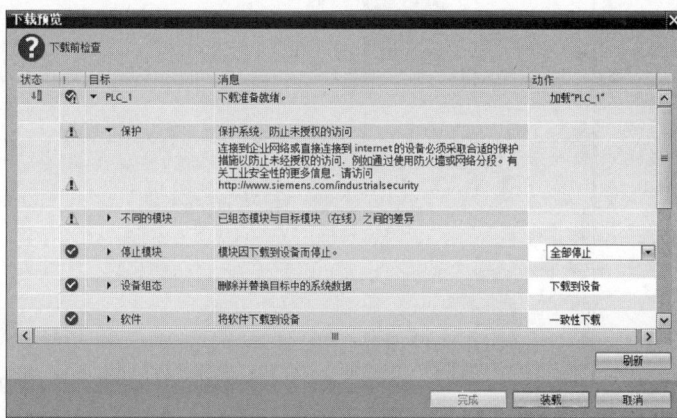

图 10-74　"下载预览"对话框

注意：在显示上述界面之前，可能会看到其他提示界面或消息；请仔细阅读这些消息并做出相应回应。如果一切正常，系统最终会显示"下载预览"对话框。

（9）在"下载结果"对话框的"启动模块"中选择"启动模块"选项，如图 10-75 所示，然后单击"完成"按钮。

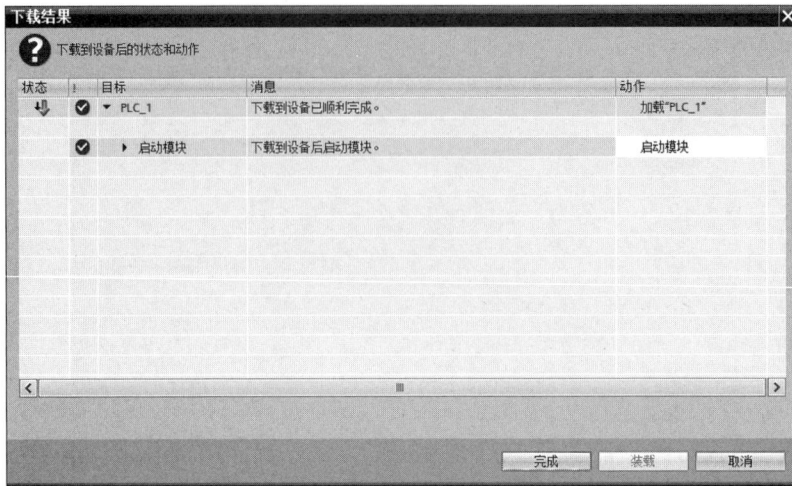

图 10-75 "下载结果"对话框

（10）如果加载成功，将看到如图 10-76 所示的屏幕，在消息部分显示下载已完成。

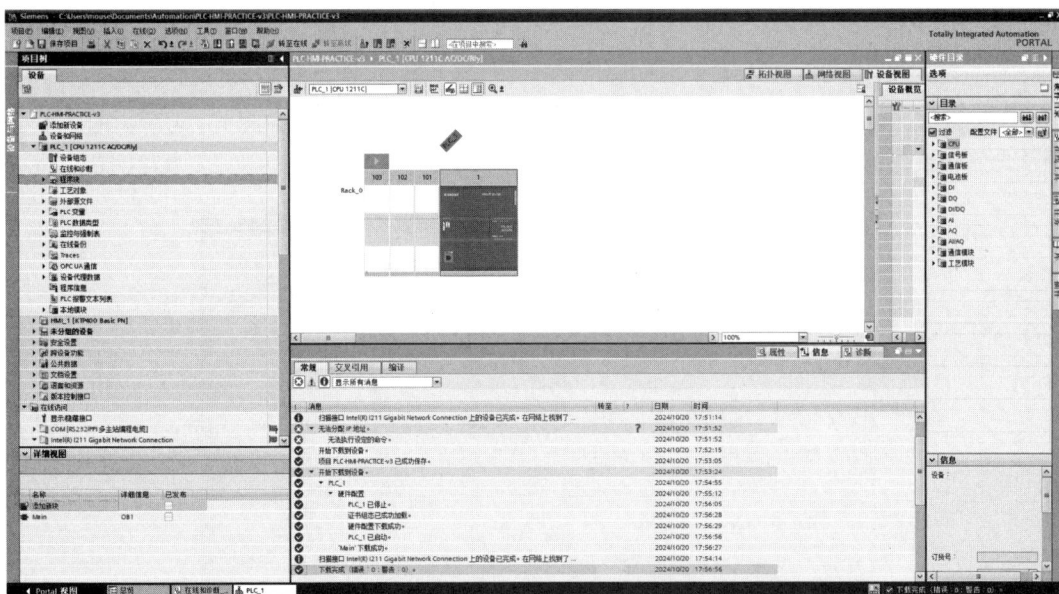

图 10-76 加载完成后的屏幕，消息部分显示下载已完成

恭喜，读者已成功为 PLC 分配了 IP 地址，并将 PLC 程序和配置加载到了实际的 PLC（S71200，CPU 1211C）中。

读者可以通过使用 Windows 命令提示符中的 ping 命令来确认 PC 是否能与 PLC 通信。ping 命令用于测试网络连接。在命令提示符中输入"ping 192.168.0.4"（这是我们分配给 PLC 的 IP 地址），如图 10-77 所示。如果通信正常，应该看到类似图 10-77 中显示的回复。

图 10-77　对 192.168.0.4（分配给 PLC 的 IP 地址）执行 ping 命令的结果

10.7.2　将程序下载到 HMI

现在，继续将程序下载到 HMI。

（1）通过将 24V 电源单元的 L+（直流正极）和 M 端子（直流负极）分别连接到 HMI 的 L+ 和 M 端子来给 HMI 供电，如图 10-78 所示。

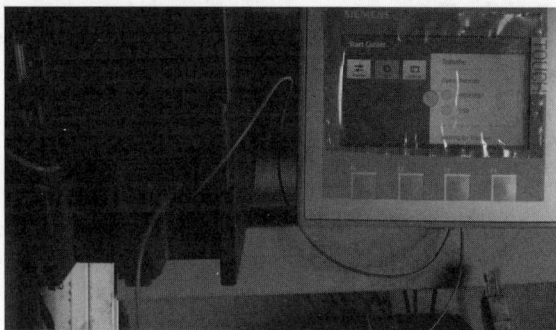

图 10-78　将电源和 HMI 连接

（2）从 PLC 上拔下以太网电缆并将其连接到 HMI，使以太网电缆连接 PC（笔记本电脑）和 HMI。

（3）在 PC（笔记本电脑）上展开 HMI 文件夹，双击"设备组态"选项，选择 HMI 图像，选择"属性"选项卡，选择"PROFINET 接口 [X1]"选项，并为 HMI 指定 IP 地址（192.168.0.5）和子网掩码（255.255.255.0），如图 10-79 所示。

注意：PLC 的 IP 地址必须与 HMI 的不同，而子网掩码必须相同。这里，192.168.0.4 是 PLC 的 IP 地址，192.168.0.5 是 HMI 的 IP 地址。PLC 和 HMI 拥有相同的子网掩码，即 255.255.255.0。

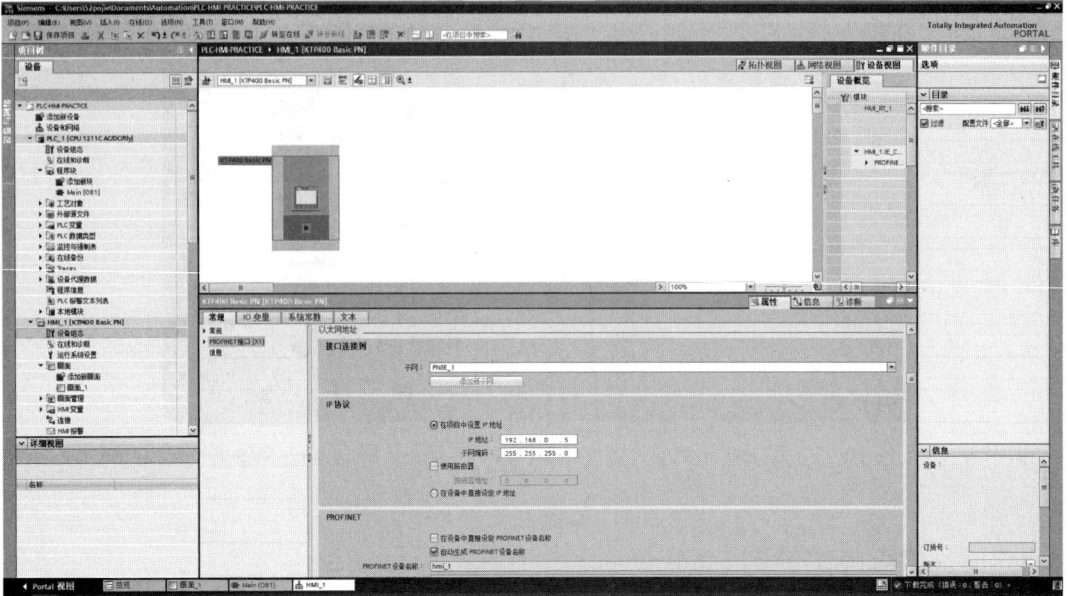

图 10-79　为 HMI 指定的 IP 地址 192.168.0.5 和子网掩码 255.255.255.0

（4）单击"保存项目"按钮，单击"编译"按钮。应该得到如图 10-80 所示的结果。

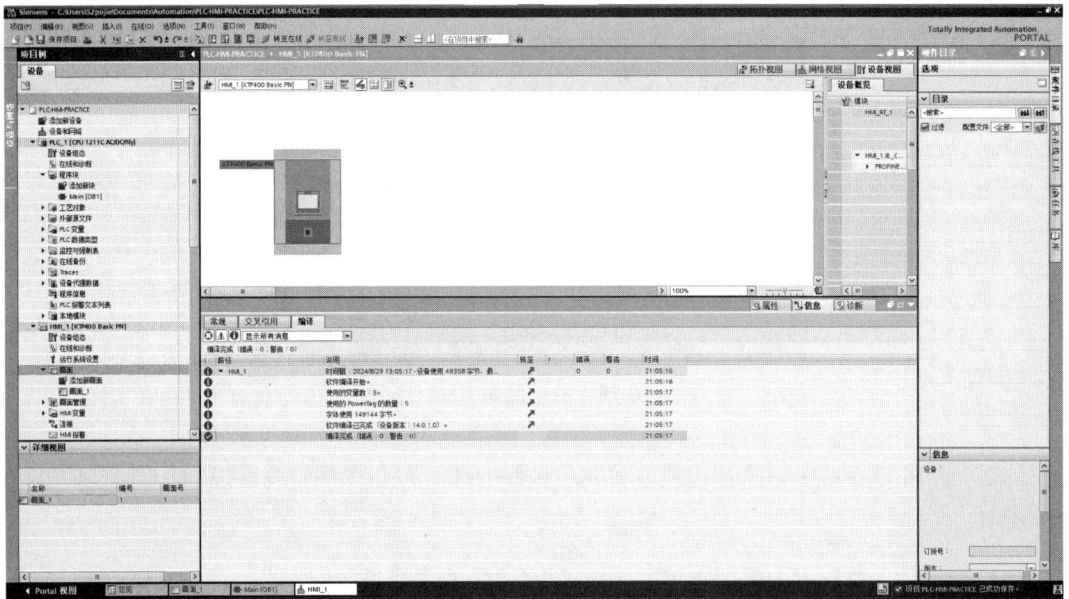

图 10-80　单击"保存"和"编译"按钮后的界面

（5）可以在 Windows 命令提示符中使用 ping 命令测试 HMI 的 IP 地址，就像之前对 PLC 所做的那样。这个操作可以验证 PC 是否能与 HMI 通信。如果通信正常，应该得到如图 10-81 所示的回复。

图 10-81　对 192.168.0.5（分配给 HMI 的 IP 地址）执行 ping 命令的结果

（6）双击"画面 _1"选项，查看所设计的 HMI 屏幕，如图 10-82 所示。

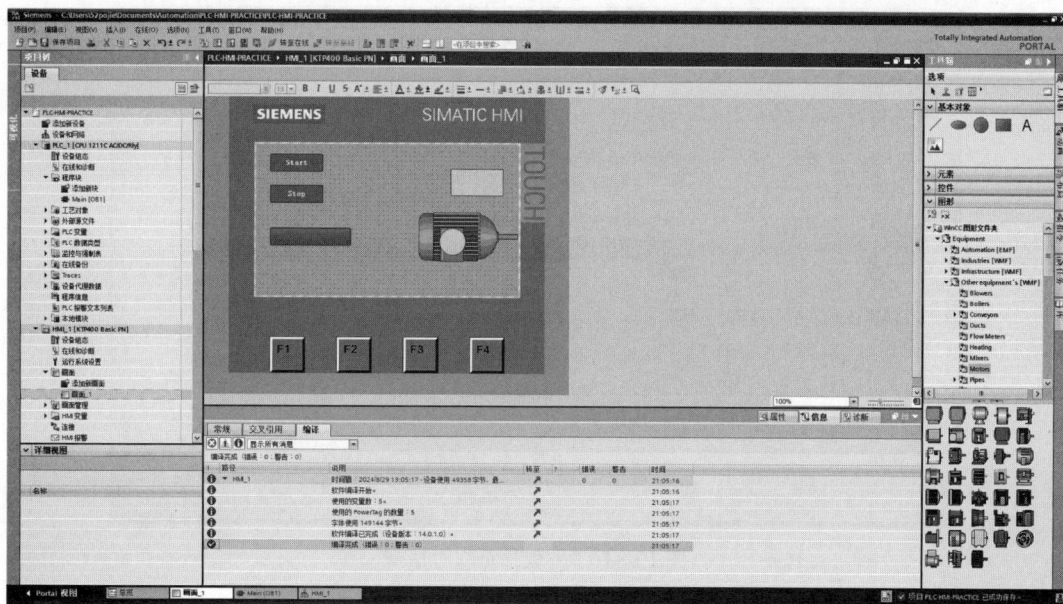

图 10-82　在前一节中开发的 HMI 屏幕

（7）单击"下载到设备"按钮。在"PG/PC 接口的类型"下拉列表框中选择"PN/IE"选项。同时，在"PG/PC 接口"下拉列表框中选择连接了 PLC 的网卡。单击"开始搜索"按钮，搜索连接的 HMI，选择找到的 HMI，然后单击"下载"按钮，如图 10-83 所示。

（8）在"下载预览"对话框中选择"全部覆盖"（覆盖全部）和"调整"复选框，然后单击"装载"按钮，如图 10-84 所示。

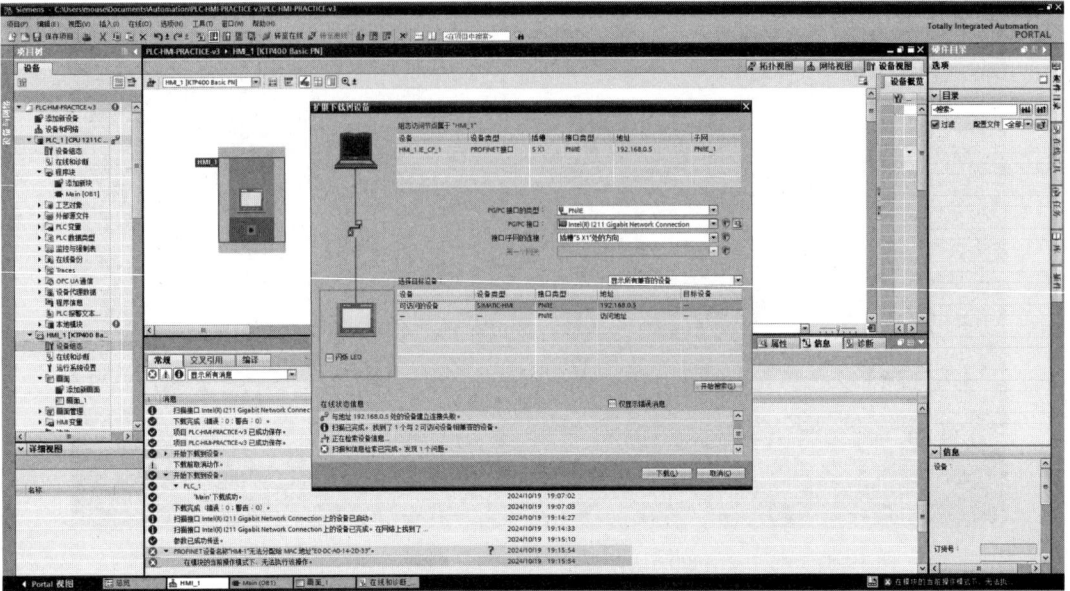

图 10-83 显示找到 HMI 的"扩展下载到设备"对话框

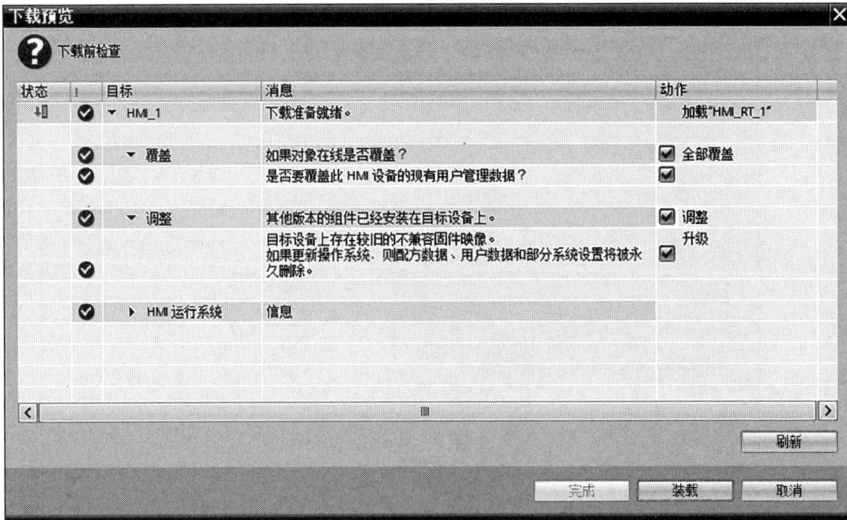

图 10-84 "下载预览"对话框

（9）可能会遇到一些错误。

如果看到 HMI 面板显示如图 10-85 所示的错误，请按照以下步骤操作。

① 在 HMI 面板上选择"Setting | Transfer setting"（设置 | 传输设置）选项。

② 将数字签名选项设置为 Off（关闭）。

③ 单击 Transfer（传输）按钮，返回到 HMI 面板上的传输屏幕。

④ 在 PC（个人电脑）上关闭加载结果错误窗口。

⑤ 重新单击"下载到设备"按钮。

⑥ 选择找到的 HMI，单击"装载"（加载）按钮。

⑦ 选择"全部覆盖"（覆盖全部）和"调整"复选框，然后单击"装载"按钮。

（10）如果一切正常，系统将开始加载并显示"加载完成"的消息。HMI 上将显示已成功加载设计屏幕的 HMI 面板，如图 10-86 所示。

（11）最后，从 PC 上拔下以太网电缆并将其连接到 PLC，使以太网电缆连接 PLC 和 HMI，如图 10-87 所示。

现在来进行测试，检查一切是否正常工作。

（12）在 HMI 触摸屏上单击 Start（启动）按钮，屏幕上的红色矩形应变为绿色，同时 PLC 上的指示灯 I0.0 应该亮起，如图 10-88 所示。

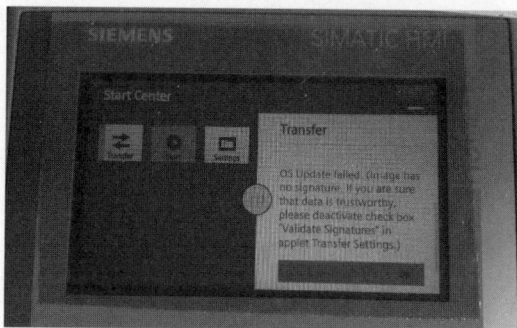
图 10-85　传输过程中显示错误的 HMI 面板

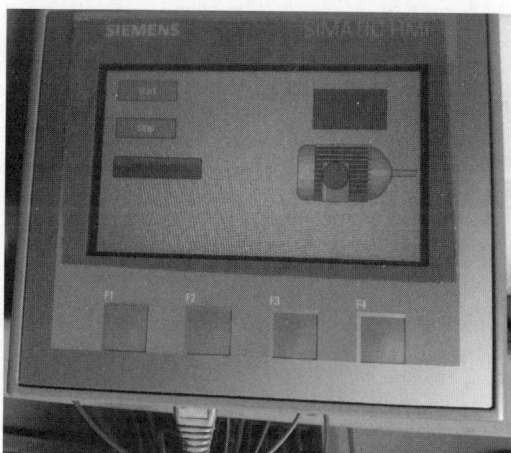
图 10-86　已加载程序的 HMI 面板（KTP400）

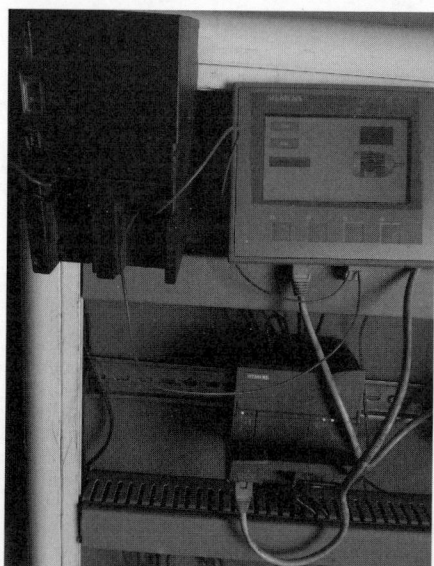
图 10-87　通过以太网电缆连接的 HMI 和 PLC

图 10-88　红色矩形变为绿色，I0.0 指示灯亮起

（13）在 HMI 触摸屏上单击 Stop（停止）按钮，绿色矩形应变回红色，PLC 上的 I0.0 指示灯应该熄灭。

很好，现在已经成功地将程序下载到 PLC 和 HMI 中，并建立了它们之间的通信。现在，操作员可以在 HMI 面板上通过单击 Start（启动）或 Stop（停止）按钮来控制电机的启动或停止。搅拌器电机也可以通过 HMI 面板开启或关闭，还可以通过屏幕上的颜色变化直观地看到电机和搅拌器电机的运行状态，红色表示已停止，绿色表示正在运行。

10.8　总结

恭喜读者成功完成本章学习！HMI 与 PLC 在各种工业应用中紧密结合，用于向机器发出命令，并获取有关机器状态的反馈。本章的实践部分展示了如何使用与 PLC 接口的 HMI 来控制机器并从机器获得反馈，这是工业自动化中的关键技能。

本章还介绍了仿真技术，即使读者没有实际的 PLC 和 HMI 硬件可以使用，也应该能够使用软件模拟 PLC 和 HMI 程序。这种能力对于学习和测试非常重要，尤其是在没有实际硬件的情况下。

本章的最后一节详细解释了如何将程序下载到实际的 PLC 和 HMI 硬件中。强烈建议读者尽可能地亲自动手操作这些工具，因为实践经验对于真正掌握这些技术至关重要。

在第 11 章中，将学习监控与数据采集（Supervisory Control and Data Acquisition，SCADA）系统，这是工业自动化工程师需要掌握的另一个重要主题。SCADA 系统在大规模工业过程控制中扮演着关键角色，请不要错过这个重要内容。

10.9　习题

以下内容用于测试读者对本章内容的理解程度。在尝试回答这些问题之前，请确保已经阅读并理解了本章中的主要内容。

1. HMI 包括_____和_____两个主要组成部分，它们允许人类操作员和机器之间进行通信。

2. MMI 是_____的缩写，请写出其完整英文名称。

3. OIT 是_____的缩写，请写出其完整英文名称。

4. UI 是_____的缩写，请写出其完整英文名称。

第11章
探索监控与数据采集系统

在第 10 章中，学习了如何通过人机界面（Human-Machine Interface，HMI）监控和控制机器。HMI 通常位于机器或可编程逻辑控制器（PLC）附近，换言之，HMI 始终局限于机器与设备的现场，主要用于控制单台机器与 PLC。本章将介绍监控与数据采集（Supervisory Control And Data Acquisition，SCADA）系统，它不仅提供监控和控制功能，还具备报警、趋势分析和日志记录等高级功能。与 HMI 不同，SCADA 系统的监控、控制或其他功能的操作界面可以远离实际设备，并且一个 SCADA 系统可以同时监控多个不同地点的机器。SCADA 是工业自动化领域中一个既有趣又先进的技术。

在本章中，将涵盖以下几方面主要内容：

- SCADA 系统简介。
- 理解 SCADA 系统的功能。
- SCADA 系统的应用领域。
- SCADA 系统的硬件组成概览。
- SCADA 软件概述。
- 使用 mySCADA 软件将 SCADA 与 S7-1200 PLC 对接（实践项目）。

11.1 SCADA 系统简介

SCADA 是一个综合系统，由各种硬件和软件组成，这些组件协同工作以监控和控制工业过程中的机器设备。

监控（Supervisory Control）是指对多个独立的 PLC 或多个控制回路进行高层次的整体控制。

数据采集（Data Acquisition）是指从生产过程中收集信息和数据，并进行实时分析。实时数据收集有助于降低运营成本、全面监控生产过程并提高整体效率。

SCADA 系统能够从设备或机器收集、分析和可视化数据，同时提供从中央控制室控制设备或机器的能力，该控制室可以位于本地或远程地点（即靠近或远离实际设备）。

SCADA 系统通常用于监控和控制地理上分散的机器或设备。图 11-1 展示了一个简单的 SCADA 系统结构。

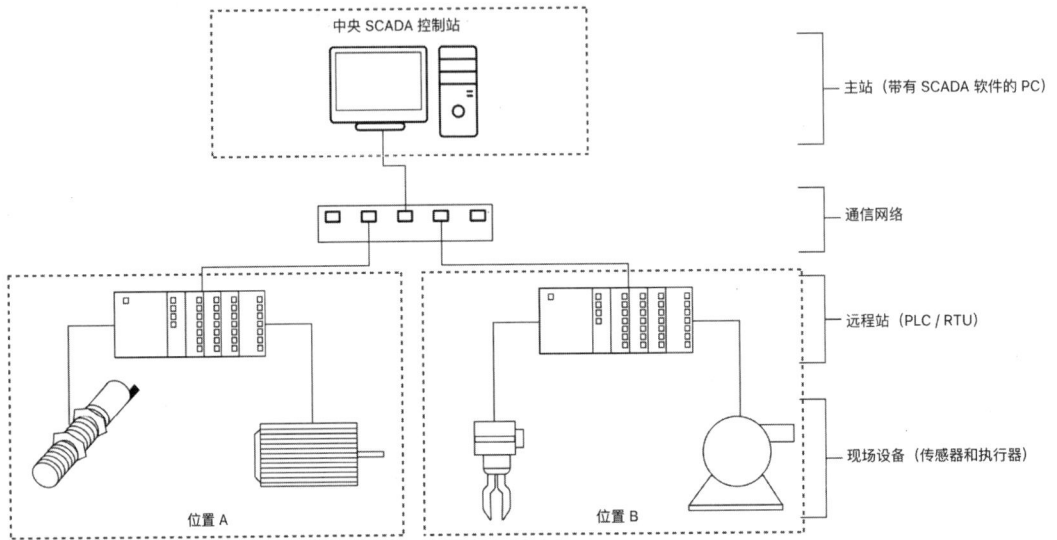

图 11-1　简单的 SCADA 系统硬件组成示意图

图 11-1 展示了两台位于不同地理位置的生产机器（位置 A 和位置 B），以及一个中央 SCADA 控制站。通过 SCADA 系统，操作人员可以在中央控制站同时监控两台机器的状态，并对其进行远程控制。SCADA 系统的核心功能是获取系统或机器的数据，以实现有效控制。SCADA 可应用于各种场景，如水处理厂、发电站、配电系统等复杂工业环境。

11.2　理解 SCADA 系统的功能

SCADA 的全称已经暗示了其主要功能。以下是 SCADA 系统功能的详细解析。

- 工业过程控制：SCADA 系统可以在本地或远程控制工业过程。它可以编程执行诸如启动或停止机器、调整设定点等控制功能。
- 数据采集：系统从现场设备或机器实时收集数据，为操作员或工艺工程师提供实时状态监控。
- 全局监控：使工艺工程师能够全面俯瞰整个工厂运营状况，即使工厂由分布在不同地理位置的多种机器/设备组成。
- 报警管理：当过程中出现异常情况时，SCADA 系统会生成警报。这些警报可以以声音、指示灯、电子邮件、短信或其他形式呈现，及时提醒相关人员处理问题。
- 事件记录：系统会自动记录重要事件和数据，形成完整的操作（数据）日志，便于后续分析和追溯。

11.3　SCADA 系统的应用领域

SCADA 系统在多个行业和领域中都有广泛应用，以下是几个典型例子。

（1）水处理设施。

- 监控水库水位、泵站运行状态、管网水流等关键参数。
- 控制水泵、阀门等设备的运行。
- 优化水处理过程，确保水质达标。

（2）电力生产与配送。

- 监控发电厂设备的运行状态。
- 实时监测电网运行参数。
- 远程控制变电站设备，如开关断路器。
- 优化电力调度，提高系统稳定性。

（3）制造业。

- 控制自动化生产线设备。
- 监控生产过程关键参数。
- 收集生产数据，进行质量控制和效率分析。

（4）建筑与设施管理。

- 监控和控制照明系统。
- 管理供暖、通风、空调（HVAC）系统，优化能耗。
- 集中管理安保系统、消防系统等。

（5）交通管理。

- 监控交通信号灯运行状态，及时检测故障。
- 根据交通流量实时调整信号灯配时。
- 优化城市交通流量，减少拥堵。

这些应用展示了 SCADA 系统在各行各业中的重要作用，它们不仅提高了运营效率，还增强了系统的可靠性和安全性。

在 11.4 节中，将详细探讨 SCADA 系统的硬件组件，了解它们如何协同工作以实现上述功能。

11.4　SCADA 系统的硬件组成概览

SCADA 系统的硬件架构主要由四个部分组成：

1. 现场设备层

现场设备是直接与工业过程或设备交互的硬件，主要包括以下几个。

- 传感器：用于测量温度、压力、流量等物理量，监测机器状态/参数。
- 变送器：将传感器信号转换为标准电信号。
- 执行器：如电动阀门、电机等，用于执行控制命令。

这些设备可以生成数字或模拟信号，为 SCADA 系统提供实时监控和控制的基础数据。

2. 远程控制单元

远程控制单元可以是可编程逻辑控制器（PLC）或远程终端单元（RTU），安装在需要监控或控制的设备附近。它们的主要功能有以下几个。

- 采集连接的现场设备数据。
- 对数据进行初步处理和存储。
- 通过通信网络将数据传输到中央控制系统。
- 接收并执行来自中央控制系统的控制指令。

PLC 通常用于复杂的控制任务，而 RTU 更适合简单的数据采集和远程控制场景。

3. 通信网络

通信网络是 SCADA 系统的神经系统，负责连接远程控制单元（PLC 或 RTU）和中央控制系统（主站）。它可以采用以下两种方式。

- 有线网络：如工业以太网、光纤网络等。
- 无线网络：如无线局域网、移动通信网络等。

根据实际应用场景来选择，SCADA 系统可使用多种网络拓扑（星型、总线型、环形等）和网络协议（Profinet、Modbus、Profibus 等）。更多关于网络拓扑和协议的详细内容将在第 13 章中详细介绍。

4. 中央控制系统（主站）

中央控制系统也称为主站或监控站，是运行 SCADA 软件的主计算机，提供系统的图形展示。它运行 HMI 应用程序，为监控和控制目的提供开关、传感器、变送器、泵等的图形用户界面（GUI）。可以设置在不同预定义值处激活的报警。通过主站上的图形用户界面，可以监控和控制各个工厂站点的整个控制系统。单台计算机可以配置为主站，也可以是联网的工作站或多服务器系统。在使用多台服务器作为主站的 SCADA 系统中，其中一台服务器可以专门用于报警管理系统（AMS），被称为报警管理系统 AMS 控制台。AMS 控制台运行着 AMS 软件，提供了工厂各区域的报警概览，在工厂出现异常情况时能够快速响应等。

基本上，主站从远程站（PLC 或 RTU）收集信息，通过图形用户界面直观地显示这些信息，生成报警信号，并提供一个接口用于执行各种远程现场的控制操作。

图 11-1 展示了一个简单的 SCADA 系统，说明了本节介绍的各种 SCADA 硬件组件。接下来，将学习用于创建 SCADA 图形用户界面的各种软件。

11.5　SCADA 软件概述

SCADA 软件是用于创建监控和控制工业设备所需的图形用户界面，并执行各种必要配置的专业软件。它通常安装在进行监控和控制操作的中央主机上。

常见的 SCADA 软件包括以下几种。

- 西门子：WinCC。
- 罗克韦尔自动化：FactoryTalk View。
- Wonderware：InTouch。
- 通用电气：iFix。
- 施耐德：Citect SCADA。
- mySCADA。

在本章中，将使用上述 SCADA 软件中的 mySCADA 来学习 SCADA 系统的工作原理，并了解其在简单系统中的基本配置和接线方法。

11.5.1　mySCADA 简介

mySCADA 是一款功能强大的 SCADA 软件，它具有以下几个特点。

- 跨平台兼容性：可在 Microsoft Windows、macOS 和 Linux 操作系统上运行。
- 广泛的 PLC 支持：兼容多种可编程逻辑控制器（PLC），包括西门子 S7 系列（S7-1200、S7-1500、S7-300、S7-400）、罗克韦尔 ControlLogix 和 CompactLogix 系列、Micrologix 系列（1200、1400、1500）、SLC 500、PLC 5，以及 Omron PLCs 和三菱 Melsec-Q 等。

mySCADA 主要由两个软件组成。

- myDESIGNER：这是一个开发平台，用于创建屏幕和可视化界面，并执行适合特定应用的所有必要配置。
- myPRO：这是一个用于实现可视化的软件，允许用户查看 SCADA 界面以控制和监控设备。

myPRO 可在多种常见的浏览器上运行，包括 Microsoft Internet Explorer IE（9 版及以上）、Microsoft Edge、Google Chrome、Mozilla Firefox 和 Apple Safari 等。

在接下来的章节中，将详细介绍如何下载和安装 mySCADA 软件，为后续的实践操作做好准备。

11.5.2　下载和安装 mySCADA 软件

在本节中，将学习如何下载和安装 mySCADA 软件，这是"11.6　使用 mySCADA 软件将 SCADA 与 S7-1200 PLC 对接"一节中 SCADA 项目所必需的。

1. 下载 mySCADA

请按照以下步骤将 myDESIGNER 和 myPRO 这两个软件下载到计算机上。

（1）访问 www.myscada.org 网站，如图 11-2 所示。在顶部菜单栏中单击 RESOURCES（资源）菜单，进入资源页面，如图 11-3 所示。

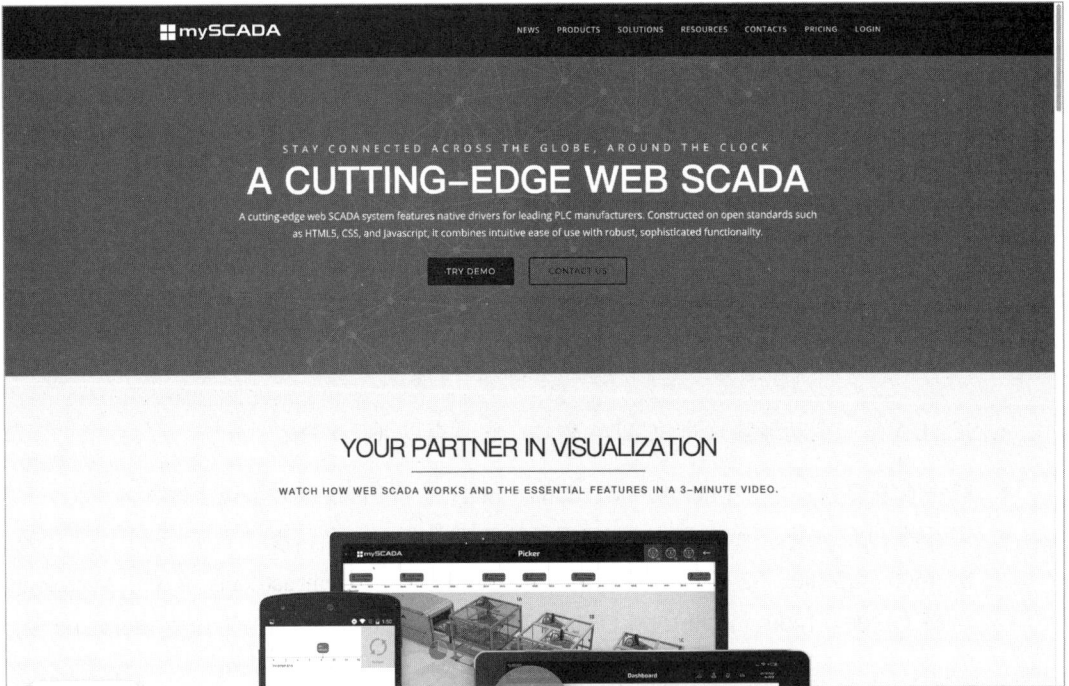

图 11-2　mySCADA.org 的主页

（2）选择 Downloads（下载）选项，进入下载页面，如图 11-4 所示。

（3）在下载页面中单击 please register or log in here（在此注册或登录）链接，填写必要的信息，然后单击 Register（注册）按钮。

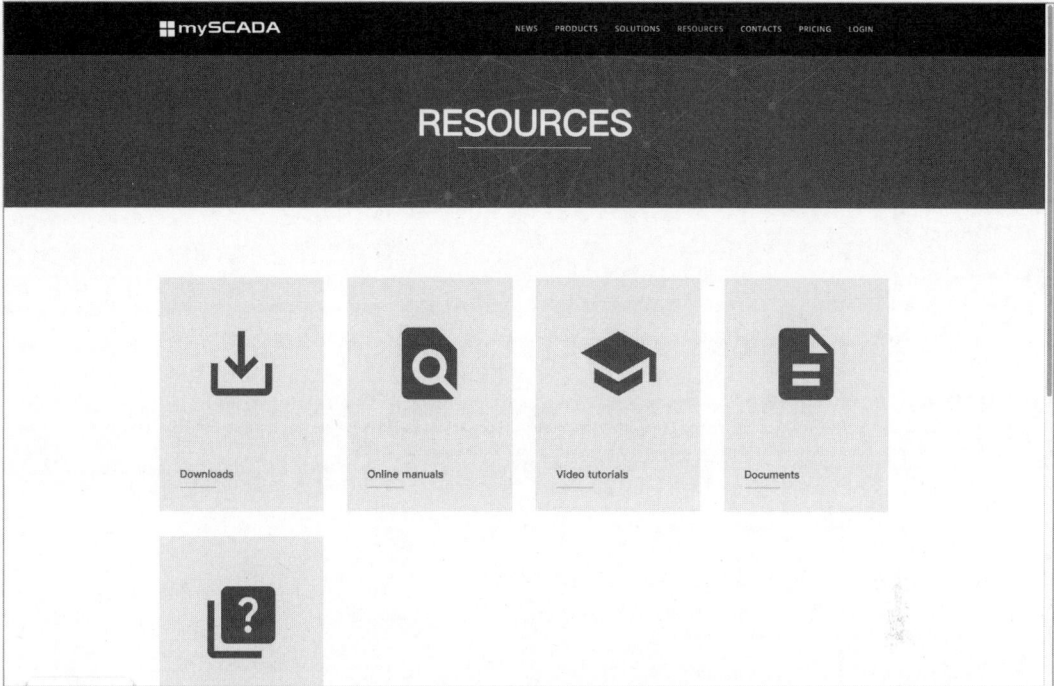

图 11-3　RESOURCES 页面

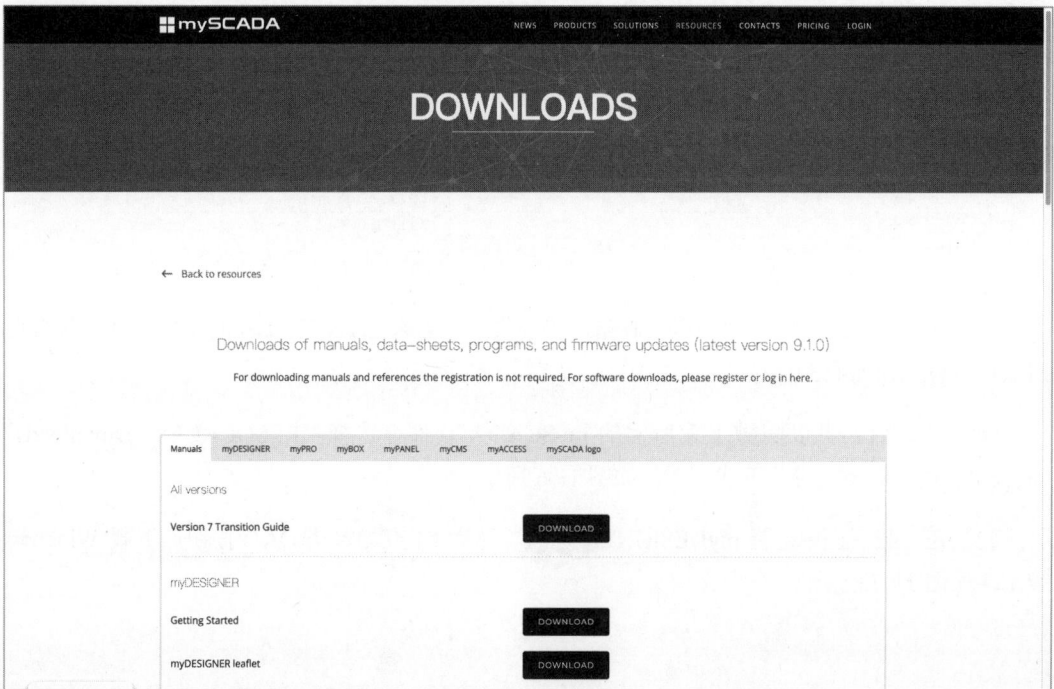

图 11-4　下载页面

（4）注册成功后，将看到欢迎界面，如图 11-5 所示。

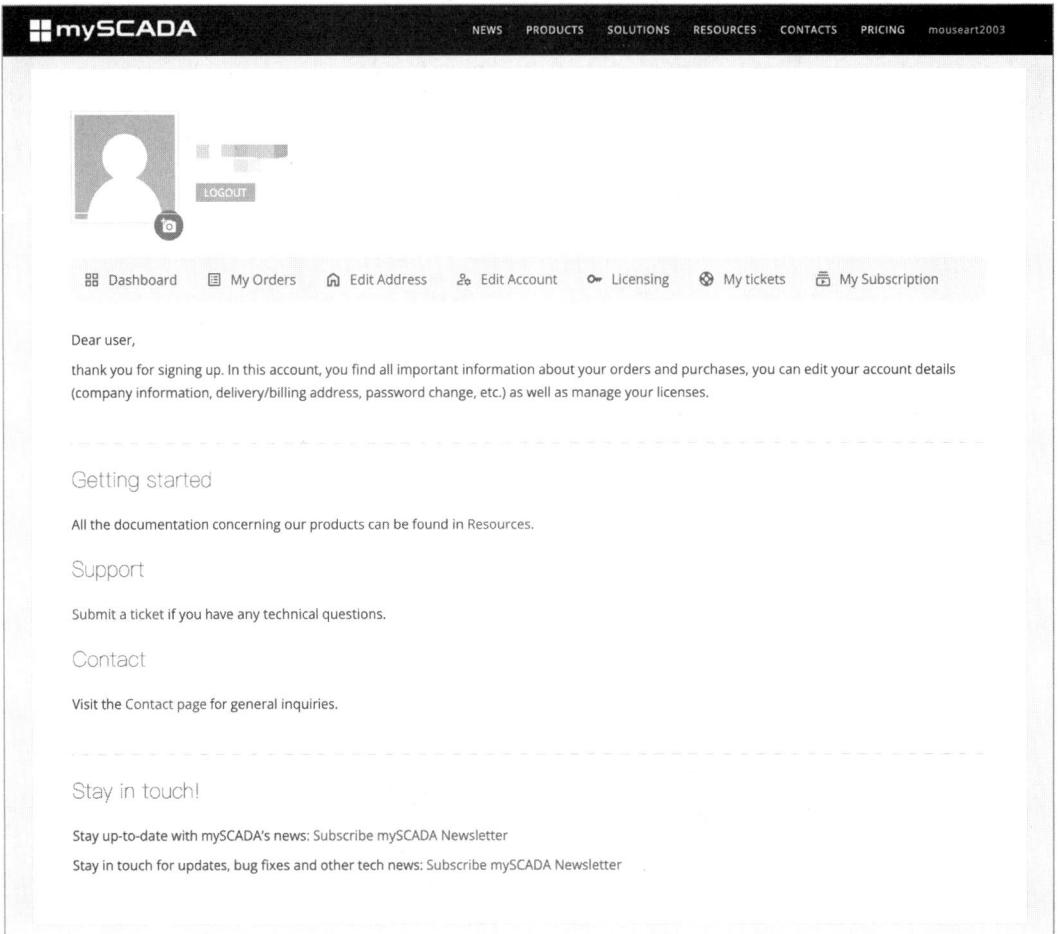

图 11-5　欢迎信息

（5）注意检查注册时使用的电子邮箱，将会收到一封来自 mySCADA 的邮件，其中包含访问账户或设置新密码的链接。

（6）登录后，可以随时下载所需的 mySCADA 软件。选择"RESOURCES | Downloads"（资源 | 下载）命令，进入下载页面，如图 11-6 所示。

（7）在下载页面中选择 myDESIGNER 选项，然后单击 DOWNLOAD 按钮，下载 Windows版本，如图 11-7 所示。

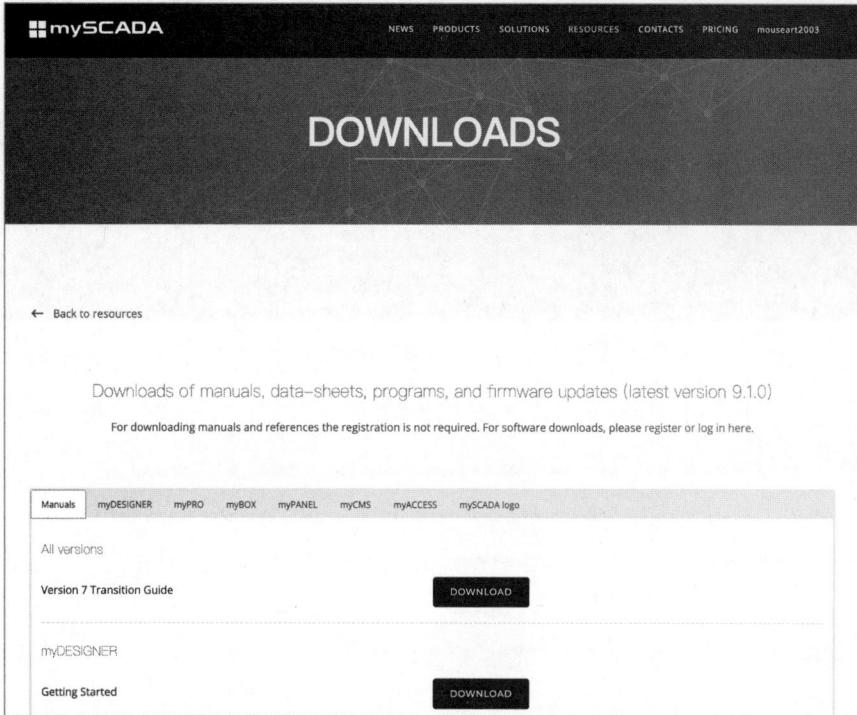

图 11-6　登录后的下载（Downloads）页面

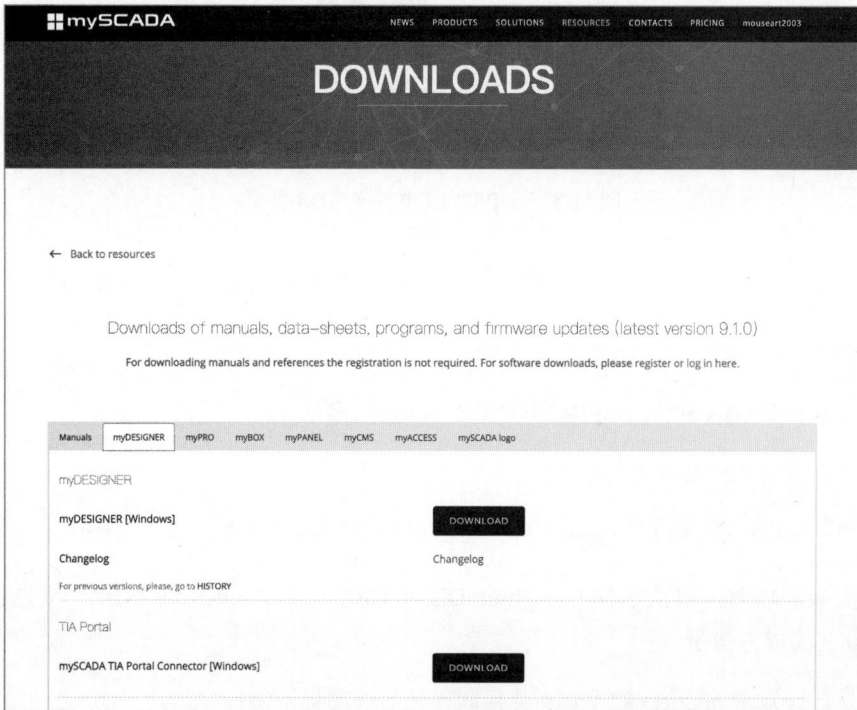

图 11-7　myDESIGNER DOWNLOADS 页面

（8）同样，选择 myPRO 选项，单击 DOWNLOAD 按钮，下载 Windows 版本，如图 11-8 所示。

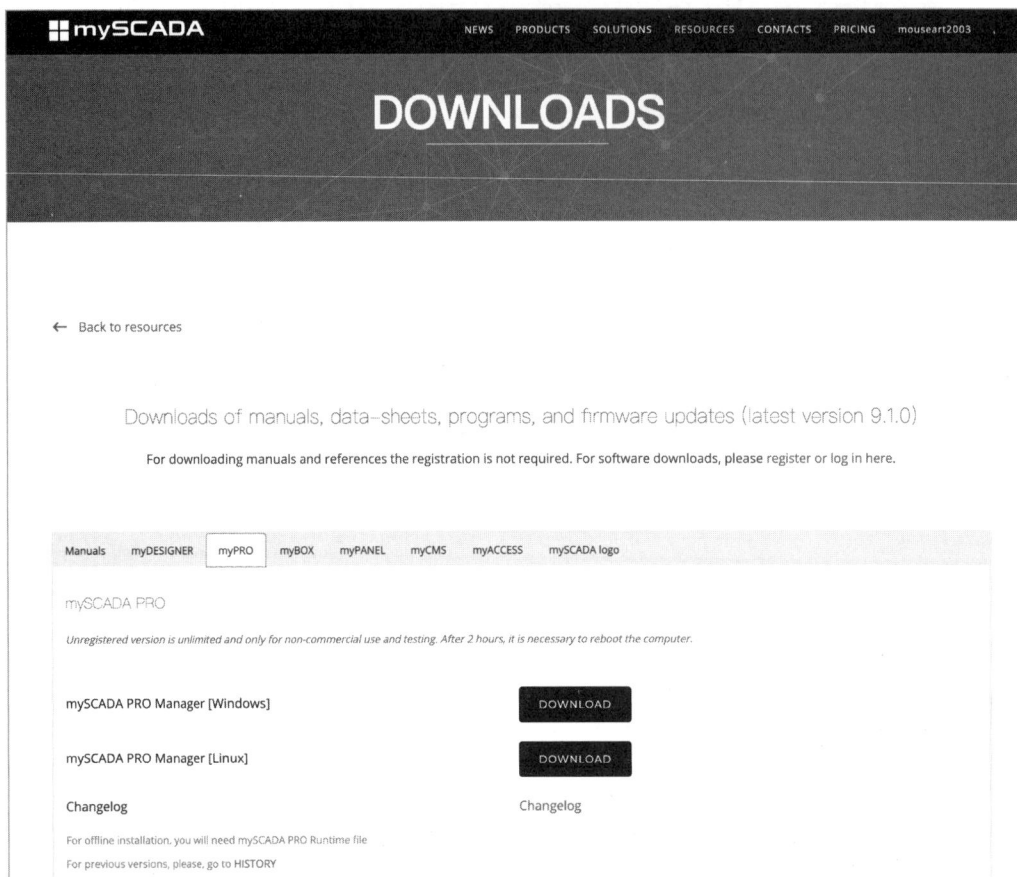

图 11-8　myPRO DOWNLOADS 页面

完成上述步骤后，在计算机上应该已经下载完成了 myDESIGNER 和 myPRO 这两个安装文件。

2. 安装 mySCADA 软件（myDESIGNER 和 myPRO）

接下来，讲解如何安装这两个软件。

（1）双击 myDESIGNER 的安装文件，按照屏幕提示进行安装。

（2）安装完成时，取消选择 Launch myDESIGNER（启动 myDESIGNER）复选框，然后单击 Finish（完成）按钮。

（3）然后，双击 myPRO 的安装文件，同样按照屏幕提示进行安装。

（4）安装完成后，系统可能会提示重启计算机，请按要求重启。

至此，已经成功下载并安装了 mySCADA 软件。请读者确保已经按照上述步骤在笔记本电脑或台式机上完成安装，因为在接下来的章节中将使用这些软件。

11.6　使用 mySCADA 软件将 SCADA 与 S7-1200 PLC 对接

在这个实践项目中，将学习如何配置一个简单的 SCADA 系统。通过本节内容，读者将基本了解如何使用 SCADA 监控和控制机器/设备。

11.6.1　TIA Portal 编程

本节将使用西门子 S7-1200 作为远程站。因此，将使用 TIA Portal 进行 PLC（S7-1200）的配置和编程。

请按照以下步骤进行操作。

（1）启动 TIA Portal，选择"创建新项目"选项，输入项目名称（如 SCADA-PRACTICE），如图 11-9 所示，单击"创建"按钮。

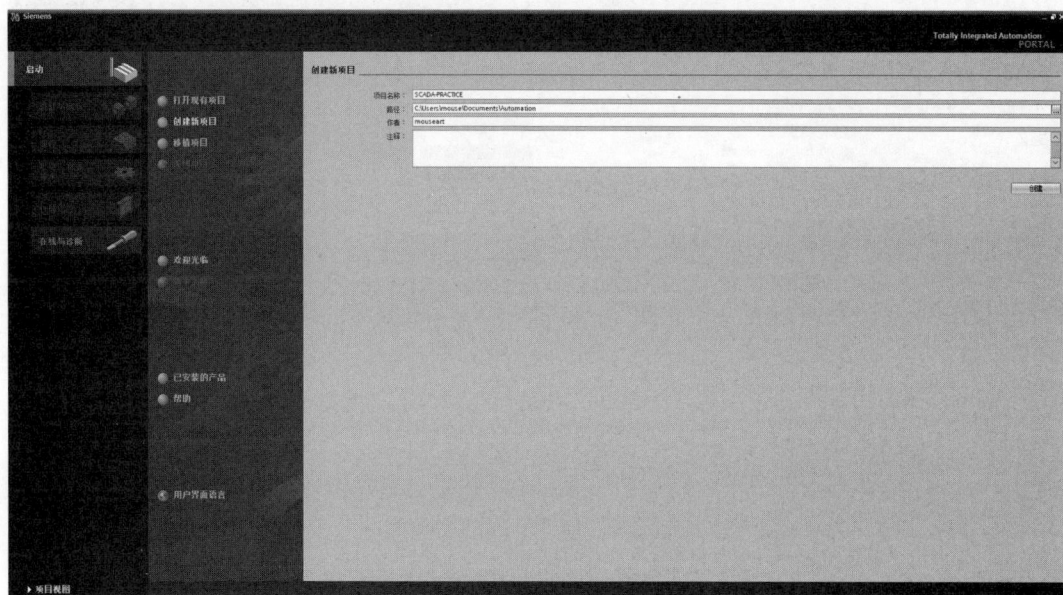

图 11-9　创建一个新项目

（2）在新出现的界面中选择"组态设备"选项，如图 11-10 所示。

（3）选择"添加新设备"选项，从设备列表中选择"控制器"选项。依次展开 SIMATIC S7-1200 > CPU > CPU 1211C AC/DC/Rly，根据想要使用的 PLC 选择相应的订货号（如 6ES7 211-1BE40-0XB0），如图 11-11 所示。

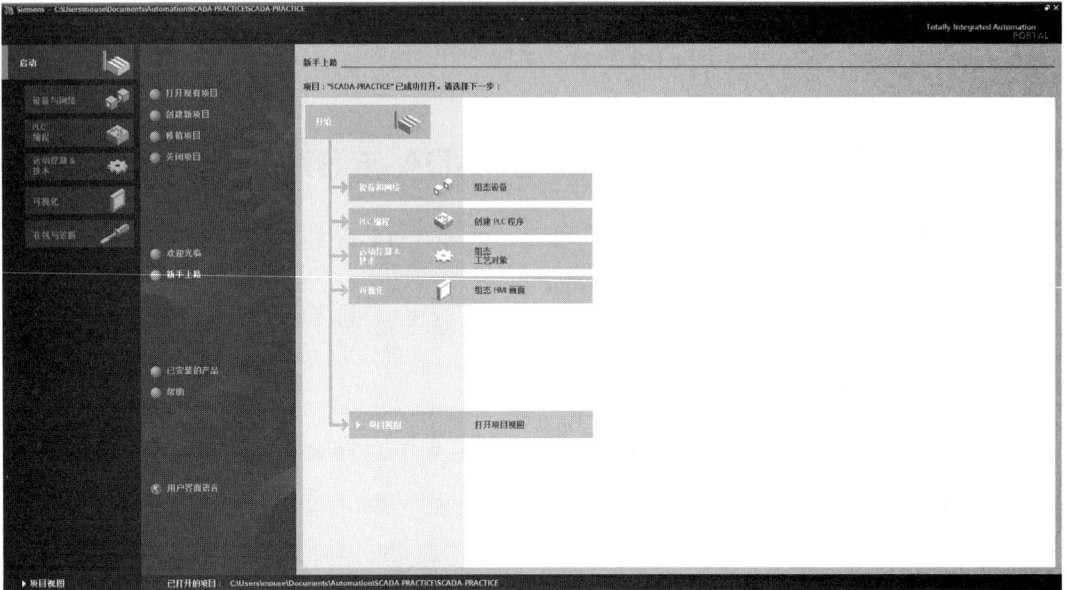

图 11-10　在 TIA Portal 视图中创建的新项目

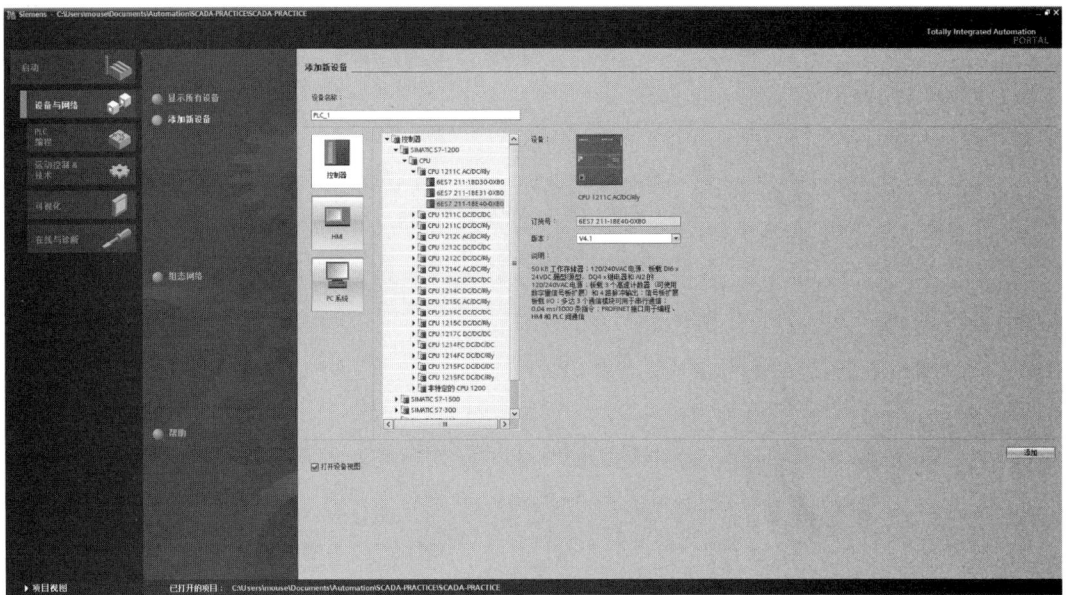

图 11-11　选择控制器（PLC）

（4）单击"添加"按钮，应该看到如图 11-12 所示的界面。

（5）在项目树中展开"程序块"选项，双击"Main [OB1]"选项，以打开梯形图编程环境，如图 11-13 所示。

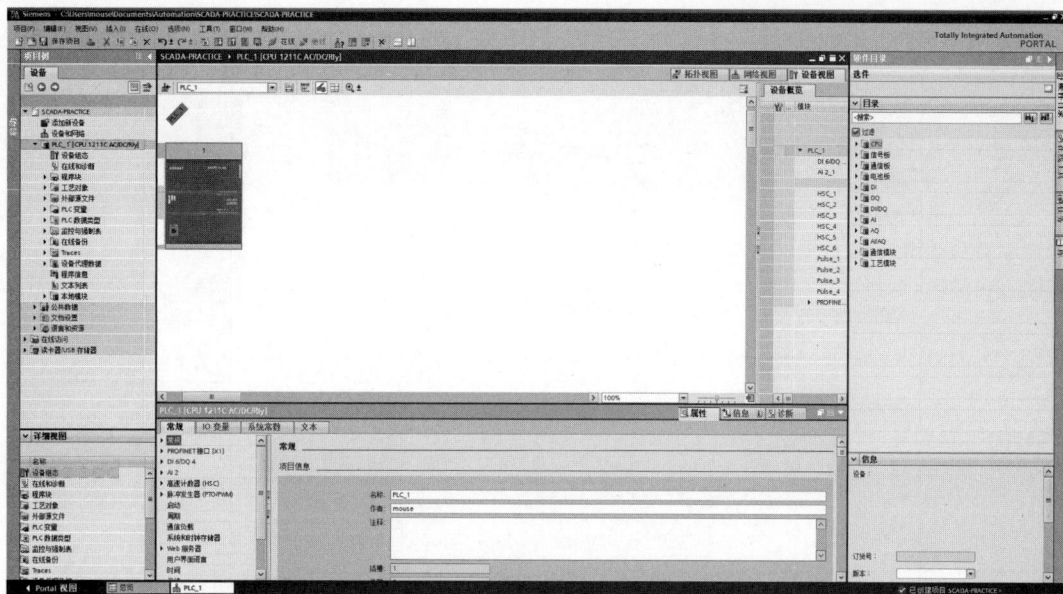

图 11-12　将 PLC 添加到项目中

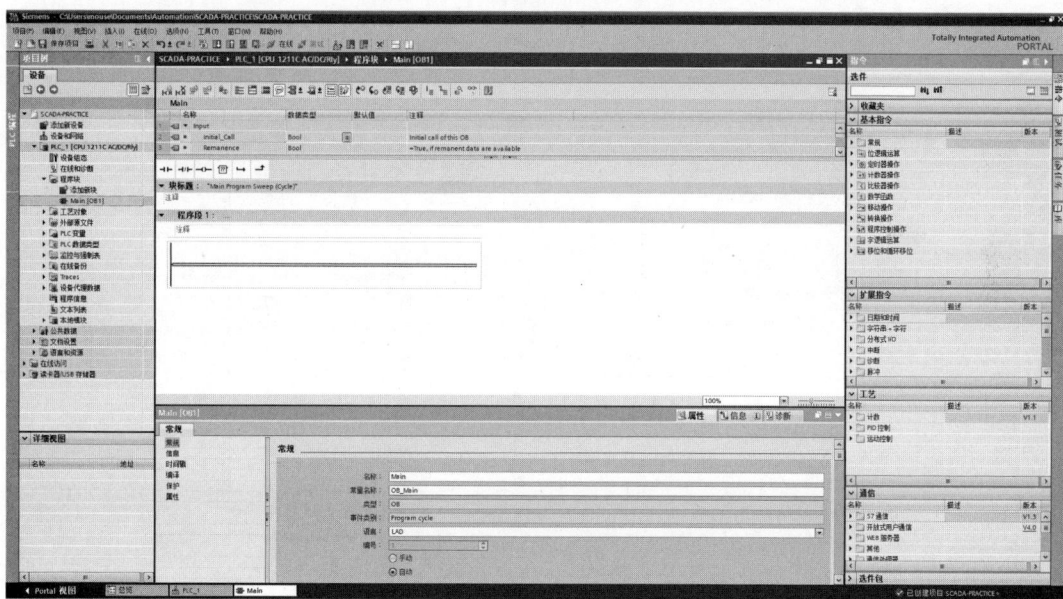

图 11-13　梯形逻辑编程环境

（6）编写程序并重命名所有标签，如图 11-14 所示。下面使用一个简单的程序来理解，并演示 SCADA 的操作。添加常开触点 M0.0（变量名改为 start）和输出线圈 Q0.0（变量名改为 pump），完成后单击"编译"按钮。

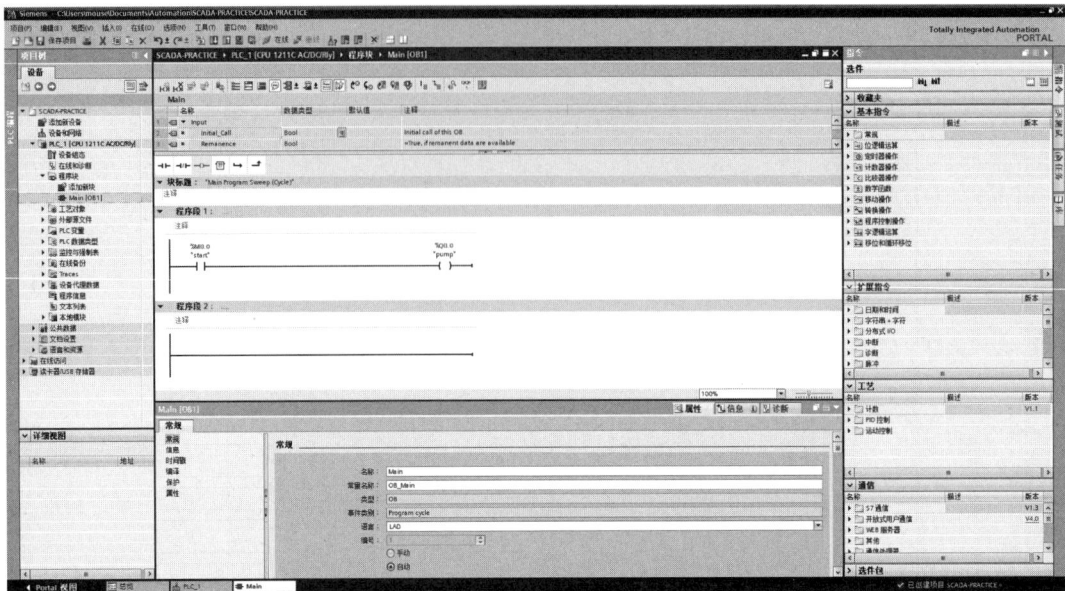

图 11-14　编写程序并重命名所有标签

（7）在左侧项目树中右击 PLC，在弹出的快捷菜单中选择"属性"命令，如图 11-15 所示。

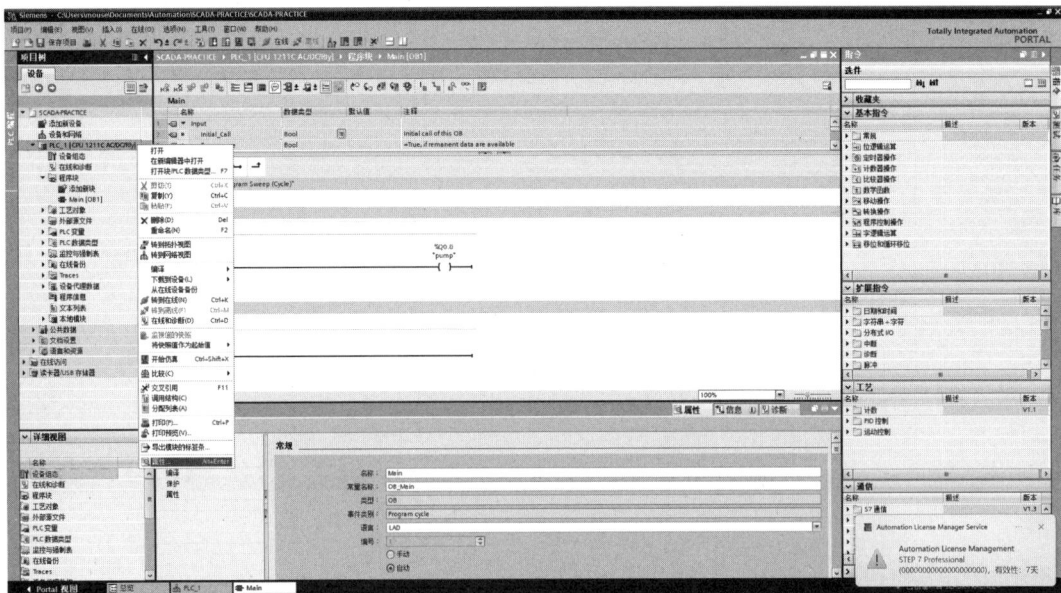

图 11-15　选择"属性"命令

（8）在属性对话框的左侧列表中选择"保护"选项，选择"允许从远程伙伴（PLC、HMI、OPC、…）使用 PUT/GET 通信访问"复选框，然后单击"确定"按钮，如图 11-16 所示。

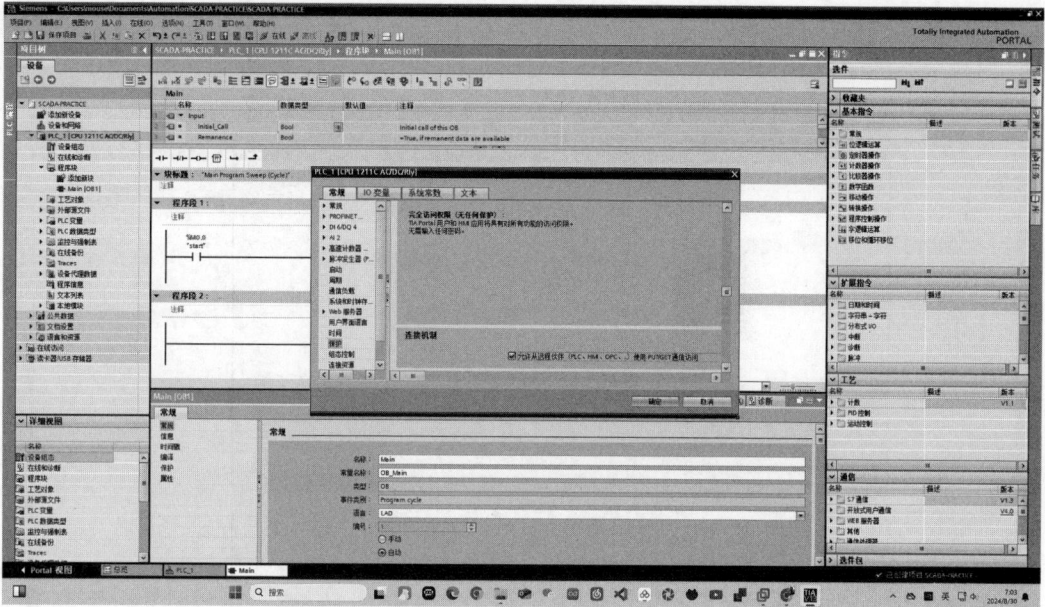

图 11-16　选择"保护"选项并设置参数

现在，将程序加载到 PLC 中。

（9）为 PLC 接通电源，并使用以太网线将 PLC 连接到计算机。

（10）双击"设备组态"选项，然后在下方的属性标签中选择"PROFINET 接口 [X1]:"选项，如图 11-17 所示。

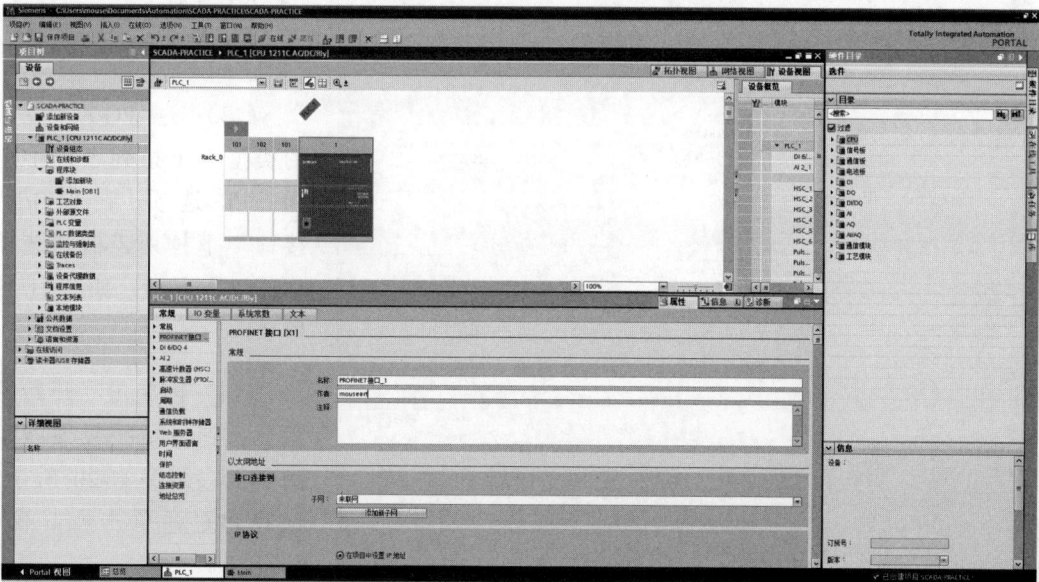

图 11-17　设备配置界面

（11）向下滚动并输入 IP 地址（192.168.0.1）和子网掩码（255.255.255.0），然后单击图像上的 PLC_1 以选择 PLC，如图 11-18 所示。

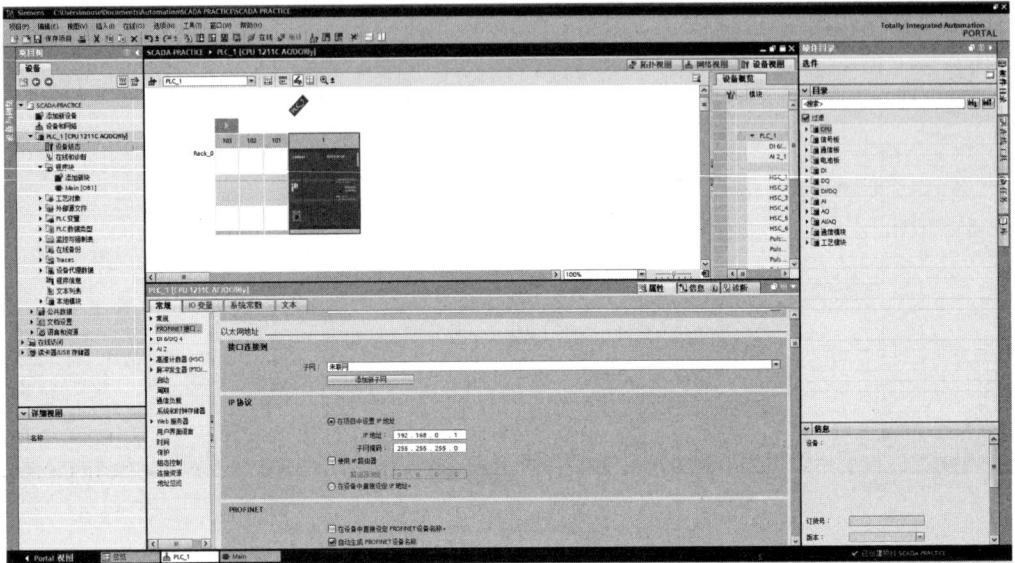

图 11-18　PLC_1 的 IP 地址和子网掩码框

（12）单击"保存项目"按钮，在左侧选择 PLC_1 后单击顶部工具栏中的"编译"按钮，然后单击"下载到设备"按钮。

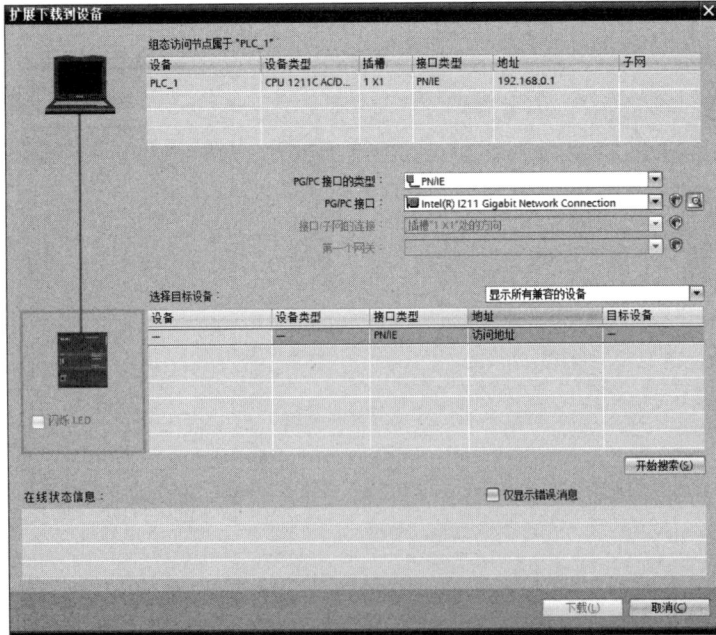

图 11-19　"扩展下载到设备"对话框

重要提示：确保在单击"下载到设备"按钮之前 PLCSIM 未运行。

（13）在"PG/PC 接口的类型"下拉列表框中选择 PN/IE 选项，在"PG/PC 接口"下拉列表框中选择你的以太网卡，如图 11-19 所示。

（14）再单击"开始搜索"按钮，系统应该能找到 PLC，如图 11-20 所示。选择 PLC 并单击"下载"按钮。

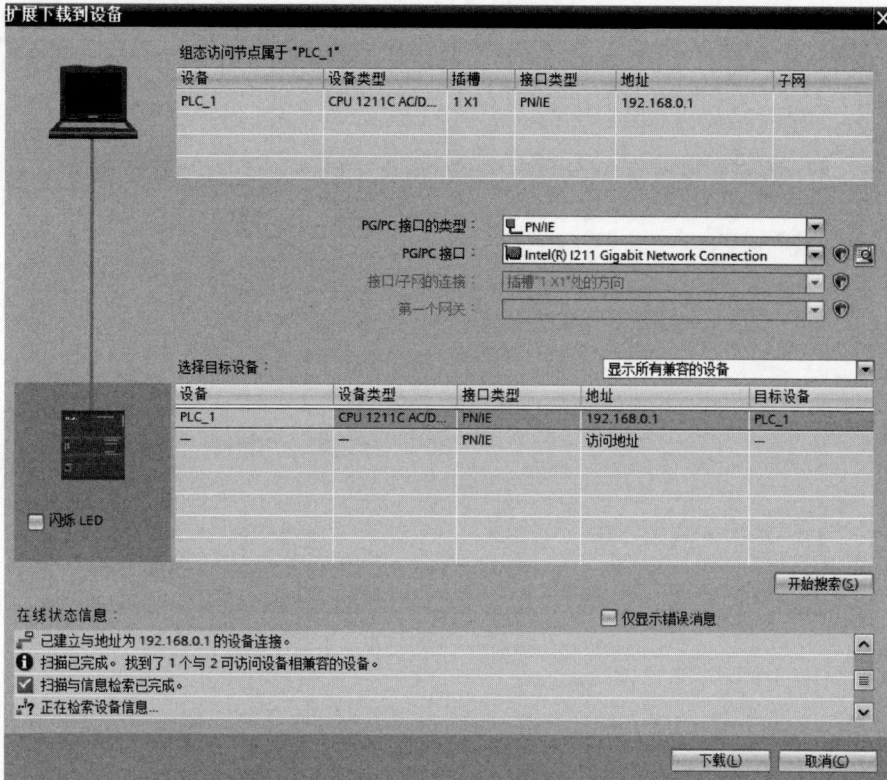

图 11-20　搜索后找到的 PLC

（15）其他屏幕或消息可能会出现在以下屏幕之前，阅读消息并做出相应的响应。如果一切正常，应该显示出"下载预览"对话框，如图 11-21 所示。

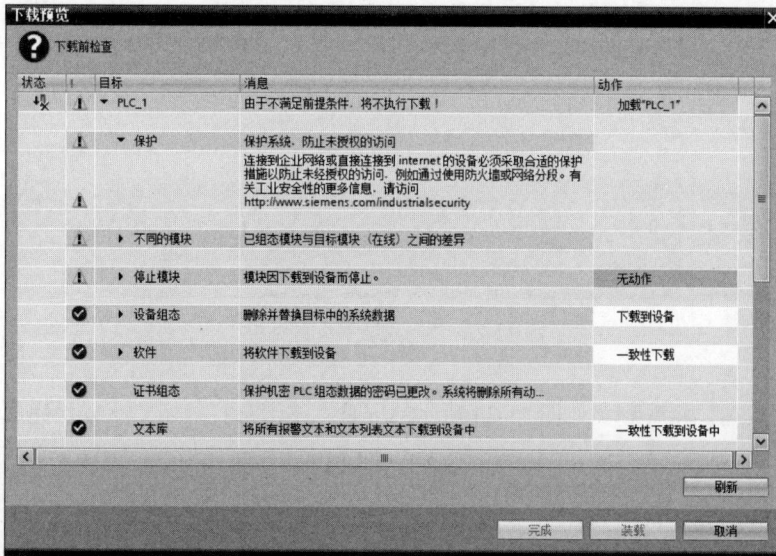

图 11-21　"下载预览"对话框（由于不满足先决条件，将不会执行加载）

如果收到如图 11-22 所示的消息（由于不满足先决条件，将不会执行加载），请检查对话框并更改设置，直到看到"下载准备就绪"提示。在这里的示例中，选择了"删除所有"没有操作的地方。然后，单击"装载"按钮。

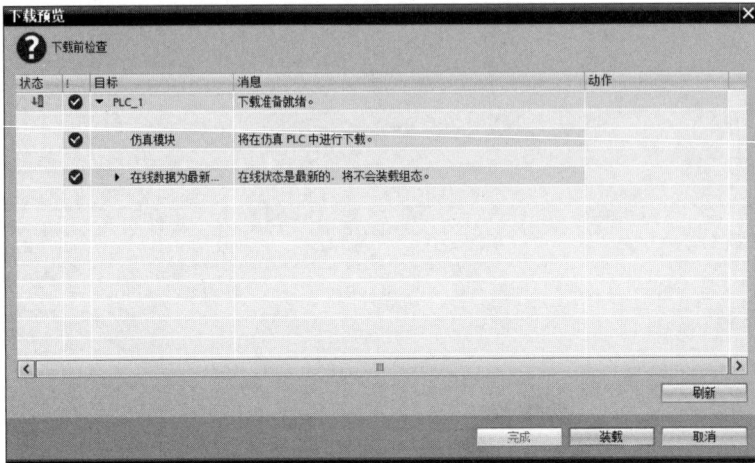

图 11-22 "下载预览"对话框（准备下载）

（16）在"下载结果"对话框中选择"全部启动"复选框，然后单击"完成"按钮，如图 11-23 所示。

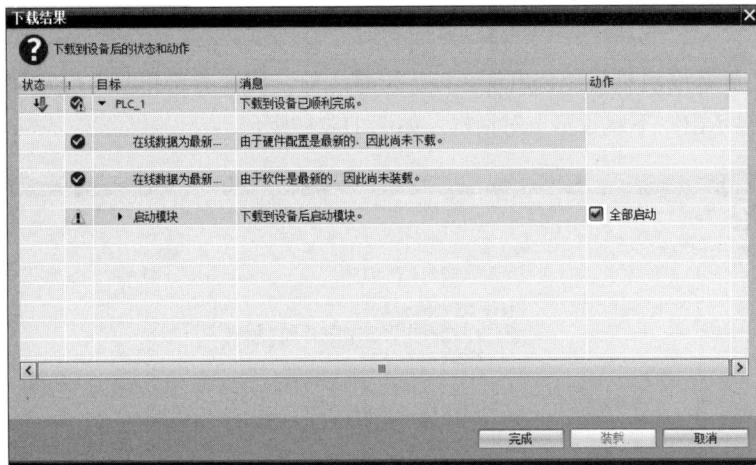

图 11-23 "下载结果"对话框

如果下载成功，将看到类似图 11-24 所示的屏幕，在消息栏显示"下载已完成"。

恭喜！读者已成功为 PLC 分配了 IP 地址（192.168.0.1），并将 PLC 程序和配置下载到实际的 PLC（S7 1200，CPU 1211C）中。

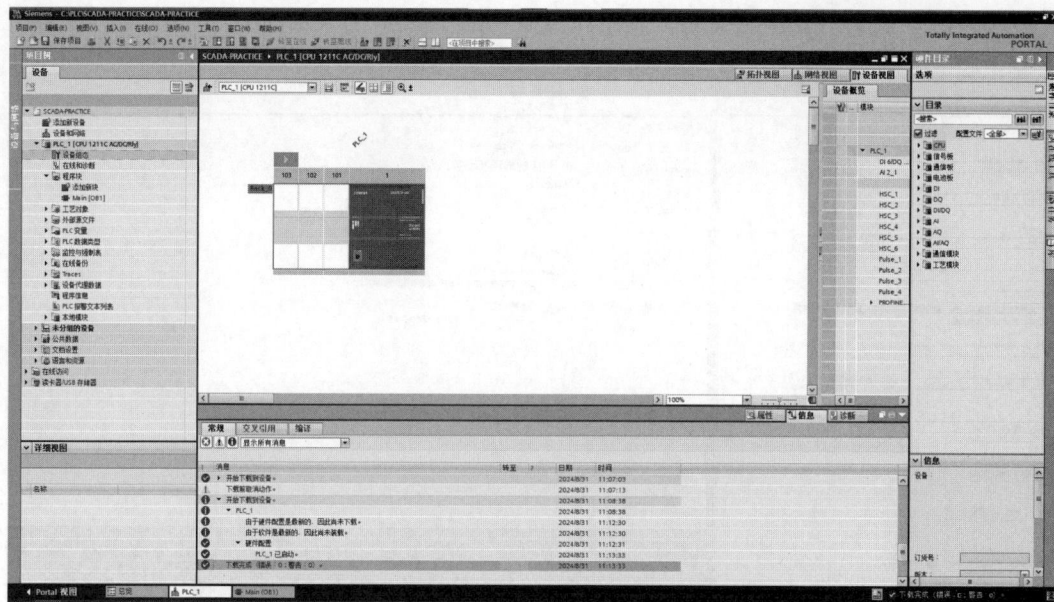

图 11-24　下载完成后的屏幕，在消息部分显示下载完成

11.6.2　为 PC 分配 IP 地址

现在，来为计算机分配 IP 地址。

（1）右击任务栏上的网络图标，如图 11-25 所示。

图 11-25　右击任务栏上的网络图标

（2）在弹出的快捷菜单中选择"网络和共享中心"命令，打开如图 11-26 所示的"网络和共享中心"窗口。

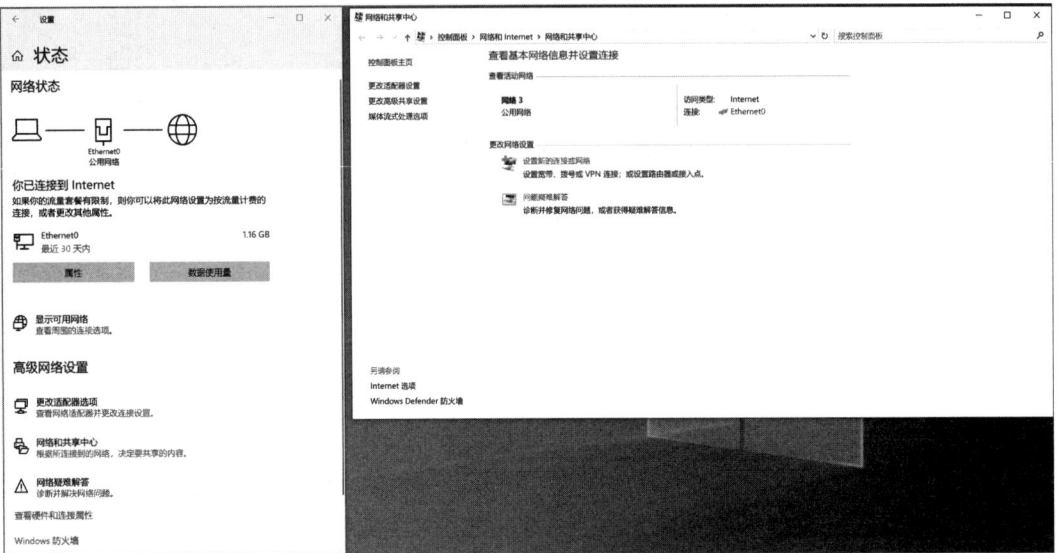

图 11-26　"网络和共享中心"窗口

（3）在左侧选择"更改适配器设置"选项，打开如图 11-27 所示的"网络连接"窗口。

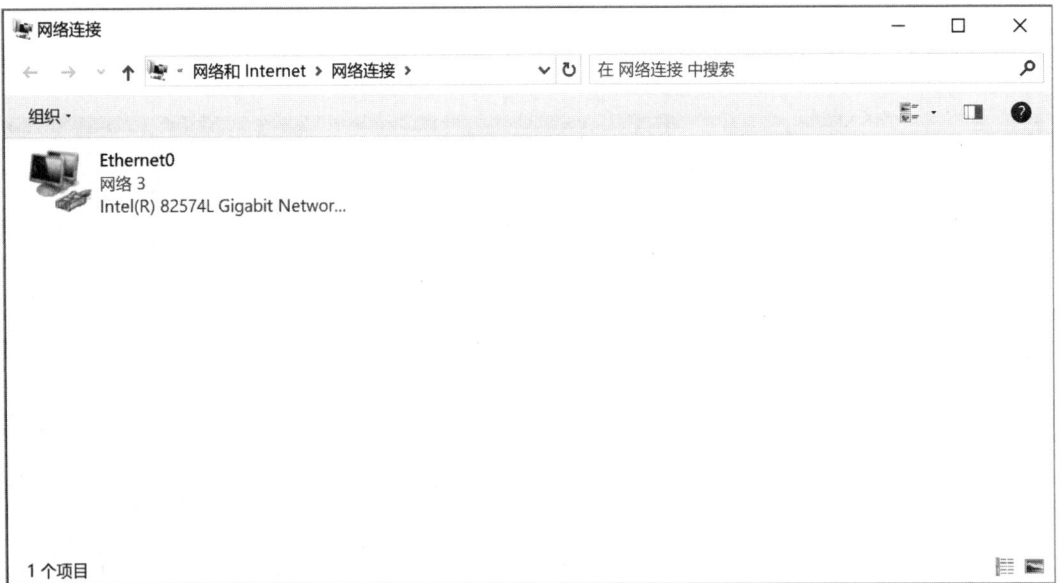

图 11-27　"网络连接"窗口

（4）右击 Ethernet0 选项，如图 11-28 所示。

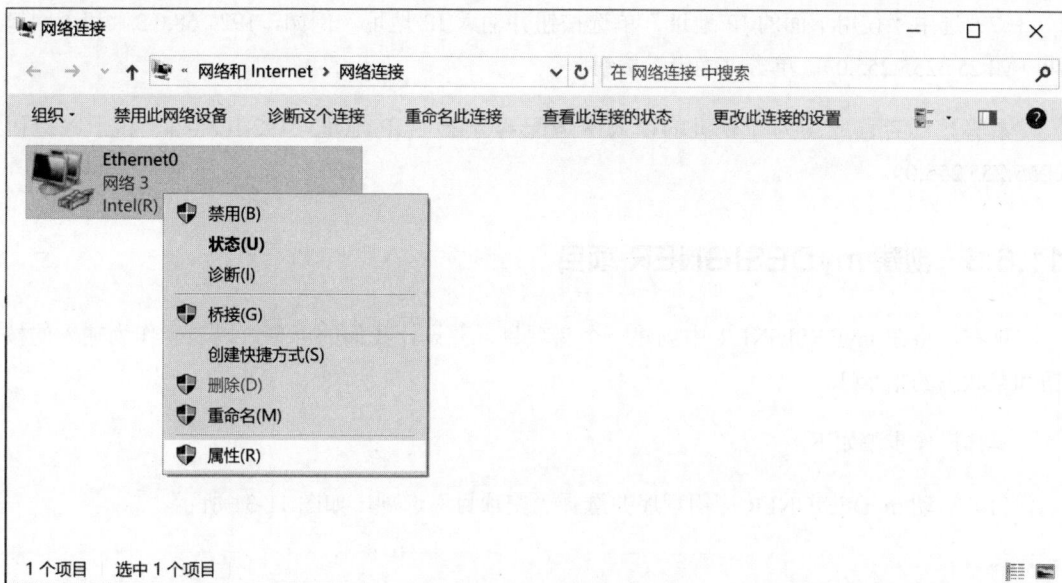

图 11-28　右击 Ethernet0 选项

（5）在弹出的快捷菜单中选择"属性"命令，弹出如图 11-29 所示的"Ethernet0 属性"对话框。

（6）选择"Internet 协议版本 4（TCP/IPv4）属性"复选框并单击"属性"按钮，弹出"Internet 协议版本 4（TCP/IPv4）属性"对话框，如图 11-30 所示。

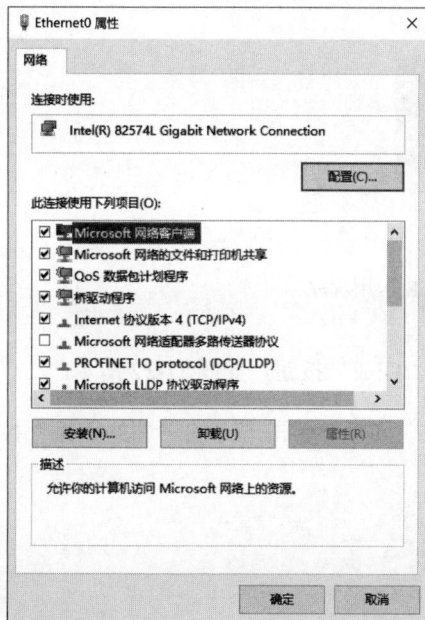

图 11-29　"Ethernet0 属性"对话框

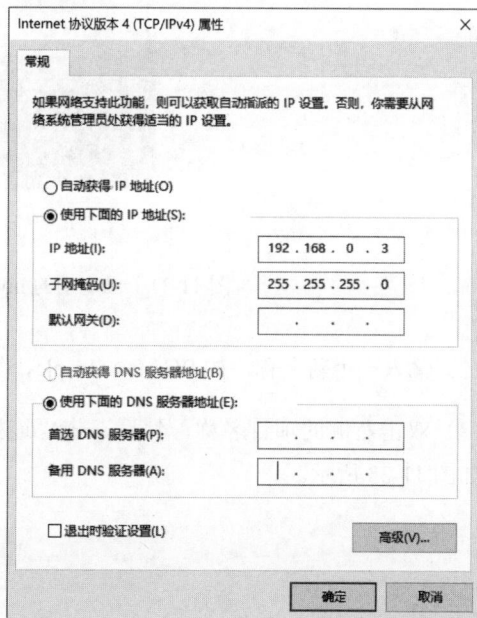

图 11-30　"Internet 协议版本 4（TCP/IPv4）属性"对话框

（7）选中"使用下面的 IP 地址"单选按钮并输入 IP 地址（例如，192.168.0.3）和子网掩码（如 255.255.255.0）。单击"确定"按钮。

恭喜！读者已成功为计算机的以太网适配器分配了 IP 地址（192.168.0.3）和子网掩码（255.255.255.0）。

11.6.3　创建 myDESIGNER 项目

现在，将在 myDESIGNER 中创建一个新项目，并设计我们的屏幕，以显示作为输入的按钮和泵状态的指示灯。

具体操作步骤如下。

（1）启动 myDESIGNER 应用程序并选择"空项目"选项，如图 11-31 所示。

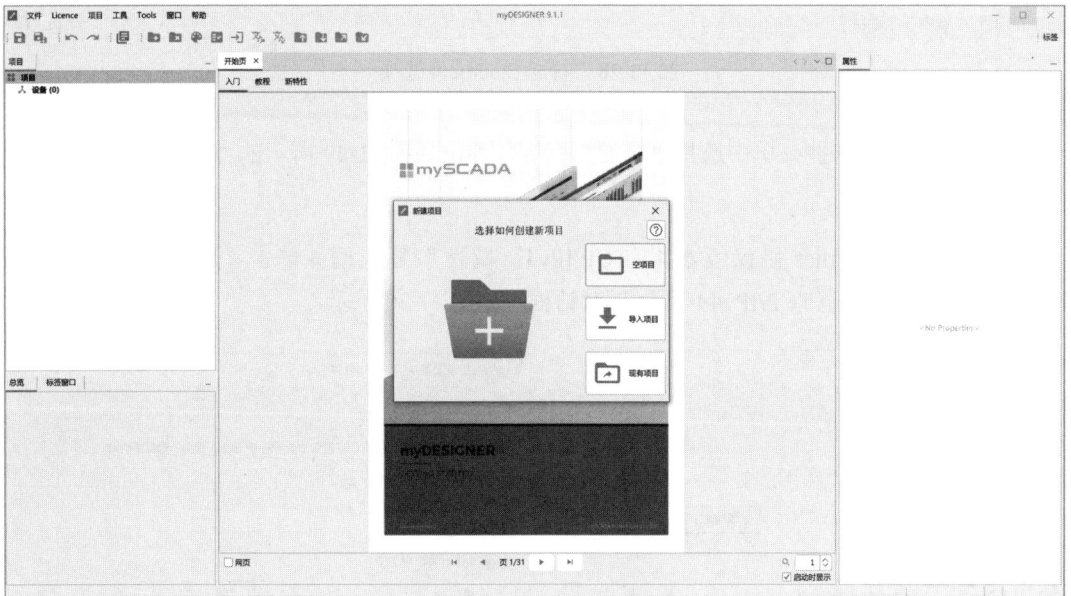

图 11-31　已启动的 myDESIGNER 应用程序

（2）输入一个新名称，如 SCADAsample，然后单击"完成"按钮，如图 11-32 所示。

（3）双击左侧的项目名称，然后双击"连接"选项。接着，单击下方的"添加连接"按钮，如图 11-33 所示。

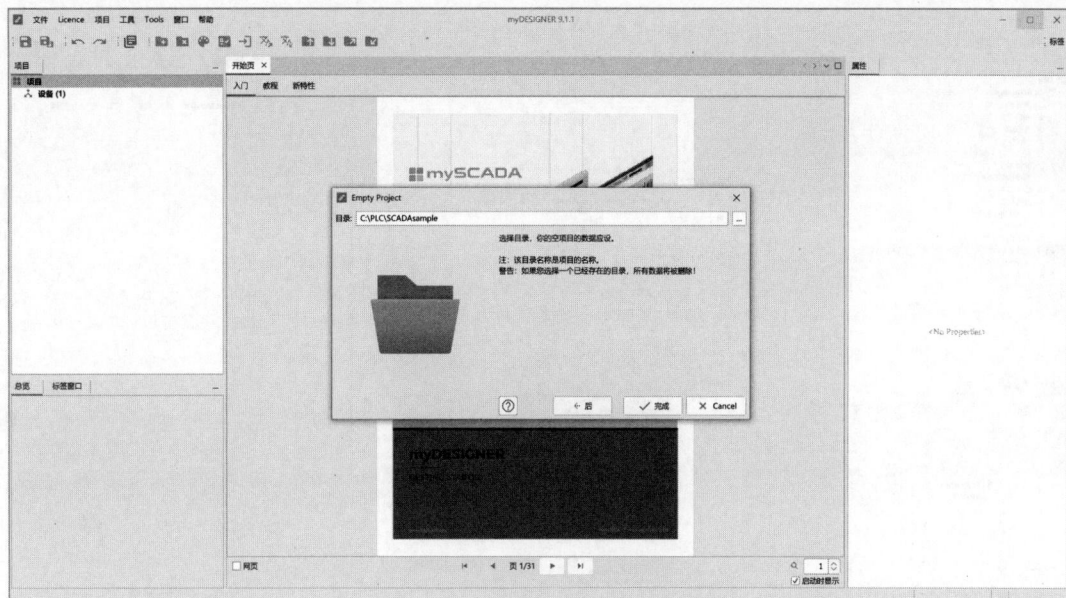

图 11-32　在 myDESIGNER 中创建新项目

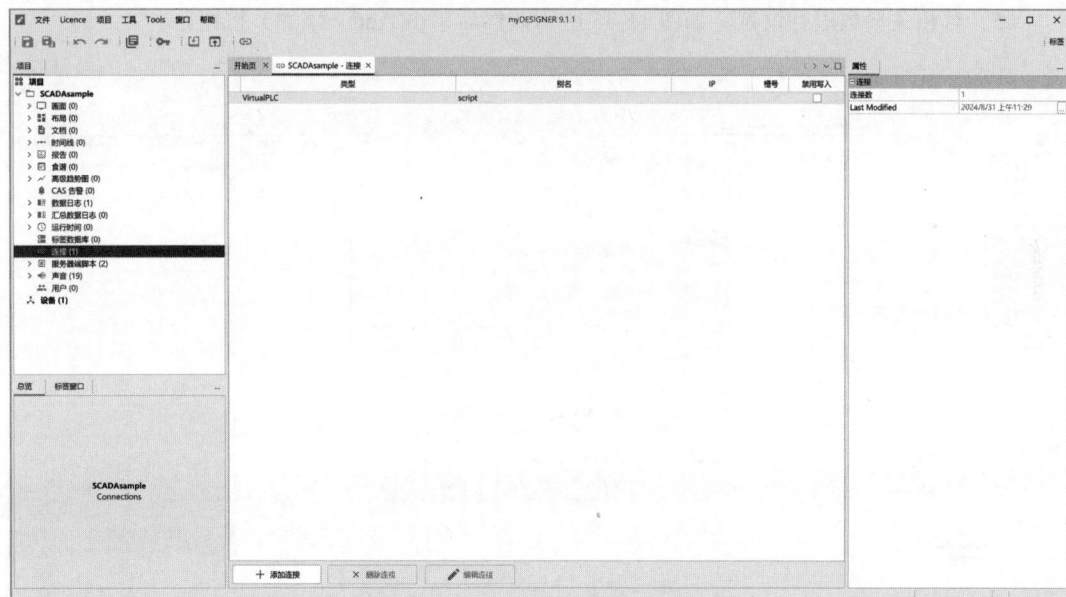

图 11-33　单击"添加连接"按钮

（4）弹出"添加新连接"对话框，在"型号"下拉列表框中选择相应的选项，如图 11-34
所示。

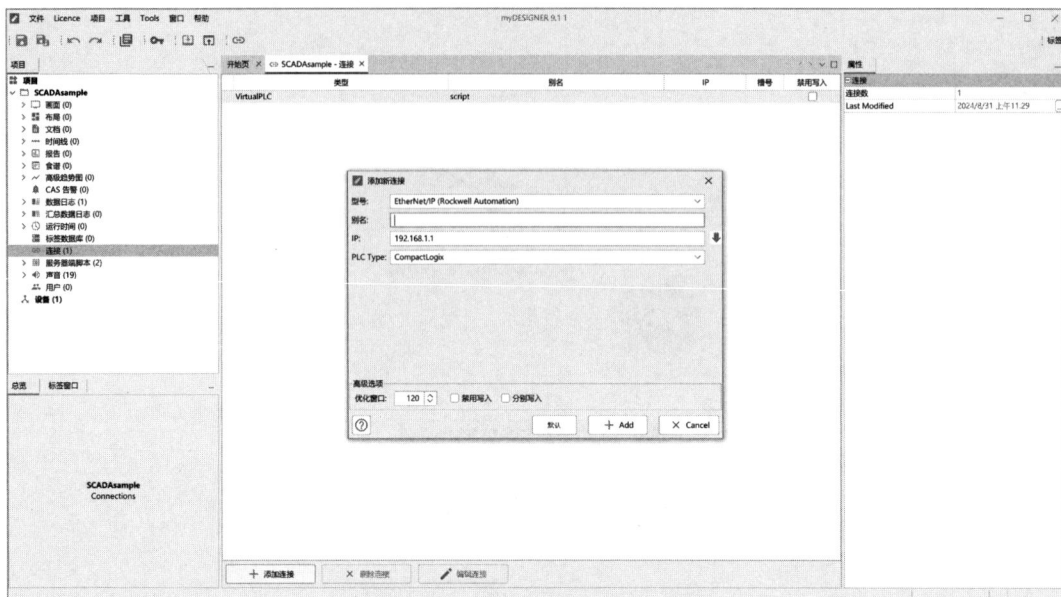

图 11-34 "添加新连接"对话框

（5）对相关参数进行设置，如图 11-35 所示，然后单击 Add（添加）按钮。

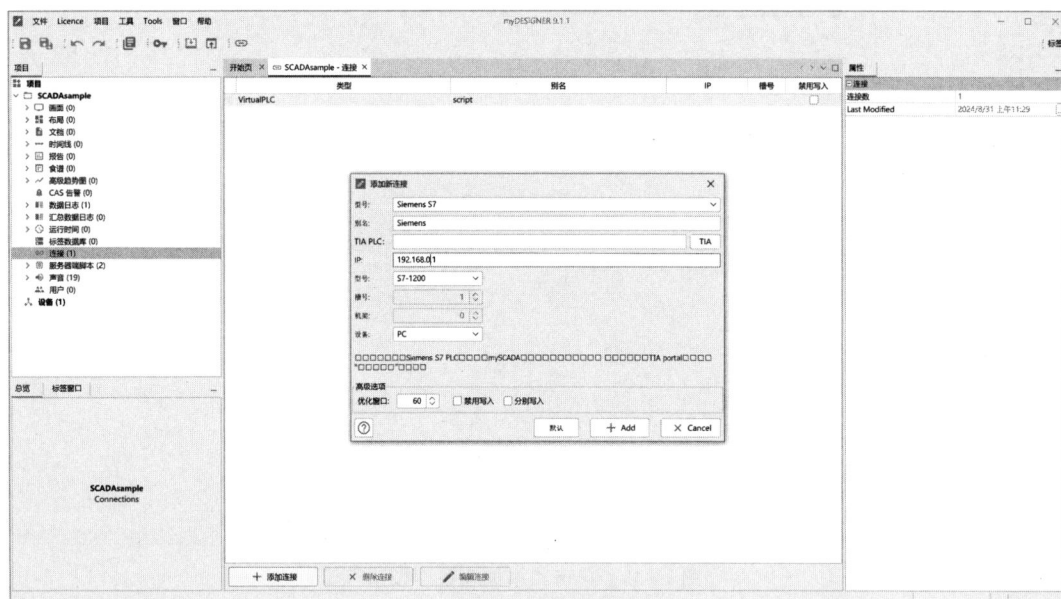

图 11-35 设置参数

即可看到新添加的连接，如图 11-36 所示。

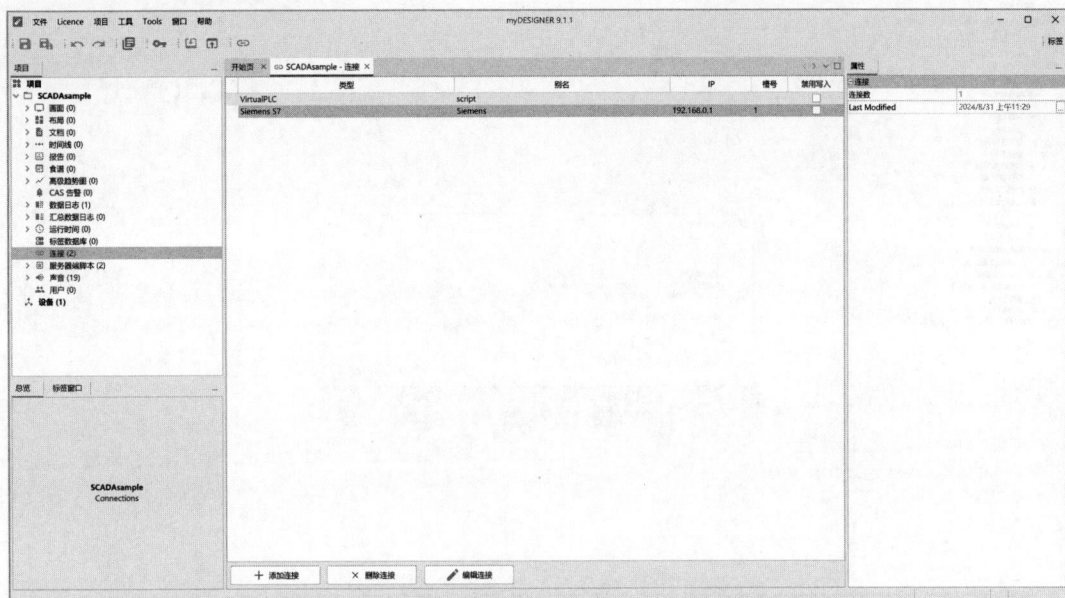

图 11-36 项目（SCADAsample）新连接已添加

（6）接下来，双击"设备"选项并单击"添加设备"按钮。按照如图 11-37 所示配置设置，然后单击 Test Device（测试设备）按钮。

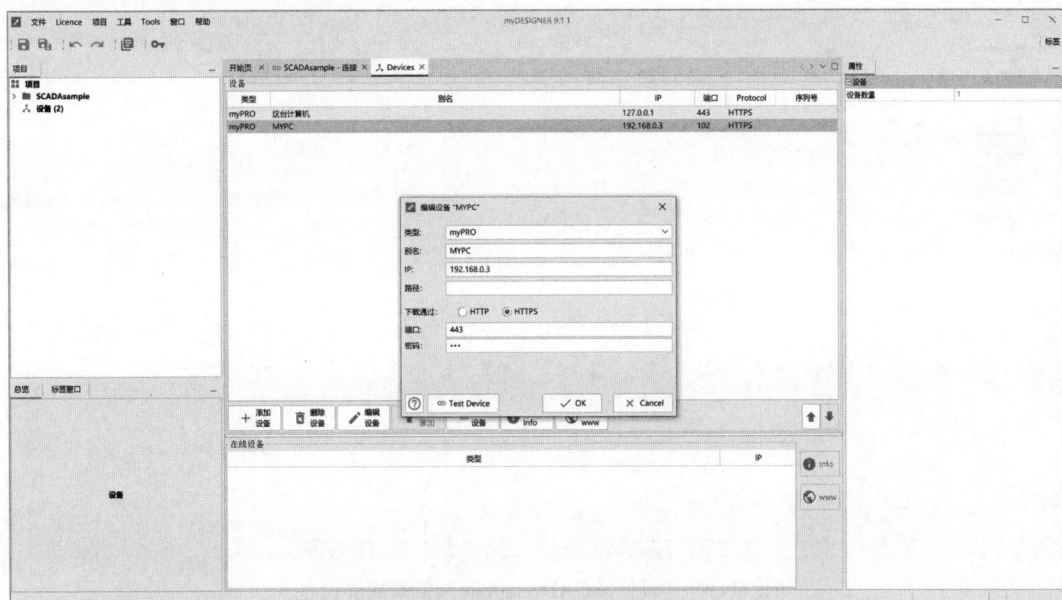

图 11-37 添加设备

（7）在如图 11-38 所示的测试设备连接界面中单击 Cancel（取消）按钮，然后单击 OK 按钮。

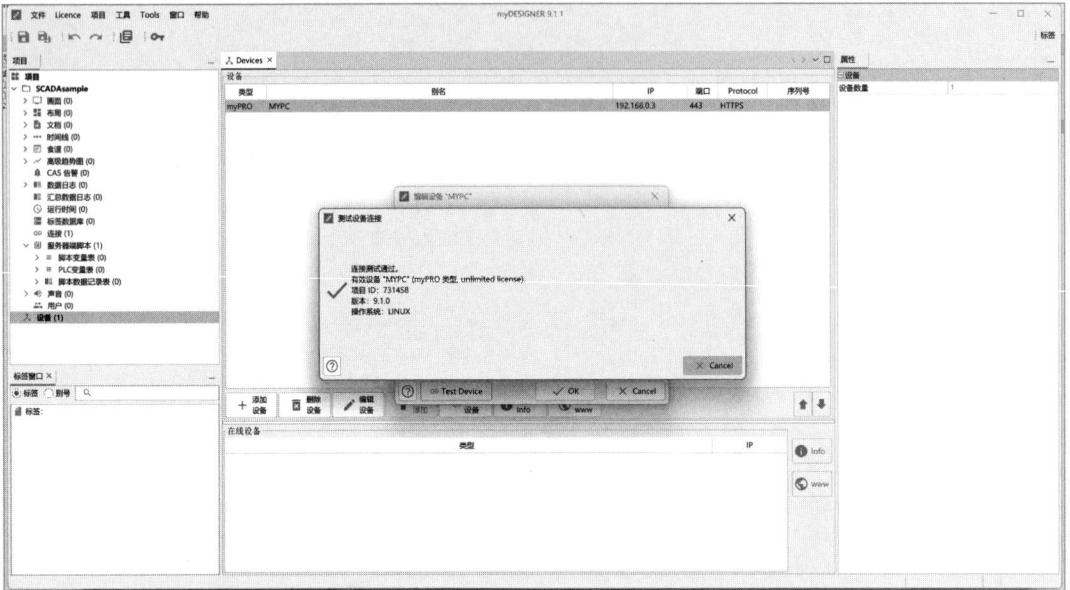

图 11-38　项目（SCADAsample）– PLC 和计算机之间的连接已测试并正常

即可看到新添加的设备，如图 11-39 所示。

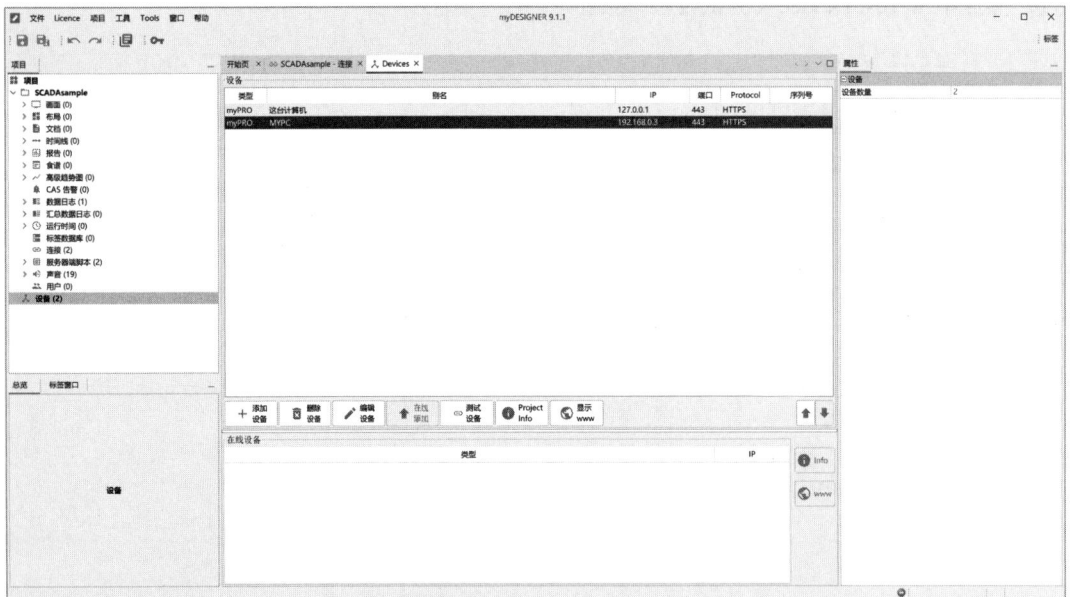

图 11-39　项目（SCADAsample）新添加的设备

（8）双击项目标题，然后双击"标签数据库"选项。单击"+ Add"（添加新标签）按钮，打开标签数据库，如图 11-40 所示。

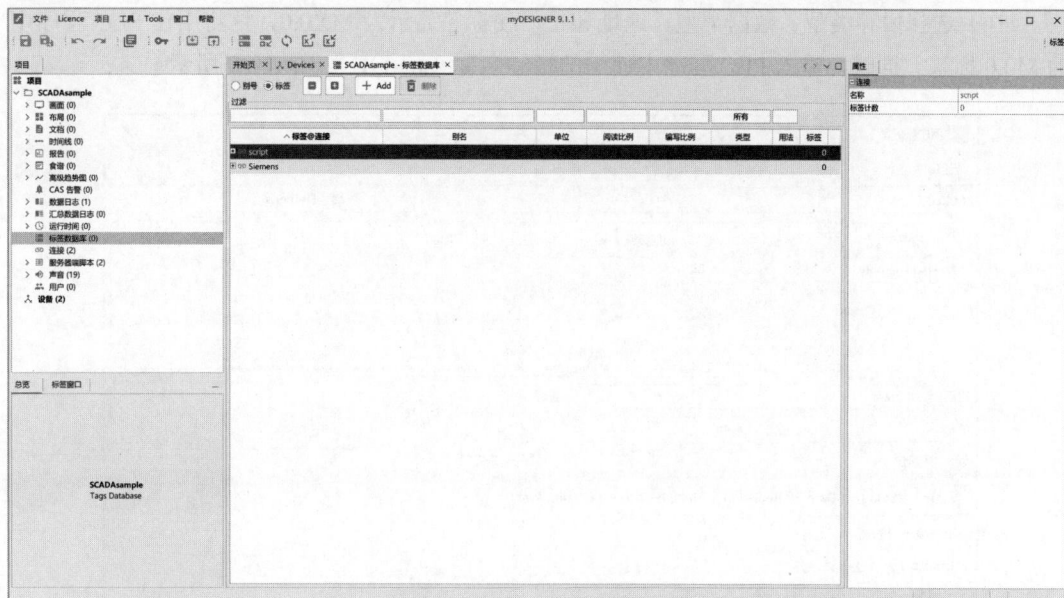

图 11-40 打开标签数据库

（9）在"添加新标签"对话框的指示位置选择你的 PLC 名称，如图 11-41 所示。

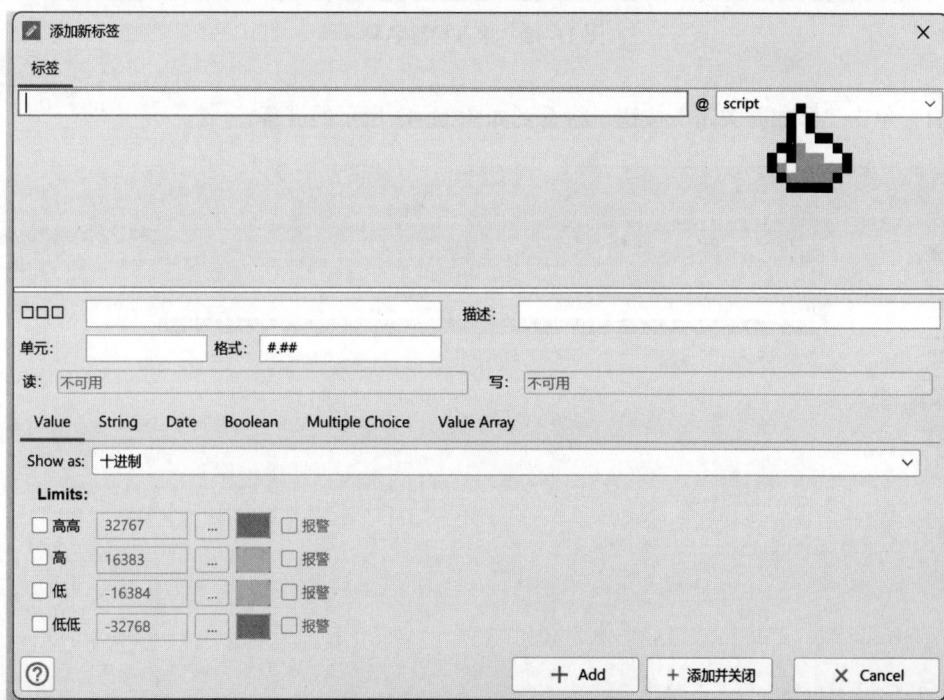

图 11-41 "添加新标签"对话框

（10）选择内存类型、数据类型、地址和位，使标签显示为 MX0.0，这将用作 PLC 程序中的 M0.0 标签。同时，输入 PLC 程序中使用的标签名称（start），如图 11-42 所示。

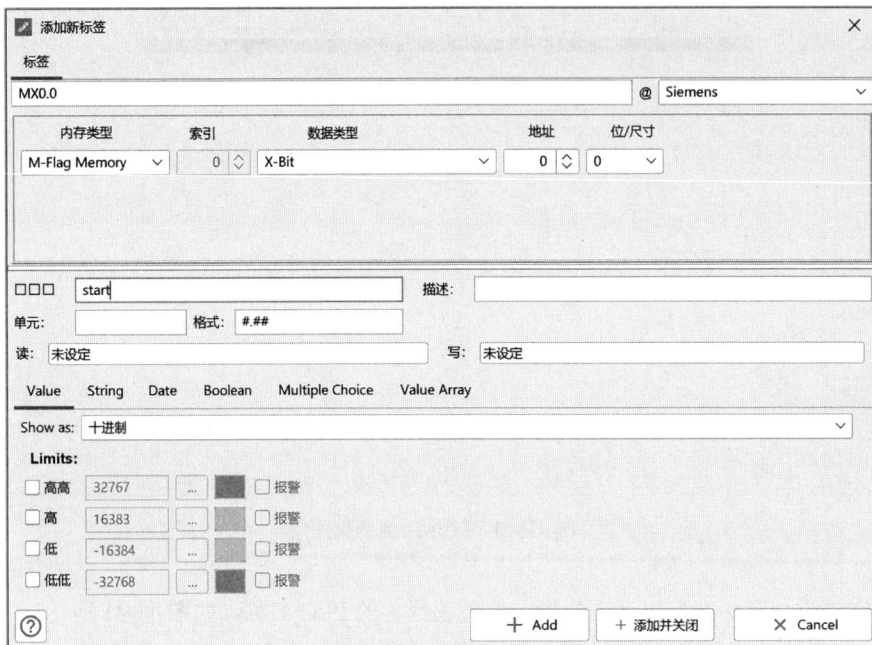

图 11-42　输入标签名称

（11）单击"添加并关闭"按钮，将看到如图 11-43 所示的屏幕。

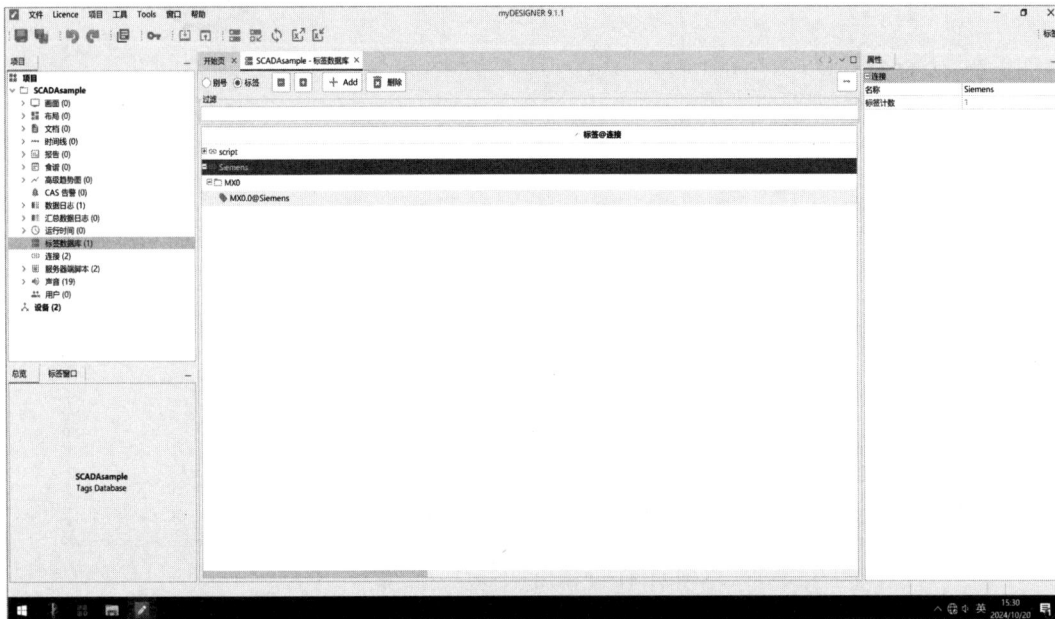

图 11-43　项目（SCADAsample）新添加的标签（PLC）

（12）再次单击"+Add"（添加新标签）按钮，并按照如图 11-44 所示设置标签的必要信息。

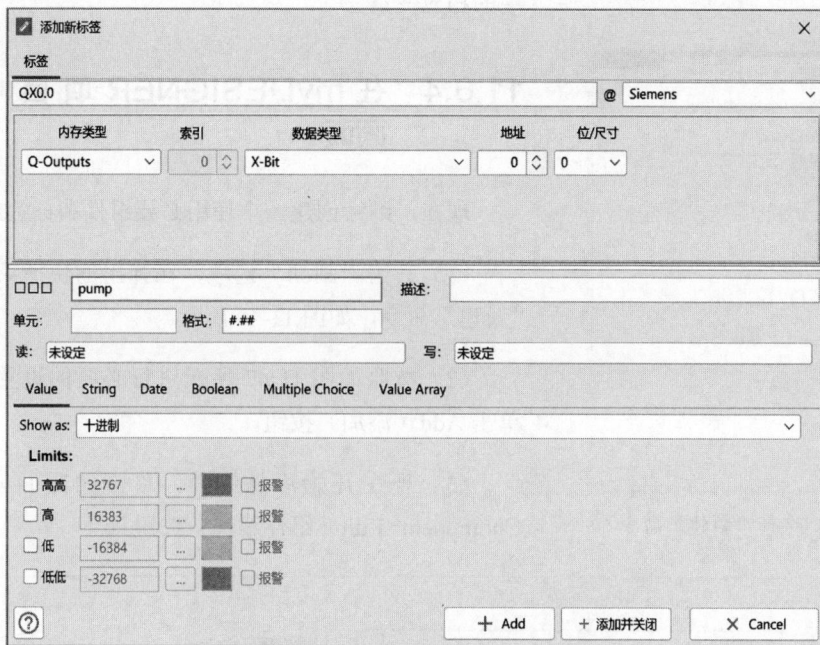

图 11-44 再次添加标签并设置必要信息

（13）单击"添加并关闭"按钮，将看到如图 11-45 所示的屏幕。

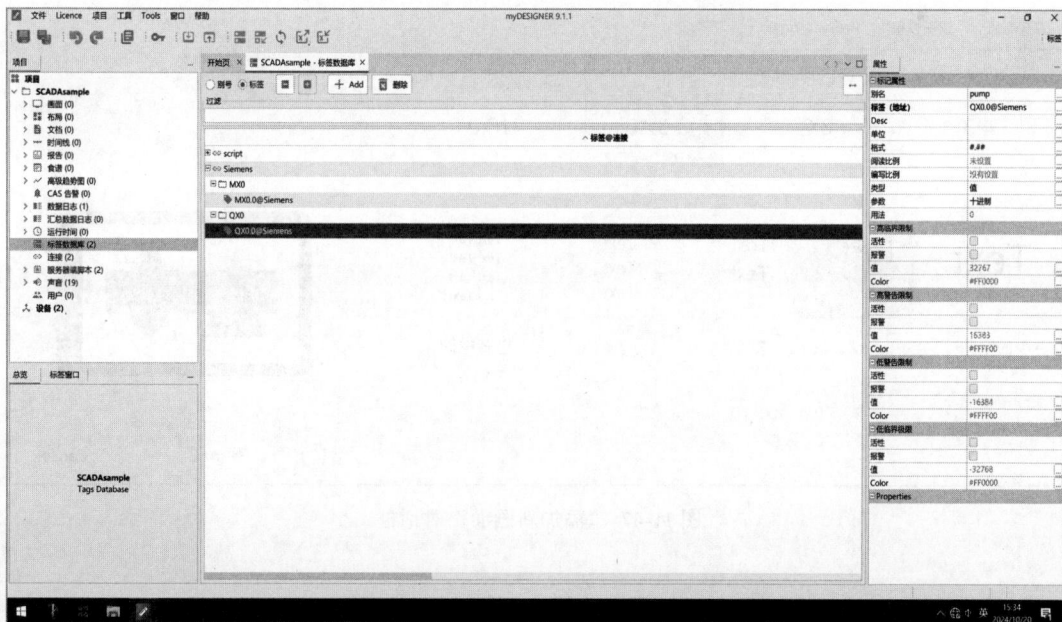

图 11-45 项目（SCADAsample）新添加的另一个标签

图 11-46 选择 "新建" 命令

恭喜！读者已成功将必要的标签添加到标签数据库中。这些标签将用于在 SCADA 系统中表示和控制 PLC 中的相应变量。

11.6.4 在 myDESIGNER 项目中创建画面

现在，继续创建一个使用必要组件和标签的画面。

（1）右击 "画面" 选项，在弹出的快捷菜单中选择 "新建" 命令，如图 11-46 所示。

（2）按照如图 11-47 所示进行必要的设置，完成后单击 Add（添加）按钮。

（3）现在开始添加组件。单击如图 11-48 所示的 Components Edit（组件编辑）按钮。

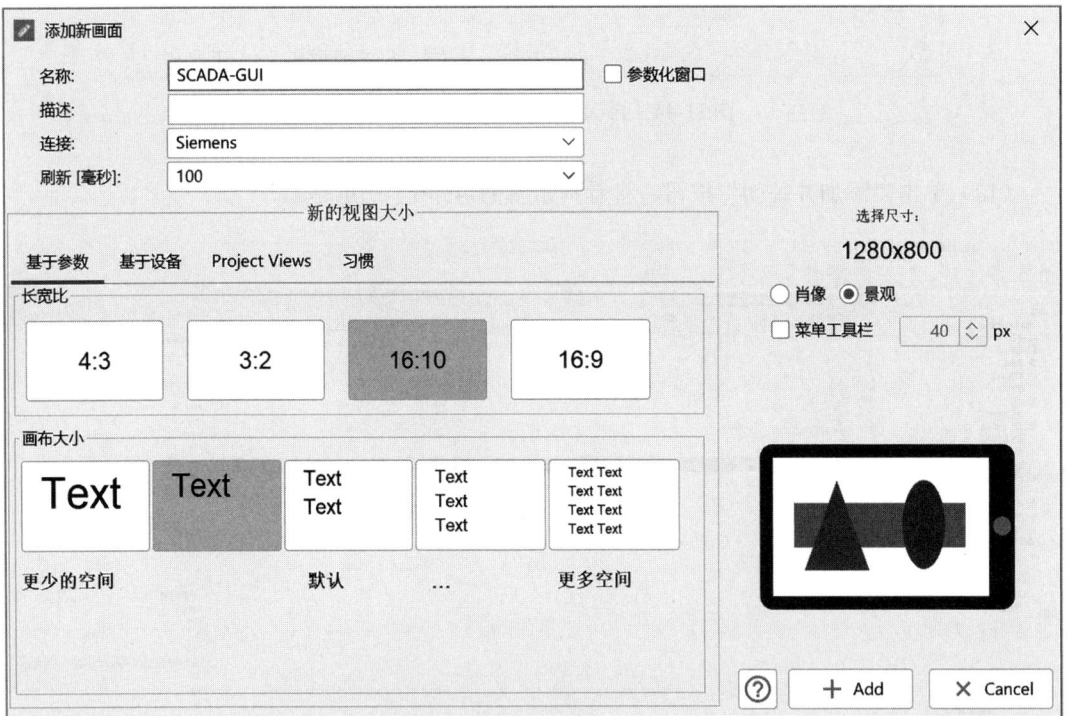

图 11-47 "添加新画面" 对话框

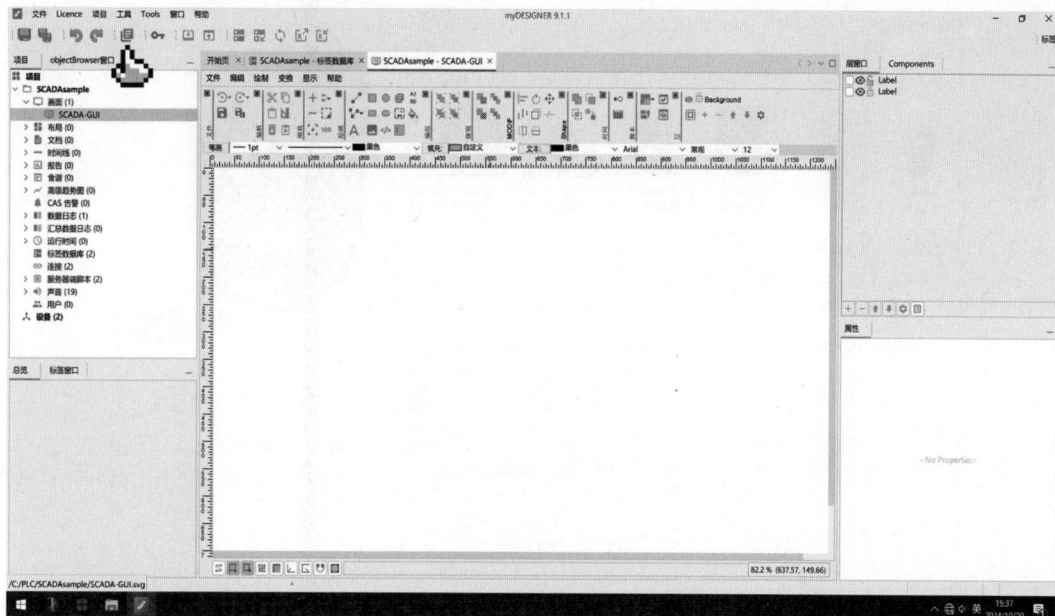

图 11-48　单击组件编辑按钮

（4）从如图 11-49 所示的组件对话框中选择 Industrial switches（工业开关）选项。

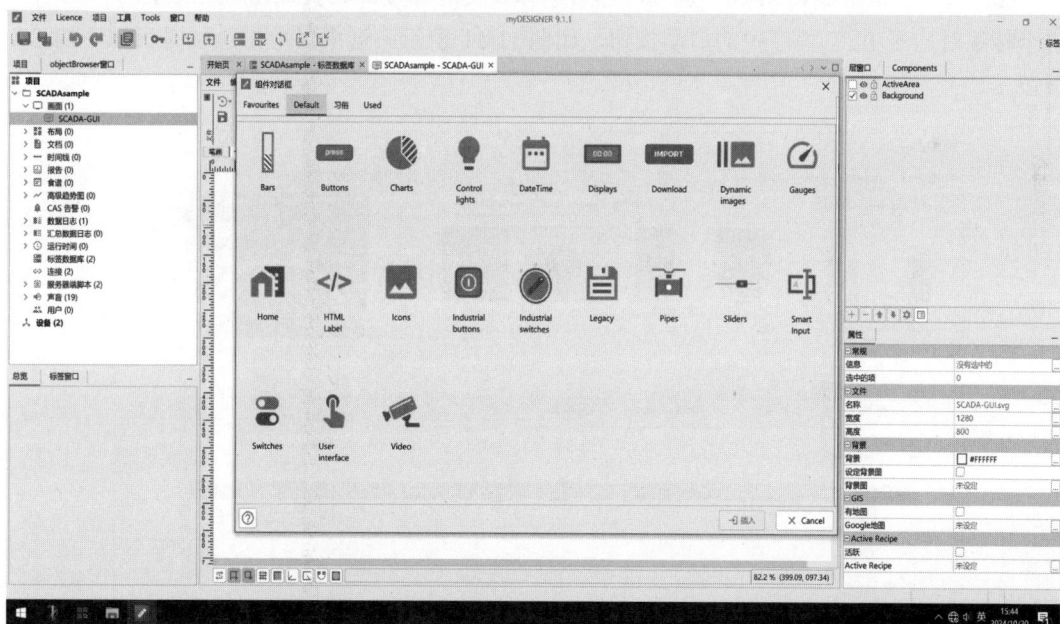

图 11-49　项目（SCADAsample）－画面（SCADA-GUI）－组件对话框（1）

（5）从如图 11-50 所示的开关列表中选择 Industrial Switch Button（工业开关按钮）选项，然后单击"…"按钮以指定标签。

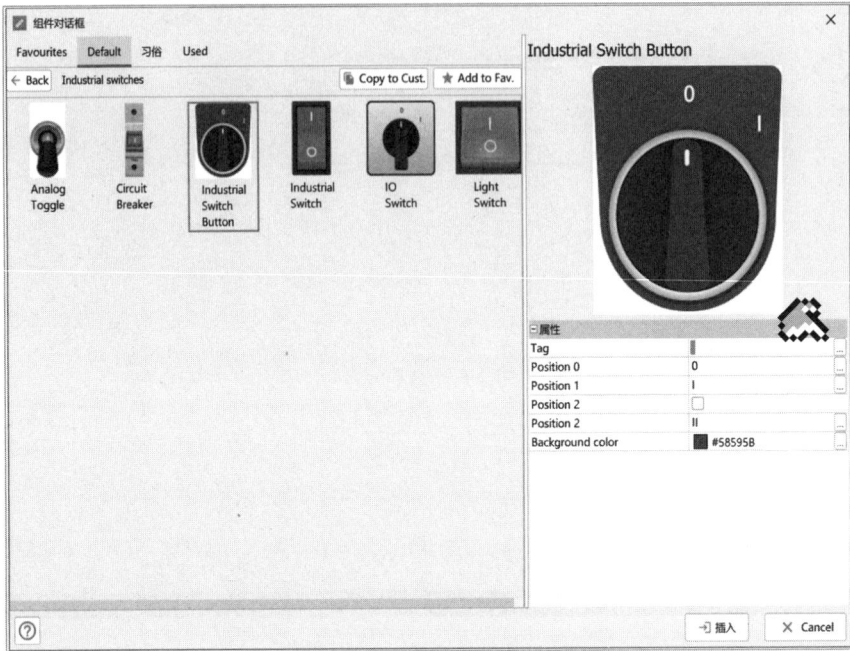

图 11-50 项目（SCADAsample）– 画面（SCADA-GUI）– 组件对话框（2）

（6）展开"Siemens | MX0"选项，然后选择开关的标签，如"MX0.0@Siemens [*start]"。这个标签对应于 PLC 程序中的启动按钮，如图 11-51 所示。选中后单击组件对话框中的 OK 按钮。

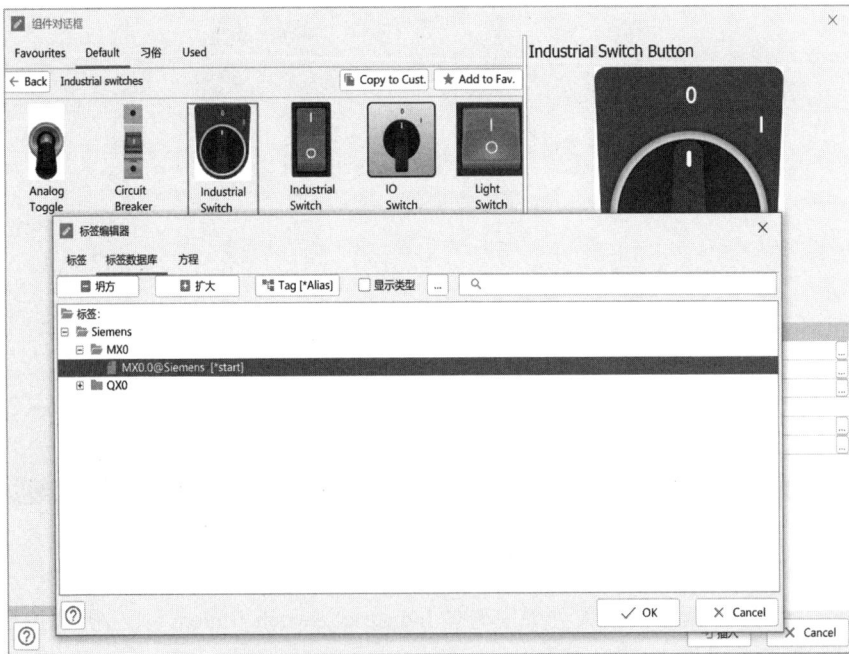

图 11-51 项目（SCADAsample）– 画面（SCADA-GUI）– 为组件指定标签

（7）单击组件对话框中的"插入"按钮，在屏幕上单击以放置开关，如图 11-52 所示。

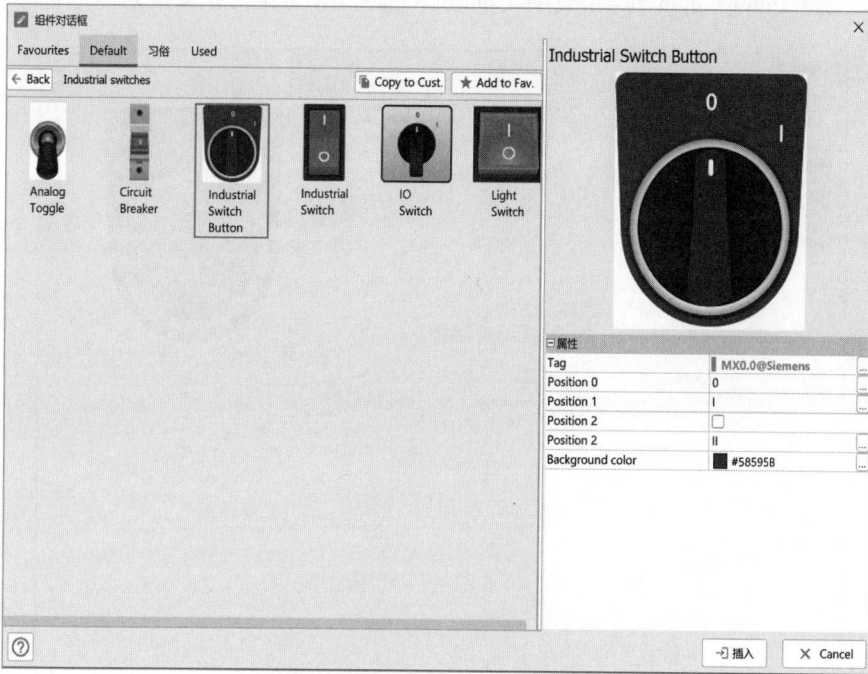

图 11-52　单击"插入"按钮

（8）可以选中开关并调整大小，或将其移动到屏幕上的指定位置，如图 11-53 所示。

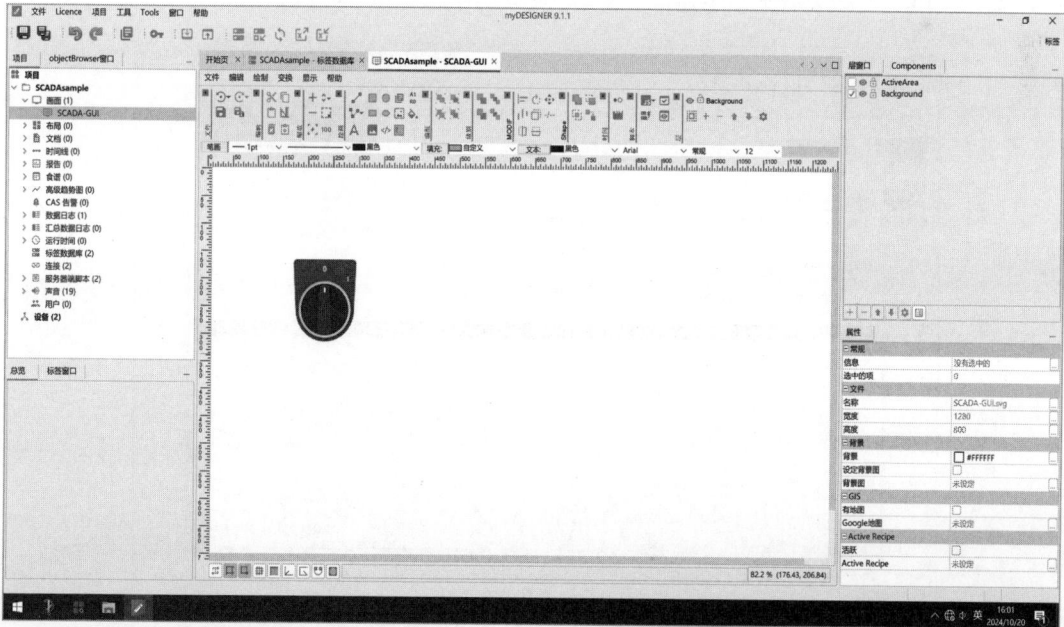

图 11-53　调整大小并移动位置

（9）再次单击 Component edit（组件编辑）按钮，然后在类别中选择 Control light（控制灯）选项，并在 Control light 列表中选择 Control light 选项，如图 11-54 所示。

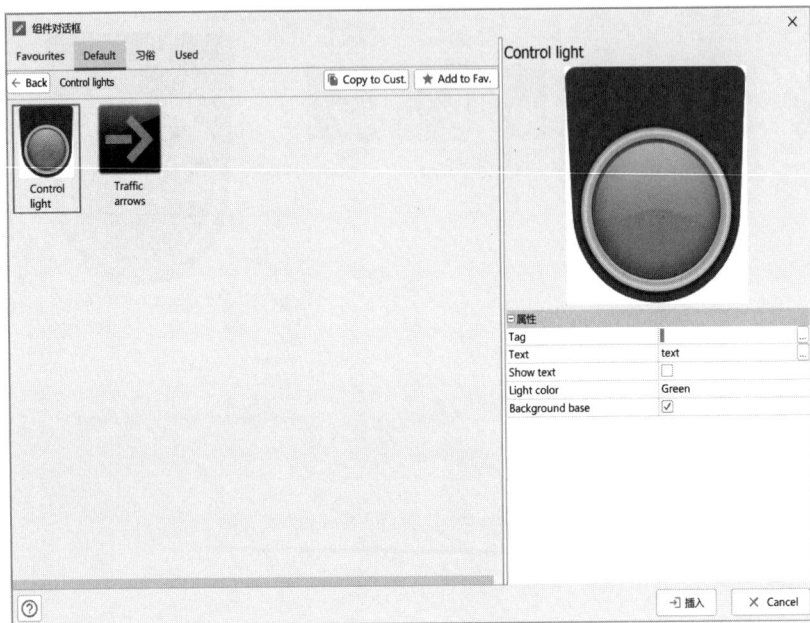

图 11-54　选择控制灯

（10）单击"…"按钮以指定标签。展开 QX0 选项并选择 QX0.0@Siemens [*pump]，这个标签对应于 PLC 程序中的泵状态输出，如图 11-55 所示。单击 OK 按钮。

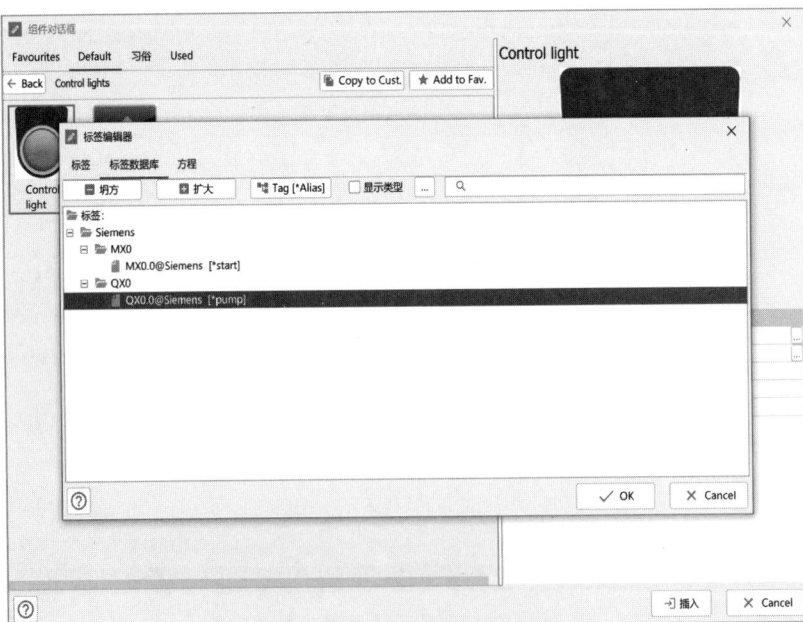

图 11-55　为组件指定标签

（11）单击"插入"按钮，在屏幕上单击以放置控制灯，如图 11-56 所示。

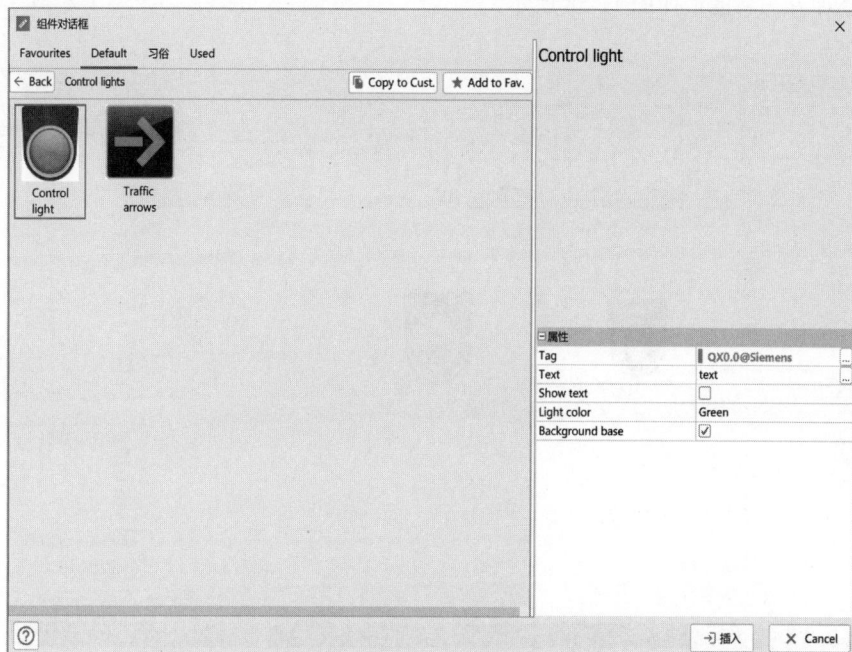

图 11-56　单击"插入"按钮

（12）现在可以在屏幕上看到控制灯。接下来，选择之前添加的开关，如图 11-57 所示。

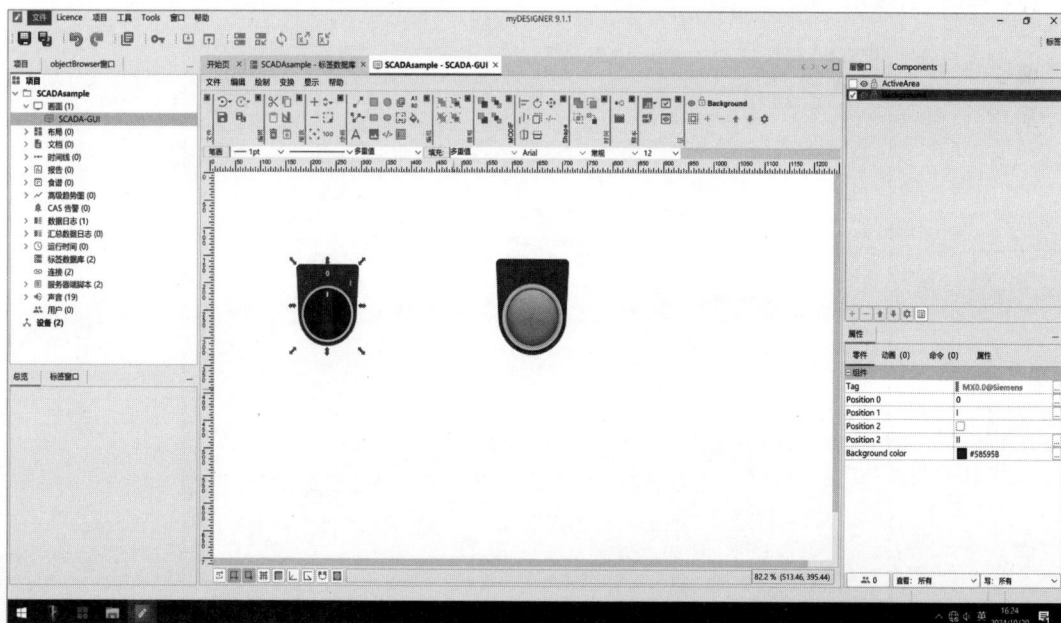

图 11-57　选择之前添加的开关

（13）选择右侧属性栏的"命令"选项卡，然后在"设定"下的"单击时"右侧单击"…"按钮，以添加开关功能，如图 11-58 所示。

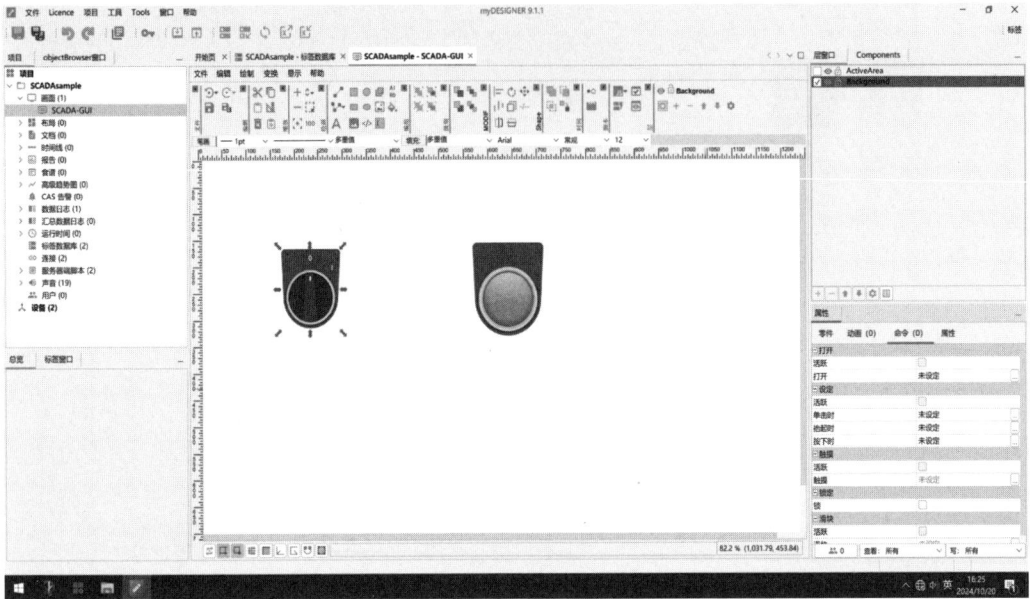

图 11-58　为开关添加命令（1）

（14）在弹出的"设定命令 – 点击时"对话框中单击手指指示的"…"按钮，以设置切换动作，如图 11-59 所示。

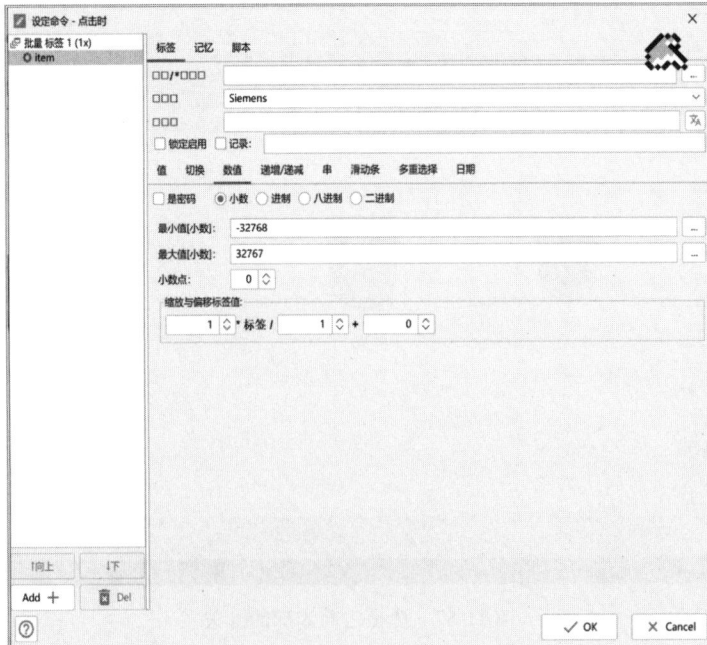

图 11-59　为开关添加命令（2）

（15）弹出"标签编辑器"对话框，展开标签列表，如图 11-60 所示。

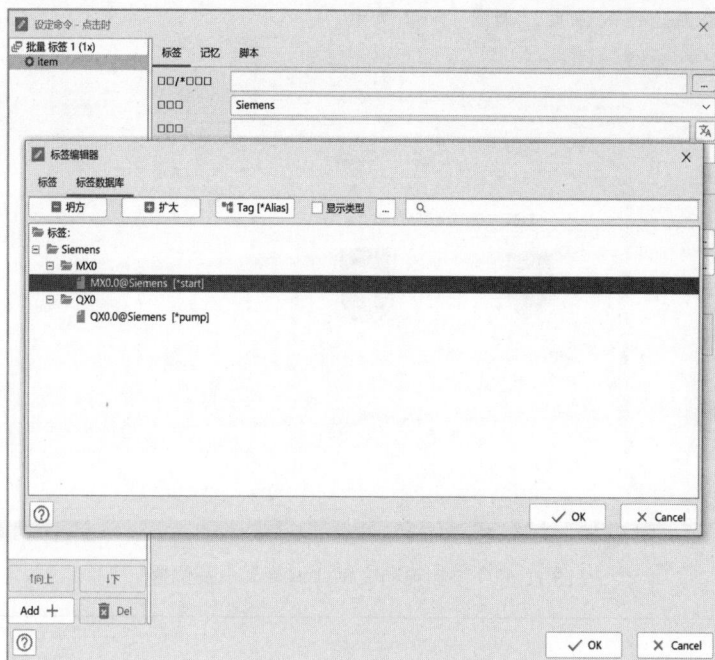

图 11-60　展开标签列表

（16）在图 11-60 中为开关选择标签 MX0.0@Siemens [*start]，然后单击 OK 按钮。"设定命令－点击时"对话框变成如图 11-61 所示。这将使开关能够控制 PLC 程序中的启动变量。

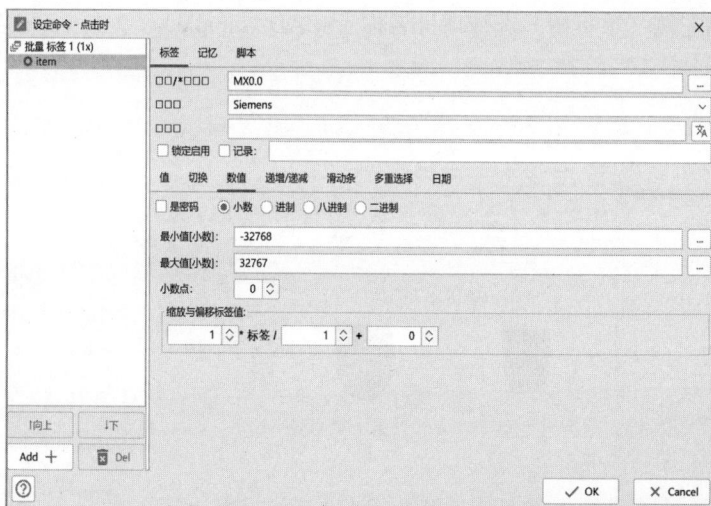

图 11-61　"设定命令－点击时"对话框

（17）单击 OK 按钮，返回主界面。

注意： 可以使用创建文本元素工具来添加说明文字。输入文本后，可以调整其大小，并将其放置在屏幕上合适的位置，如图 11-62 所示。

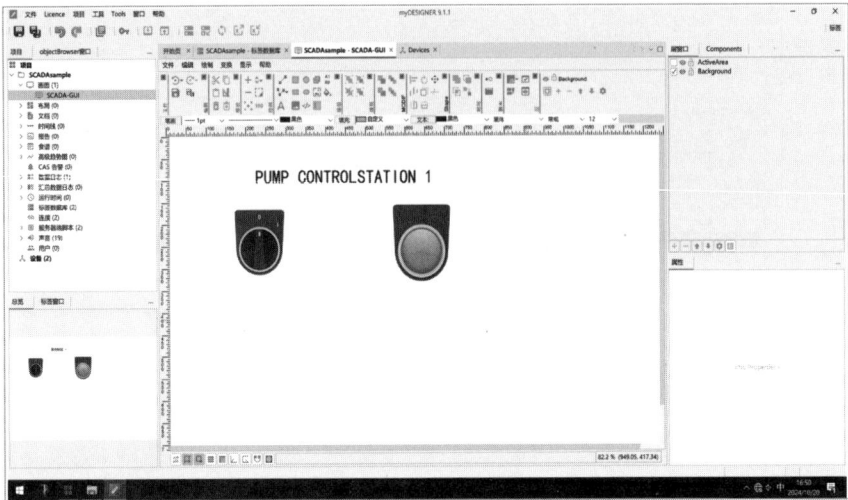

图 11-62　添加说明文字并调整大小及位置

恭喜！读者已成功完成一个用于监控和控制泵操作的 SCADA 屏幕设计。这个界面包含了一个开关用于控制泵的启动，以及一个指示灯用于显示泵的运行状态。通过这个界面，操作员可以直观地控制和监视泵的运行情况。

现在，将项目下载到设备中。

（1）在屏幕左侧（项目树）选择项目名称（SCADAsample），单击"下载到设备"按钮，如图 11-63 所示。

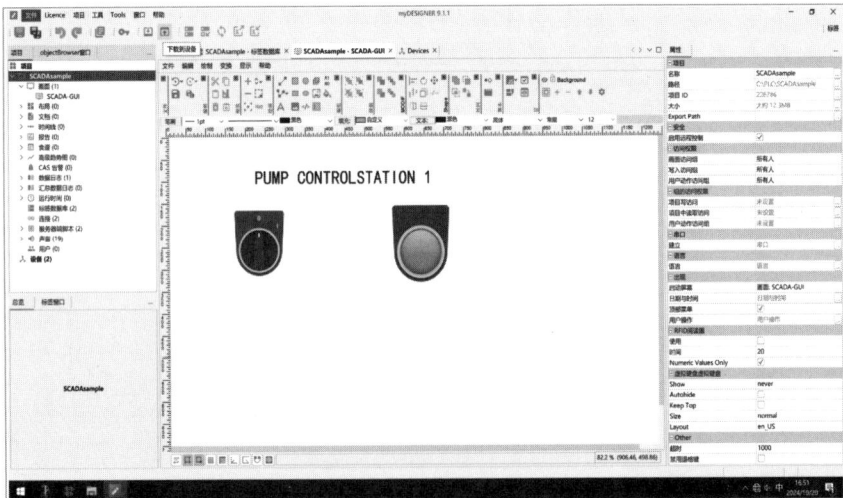

图 11-63　选择项目名称

（2）选择两个设备选项（这台计算机和 MYPC），如图 11-64 所示。

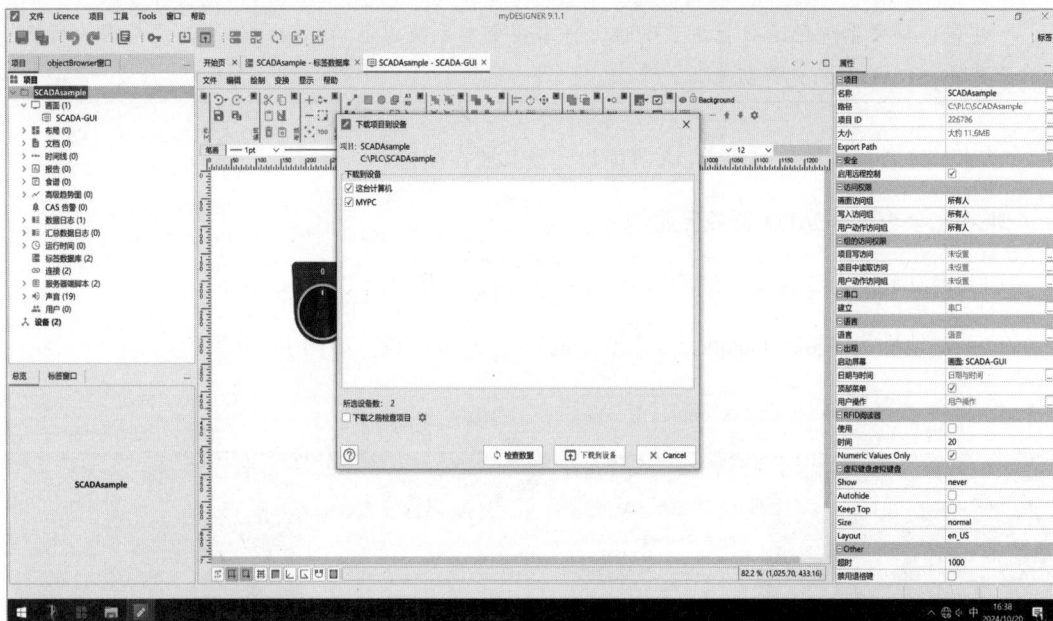

图 11-64 选择设备选项

（3）单击"下载到设备"按钮，弹出提示框，如图 11-65 所示。

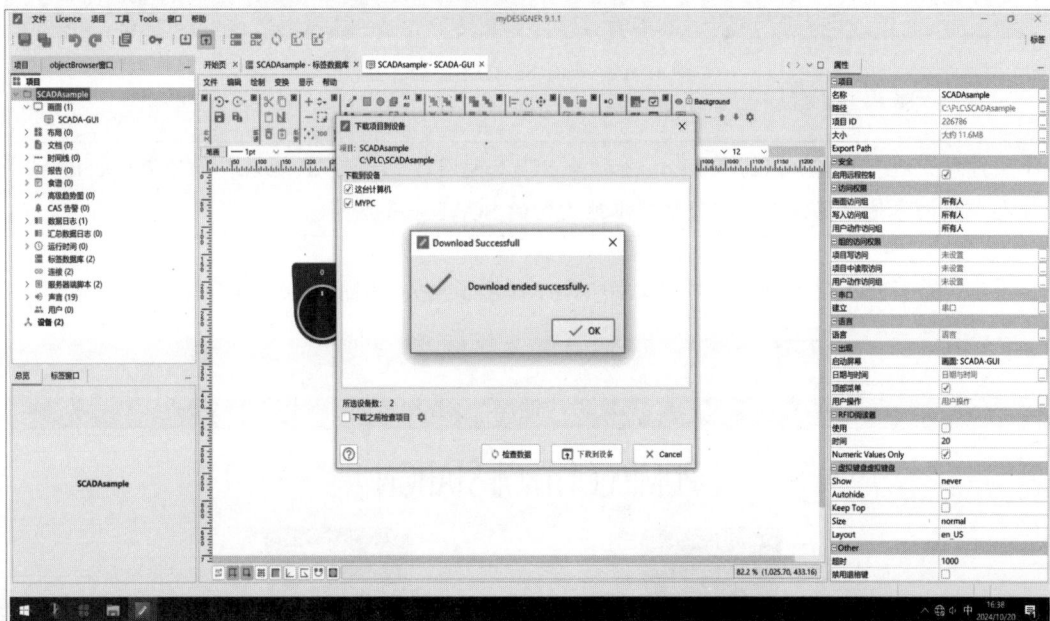

图 11-65 弹出提示框

注意：如果出现提示信息，请仔细阅读并做出相应处理。

（4）单击 OK 按钮，将看到所设计的界面。

注意：如果系统已运行长达 2 小时，将需要重启系统以继续使用该软件。这是因为所使用的是 mySCADA 的免费版本。

恭喜！读者已成功完成 SCADA 界面设计及其监控配置。

现在，来查看 SCADA 监控界面。

（1）启动 mySCADA 支持的任何浏览器，如微软互联网浏览器（Chrome）。

（2）在地址栏中输入 localhost（本地主机）并按 Enter 键，如图 11-66 所示。

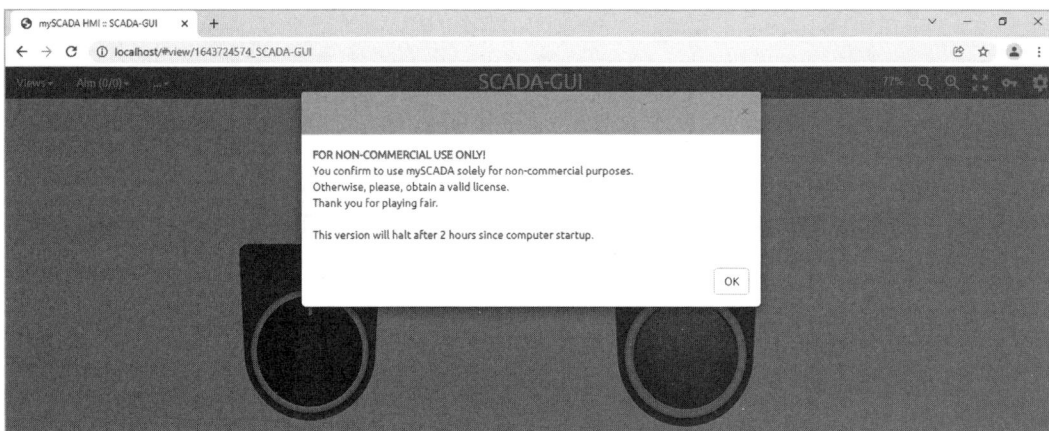

图 11-66　查看 SCADA 监控界面

注意：也可以输入 127.0.0.1 或分配给 PC 以太网适配器的 IP 地址，而不是 localhost。这些都指向本地机器，允许用户访问本地运行的 SCADA 服务器。

（3）单击图 11-66 中的 OK 按钮。图 11-67 显示了泵关闭时的 SCADA 界面。

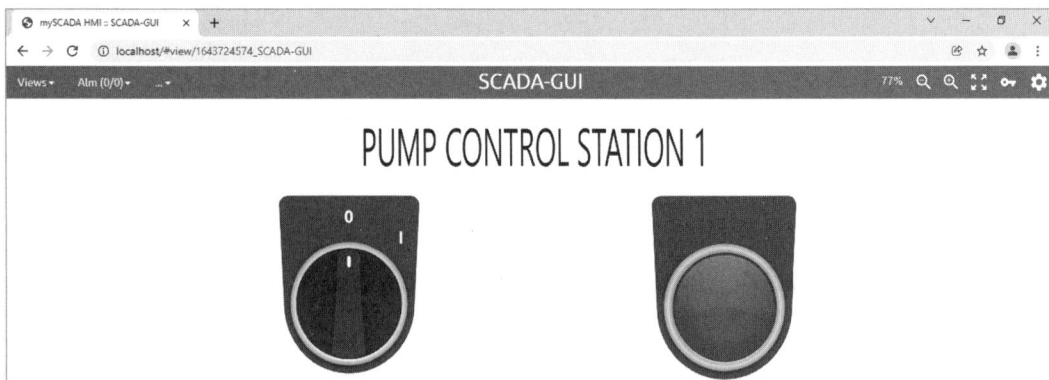

图 11-67　泵关闭时的 SCADA 监控界面

（4）单击开关以打开泵，如图 11-68 所示。

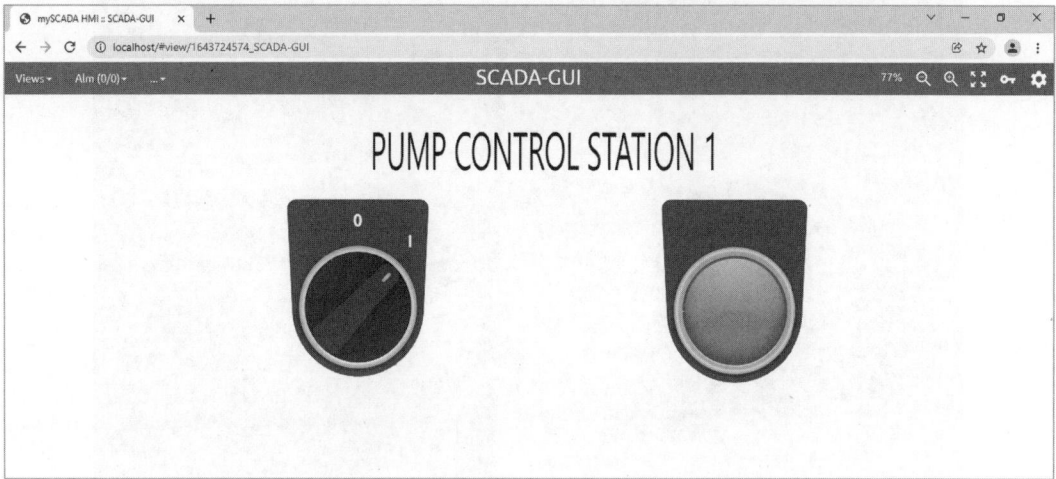

图 11-68 泵运行时的 SCADA 监控界面

图 11-69 显示了完整的硬件设备，包括 PLC（西门子 S7-1200）、用于泵控制的接触器和用于监控的笔记本电脑（状态为当泵关闭时）。

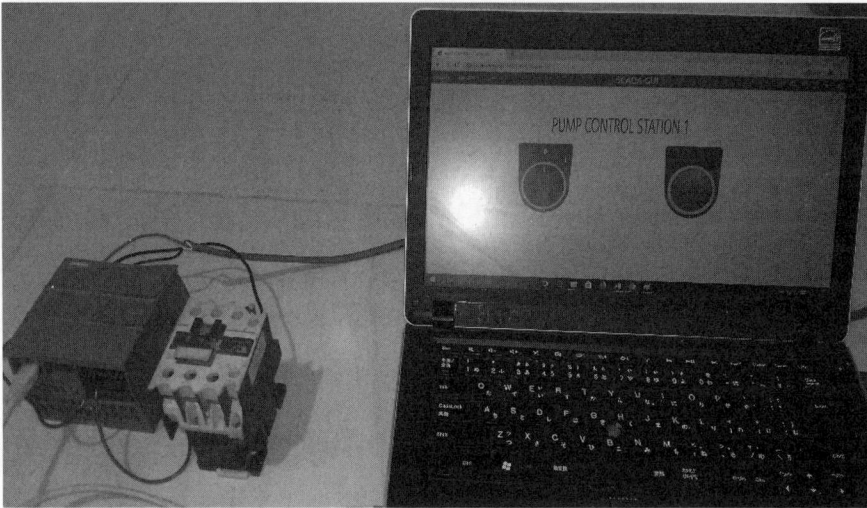

图 11-69 硬件设置展示：PLC（西门子 S7-1200）、用于泵操作的接触器和用于监控的笔记本电脑的设置（状态为当泵关闭时）

单击开关以打开泵，如图 11-70 所示。

这些图片展示了实际的 SCADA 系统如何与 PLC 和现场设备（如泵）集成。

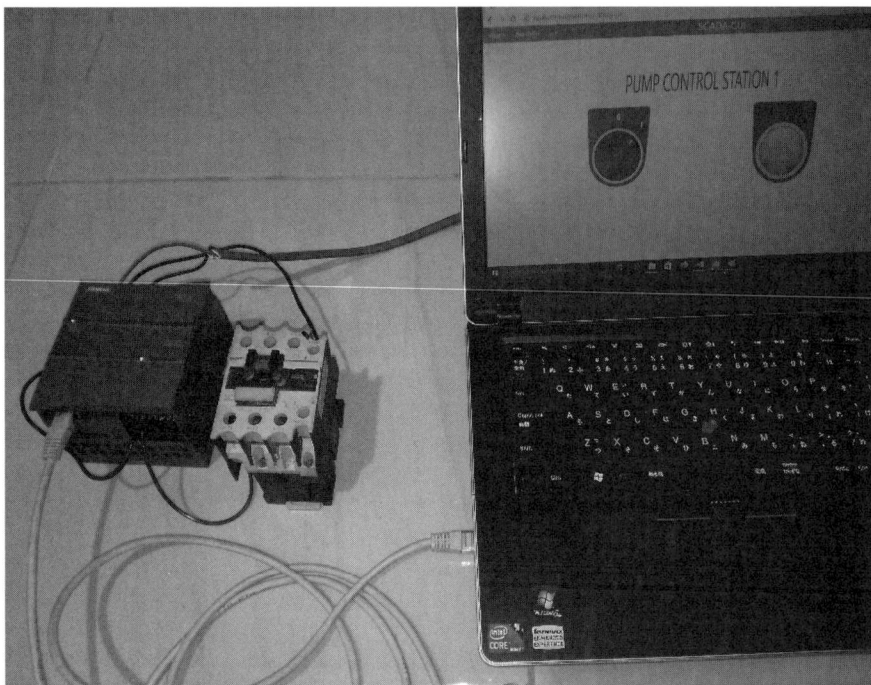

图 11-70 硬件设置展示：PLC（西门子 S7-1200）、用于泵操作的接触器和用于监控的笔记本电脑的设置
（状态为当泵开启时）

读者刚刚完成了本书的另一章节，即使用 mySCADA 软件实现 SCADA 系统与 S7-1200 PLC 的对接（一个实际项目）。如果读者拥有西门子 S7-1200 PLC，以及本项目中使用的其他组件和设备，应该能够独立完成 SCADA 系统的搭建和演示。

11.7 总结

恭喜读者成功完成本章学习！本章以浅显的方式讲解了 SCADA 系统，详细讨论了 SCADA 硬件（包括现场设备、远程站、通信网络和主站）和软件。读者现在应该能够按照分步指南自行下载和安装 mySCADA 软件。最后一节是一个实践部分，向读者展示了如何创建一个简单的 SCADA 界面，并提供了监控配置的详细步骤。

在第 12 章中，将介绍各种行业中过程控制的基础知识。

11.8 习题

以下内容用于测试读者对本章内容的理解程度。在尝试回答这些问题之前，请确保已经阅读并理解了本章中的主要内容。

1. SCADA 是＿＿＿＿＿＿的缩写。

2. RTU 是_____的缩写。

3. _____是指直接连接到机器或工厂并生成数字或模拟信号以进行监控的传感器、变送器和执行器。

4. _____是指运行 SCADA 软件的主计算机，提供系统的图形化表示。

5. _____通常安装在主站上，用于创建监控和控制工业设备所需的图形用户界面（GUI），并执行所有必要的配置。

第三部分
过程控制、工业网络与智能工厂

本部分提供了过程控制、工业网络和智能工厂的基础知识。它涵盖的仪器仪表和控制工程的主题，对制造业、石油天然气及其他行业的工程师都具有重要参考价值。你将深入了解过程控制，包括模拟信号处理、工业网络和通信协议，以及当前制造业的发展趋势（智能工厂及其相关技术，如物联网（IoT）、人工智能（AI）、机器人技术、云计算等）。

本部分包括以下章节：

第 12 章：过程控制基础

第 13 章：工业网络和通信协议基础

第 14 章：5G 驱动的智能工厂（工业 4.0）探索

第 12 章
过程控制基础

工业中执行的许多工艺都需要控制。没有控制，就无法生产出高质量的产品。在制造业、石油天然气、农业或其他行业中，都需要对化学或机械操作进行控制，以获得合格的产品或预期效果。即使在日常生活的家中，过程控制也存在于人们使用的许多设备或机器中。以下是一些集成了过程控制的家用电器示例。

- 冰箱：它内置一个过程控制系统，使其周期性地开启和关闭，确保食物和饮料在特定温度下保持冷藏。
- 空调：这是另一种集成了过程控制的设备。用户使用遥控器设定一个特定温度（设定值），它确保房间的温度维持在该设定值。
- 熨斗：它包含了一个恒温器或温度开关，当温度达到某个特定水平（即设定值）时会自动断电。
- 室内取暖器：它通过加热器和温度开关，保持房间的温度在特定水平。

任何行业的过程控制都离不开传感器、执行器和控制器，在前几章已经学习过——这种控制有时还可能涉及通信网络，它们协同工作，以确保产品达到所需质量。

完成本章学习后，读者应该理解过程控制以及适用于工业过程控制的各种测量和设备。读者将通过实践学习如何使用温度控制器来控制温度。最后一节提供了关于可编程逻辑控制器（PLC）中模拟输入信号处理的实用知识，这是 PLC 编程的高级部分内容。通过提供的分步指南，读者将亲自通过实践掌握西门子 S7-1200 PLC 的模拟输入接线和编程。

在本章中，将涵盖以下几方面主要内容：

- 过程控制概述。
- 过程控制术语。
- ISA 符号体系。
- 温度测量与变送器。
- 压力测量与变送器。
- 液位测量与变送器。
- 流量测量与变送器。

- 理解过程控制回路的原理。
- 单回路过程控制的实践案例。
- 用于过程控制的 PLC（西门子 S7-1200）模拟输入的接线和编程实践。

12.1 过程控制概述

简而言之，可以将过程控制定义为监控和调整过程以获得预期结果的技术。

当今工业中，原材料在成为成品之前要经过一系列的工艺过程。这些过程需要被精确地监控和调整，以确保高效、经济和安全地生产出优质产品。过程的监控和必要的调整通常通过控制系统自动完成。如果由人工完成监控和调整，不仅需要更多的工人，而且由于人为错误的存在，也无法获得最佳结果。

自动过程控制可以分为以下几类。

- 开环控制系统。
- 闭环控制系统（反馈控制）。
- 前馈控制系统。
- 前馈 – 反馈控制系统。

下面将详细介绍每一种控制类型。

1. 开环控制系统

在开环控制系统中，输出不会影响控制动作。该系统没有传感器或反馈机制。依赖时间的操作是开环控制的典型例子。例如，洗衣机的定时器，操作员设置所需时间后，机器会在指定时间内执行必要的清洗过程。它没有传感器来判断衣物是否已洗净，只会在设定时间结束时停止。在这种情况下，输出不影响控制动作。图 12-1 展示了开环控制系统的框图。

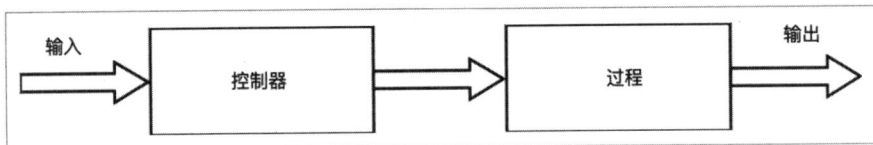

图 12-1　开环控制系统的框图

2. 闭环控制系统（反馈控制）

在闭环控制系统中，输出会影响控制动作。系统在输出端有一个传感器，反馈信号被送回输入端。系统将反馈信号与设定值（setpoint）进行比较，以产生误差信号，用于确定驱动过程达到期望输出或结果所需的控制动作。因此，闭环控制系统也被称为**反馈控制系统**。输出被反馈到输入端，系统使用测量的输出（过程变量）和给定的设定值的比较来控制输入，使输出保持在期望值。图 12-2 展示了反馈控制系统的框图。

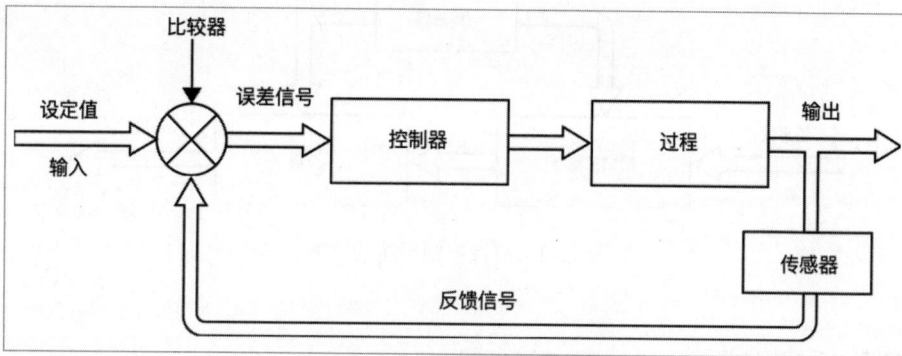

图 12-2　反馈控制系统的框图

　　反馈控制技术广泛应用于各种行业，如航空航天（如自动驾驶仪和火箭控制系统）、工业加工（如石油和天然气、化工、核反应堆、食品和饮料、制药和水处理），以及自动化制造（如机器人和数控机床）等。

　　在牛奶制造业中，一个重要的生产过程是巴氏杀菌。这个过程涉及在 15 秒内将牛奶快速加热到约 70℃，然后立即冷却到约 3℃，以杀死有害微生物并延长保质期。通常使用高温短时（HTST）巴氏杀菌设备。

　　这种设备使用卫生级板式热交换器，利用热水或蒸汽来提高牛奶的温度。加热阶段之后是快速冷却阶段。高温短时巴氏杀菌设备采用反馈控制系统实时监控，以确保牛奶得到充分的巴氏杀菌处理。

　　反馈控制在日常生活中也很常见。空调就是一个典型的例子。它有一个传感器，读取环境温度——这个读数被送到具有设定值的控制器（用遥控器设置的目标温度，如 16℃），然后将设定值与反馈信号比较以生成误差信号。控制器使用产生的误差信号来决定需要的控制动作，以驱动压缩机运行，确保维持所需的温度值。与开环控制系统不同，空调输出端的传感器使系统能够实时判断是否已达到目标温度。

3. 前馈控制系统

　　前馈控制是一种预见性的控制方法。它将测量可能的干扰，并在干扰影响系统之前采取纠正措施。与反馈控制不同，前馈控制基于负载变量或输入的状态，而非输出的状态来决定其控制动作。它持续监控负载变量，并在过程变量（或输出）偏离设定值之前主动采取必要的行动。这种方法不依赖于输出的反馈。

　　图 12-3 展示了前馈控制系统的框图。

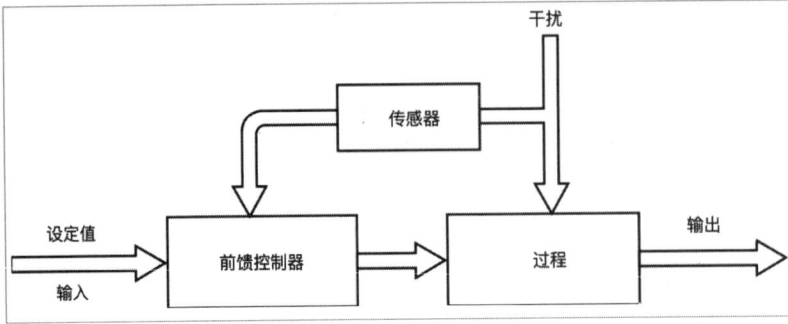

图 12-3　前馈控制系统的框图

4. 前馈 – 反馈控制系统

在工业应用中，前馈控制通常与反馈控制结合使用，形成**前馈 – 反馈控制系统**。在这种系统中，前馈元件对预测到的干扰提供快速响应，而反馈元件则通过精确处理实际发生的误差来提供补充响应。这种结合利用了两种控制方式的优点：前馈控制的预见性和反馈控制的精确性。其系统架构如图 12-4 所示。

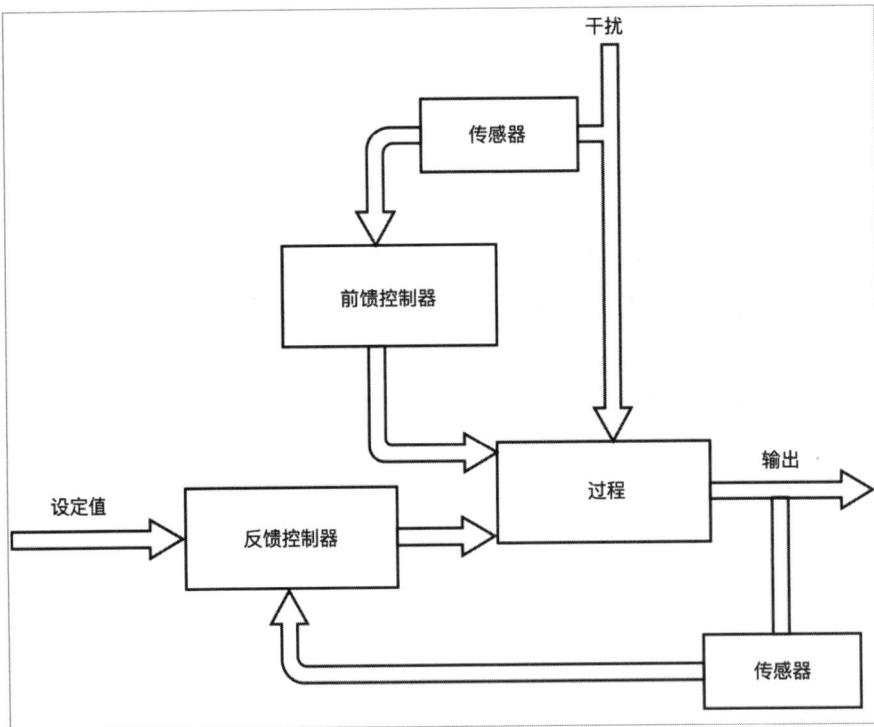

图 12-4　前馈 – 反馈控制系统的框图

刚刚介绍了过程控制的基本概念及其主要类型。接下来，将深入探讨一些重要的过程控制术语。

12.2　过程控制术语

在本节中，将详细了解一些与过程控制密切相关的常用术语。

- 过程：在工业自动化中，过程是指导致输入发生物理或化学变化的一系列操作或事件。在工业生产中，原材料需要经过加热、研磨或混合等一系列工序才能成为成品。
- 传感器：传感器是过程控制系统的"感官器官"。就像我们有耳朵听、眼睛看、鼻子闻和舌头尝一样，传感器用于检测和测量各种物理或化学属性（如温度、压力、液位或流量），并将其转换为电信号。常见的工业传感器包括：
  - 温度传感器：如热电偶、RTD（电阻温度检测器）等。
  - 压力传感器：如压力变送器、差压传感器等。
  - 液位传感器：如超声波液位计、雷达液位计等。
  - 流量传感器：如涡轮流量计、科里奥利流量计等。

其他还包括 pH 传感器、速度传感器或位置传感器。在第 2 章中，已经讨论了传感器，但当时关注的是产生数字输出的传感器，如低电平 LOW 或高电平 HIGH（0 或 1）。在本章中，将重点关注产生**模拟信号**的传感器。

- 变送器：变送器在工业自动化中扮演着关键角色，它将传感器的原始信号转换为标准化的工业信号（通常是 4 ～ 20mA 电流信号、0 ～ 10V 电压信号或 3 ～ 15psi 的气动信号）。传感器输出的原始信号通常比较微弱，需要放大或调节以产生标准信号。因此，传感器通常连接到变送器以产生标准信号输出。例如，图 12-5 展示了 RTD 温度传感器和 RTD 温度变送器如何连接，以在温度变化时产生 4 ～ 20mA 的标准电流输出。

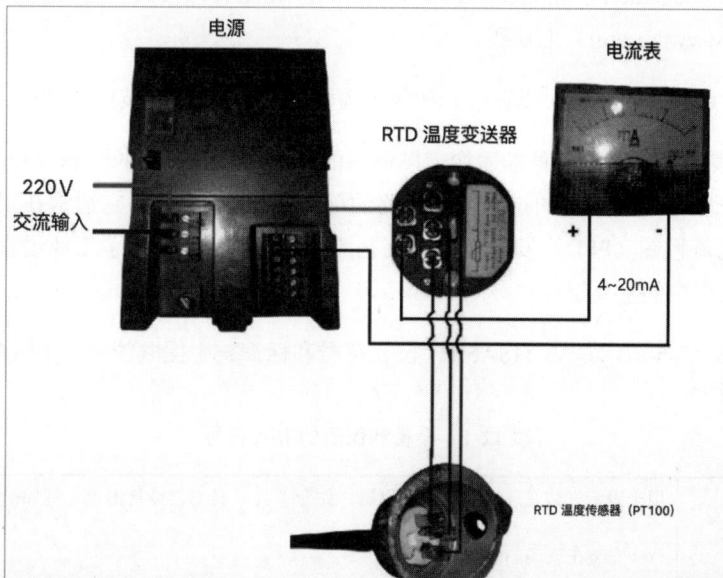

图 12-5　RTD 温度传感器和 RTD 温度变送器如何连接，以在温度变化时产生 4 ～ 20mA 的标准电流输出

- 过程变量（PV）：这是控制系统中的核心概念，代表了实际测量和控制的量的实际值或当前值。在温度控制系统中，当前温度就是过程变量。这可以是温度、压力、液位、流量或其他物理量。
- 设定点：这是操作员或控制系统期望过程变量达到并维持的目标值。例如，在炼油厂的蒸馏塔中，特定层的温度设定点可能是 180℃。控制系统会不断地调整加热器或冷却器，以保持实际温度接近这个设定点。
- 误差：误差是过程变量（或测量值）与设定点之间的差值。控制系统的主要目标就是将这个误差最小化。正误差表示 PV 高于设定点，负误差则相反。
- 控制器：这是提供必要控制动作以保持过程变量在设定点的设备。它根据误差信号进行操作，并向最终控制元件提供必要的控制动作，以保持误差为零，从而维持设定点。
- 控制元件或最终控制元件：这些是控制器操作以保持过程变量在设定点的设备，如接触器、继电器、电磁阀、气动控制阀和变频驱动器等。

理解这些术语对于深入学习和应用过程控制至关重要。在实际的工业环境中，会经常遇到这些概念，无论是在系统设计、故障排除还是日常操作中。接下来，将探讨 ISA（国际自动化协会）的符号体系，这是工业自动化领域的一个重要标准。

12.3　ISA 符号体系

国际自动化学会（ISA）是一个由从事工业自动化的工程师、技术人员和管理人员组成的非营利性专业协会。ISA 是过程控制行业领先的标准化组织之一，他们开发了一套用于设计过程控制回路和其他工程图的符号。这套符号被称为 ISA 符号体系，详细内容记录在他们的出版物 ISA5.1，Instrumentation Symbols and Identification（ISA5.1，仪表符号和标识）中，可以在其网站（https://www.isa.org/）上购买。

ISA 符号体系在创建工艺（或管道）和仪表流程图（P&ID）时被广泛使用。

P&ID（仪表流程图）是一种描述加工厂使用的管道和仪表细节的图表（12.8 节的图 12-16 展示了一个用于基本控制水平的过程控制回路的简单仪表流程图）。它通常在工业过程工厂的设计阶段从工艺流程图（PFD）发展而来。工艺流程图（PFD）显示了工业过程中工厂的基本流程，仅展示工厂中的主要组件。

表 12-1 ～表 12-5 所示是从《ISA5.1，仪表符号和标识》中提取的一些 ISA 符号。

表 12-1　设备和仪表的 ISA 符号

	用于表示安装在现场的设备或仪器，如变送器、传感器或检测器。例如： ⊤ⓣ 安装在现场的温度变送器； ⊙ⓟⓣ 安装在现场的压力变送器

(圆圈带横线)	用于表示安装在主面板前部（可见）的设备或仪器。例如： （LIC/101）液位指示器和控制器； （FIC/100）流量指示器和控制器
(圆圈带虚线)	用于表示安装在主面板后部（不可见）的设备或仪器
(圆圈带横线)	用于表示安装在次级或辅助面板前部（可见）的设备或仪器

> **注意：** 单个设备和测量仪表，如变送器、传感器和检测器，用圆圈表示。

表 12-2 PLC 或 DCS（分布式控制系统）的 ISA 符号

(正方形内菱形)	用于表示安装在现场的 PLC（可编程逻辑控制器）
(正方形内菱形带横线)	用于表示安装在主面板前部（在面板前部可见）的 PLC
(正方形内菱形带虚线)	用于表示安装在主面板后部（不可见）的 PLC
(正方形内菱形带横线)	用于表示安装在次级或辅助面板前部（可见）的 PLC

> **注意：** PLC 或 DCS（分布式控制系统）用一个内部有菱形的正方形表示。

表 12-3 既具有显示功能又具有控制功能的设备的 ISA 符号

(正方形内圆圈)	表示一种现场安装的设备，既显示读数又执行某些控制功能
(正方形内圆圈带横线)	表示安装在主面板前部（可见）的设备，既显示读数又执行控制功能

续表

符号	说明
	表示安装在主面板后部（不可见）的设备，既显示读数又执行控制功能
	表示安装在次级或辅助面板前部（可见）的设备，既显示读数又执行控制功能

注意：既显示又执行某种控制功能的仪表用一个内部有圆圈的正方形表示。

表 12-4 计算机系统的 ISA 符号

符号	说明
	用于表示安装在现场的计算机系统
	用于表示安装在主面板前部的计算机系统（可见）
	用于表示安装在主面板后部的计算机系统（不可见）
	用于表示安装在次级或辅助面板前部的计算机系统（可见）

注意：执行某种控制功能的计算机系统用六边形表示。

为了更易于理解，可以将表 12-1～表 12-4 中的 ISA 符号总结如下。

- 中心没有线穿过的形状表示位于现场的仪表或设备。
- 中心有一条水平线穿过的形状表示仪表或设备位于主面板前部（面板前可见）。
- 中心有虚线穿过的形状表示仪表或功能位于主面板后部（不可见）。
- 中心有双线穿过的形状表示仪表或功能位于次级或辅助面板前部（可见）。

以下是从《ISA5.1，仪表符号和标识》中提取的其他 ISA 符号。

表 12-5 其他 ISA 符号

符号	说明
	电子信号
	气动信号

	液压信号
	文丘里管
	孔板流量计
	科里奥利流量计
	超声波流量计（声波式）
	涡街流量计
	涡轮流量计
	闸板阀/球型阀
	弹簧隔膜执行器
	带定位器的弹簧隔膜执行器
	电动执行器
	调节型电磁执行器或用于工艺开关阀的电磁执行器
	手动执行器或手动操作器

更多信息可参见《ISA5.1，仪表符号和标识》文档。

上面学习了 ISA 符号体系，这些知识将帮助读者解释 P&ID（仪表流程图）。读者可以通过《ISA5.1，仪表符号和标识》文档及在线提供的其他资源来深入了解。

在 12.4 节中，将学习各种物理量（温度、压力、液位和流量）的测量及其相关变送器。

12.4　温度测量与变送器

温度是衡量物体冷热程度的度量。在工业过程中，温度测量是一项重要任务，通常借助传感器和变送器来完成。常用的传感器包括电阻温度检测器（RTD）和热电偶。

RTD（电阻温度检测器）是一种电阻会随温度变化而变化的设备。其温度测量范围为 –260℃～ 850℃。相比热电偶，电阻温度检测器具有更高的灵敏度，但价格也更高。按电阻元件的材料分类，电阻温度检测器的传感器有 Pt100、Pt1000、Ni120 和 Cu100 等类型。字母表示元件的材料，数字表示在 0℃ 时的电阻值。Pt100 是最常用的电阻温度检测器，其电阻元件为铂，在 0℃ 时的电阻为 100Ω。

图 12-6　用于 Pt100 的 RTD
温度变送器

RTD 温度传感器需要配合 RTD 变送器使用，以在温度变化导致电阻变化时产生标准信号输出（如 4 ～ 20mA）。图 12-6 展示了用于 Pt100 的 RTD 温度变送器。其温度范围为 0℃～ 300℃，模拟信号输出为 4 ～ 20mA。这意味着当温度为 0℃ 时，变送器输出 4mA；当温度为 300℃ 时，变送器输出 20mA。

图 12-5 展示了 RTD 温度传感器和 RTD 湿度变送器的接线方式。

热电偶由两根不同材质的导线在一端连接形成测温接点组成。当温度变化时，会产生并变化一个电压（以毫伏为单位）。其温度测量范围为 –270℃～ 1800℃。常见的热电偶类型包括 K 型、J 型、T 型、E 型、N 型和 S 型等，每种类型都有其特定的温度范围。K 型是最常用的热电偶，温度范围为 –270℃～ 1260℃。

图 12-7　K 型热电偶的热电
偶温度变送器

热电偶传感器需要配合热电偶温度变送器使用，以在温度变化导致毫伏信号变化时产生标准信号输出（如 4 ～ 20mA 或 0 ～ 10V）。图 12-7 展示了用于 K 型热电偶的热电偶温度变送器。其温度范围为 0℃～ 400℃，模拟信号输出为 4 ～ 20mA。这意味着当温度为 0℃ 时，变送器输出 4mA；当温度为 400℃ 时，变送器输出为 20mA。

12.5　压力测量与变送器

图 12-8　压力变送器的正视图

压力可以定义为作用在单位面积上的力（F/A）。工业过程需要准确可靠的压力测量，以确保安全操作和优质产品的生产。压力的效应包括位置移动、电阻变化或其他可测量的物理变化。常见的压力传感器采用布尔登管（Bourdon tube）、膜片、波纹管、力平衡式或可变电容等结构。

压力变送器需要将传感器检测到的压力效应转换为标准信号（4 ～ 20mA 或 0 ～ 10V）。通常，压力变送器配有内置传感器，作为一个整体出售，如图 12-8 所示。

图 12-9 展示了一个简单的压力变送器连接方式，随着压力变化产生 4 ～ 20mA 的信号。

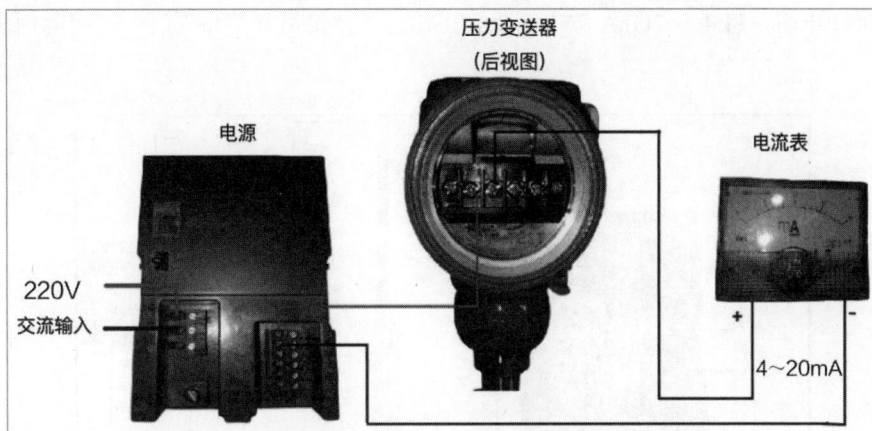

图 12-9　压力变送器的连接方式

　　如果需要将信号输入到可编程逻辑控制器（PLC）以执行控制功能，可以将电流表替换为支持电流输入（4 ～ 20mA）的 PLC 模拟输入端口。如果 PLC 的模拟输入仅支持电压输入（0 ～ 10V），则需要通过在信号回路中连接一个 500Ω 的电阻，将 4 ～ 20mA 的电流信号转换为电压信号。本章的最后一节将通过一个实际例子来演示这一点。

　　现在，读者已经了解了压力测量和变送器。接下来，将学习液位测量和变送器。

12.6　液位测量与变送器

　　在工业中，准确的液位测量对于维持适当的流体液位至关重要，这关系到安全运行、产品质量和设备的平稳运转。可用于测量液体和固体液位的传感器技术有多种。电容式液位传感器通过测量电容的变化来确定液位。超声波液位传感器可以发射声波，液位高度与声波发射和反射之间的时间延迟成正比。差压传感器利用储罐内两点之间的压力差来确定液位。大多数液位传感器都集成了变送器，使其能够在液位变化时产生 4 ～ 20mA 或 0 ～ 10V 的标准信号。

　　液位变送器的类型多种多样。图 12-10 展示了一种静压式液位变送器，通常浸没在需要测量液位的水或其他液体中。

　　图 12-11 展示了液位变送器的接线方式，随着液位变化产生 4 ～ 20mA 的输出。

　　如果需要将信号输入到可编程逻辑控制器（PLC）执行控制功能，可以将电流表替换为支持电流输入（4 ～ 20mA）的 PLC 模拟输入端口。如果 PLC 的模拟输入仅支持电压输入（0 ～ 10V），则需要通过在信号回路

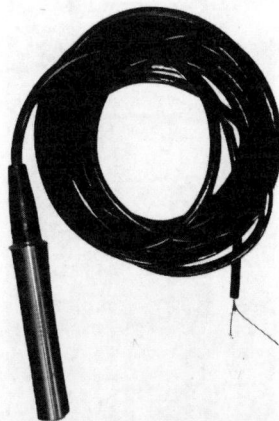

图 12-10　静压式液位变送器

上连接 500Ω 电阻，将 4 ～ 20mA 输入转换为电压。本章最后一节将通过一个实际例子演示这一点。

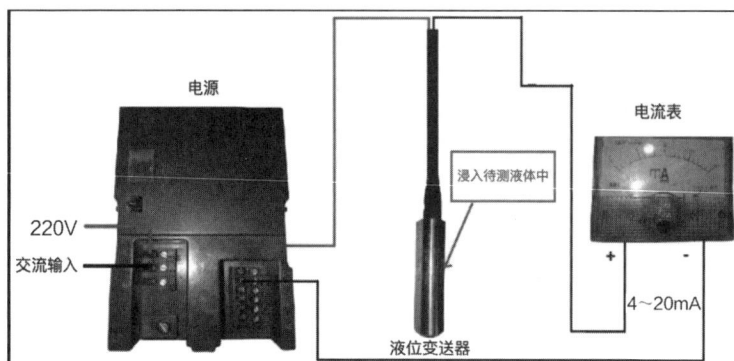

图 12-11　随液位变化产生 4 ～ 20mA 输出的液位变送器接线图

读者现在已经了解了液位测量和变送器。下一节，将学习流量测量和变送器。

12.7　流量测量与变送器

流量测量是使用仪表对管道中的流体流量进行测量的操作。当前存在多种流量测量仪表，包括以下几种类型。

- 差压流量计：这种仪器利用传感元件（如孔板或文丘里管）产生的压力差来确定流量。差压变送器有高压和低压端口，传感元件的高、低压侧将连接到这些端口，变送器产生与流量对应的 4 ～ 20mA 标准信号。

图 12-12 展示了一个罗斯蒙特差压变送器。

图 12-12　罗斯蒙特差压变送器

- 速度流量计：通过测量流体的流速来确定流量。速度流量计包括以下几种。
  - 涡轮流量计：通过测量内部旋转的涡轮或齿轮的转速来测量流量。
  - 涡街流量计：通过测量在流动元件内产生的涡街频率来测量流量，适用于测量蒸汽、气体或洁净液体。图 12-13 展示了一个已经安装好的涡街流量计。
- 质量流量计：通过使用传感元件直接测量流体的质量流量。基于不同的传感原理，质量流量计包括以下几种。
  - 科里奥利质量流量计：这种仪器通过测量当流体通过振动的测量管时感应到的惯性力来确定

质量流量。既适用于测量液体，也适用于测量气体。图 12-14 展示了一个科里奥利质量流量计。

◆ 热式质量流量计：这种仪器将质量流量率与从加热探头传递到流动流体的能量相关联，适用于测量气体。图 12-15 展示了一个热式质量流量计。

图 12-13　安装好的涡街流量计

图 12-14　科里奥利质量流量计

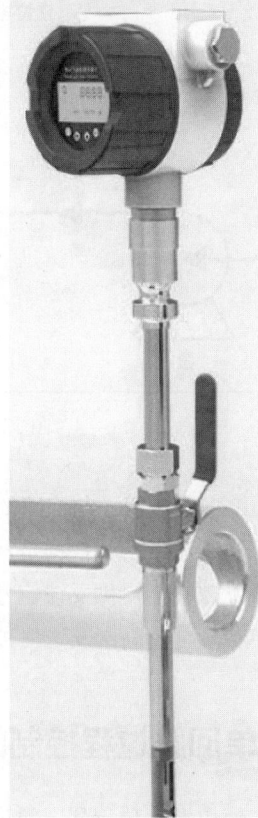

图 12-15　热式质量流量计

上面学习了不同类型的流量计（差压流量计、速度流量计和质量流量计），使读者对流量测量有了基本的了解。接下来，继续深入学习过程控制的相关知识。

12.8　理解过程控制回路的原理

过程控制回路是一组旨在维持过程变量达到期望输出的设备和工具。控制回路的组件和仪器测量该变量，对其做出响应，并控制它以维持设定值。

控制回路系统可以是开环系统或闭环系统，在本章的前面部分已经介绍过。它通常由传感器或变送器、控制器和执行器组成。图 12-16 展示了一个用于液位控制的过程控制回路。

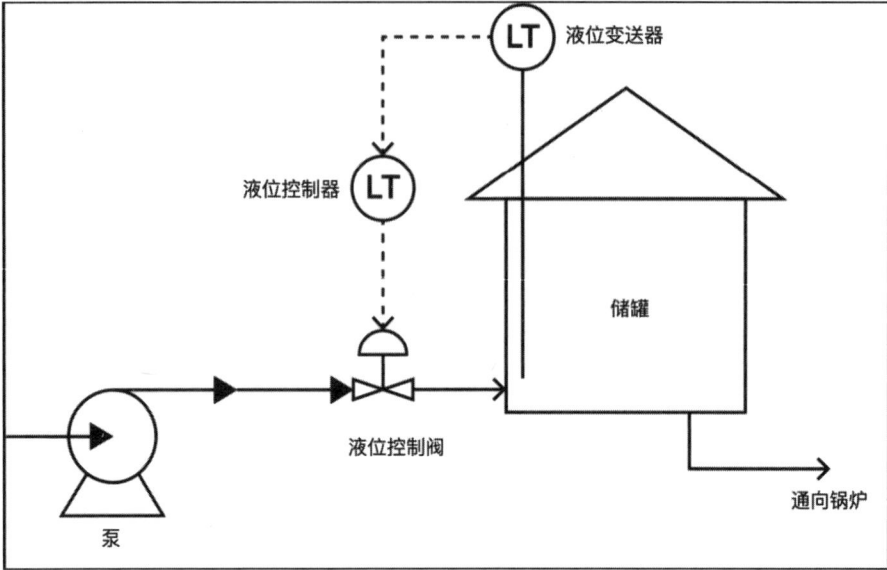

图 12-16　用于液位控制的过程控制回路

图 12-16 中的过程控制回路的工作原理简要说明如下：泵向储罐供水，液位控制阀（最终控制元件）控制流量，其依据是从液位控制器接收到的信号，该控制器具有一个设定值。液位变送器向液位控制器提供反馈信号。液位控制器将来自液位变送器的反馈信号与设定值进行比较，并决定向液位控制阀发送何种控制信号，以根据储罐中的液位确保适当的流量。

12.9　单回路过程控制的实践案例

本节将使用温度传感器、温度控制器和接触器（执行器），将加热器的温度保持在所需的水平（或设定值）。

1. 材料与设备

所需材料包括以下几种：

- 热电偶温度传感器（K 型）。
- 温度控制器（JTC903）。
- 接触器。
- 加热元件。

2. 接线

按照如图 12-17 所示进行连接。

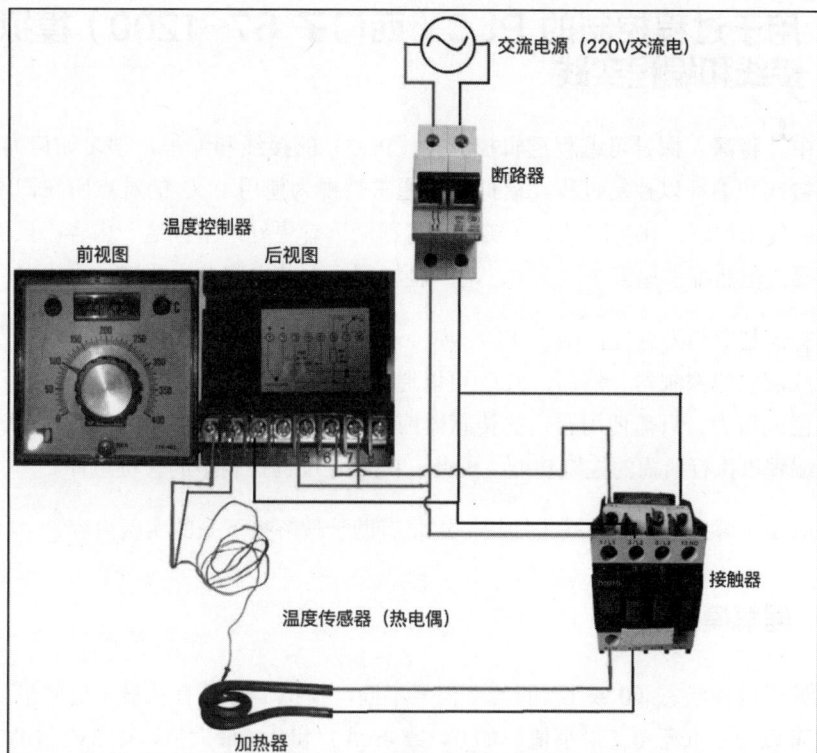

图 12-17　温度控制系统的接线图示

操作步骤如下：

（1）将温度控制器正面的旋钮设置为设定值，即希望维持的温度，如 100℃。

（2）合上断路器，为电路供电。

（3）当加热器的温度低于设定值时，温度控制器的公共端子（C，端子 7）将与常开触点（NO，端子 6）接通——这将使接触器线圈通电，因为接触器的 A2 线圈端子连接到交流电源的零线（N），而连接到端子 6 的 A1 线圈端子现在将接通火线（L）。

（4）当加热器的温度等于设定值时，温度控制器的公共端子（C，端子 7）将与端子 6 断开连接，并与端子 8 连接。这将使接触器线圈断电，电源将不再流向加热器。因此，加热器逐渐冷却，当温度再次低于 100℃时，线圈重新通电，过程重复。

这是一个简单的控制方式，效果并不理想，因为无法精确维持设定值，总会有超调的情况。更好的选择是使用比例－积分－微分（PID）温度控制器，可以通过适当的调节来维持所需的温度。

在本节中，实际演示了一个简单的温度过程控制。读者可以自行采购所需设备，并按照图 12-17 中提供的接线方式进行连接，从而获得实际操作简单过程控制系统的经验。

12.10　用于过程控制的 PLC（西门子 S7-1200）模拟输入的接线和编程实践

在本节中，将深入探讨可编程逻辑控制器（PLC）的接线和编程，学习如何为 PLC 的模拟输入进行接线和编程以控制过程。模拟编程通常被视为使用 PLC 的难点所在，本节将对其进行简化，以便于理解。在实践部分（实操）将帮助读者更好地掌握这一内容。虽然本书的各章节都很重要，但熟练掌握第 7 ～ 9 章，对于轻松理解本节内容尤为关键。

有些控制器是专门为温度控制设计的，如上一节用到的 JTC903 控制器。也有专门设计用于测量压力或液位的控制器。然而，PLC 可以通过适当的接线和编程来控制任何可测量的量，如温度、液位或压力。只需使用合适的传感器或变送器和执行器，按照正确的方式进行接线，并对其进行编程以执行所需的控制功能。因此，PLC 是过程控制中的关键组件。

下面先简要了解模拟信号的基本知识，这将有助于理解接下来的实践内容。

12.10.1　理解模拟信号

与只能处于两种状态（0 或 1）的数字信号不同，模拟信号具有从最小值到最大值的连续值范围。它可以表示介于 0（最小值，如 0V 或 4mA）和 1（最大值，如 5V、10V 或 20mA）之间的任何值。当电压在 0 ～ 10V 之间变化，或电流在 4 ～ 20mA 之间变化时，这被称为模拟信号。产生模拟信号输出的典型传感器和变送器有温度变送器、压力变送器和流量变送器。在 PLC 处理模拟值之前，必须先将其转换为数字信息——这是由 PLC 模拟模块中的模数转换器（Analog-to-Digital Converter，ADC）完成的。模拟模块的一个重要特性是其位分辨率。

通常情况下，8 位模拟模块将使用 0 ～ 254 的数字值来表示 4 ～ 20mA 或 0 ～ 10V，这取决于连接的模拟信号是电流还是电压。10 位模拟模块将使用 0 ～ 1023 来表示 4 ～ 20mA 或 0 ～ 10V，如表 12-6 所示。12 位模拟模块将使用 0 ～ 4095 来表示 4 ～ 20mA 或 0 ～ 10V。

表 12-6　10 位分辨率模拟量输入模块的信号转换对照表

模拟值（4 ～ 20mA）	4mA	8mA	12mA	16mA	20mA
模拟值（0 ～ 10V）	0V	2.5V	5V	7.5V	10V
模拟值（2 ～ 10V）	2V	4V	6V	8V	10V
数字化值	0	256	512	767	1023

在实际例子中将使用 S7-1200 PLC（CPU 1211C AC/DC/Relay），如图 12-18 所示，它有两个内置的模拟输入通道。该模拟模块的分辨率为 10 位，支持 0 ～ 10V 的模拟电压输入。因此，需要将变送器输出 4 ～ 20mA 转换为电压 2 ～ 10V。

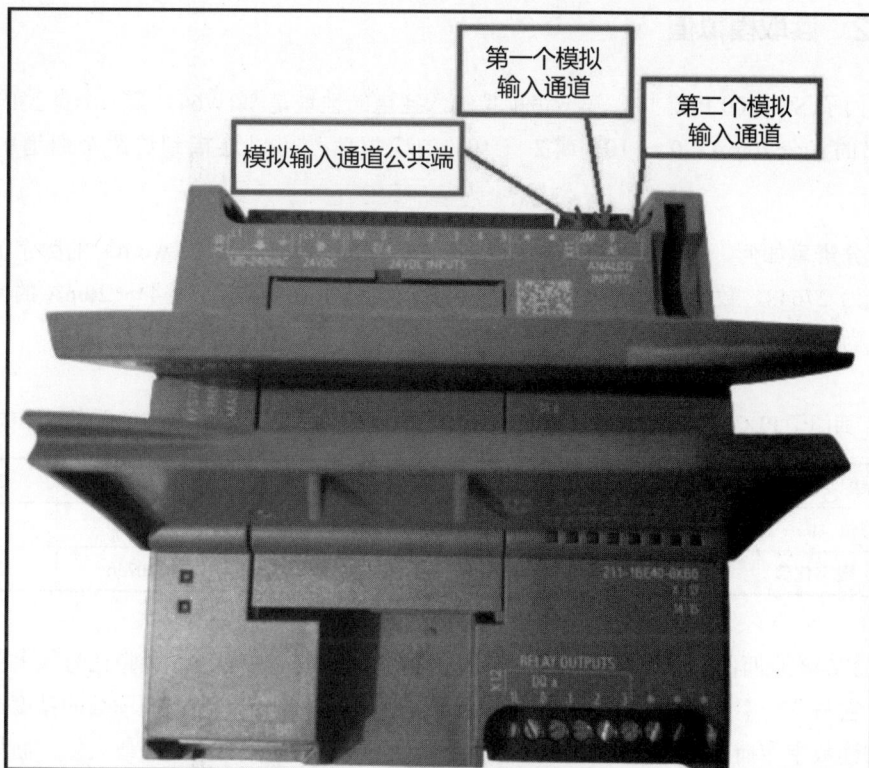

图 12-18　标注了模拟输入通道的 S7-1200 PLC（CPU 1211C AC/DC/Relay）实物图

这可以通过使用一个 500Ω 电阻来实现。

西门子 S7-1200 控制器支持以下几种数据类型。

- bool：布尔类型，占用 1 位，用于表示二进制状态（如 ON/OFF、TRUE/FALSE）。通常用于表示开关、状态指示或条件判断。
- byte：字节型，用于存储 8 位二进制数据（0～255），整数无符号。用于复杂的状态监控、标志存储或数据包处理。
- word：字型，用于存储 16 位二进制数据（0～65535），整数无符号。用于更复杂的状态监控、标志存储或数据包处理。
- INT：整型，用于存储有符号 16 位整数（−32768～32767），用于简单的数字运算和计数。适合表示整数数据，如传感器读数、计数器值等。
- REAL：实型，用于存储 32 位浮点数（符合 IEEE 754 标准的浮点数），用于需要小数精度的运算和数据处理。适合需要高精度的场合，如温度、速度或流量计算，避免舍入误差。

在模拟信号处理中最常用的数据类型是 INT 和 REAL，因为读入的模拟信号值以 16 位整数存在，而 INT 可以保存 16 位数据。为了避免舍入误差，应使用 REAL 获得更精确的结果，因为 REAL 可以保存浮点数或小数。

12.10.2 读取模拟值

在西门子 S7-1200 PLC 中，第一个模拟输入通道的地址是 %IW64，第二个是 %IW66。变送器输出的 4 ~ 20mA、0 ~ 10V 或 2 ~ 10V 的模拟信号可以连接到这两个通道中的任意一个。

无论分辨率如何，西门子 PLC 总是将电压或电流转换为字类型（word）的数字值，其额定最大值为 27648，数据类型为 INT（16 位整数）。因此，0 ~ 10V 或 4 ~ 20mA 的模拟信号将被转换为 0 ~ 27648 的数字值，如表 12-7 所示。

表 12-7 西门子 PLC 中模拟信号从最小值（0mA 或 0V）到最大值（20mA 或 10V）的 5 个数字化值

模拟值（4 ~ 20mA）	4mA	8mA	12mA	16mA	20mA
模拟值（0 ~ 10V）	0V	2.5V	5V	7.5V	10V
数字化值	0	6912	13824	20736	27648

0 ~ 27648 是西门子用于表示其模拟模块中 0 ~ 10V 或 4 ~ 20mA 模拟信号输入的标准额定范围。它与分辨率无关，且不可更改。然而，前面提到的分辨率会影响读数的精度。分辨率越高，在读数中能捕获的细节就越多。值得注意的是，27648 并非实际的最大值，而只是额定最大值。真正的最大值是 32768（即 2^{15}，15 位二进制数的最大值），这个数值可用于计算分辨率的影响，具体如下。

- 8 位分辨率（2^8=256）：最小可变化量为 32768/256=128。因此，对应 0 ~ 10V，数字值可以从 0 ~ 27648，以 128 为步长变化，即 0，128，256，…，27648。
- 12 位分辨率（2^{12}=4096）：最小可变化量为 32768/4096=8。因此，对应 0 ~ 10V，数字值可以从 0 ~ 27648，以 8 为步长变化，即 0，8，16，…，27648。
- 15 位分辨率（2^{15}=32768）：最小可变化量为 32768/32768=1。因此，对应 0 ~ 10V，数字值可以从 0 ~ 27648，以 1 为步长变化，即 0，1，2，3，4，…，27648。

这个 0 ~ 27648 的数字化值在实际应用中还需要进行归一化和比例缩放等后续处理。分辨率越高，数字化转换的精度就越高，测量结果也就越准确。

这种设计使得西门子 PLC 能够以标准化的方式处理各种模拟信号，同时通过选择不同的分辨率来满足不同应用场景对精度的要求。在实际应用中，需要根据具体需求选择合适的分辨率，在测量精度和系统复杂度之间找到平衡点。

12.10.3 标准化和比例缩放

标准化（NORM_X）是 S7-1200 中的一个内置函数，用于将任何给定范围的数据线性转换为 0 ~ 1 之间的浮点值。使用此函数时，需要输入最小值、最大值，以及包含待转换数据的寄存储器地址（例如，如果模拟信号连接到第一个模拟输入通道，则为 %IW64）。在日常应用中，最小值是 0，最大值是 27648。在实践课程中，将详细演示如何使用标准化函数。

比例缩放（SCALE_X）是 S7-1200 中的另一个内置函数，用于将归一化后的 0 ~ 1 的值转换为所需的实际范围。例如，将 0 ~ 1 的值转换为 0℃ ~ 100℃ 的温度范围。在实践课程中，将学习如何进行比例缩放操作。

通过这两个转换步骤，可以将 PLC 采集的原始数字量转换为有实际意义的物理量，从而实现精确的过程控制。

12.10.4 模拟输入信号处理实际演示

在学习了模拟信号处理的基础知识后，下面通过实际操作来深入理解这些理论。首先使用虚拟可编程逻辑控制器（PLC）进行仿真，这使得没有实体 PLC 的读者也能进行演示。随后，将使用实体 PLC 进行实践，适合那些能够获得 PLC 和其他所需材料的读者。

1. 使用虚拟 PLC 进行仿真

以下步骤指南要求读者的计算机上已经安装了 TIA Portal（全集成自动化门户）。如果需要了解如何下载和安装 TIA Portal，请参考第 8 章。该软件提供了 21 天的试用期。

（1）启动 TIA Portal 并为 S7-1200 PLC（CPU 1211C AC/DC/Relay）创建一个新项目，生成如图 12-19 的环境。

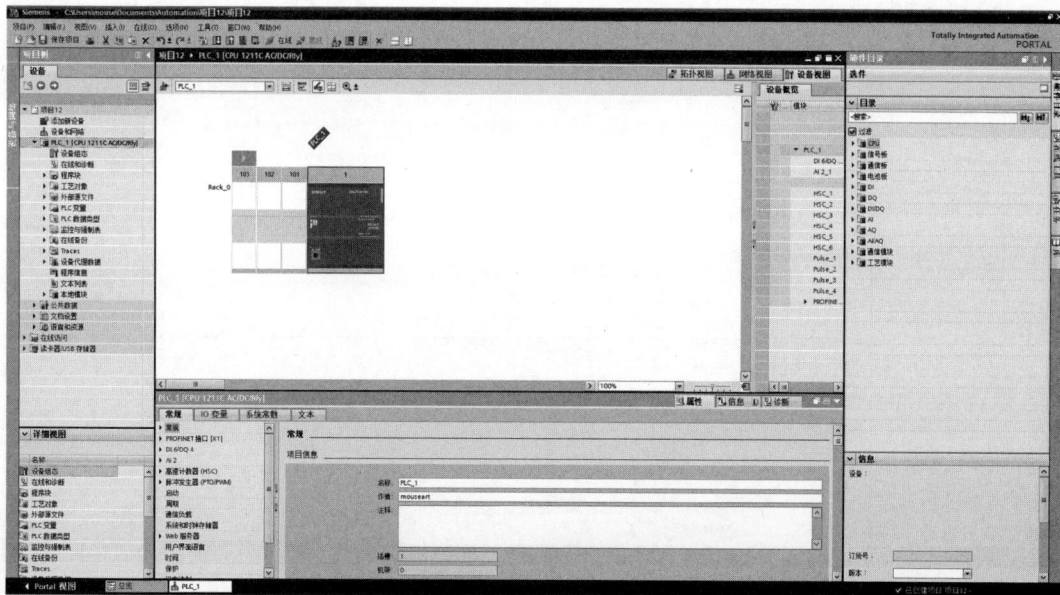

图 12-19 创建新项目

（2）展开"程序块"选项并双击 Main [OB1] 选项，进入编程环境，如图 12-20 所示。

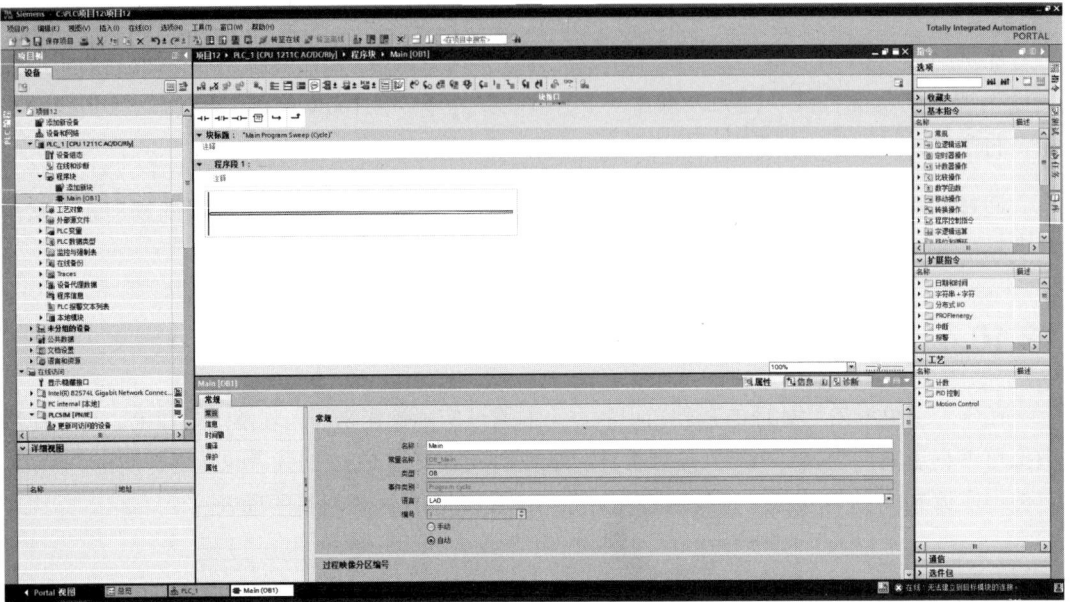

图 12-20　编程环境界面

（3）在屏幕右侧的"基本指令"列表中展开"转换操作"选项，并将 NORM_X（标准化）指令拖到"程序段 1"上，如图 12-21 所示。

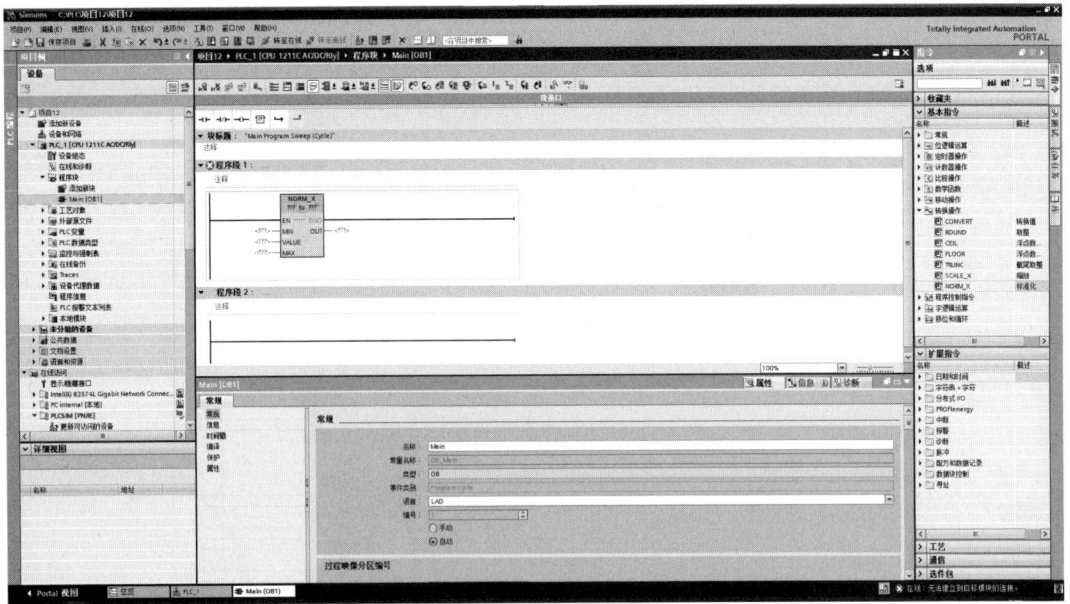

图 12-21　NORM_X（标准化）指令配置步骤 1

（4）在指令中的 NORM_X 下方的"???to???"字段中，分别设置数据类型为 INT 到 REAL，如图 12-22 所示。

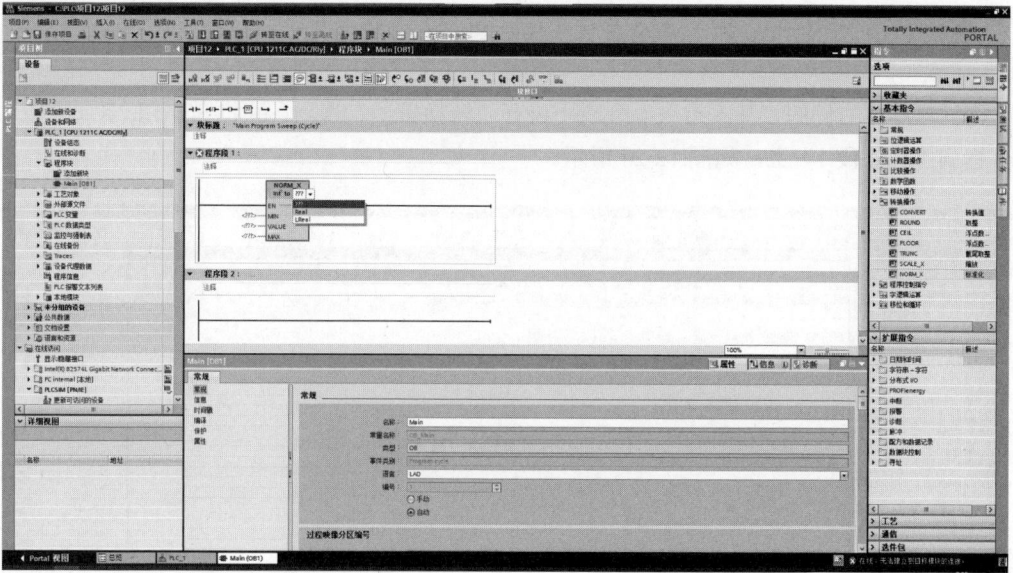

图 12-22 NORM_X（标准化）指令配置步骤 2

（5）输入 0 作为 MIN，27648 作为 MAX。

（6）为 VALUE 指定将保存用于测试的数据的寄存器，如 MD0。

> **注意**：如果使用实际的 S7-1200 PLC，且模拟信号连接到第一个模拟输入通道，则为 VALUE 指定 %IW64。如果模拟信号连接到第二个模拟输入通道，则为 VALUE 指定 %IW66。

（7）为 OUT 指定将保存标准化数据的寄存器，如 MD4，如图 12-23 所示。

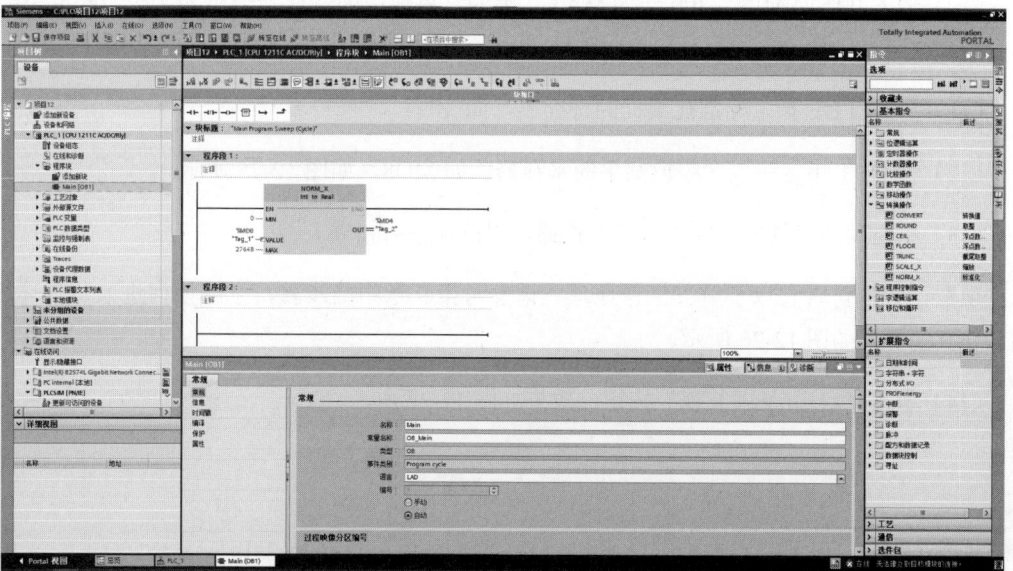

图 12-23 NORM_X（标准化）指令配置步骤 3

> **注意：** 使用实际 PLC 时，MD0 将被替换为 PLC 模拟输入通道的地址。

（8）在屏幕右侧的"基本指令"列表中展开"转换操作"选项，并将 SCALE_X（缩放）[①] 命令拖到"程序段 1"上，如图 12-24 所示。

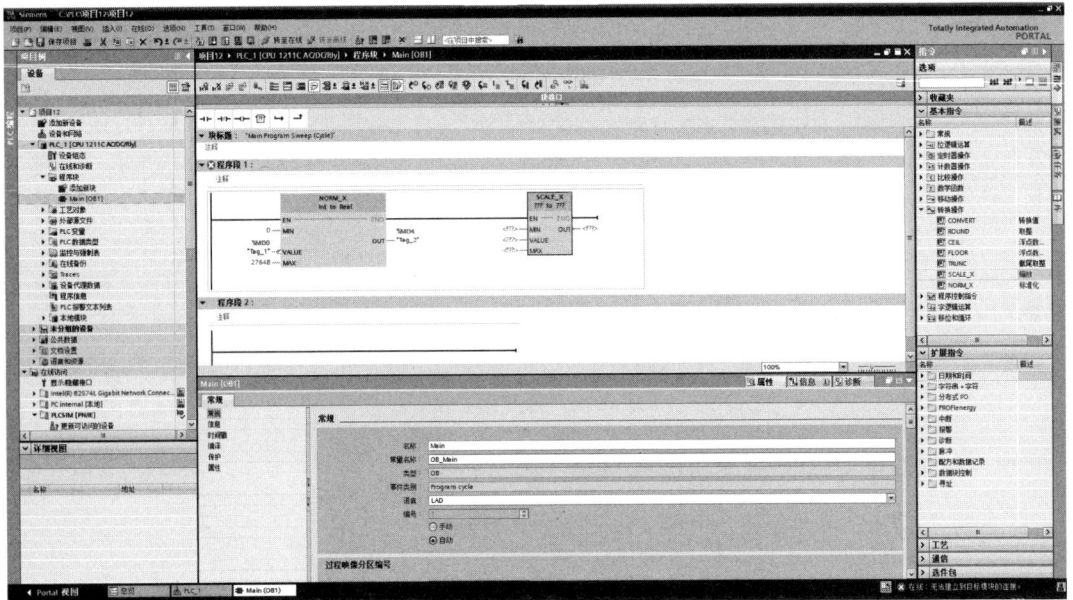

图 12-24　SCALE_X（缩放）指令配置步骤 1

（9）在指令中的 SCALE_X（缩放）下方的"??? to ???"字段中，分别设置数据类型为 REAL 到 REAL。

（10）输入 0 作为 MIN，300 作为 MAX，因为，将使用的变送器输出为 4 ～ 20mA，范围为 0 ～ 300℃。

（11）为 VALUE 指定标准化数据的寄存器，如 MD4。

（12）为 OUT 指定将包含缩放结果的寄存器，如 MD8，如图 12-25 所示。

（13）单击顶部工具栏中的"编译"按钮，以确保没有错误。

现在让我们仿真它以了解其工作原理。请参考第 9 章中的步骤，了解如何进入仿真环境，启动仿真的界面如图 12-26 所示。

（14）单击"启用/禁用监视"按钮，效果如图 12-27 所示。

---

① SCALE_X 在 TIA Portal 13 版本的中文描述为"标定"，14 及以上版本的中文描述为"缩放"。鉴于高版本用户比较多，所以这里按"缩放"翻译。——译者注

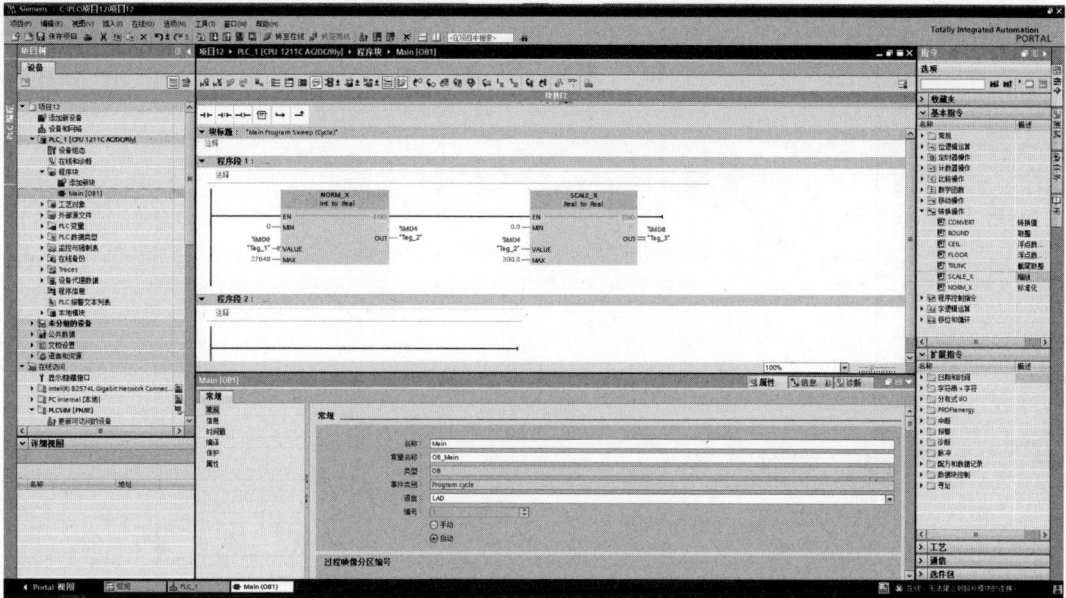

图 12-25　SCALE_X（缩放）指令配置步骤 2

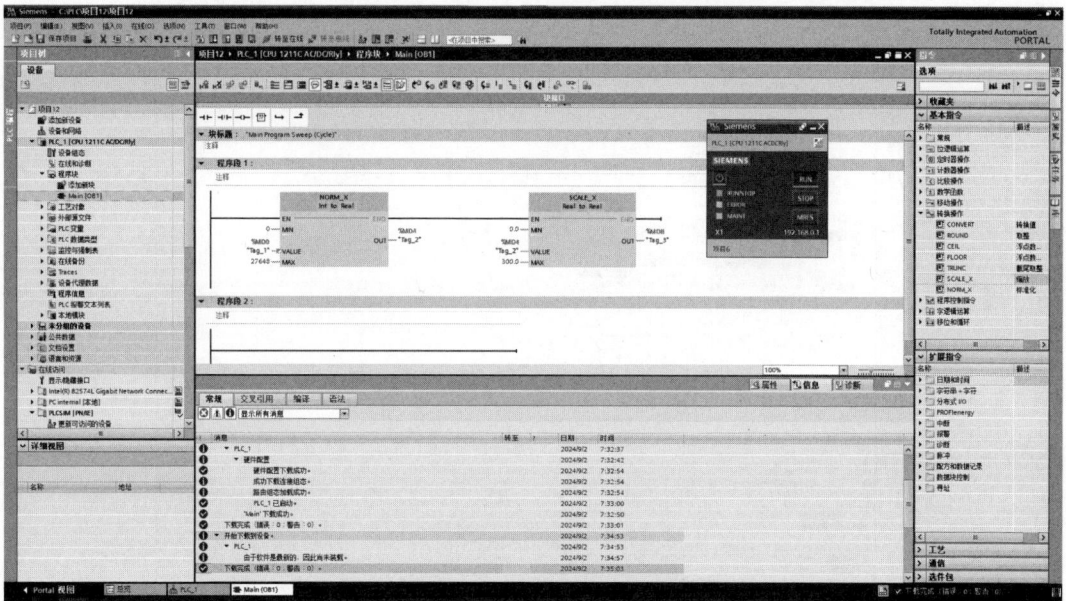

图 12-26　仿真已启动

（15）右击 MD0 的标签 [1]，在弹出的快捷菜单中选择"显示格式 | 变量 | 十进制"命令，如图 12-28 所示。

---

[1] 此处的右键快捷菜单截图为 V14 版本，对于 V13 版本，"显示格式"命令在"修改"菜单的下级。鉴于高版本用户比较多，所以这里按 V14 版本的介绍和解释。——译者注

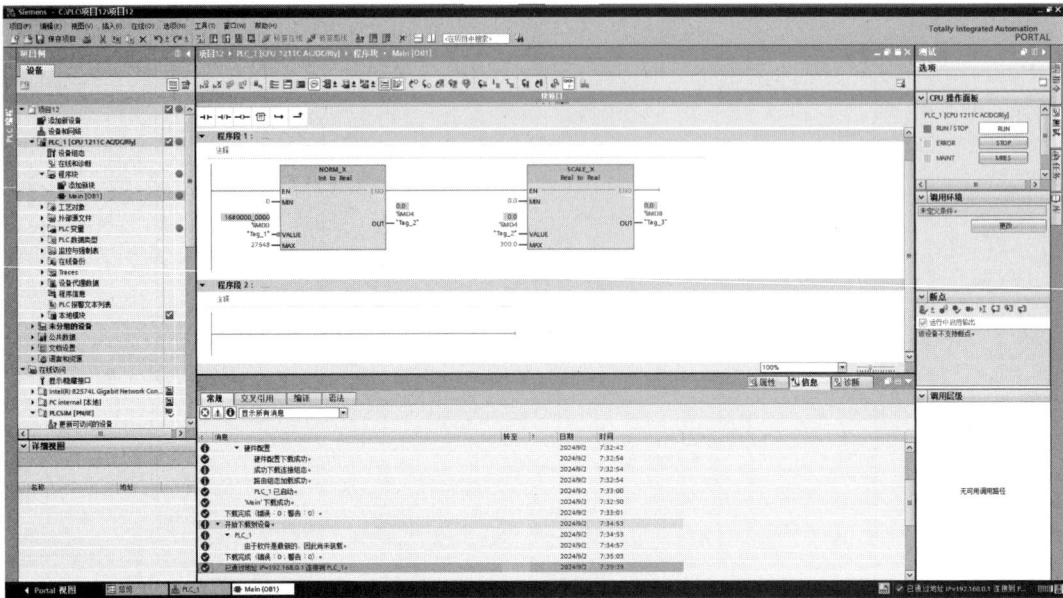

图 12-27 开启"启用/禁用监视"

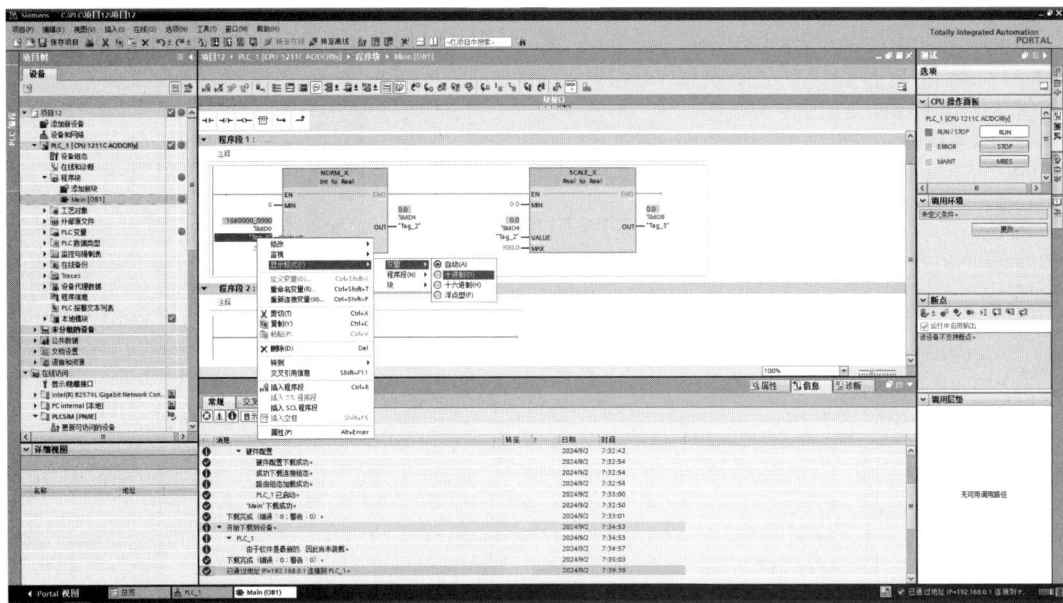

图 12-28 右键快捷菜单

（16）对 MD8 的标签重复上述步骤，在弹出的快捷菜单中选择"浮点型"命令，修改后的界面如图 12-29 所示。

（17）现在，右击输入值的标签（tag_1），在弹出的快捷菜单中选择"修改 | 修改操作数"命令，如图 12-30 所示。

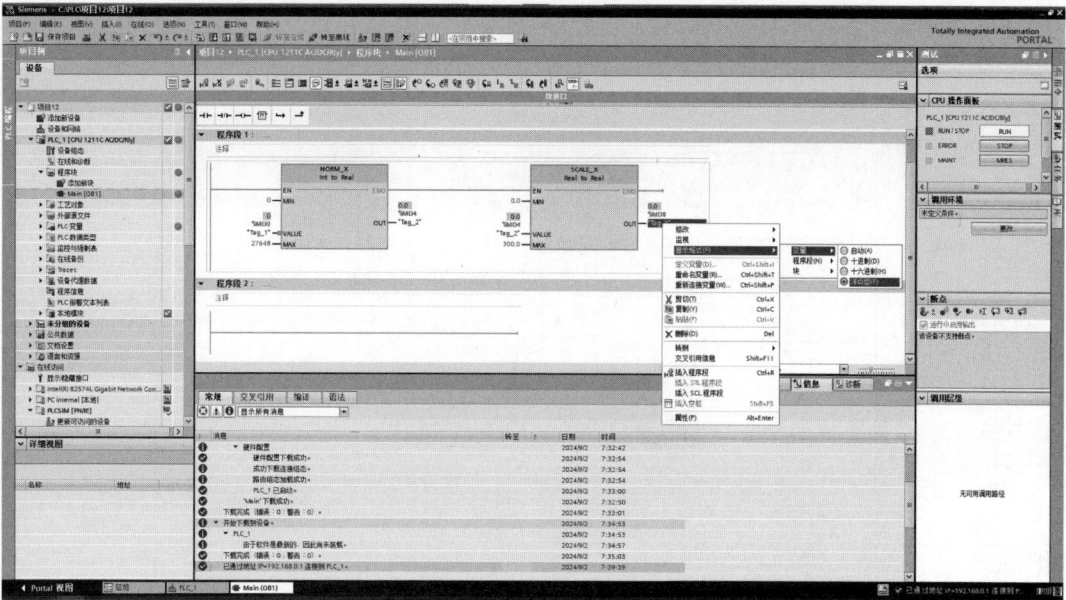

图 12-29　仿真运行中

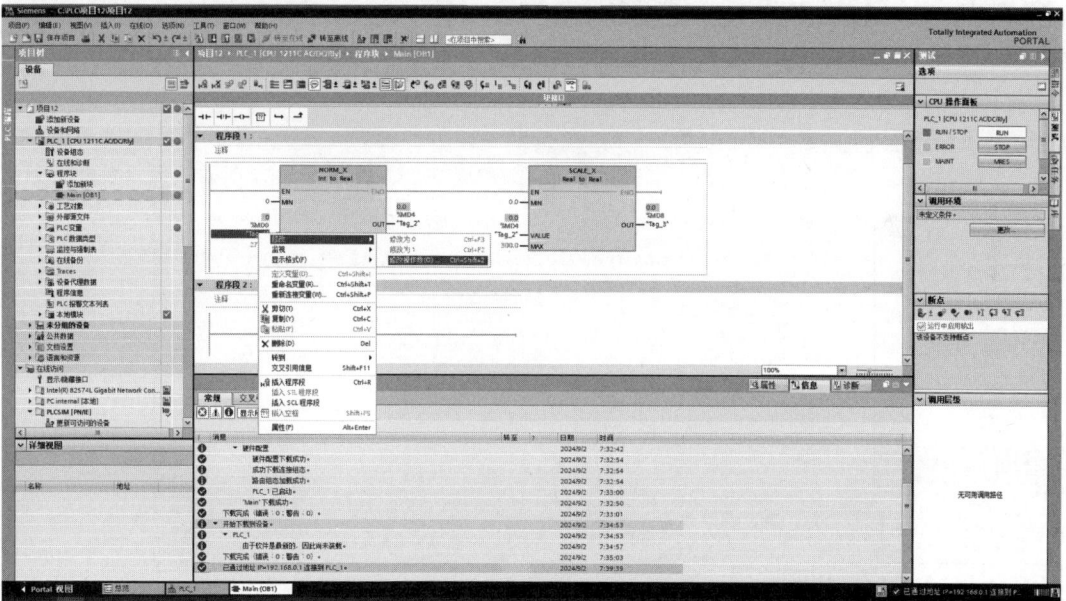

图 12-30　修改操作数步骤 1

（18）在弹出的"修改"对话框中将格式从"十六进制"更改为"无符号十进制"，然后输入"修改值"，如 13824，如图 12-31 所示，然后单击"确定"按钮。

从如图 12-32 所示的仿真结果可以看出，当 NORM_X 中的数字化值（MD0 中的值）是全值的一半（即 13824）时，输出变为 0.5，这意味着正好是"1"的一半，因为标准化（NORM_X）指令将输入转换为 0～1 之间的值。还可以看到，缩放（SCALE_X）指令将

0 ～ 1 的标准化值映射到 0 ～ 300 范围，可以看到 0.5（1 的一半）在 SCALE_X 的输出处给出了 150.0（300 的一半）。

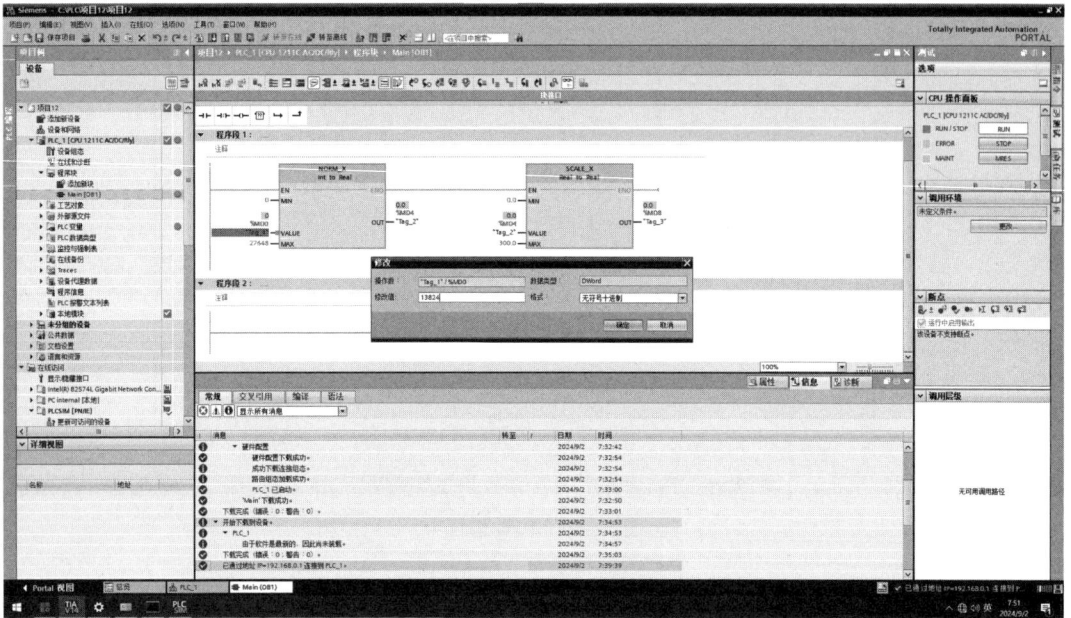

图 12-31　修改操作数步骤 2

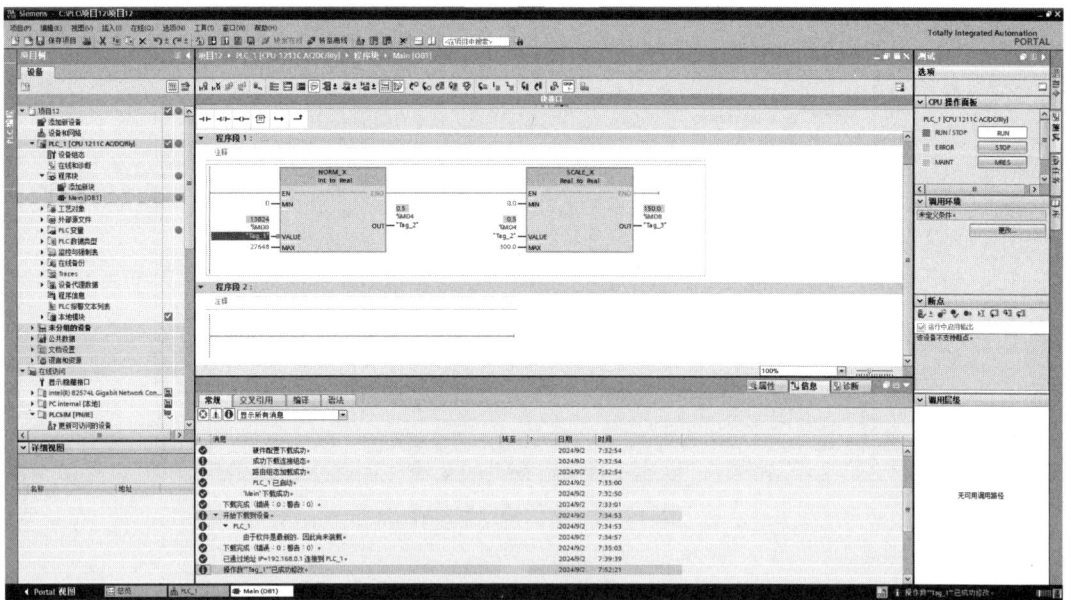

图 12-32　仿真结果 1

可以在 MD0 中尝试各种其他值，以了解标准化和缩放指令的工作原理。

例如，在 MD0 中尝试 4608 作为数字化值，将在 MD8 中得到 50.0，如图 12-33 所示。

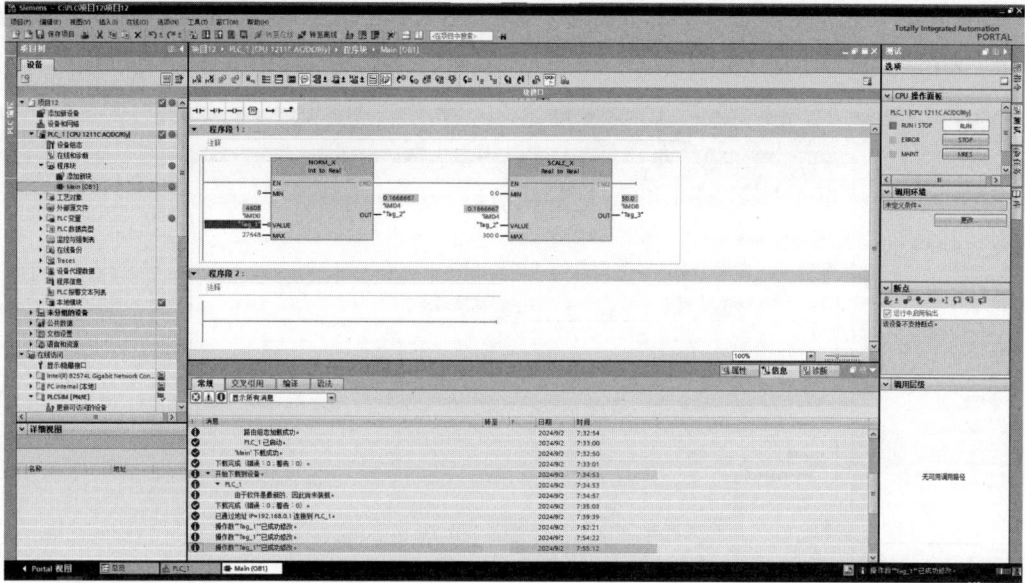

图 12-33　仿真结果 2

下面进一步拓展应用，使用模拟信号运算结果来激活一个置位（线圈）指令，以理解如何利用模拟信号输入来控制数字输出。

（1）单击"启用/禁用监视"按钮，并在弹出的离线消息框中单击"是"按钮，以进入离线状态来停止仿真运行。

（2）在屏幕右侧的"基本指令"列表中展开"比较操作"选项，并将"CMP>="（大于或等于）指令拖到"程序段 2"上，如图 12-34 所示。

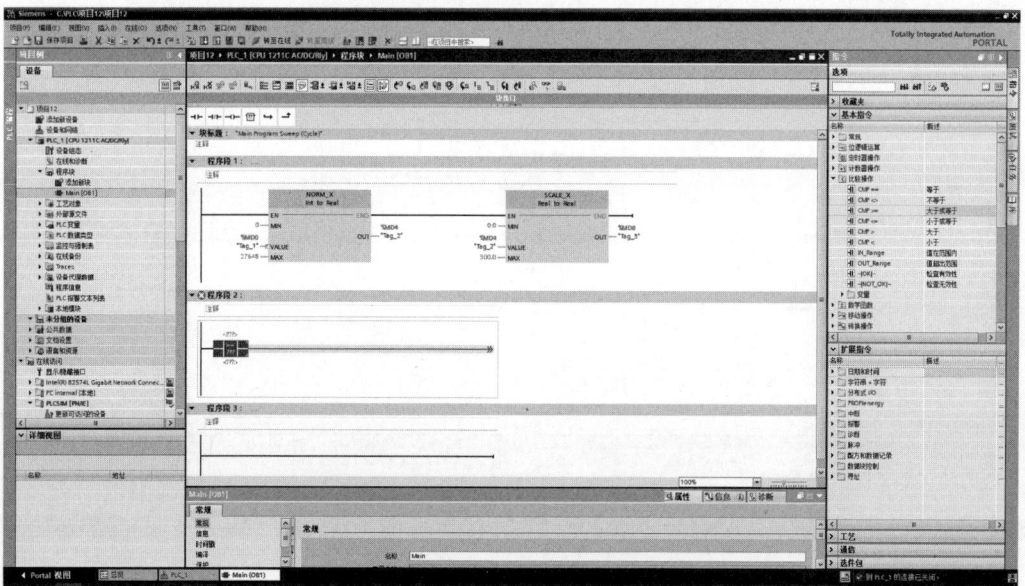

图 12-34　"CMP>="指令配置步骤 1

（3）双击比较指令中间的"???"字段，从下拉列表框中选择 Real（实数）选项作为数据类型，如图 12-35 所示。

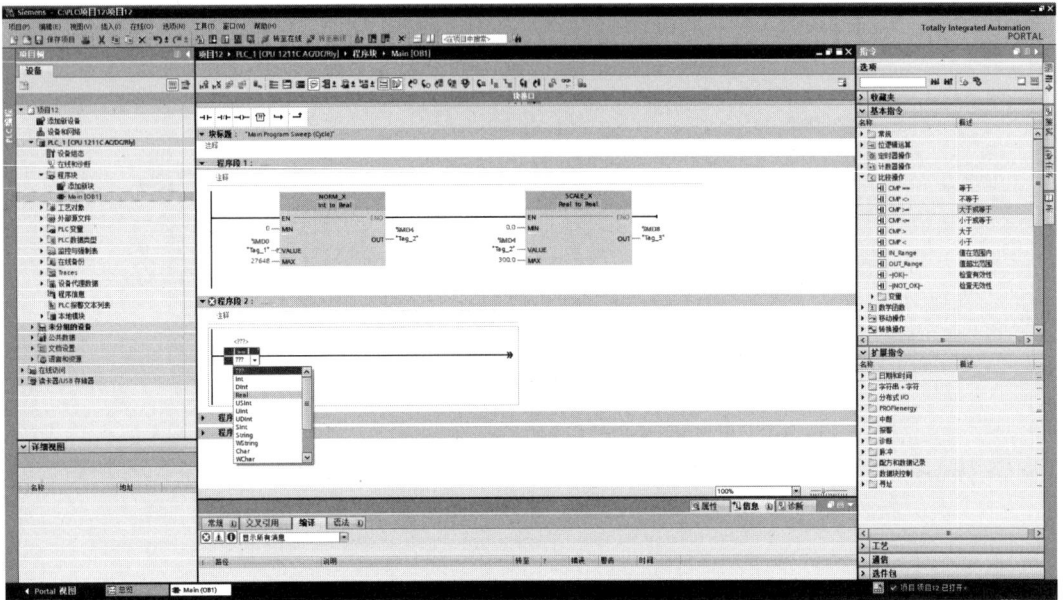

图 12-35 "CMP>="指令配置步骤 2

（4）在比较指令顶部的"???"字段中通过下拉列表框输入 %MD8。

（5）在比较指令底部的"???"字段中输入 50，如图 12-36 所示。

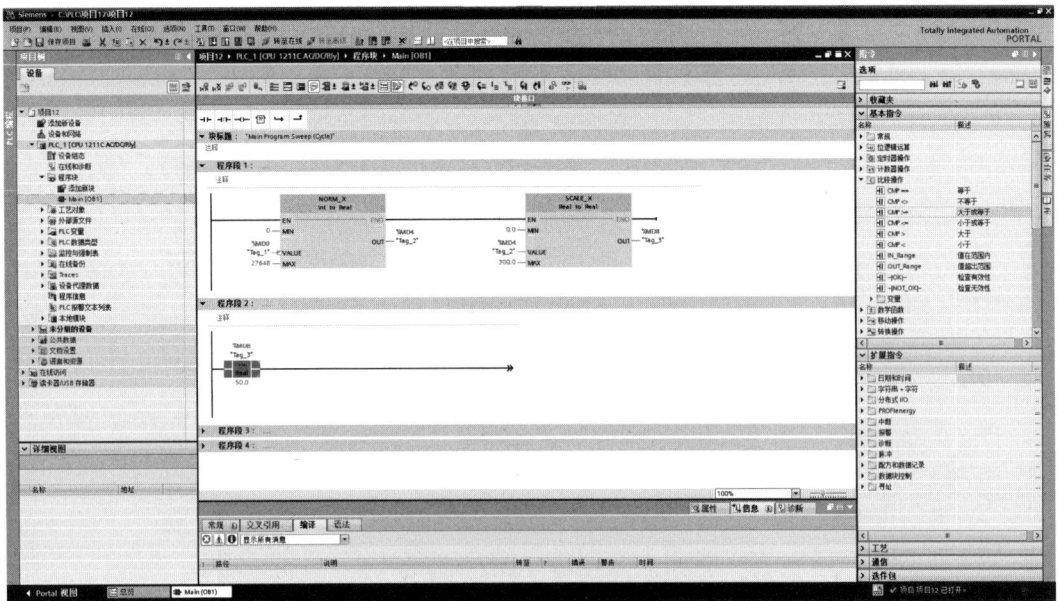

图 12-36 "CMP>="指令配置步骤 3

（6）在屏幕右侧的"基本指令"列表中展开"位逻辑运算"选项，并将"–( )–"（赋值）指令[1] 拖到"程序段2"上，如图12-37所示。

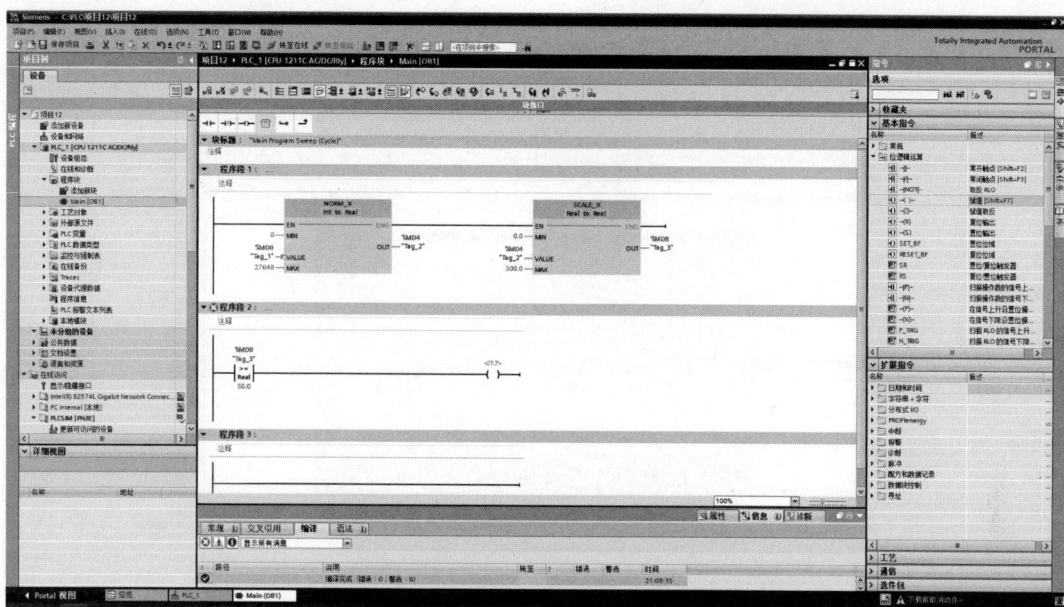

图12-37　"–( )–"（赋值）指令配置步骤1

（7）在赋值指令的输出地址字段中输入 %Q0.0，如图12-38所示。

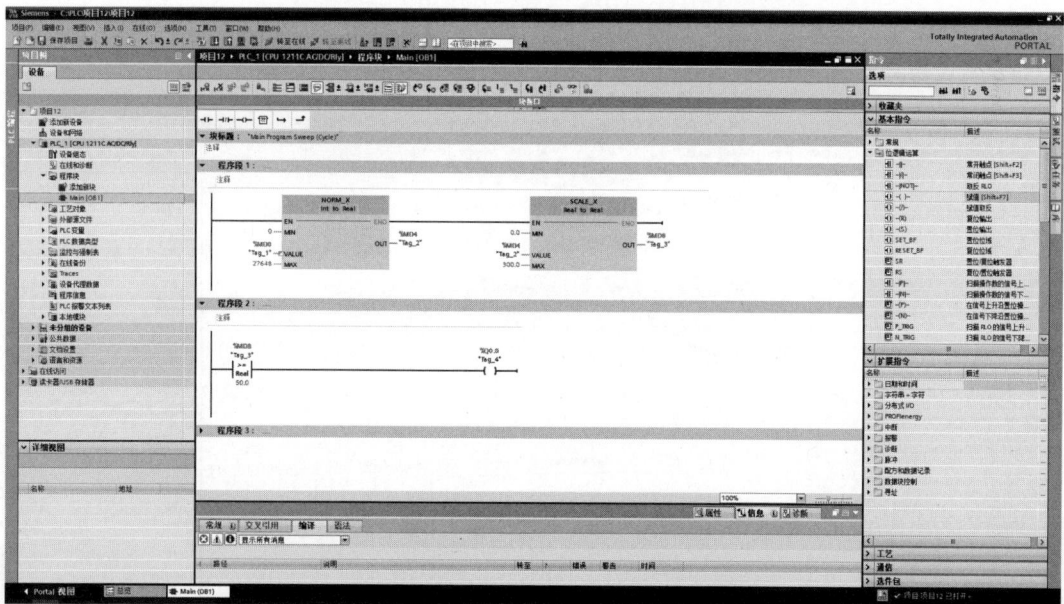

图12-38　"–( )–"（赋值）指令配置步骤2

[1] "–( )–" 在 TIA Portal 13 版本的中文描述为"线圈"，14 及以上版本的中文描述为"赋值"。鉴于高版本用户比较多，所以这里为 V14 版本的截图，并按"赋值"翻译。——译者注

下面来进行仿真操作。

（1）单击"编译"按钮，然后单击"装载"按钮，因为仿真器已经启动，会弹出如图 12-39 所示的"下载预览"对话框。

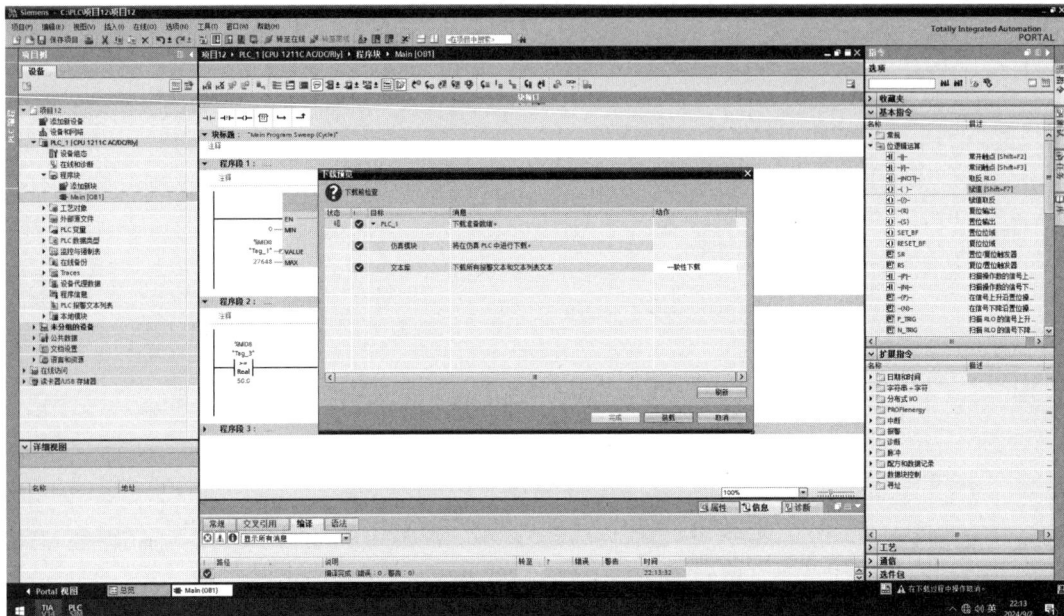

图 12-39 "下载预览"对话框

（2）在"下载结果"对话框中单击"完成"按钮，然后单击主界面上的"启用/禁用监视"按钮，开启仿真，结果如图 12-40 所示。

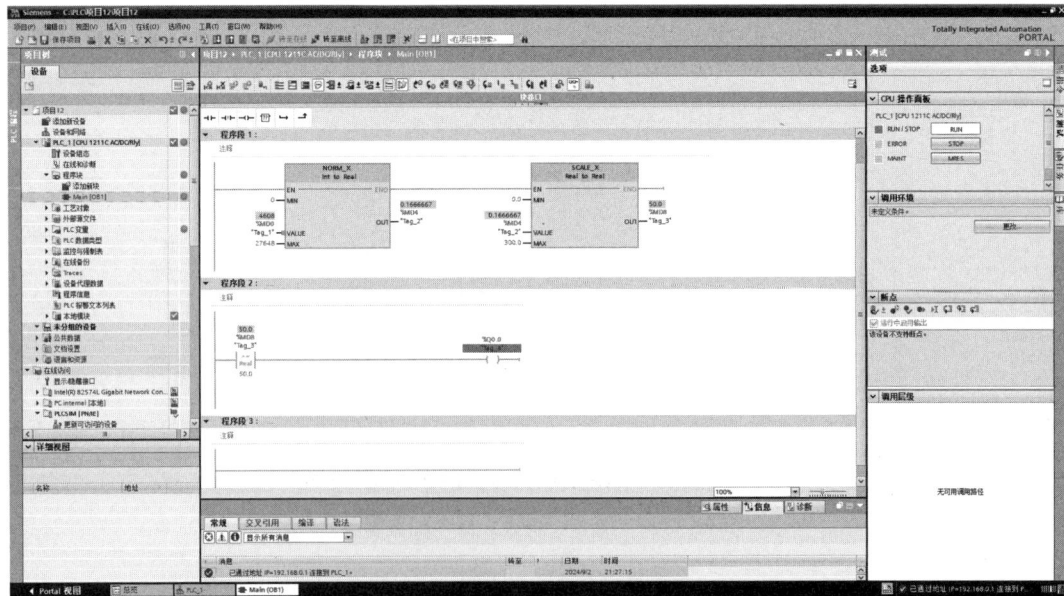

图 12-40 仿真结果 1

　　这里的仿真结果显示，当 MD0（数字化值）为 4608 时，线圈（Q0.0）被激活。这是因为4608 被标准化为 0.1666667，然后缩放为 50.0，刚好等于所设置的比较值 50。

　　如果在 MD0 中输入 5000 作为数字化值，它将被标准化为 0.1808449 并缩放为 54.25347。Q0.0 仍将保持激活状态，因为条件仍然满足（即 54.25347 大于 50），如图 12-41 所示。

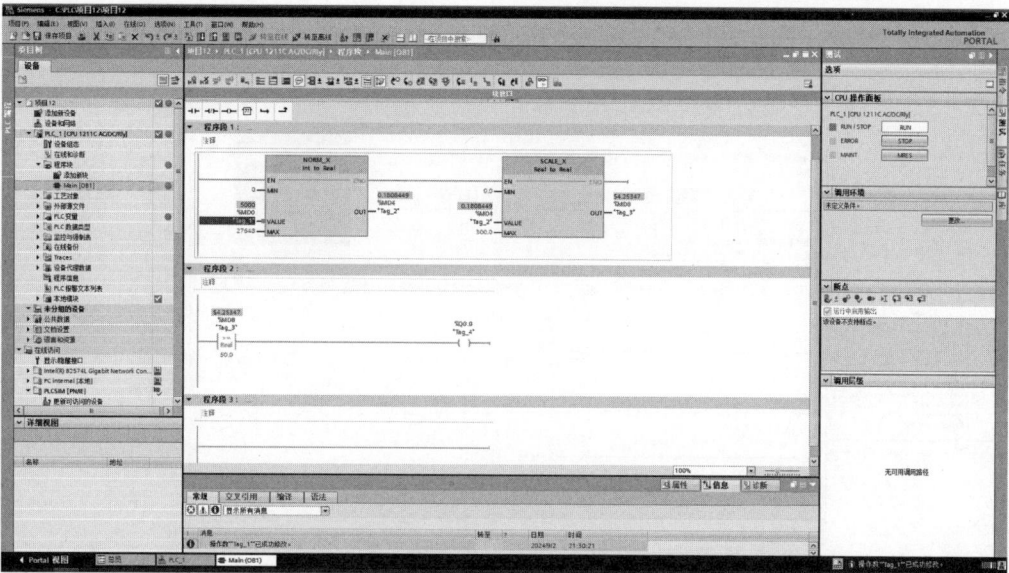

图 12-41　仿真结果 2

　　现在，在 MD0 中输入 3000 作为数字化值，它将被标准化为 0.1085069 并缩放为32.55209。Q0.0 将被断开，因为条件不再满足（32.55209 现在小于 50），如图 12-42 所示。

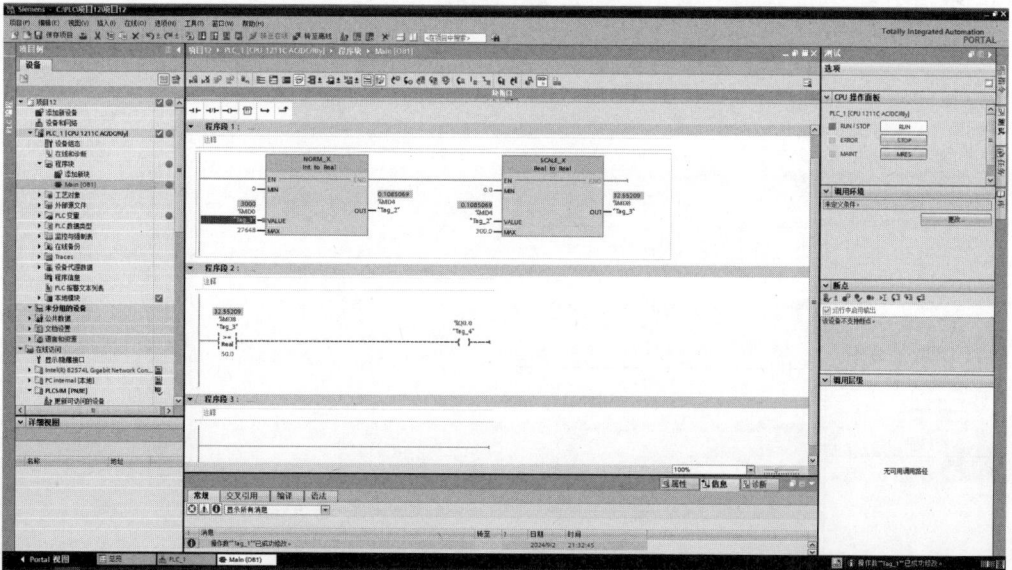

图 12-42　仿真结果 3

（3）通过单击"启用/禁用监视"按钮，并在弹出的对话框中单击"是"按钮，以进入离线状态来停止仿真运行。

（4）保存对项目所做的更改。

（5）如图 12-43 所示，停止 PLC 仿真并关闭它。

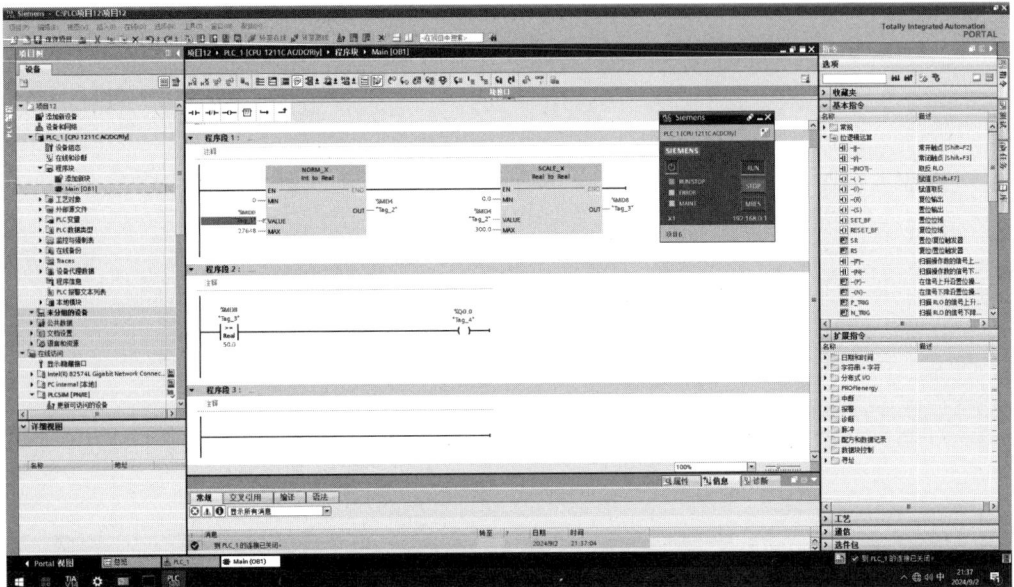

图 12-43　关闭仿真器

（6）系统将询问是否保存对当前项目所做的更改，单击"是"按钮，关闭仿真后的界面如图 12-44 所示。

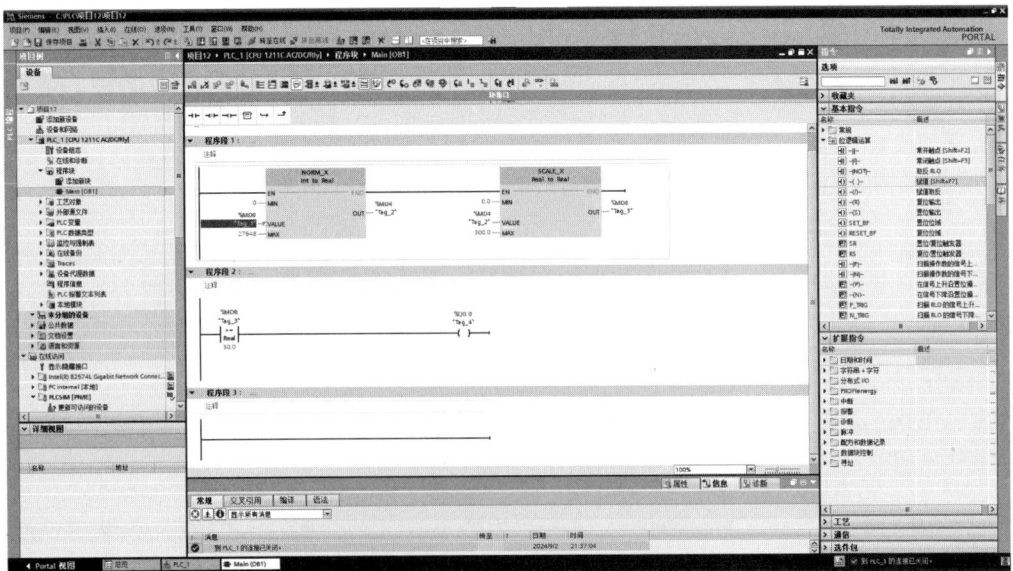

图 12-44　关闭仿真器后的界面

现在，可以关闭主项目（PLC-TEMPERATURE CONTROL）。

注意：该项目将用于后续学习如何在实际的 PLC 上处理模拟输入信号。

2. 使用实际的 PLC（西门子 S71200 – CPU 1211C AC/DC/Relay）

在这个实例中，将连接并编程一个 PLC，实现一个简单的温度控制系统。系统的目标是保持加热器开启，直到 MD8（缩放后的温度值）大于或等于 100。这是一种基本的控制系统技术，不仅适用于温度控制，还可以应用于压力或液位控制等场景。

1）实验要求

除了在仿真中使用的 TIA Portal 软件外，还需要以下硬件设备来演示使用实际 PLC 进行模拟输入信号处理：RTD 温度传感器（Pt100）、RTD 温度变送器、电源（220V AC 转 24V DC）、PLC（西门子 S7-1200）、接触器、加热元件、网线，以及安装了 TIA Portal 的个人计算机或笔记本电脑。

2）接线步骤

接线如图 12-45 所示。

（1）电源连接。

- 通过断路器将主电源连接到电源设备的 AC 输入。
- 通过断路器将主电源连接到 PLC 的 AC 输入。
- 将 AC 电源连接到接触器的端子 1（L1）和端子 3（L2）。

（2）加热器连接。

- 将加热器的两个端子分别连接到接触器的端子 2（T1）和端子 4（T2）。

（3）RTD 传感器连接（三线制）。

- Pt100 RTD 是一种三线制传感器，其中两根线之间的电阻为 100Ω（在 0℃时）。
- 将这两根线连接到变送器上标有电阻符号的两个端子。
- 将第三根线（补偿线）连接到变送器上没有电阻符号的端子。

（4）RTD 变送器连接。

- 将 24V DC 电源的正极端子连接到变送器的正极端子。
- 将变送器的负极端子（输出端）连接到 PLC 的第一个模拟输入通道（0）。

（5）PLC 电源和接地连接。

- 将 24V DC 电源的负极端子连接到 PLC 的 24V DC 输出的负极端子（M）。
- 同时将其连接到 PLC 模拟输入通道的公共端子（2M）。

（6）模拟输入电阻（电流/电压转换）。

- 在 PLC 的第一个模拟输入（0）和公共端子（2M）之间连接一个 500Ω 电阻。这个电阻用于将 4 ～ 20mA 电流信号转换为 PLC 可以读取的电压信号。

（7）PLC 输出和接触器控制。

- 将 PLC 的数字输出 Q0.0 连接到接触器的控制端 A1。
- 将 PLC 的电源端子 1L 连接到断路器的火线（L）。
- 将接触器的另一个控制端 A2 连接到断路器的零线（N）。

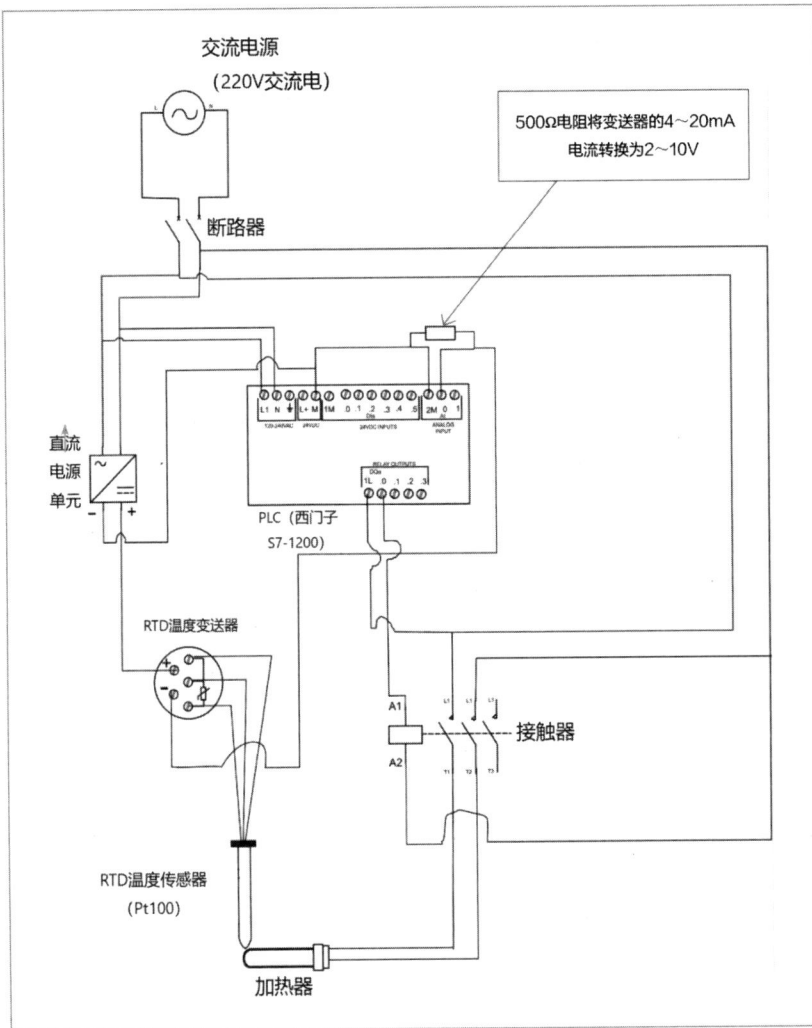

图 12-45　一个完整的接线图，显示了使用 PLC、温度传感器和 4 ～ 20mA 变送器的温度控制系统的接线方式。该图清楚地标示了各个组件之间的连接，包括电源、PLC、传感器、变送器、接触器和加热元件的连接方式

3）编程

在本节中，将修改之前创建的程序（PLC-TEMPERATURE CONTROL），实现一个简单的温度控制系统。目的是当寄存器 MD8 中的温度值大于或等于 100 时，控制加热器开启功能。这个过程将展示如何将模拟输入信号与数字输出控制结合使用。

操作步骤如下。

（1）打开已保存的项目 PLC-TEMPERATURE CONTROL，如图 12-46 所示。如果不确定如何操作，可以参考第 9 章中关于打开已保存项目的步骤。

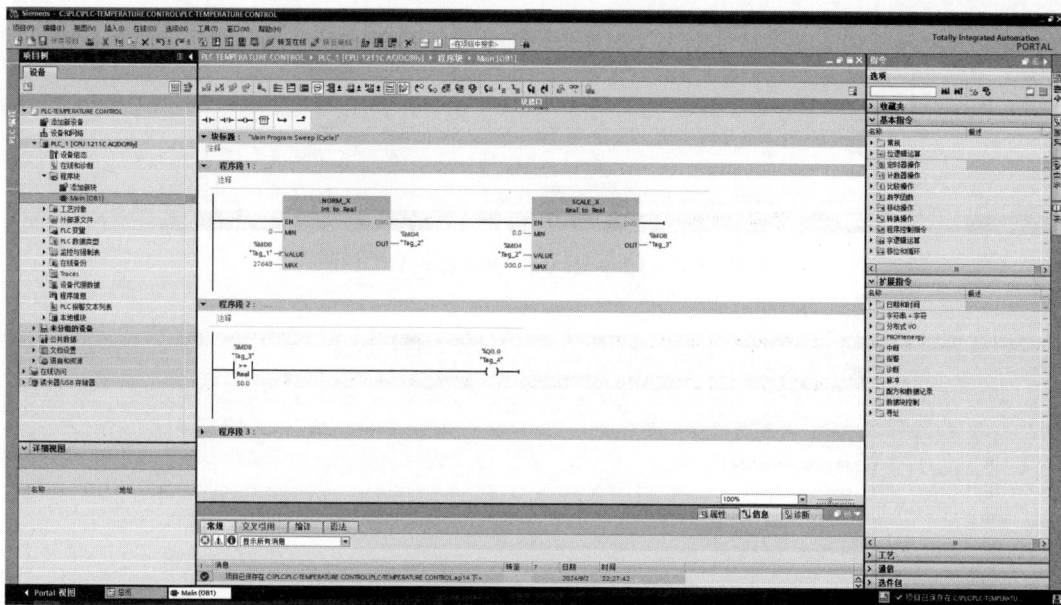

图 12-46 打开已保存的项目（PLC-TEMPERATURE CONTROL）

（2）删除不需要的标签。

- 选择 MD0 的标签名称（Tag_1），按 Delete 键删除。
- 同样，选择 Q0.0 的标签名称（Tag_4），按 Delete 键删除。这一步骤是为了重新配置输入和输出地址，删除后的界面如图 12-47 所示。

（3）配置模拟输入和内存位。

- 在"程序段 1"中，将 NORM_X 的输入值更改为 %IW64。这是 PLC 的第一个模拟输入通道地址。
- 在"程序段 2"中，将输出地址更改为内存位 M0.0。这将用作中间控制位。

修改后的界面如图 12-48 所示。

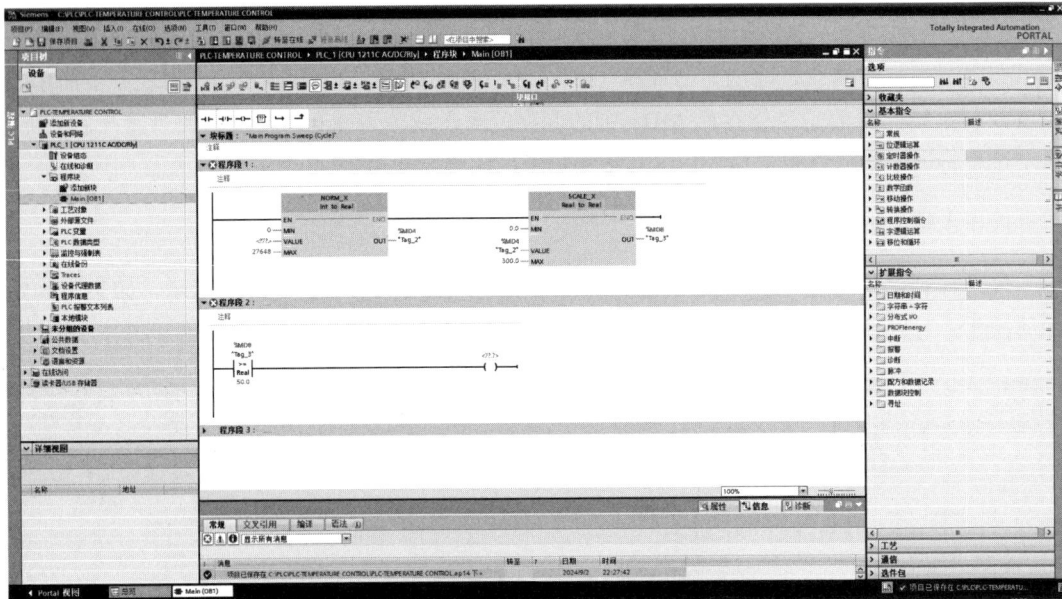

图 12-47 删除 MD0 和 Q0.0 标签后的界面

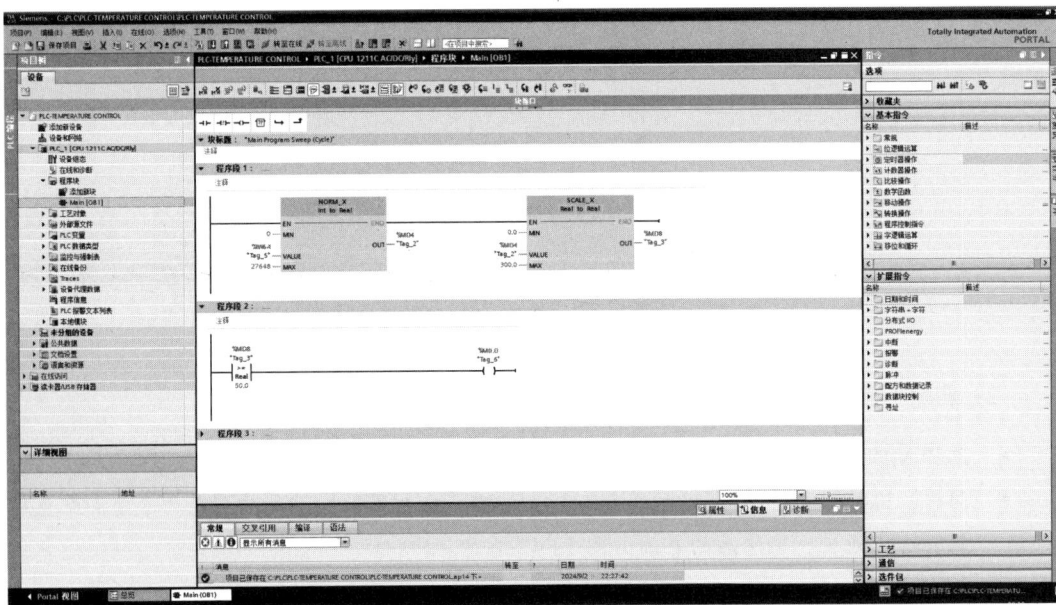

图 12-48 %IW64 现用作 NORM_X 的值，M0.0 现用作赋值（线圈）的寄存器

（4）修改温度设定点。

- 双击比较指令底部的 50.0 值，将其更改为 100。这是新的温度设定点，修改后的界面
  如图 12-49 所示。

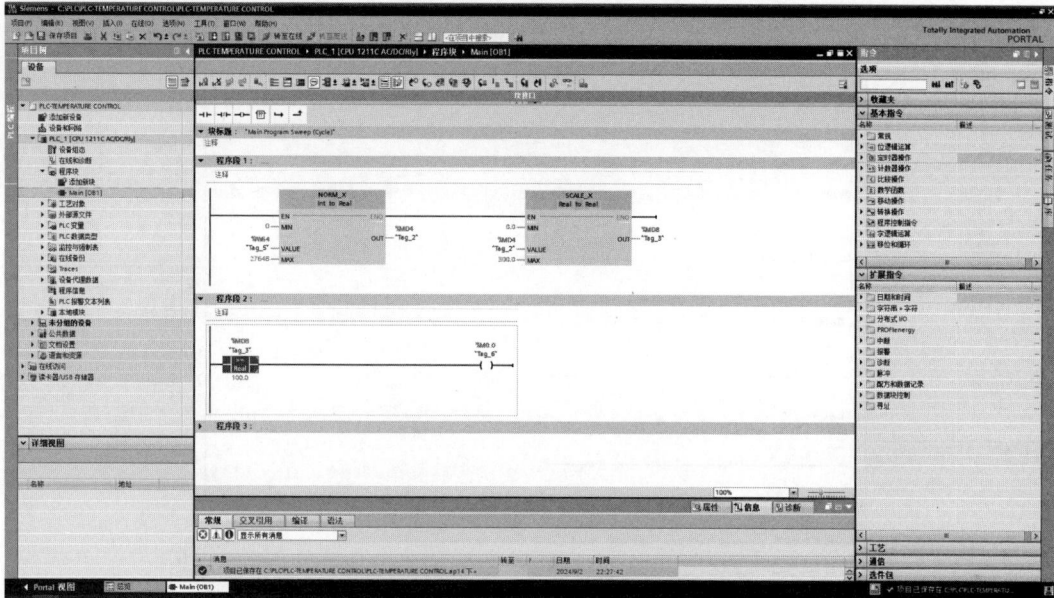

图 12-49 温度设定点从 50 更改为 100

（5）添加常闭触点。

- 在屏幕右侧的基本指令列表下展开"位逻辑运算"选项。

- 将常闭触点指令拖到"程序段 3"上，如图 12-50 所示。

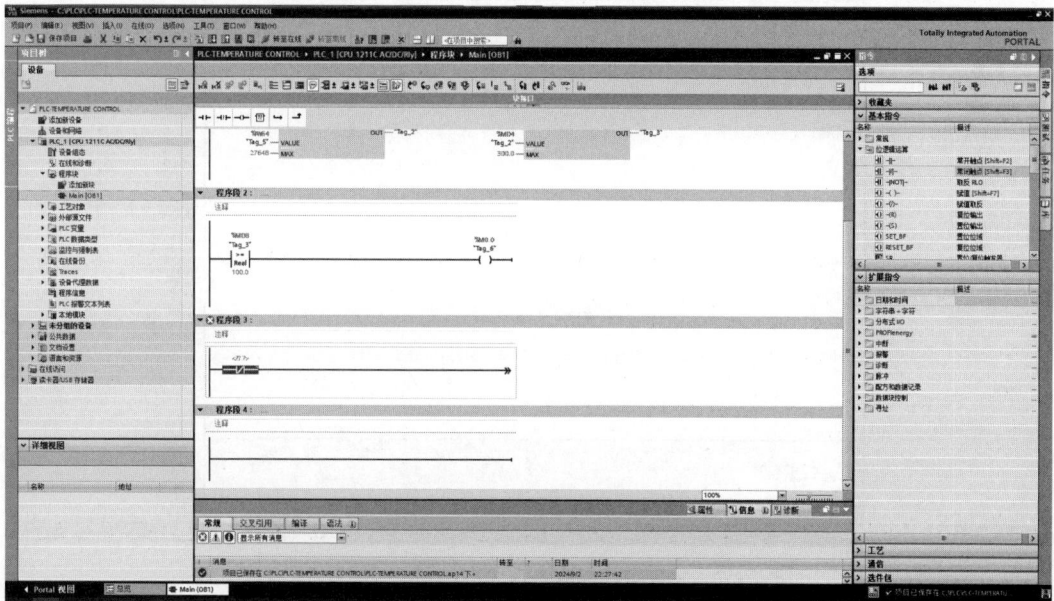

图 12-50 将常闭触点指令添加到"程序段 3"上

（6）配置常闭触点。在常闭触点的"???"字段中输入 %M0.0，如图 12-51 所示。

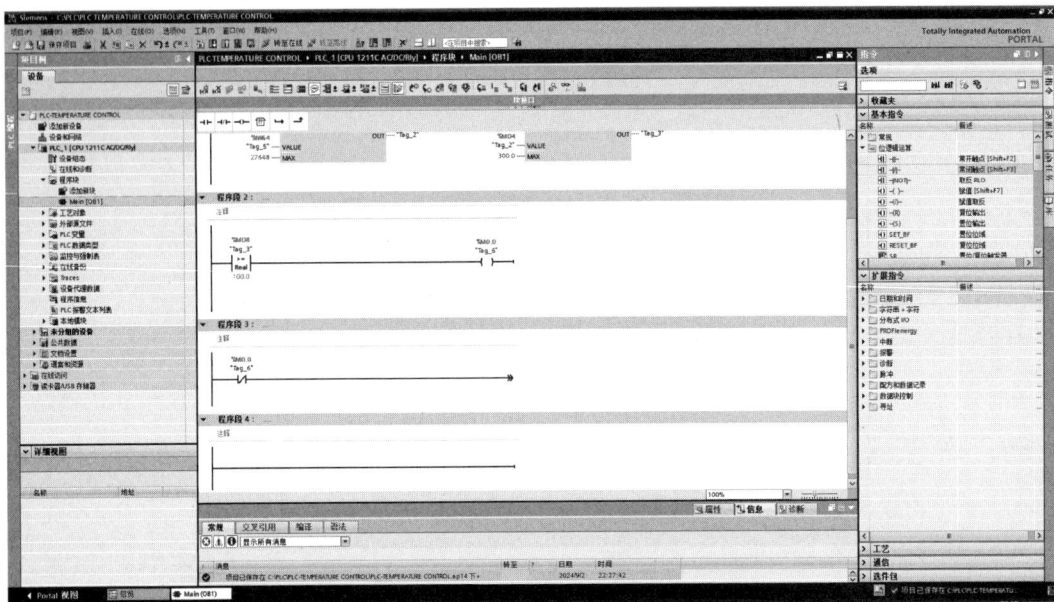

图 12-51　常闭触点现在有一个 M0.0 寄存器

（7）添加输出线圈。在屏幕右侧的"基本指令"列表下展开"位逻辑运算"选项，并将赋值（线圈）指令拖到"程序段 3"上，如图 12-52 所示。

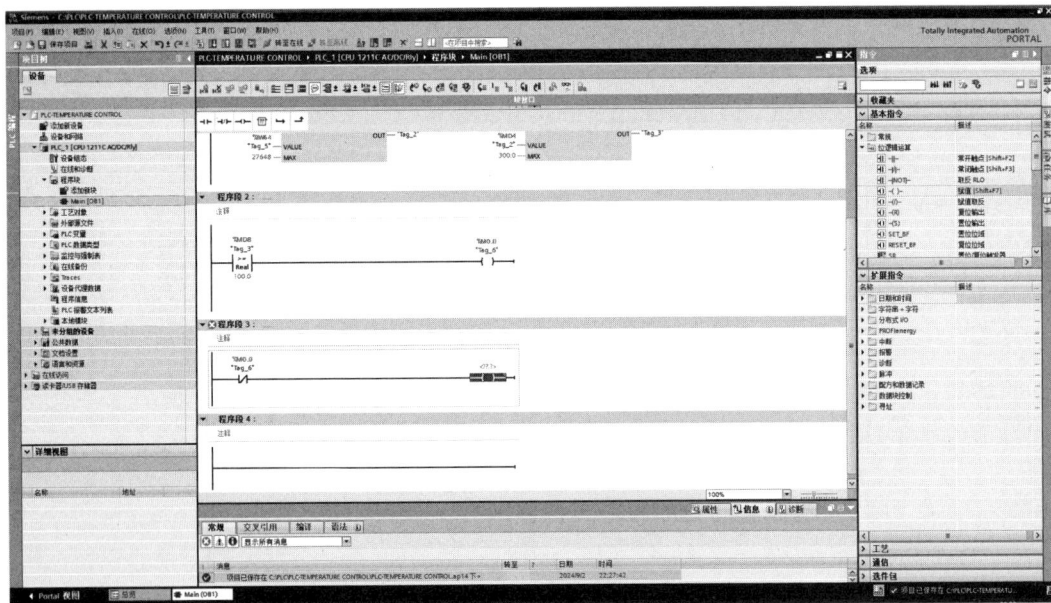

图 12-52　将置位（线圈）指令添加到"程序段 3"上

（8）在赋值（线圈）的"???"字段中输入 %Q0.0，配置输出地址，如图 12-53 所示。

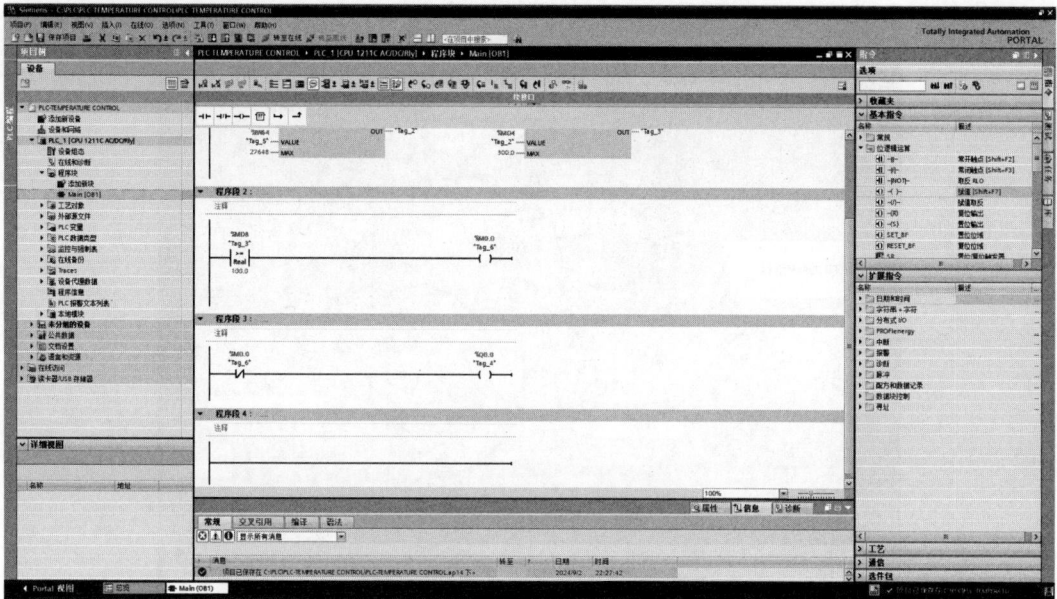

图 12-53 赋值（线圈）设置为地址 Q0.0

到此，完成了程序编程。图 12-54 显示了从"程序段 1"到"程序段 3"的完整模拟量输入程序。

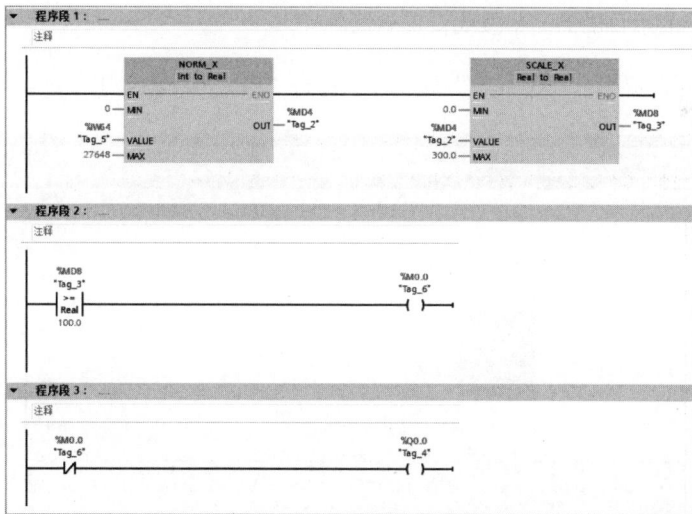

图 12-54 从"程序段 1"到"程序段 3"的完整模拟量输入程序

4）配置 IP 地址并将程序下载到实物 PLC

现在，继续将程序下载到实物 PLC。

（1）前期准备：确保接线图（图 12-55）中的所有连接都已正确设置，打开断路器为设备供电，同时确保 PLCSIM（仿真器）未在运行。

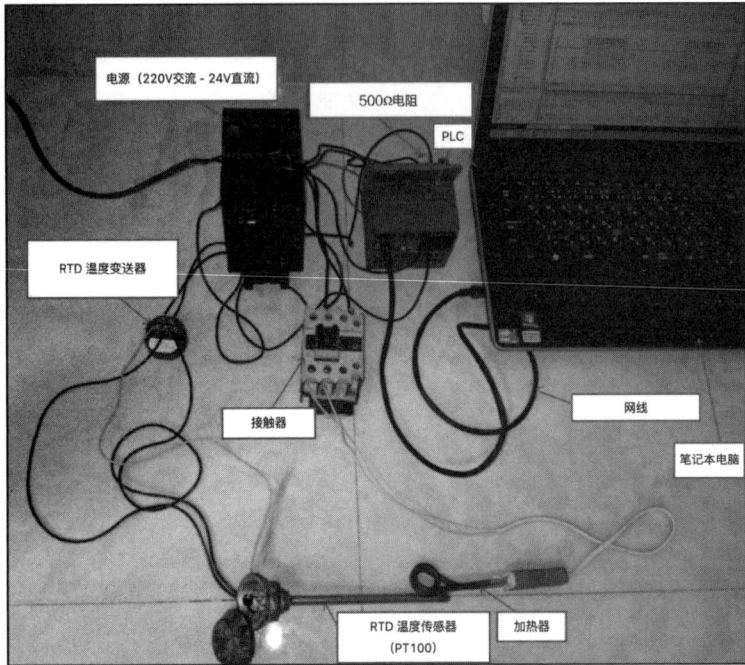

图 12-55　一个用于演示目的的实物硬件连接效果图

（2）通信连接：将网线的一端连接到笔记本电脑或个人计算机，另一端连接到 PLC。图 12-55 展示了用于演示目的的简单接线设置示例。

（3）设备配置：双击"设备组态"选项，并保持"PLC_1"为选中状态，如图 12-56 所示。

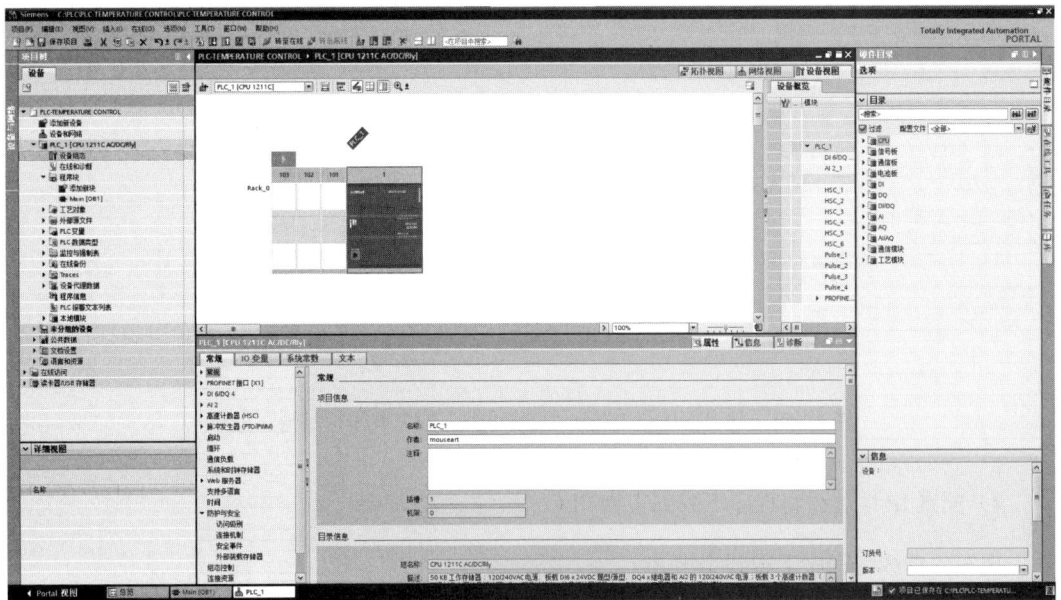

图 12-56　设备组态

（4）网络配置：在屏幕下方的界面中选择"属性 | 常规"选项卡，然后选择"PROFINET 接口 [X1]"选项，如图 12-57 所示。

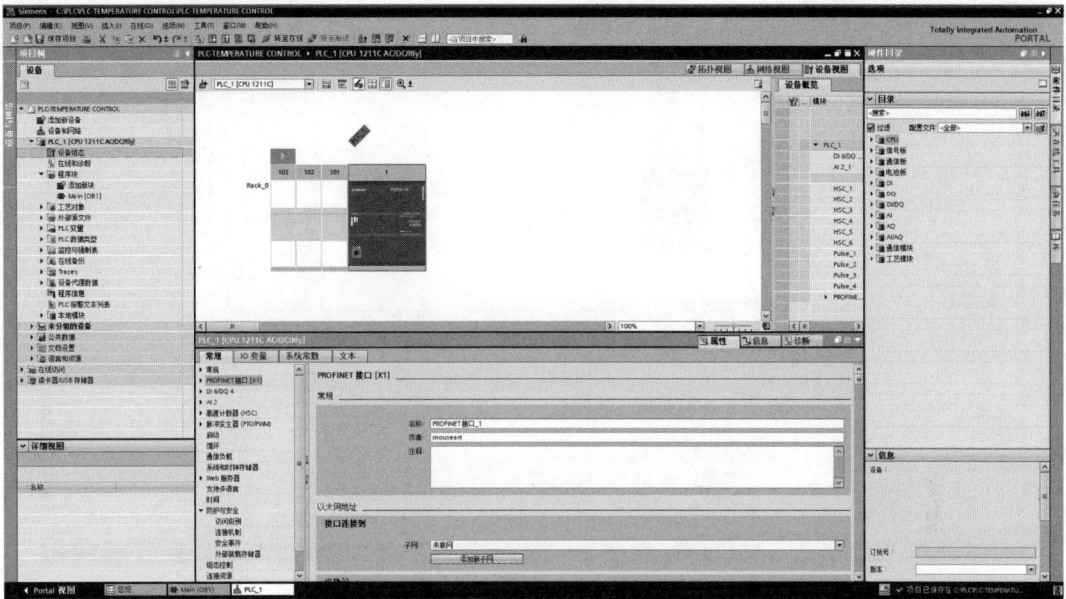

图 12-57 PROFINET 接口 [X1] 界面

（5）IP 地址配置：向下滚动到 IP 协议，输入 IP 地址（如 192.168.0.6）和子网掩码（如 255.255.255.0），如图 12-58 所示。

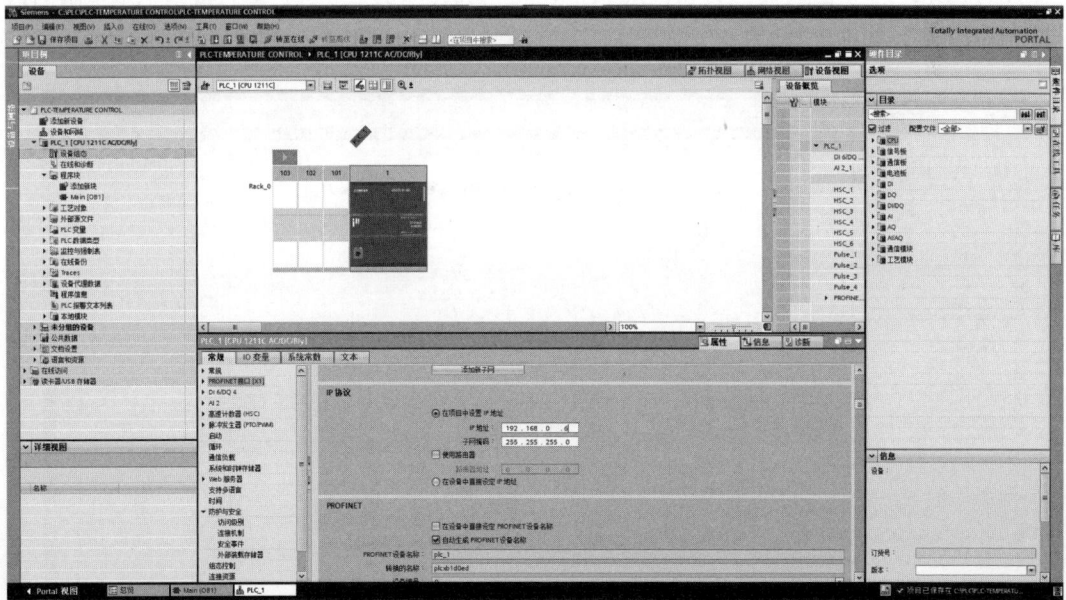

图 12-58 添加 IP 地址和子网掩码

（6）保存并编译：单击顶部工具栏中的"保存项目"按钮，然后单击 PLC 选择它。PLC 应该被高亮显示。"编译"和"下载到设备"按钮将变为可用，如图 12-59 所示。

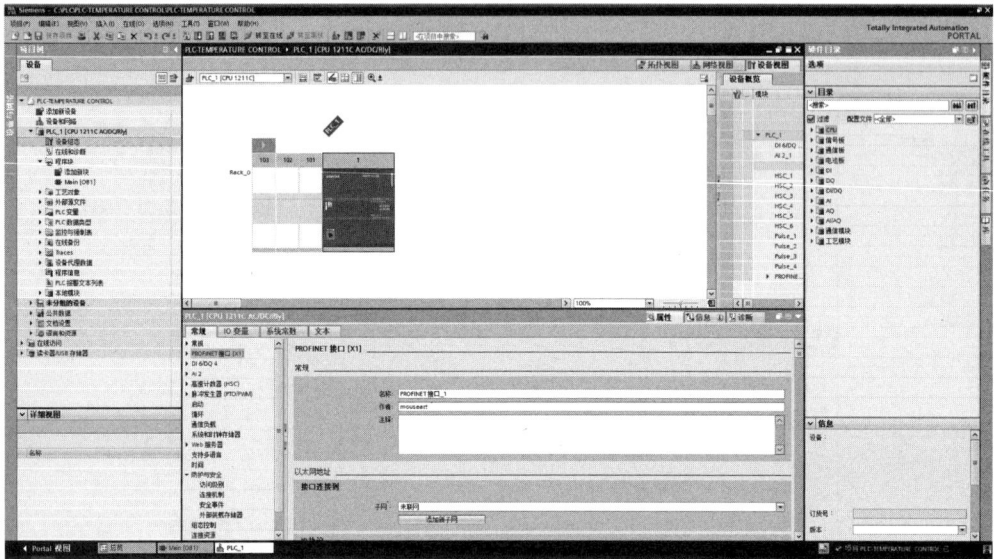

图 12-59　编译和下载到设备命令

程序下载准备：

（7）单击"编译"按钮，以编译检查程序，确保没有错误。

（8）单击"下载到设备"按钮，从 PG/PC 接口列表中选择个人计算机或笔记本电脑的以太网控制器卡，如图 12-60 所示。

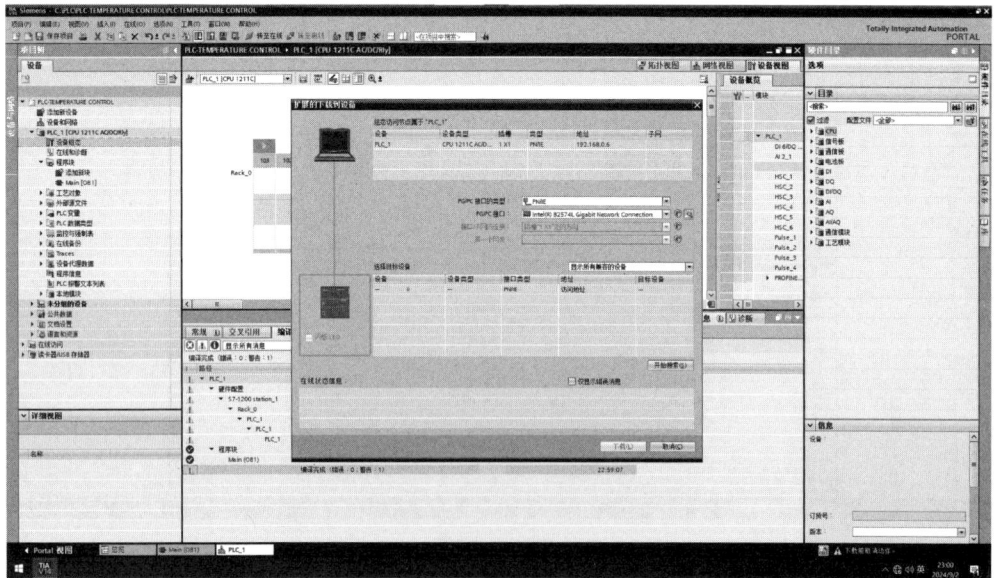

图 12-60　选定的 PG/PC 接口

注意：这里选择了"Intel(R) 1211 Gigabit 程序段 Connection"，因为笔者的计算机的以太网控制器是 Intel。

（9）建立连接：单击"开始搜索"按钮，识别设备。

（10）下载操作：在如图 12-61 所示的"选择目标设备"选项组中，选中搜索出来的 PLC。单击底部的"下载"按钮。

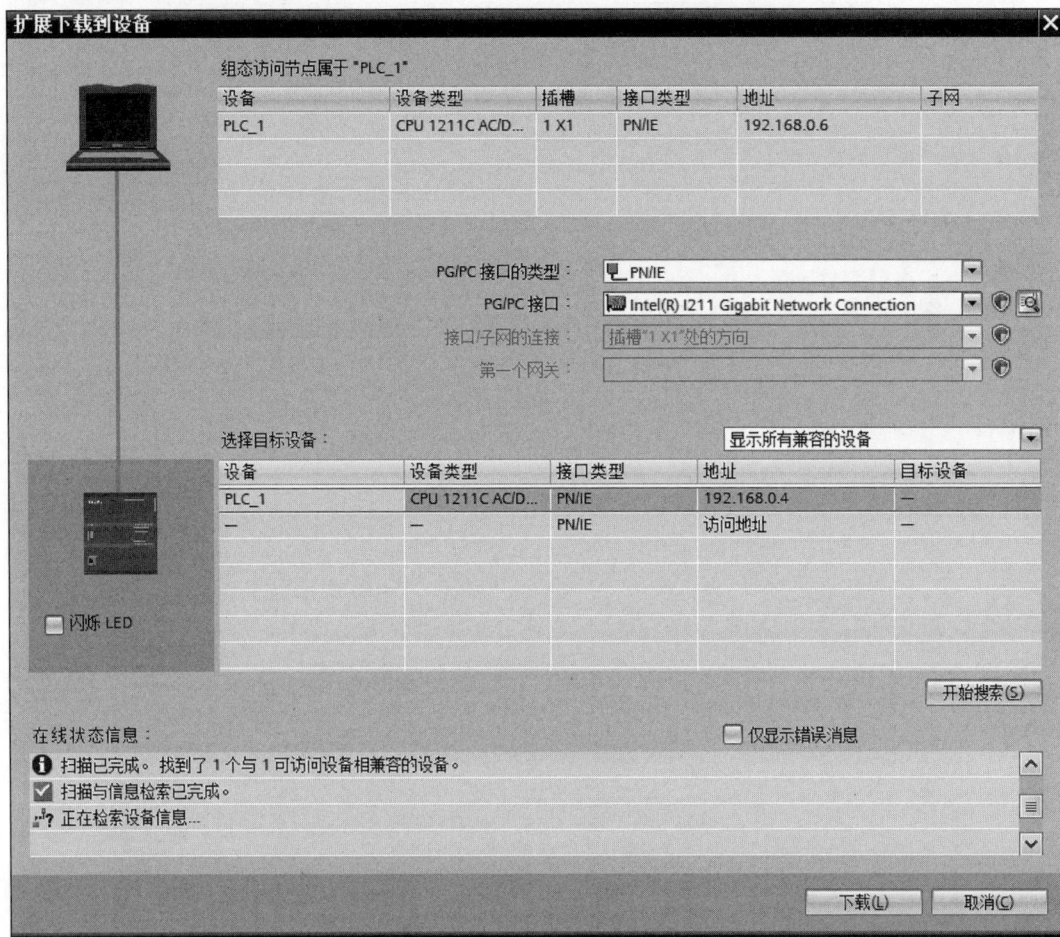

图 12-61　"扩展下载到设备"对话框

（11）通信确认：在如图 12-62 所示的对话框中，单击"认为可信并建立连接"按钮。

（12）模式选择：在弹出的"下载预览"对话框中，在"停止模块"后的下拉列表框中选择"全部停止"选项，如图 12-63 所示。

（13）界面单击"装载"按钮，弹出"下载结果"对话框，在"启动模块"后的下拉列表框中选择"启动模块"选项，如图 12-64 所示，然后单击"完成"按钮。

图 12-62 单击"认为可信并建立连接"按钮

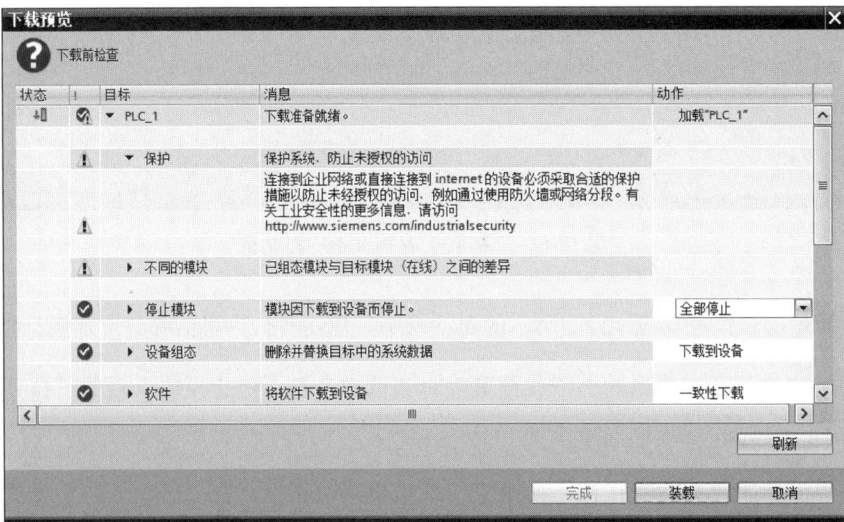

图 12-63 选择"全部停止"选项

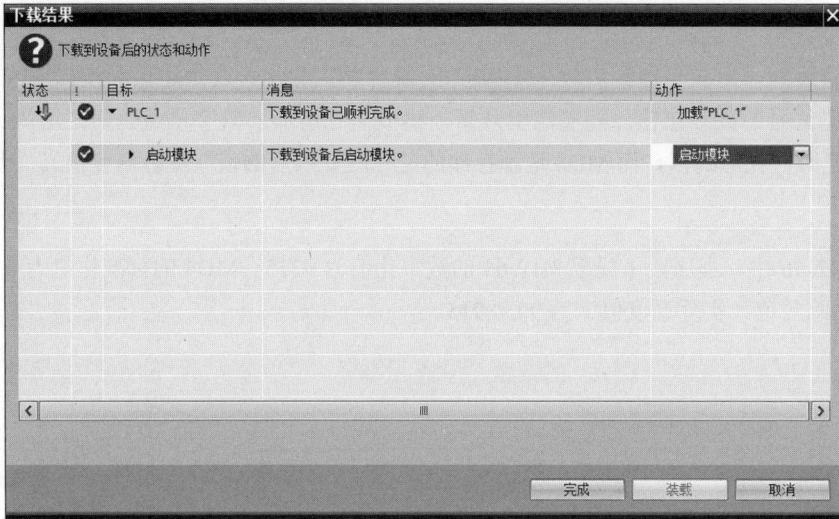

图 12-64　"下载结果"对话框

恭喜！读者已成功将程序下载到 PLC，PLC 将开始按照编程的方式运行，编程界面如图 12-65 所示。

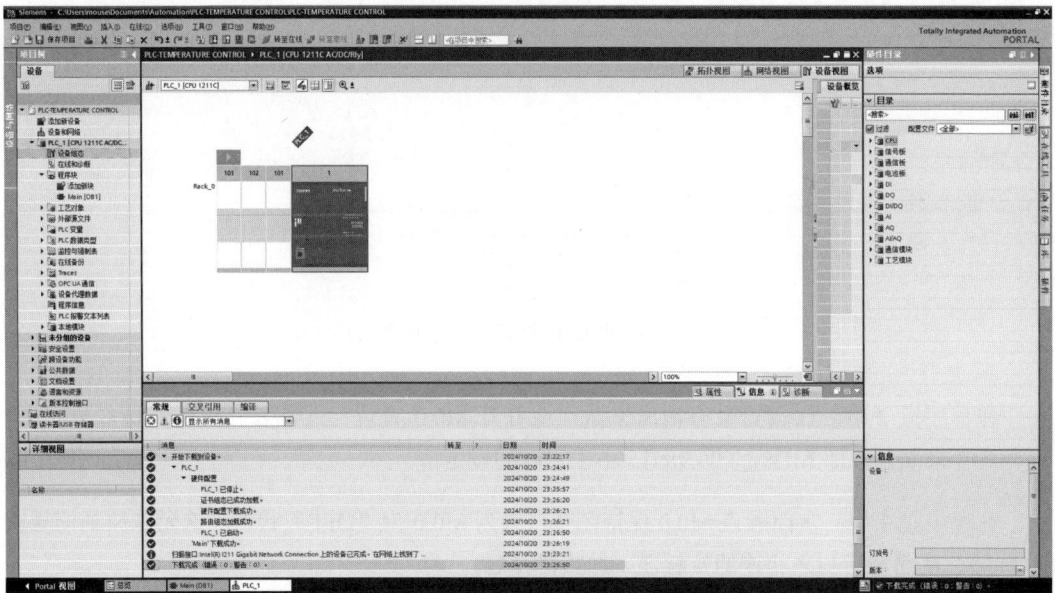

图 12-65　编程界面

下面，将在线监控 PLC 处理模拟信号和执行程序时发生的情况，按照以下步骤监控 PLC 程序执行指令。

（1）双击"程序块 | Main [OB1]"选项。

（2）单击"启用/禁用监视"按钮。

5）程序运行观察和解释

可以观察到，当加热器开启时，%IW64 的值会发生变化。这是连接到模拟输入模块第一通道的模拟信号的数字化值。随着温度升高，模拟信号增加，数字化值也随之增大。MD4 地址存储的是归一化后的值，而 MD8 地址存储的是标度变换后的值（实际温度值）。程序执行过程分析如下。

在图 12-66 中，程序段 1 显示 %IW64 的数字化值为 9215。MD4 的标准化值为 0.3332972，而 MD8 的缩放值（实际温度值）为 99.98915。

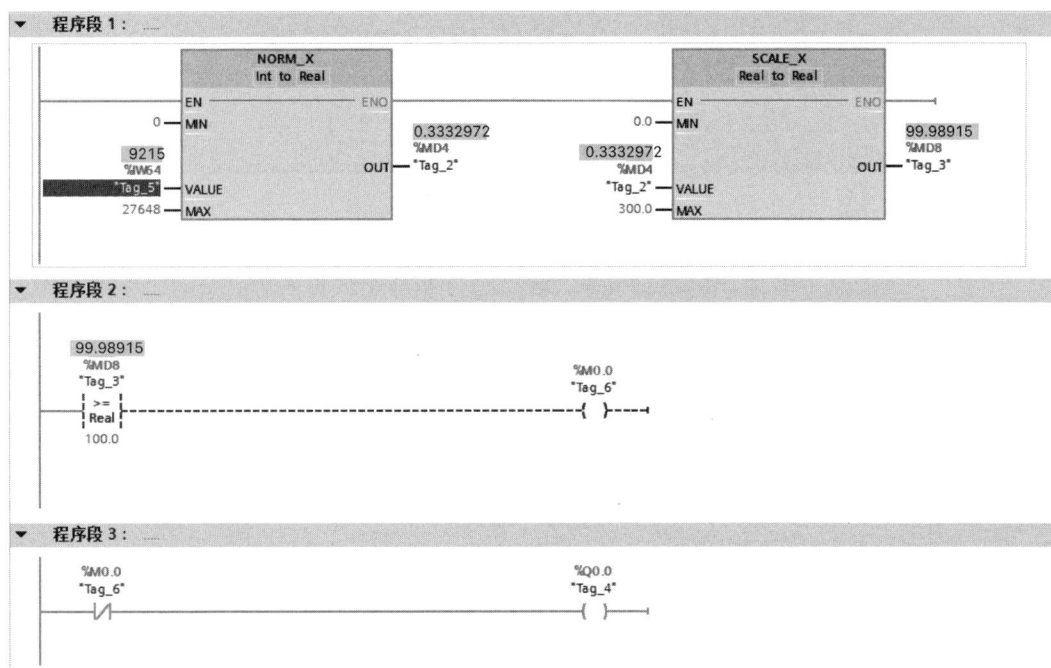

图 12-66　监控 PLC 程序执行指令（1）

在程序段 2 中，比较器没有输出来激活或打开 M0.0 置位（线圈），M0.0 保持复位状态。因为条件未满足，即 MD8 的 99.98915 小于 100 的设定值。

在程序段 3 中，常闭触点 M0.0 保持闭合，因为 M0.0 为 "OFF" 状态。这允许控制信号流向 Q0.0，从而激活与之相连的接触器，加热器开启。

当 MD8 的值大于或等于 100 时，比较器将有一个输出来激活或打开 M0.0 置位（线圈），这将使 Q0.0 断电并关闭加热器。

在图 12-67 中，程序段 1 显示 %IW64 的数字化值为 9692。MD4 的标准化值为 0.3505498，而 MD8 的缩放值（实际温度值）为 105.1649。

在程序段 2 中，比较器有一个输出来激活或打开 M0.0 置位（线圈），M0.0 置位，因为条件满足，即 MD8 的 105.1649 大于 100。

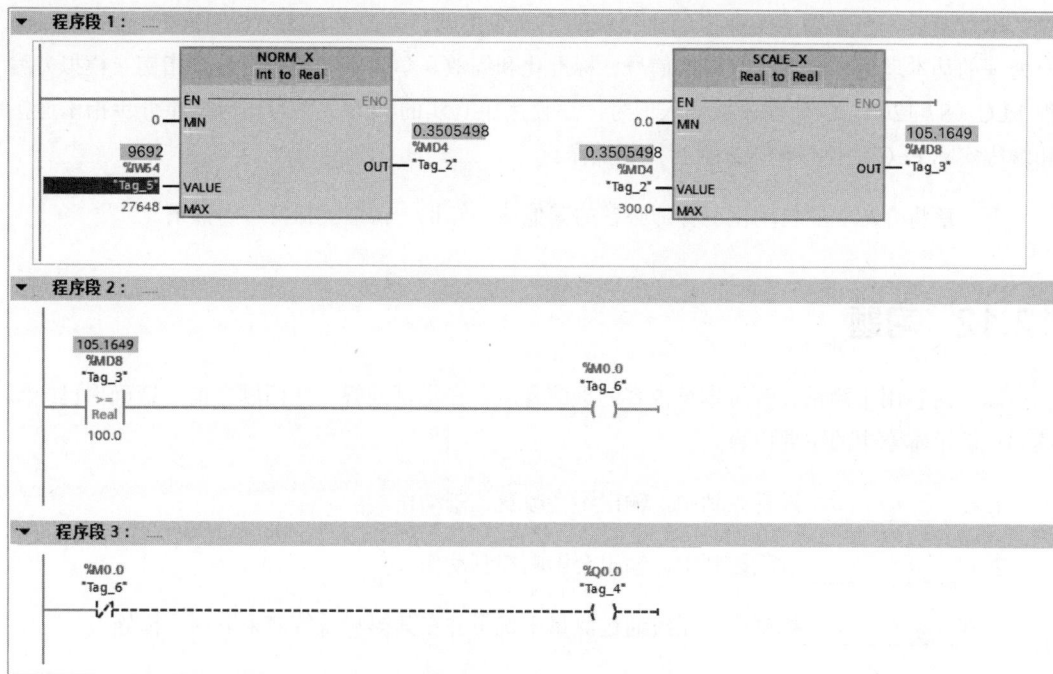

图 12-67 监控 PLC 程序执行指令（2）

在程序段 3 中，常闭触点 M0.0 变为开路，因为 M0.0 为"ON"。这阻止了控制信号流向 Q0.0，从而使接触器断电，加热器关闭。

在本节中，学习了如何在 PLC 中处理模拟量输入信号。读者现在应该能够为模拟输入信号处理编程和模拟仿真 PLC（S7-1200），还应该能够将一个 4～20mA 输出的变送器正确连接到实际 PLC 的模拟输入端，并对其进行编程，以实现基于所需设定点执行简单控制任务（例如，停止加热器）。

本节简化了工业自动化中常见的模拟量信号处理流程。本书仅关注模拟输入信号，前面已经使用它在满足特定条件时发送数字控制信号。实际上，也可以发送模拟信号（4～20mA）或使用具有 PID 功能的 PLC，以实现比此处示例更好的控制。

12.11 总结

恭喜读者成功完成本章学习！这是工业自动化的重要组成部分。现在读者应该理解了过程控制的基本概念，能够解释各种过程控制术语，并理解 ISA5.1 标准的 ISA 符号体系。此外，还学习了工业中常见的温度、液位、压力和流量测量所需的传感器和变送器。读者现在应该能够将温度传感器和变送器、液位变送器及压力变送器接线连接起来，生成 4～20mA 的标准模拟输出信号，这对过程控制至关重要。在本章中，还学习了如何使用温度控制器将加热器的温度维持在目标水平。

本章最后一节涵盖了工业自动化领域的更高级主题，讨论了 PLC（S7-1200）模拟输入信号处理的基本理论，包括读取模拟信号、标准化和缩放。学习了如何通过分步指南（模拟）编程 PLC（S7-1200）以处理模拟输入信号，还使用了真实的 PLC，学习如何按照分步指南连接和编程实际 PLC 的模拟输入来执行控制操作。

下一章将介绍工业自动化工程师必备的其他核心知识，请继续保持学习热情。

12.12 习题

以下内容用于测试读者对本章内容的理解程度。在尝试回答这些问题之前，请确保已经阅读并理解了本章中的主要内容。

1. 在_____过程控制中，输出不会改变控制动作。

2. 在_____过程控制中，输出会影响控制动作。

3. 在_____控制中，系统通过测量干扰量并在其影响系统前采取纠正措施。

4. _____是一种将传感器信号转换为标准信号（4 ～ 20mA、0 ～ 10V 或 3 ～ 15psi）的设备。

5. _____指的是过程变量的目标值。

6. _____是过程变量（或测量值）与设定点之间的差异。

7. 用于将过程变量保持在设定值的执行机构称为_____。

8. ISA 是_____的英文缩写。

9. _____是一种通过测量内部旋转涡轮或齿轮转速来测量流量的流量计。

10. _____是 S7-1200 控制器的内置功能，用于将任意范围的数据归一化为 0 ～ 1 浮点值。

11. _____是 S7-1200 控制器的内置功能，用于将归一化值（0 ～ 1）转换为工程量（实际值）。

12. PID 是_____的英文缩写。

13. P&ID 代表_____。

第13章
工业网络和通信协议基础

工业网络在工业自动化和过程控制中扮演着至关重要的角色，它不仅提供了设备（如传感器、执行器、控制器和计算机）之间的互连，并使它们能够相互通信。工业网络不同于传统的通信网络，后者通常允许计算机与其外设（如打印机、扫描仪等）之间进行通信。工业网络是一种强大的网络，能够在恶劣的环境中连接各类工业自动化和控制设备（如 PLC、HMI、PC、变频器、变送器等），并提供实时监控、控制和数据完整性保障。

通过本章的学习，读者将更深入地了解工业网络，以及各种拓扑结构和通信媒介。将学习无线网络的基础知识，并了解 5G 技术的内涵。还将学习工业网络协议，它们对于实现通信至关重要。最后，将通过使用 Profinet 协议演示一个简单的工业网络，提供实际的操作示例。

在本章中，将涵盖以下几方面主要内容：

- 工业网络概述。
- 网络拓扑结构。
- 网络媒介——有线和无线（蓝牙、Wi-Fi 和蜂窝通信——1G、2G、3G、4G 和 5G）。
- 网络连接器和其他网络组件。
- 网络协议解析。
- 常见工业网络协议——Foundation Fieldbus（基金会现场总线）。
- 常见工业网络协议——PROFIBUS（过程现场总线）。
- 常见工业网络协议——Modbus。
- 常见工业网络协议——HART。
- 常见工业网络协议——PROFINET。

13.1 工业网络概述

当两个或多个设备为进行数据交换而连接起来时，就形成了网络。网络中的每个设备都称为节点。工业网络由控制器（PLC、PAC 或 DCS）、现场设备、PC 和其他工业设备组成，它们通过网络连接在一起，以共享和交换数据。在工业网络中，节点可以是控制器（PLC、PAC 或 DCS）、现场设备（传感器/变送器或执行器）、HMI、服务器或工作站等。这些节点使用特定的协议进行通信，从而实现工业过程的自动化。

13.2　网络拓扑结构

网络拓扑是网络的基石，它展示了节点如何排列和互连，涉及网络的物理和逻辑布局。因此，网络拓扑可以分为以下两个方面。

- 逻辑拓扑：描述网络中数据在节点之间的传输模式。它定义了数据在传输时所经过的路径，描述了数据在网络中的流动方式。
- 物理拓扑：描述网络中节点的实际物理布局或排列方式。它展示了网络中各个节点是如何物理连接的。

下面介绍几种常见的物理拓扑结构。

13.2.1　点对点拓扑

点对点拓扑是指两个设备通过单根电缆直接连接的结构。在点对点网络中，两台设备之间有直接的链接，如图 13-1 所示。在家庭或办公室中，PC 连接到打印机就是点对点拓扑的一个典型应用。

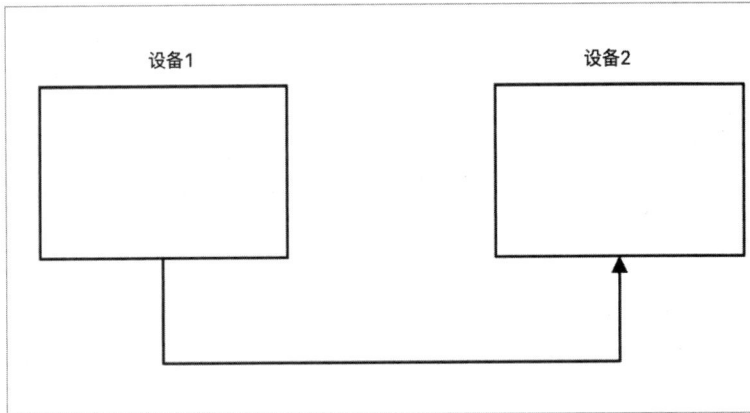

图 13-1　设备 1 和设备 2 之间的点对点网络

在工业自动化中，点对点拓扑的典型应用是将 PC 连接到 PLC 以下载程序（见图 13-2）；以及用于监控和控制目的的 PLC 与 HMI 的连接（见图 13-3）。

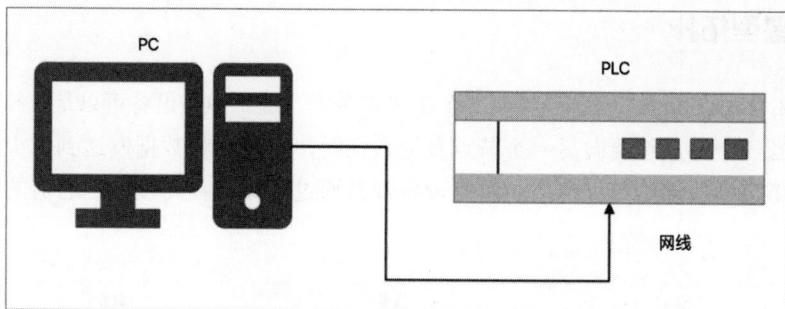

图 13-2　PC 连接到 PLC 以下载程序

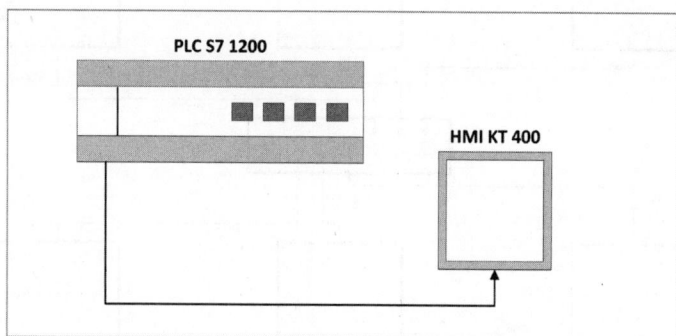

图 13-3　PLC 连接到 HMI 用于监控和控制目的

13.2.2　总线拓扑

在总线拓扑中，每个节点都连接到一根单一的电缆段，如图 13-4 所示。这根电缆被称为干线、主干或总线。为了提升信号质量，在电缆两端都安装了终端电阻。在数据传输过程中，当一个节点要向另一个节点发送数据时，数据会被发送给网络中的所有节点。然而，其他节点会忽略这些数据，只有目标节点会接收并处理——也就是说，节点只会响应发送给它的数据。在工业自动化中，一个常见的总线拓扑例子是使用 PROFIBUS 协议连接的 PLC、HMI 和其他设备组成的网络。

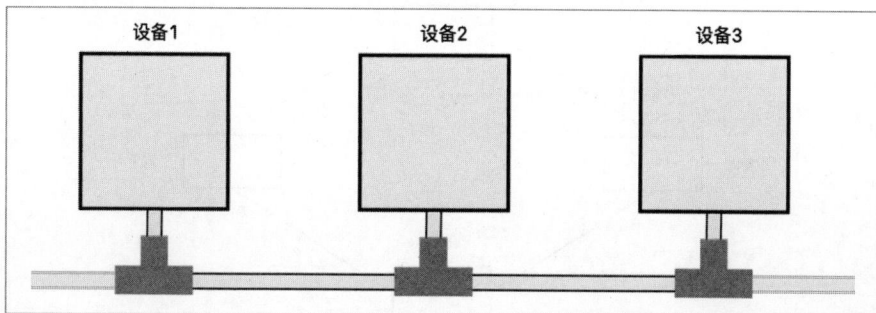

图 13-4　总线拓扑

13.2.3　星型拓扑

在星型拓扑中，每个节点都连接到一个中央设备上。这个中央设备可以是交换机、路由器或集线器。当一个节点想要向另一个节点发送数据时，它首先将数据发送到中央设备，然后中央设备再将数据传递给目标节点。所有设备都是通过中央设备间接进行通信的，如图 13-5 所示。

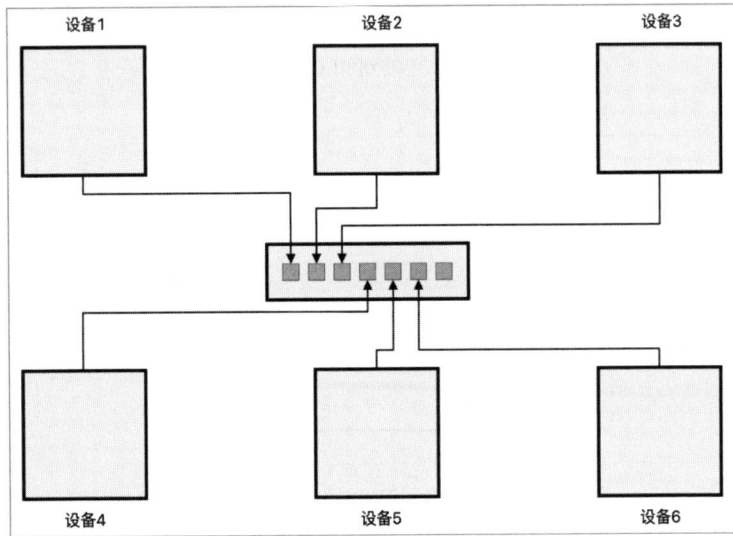

图 13-5　星型拓扑

13.2.4　环形拓扑

在环形拓扑中，网络中的节点首尾连接成一个闭环结构。最后一个节点连接到第一个节点，形成一个完整闭合的回路，如图 13-6 所示。在环形拓扑中，数据从一个节点单向依次传输到下一个节点，直到到达目标节点。

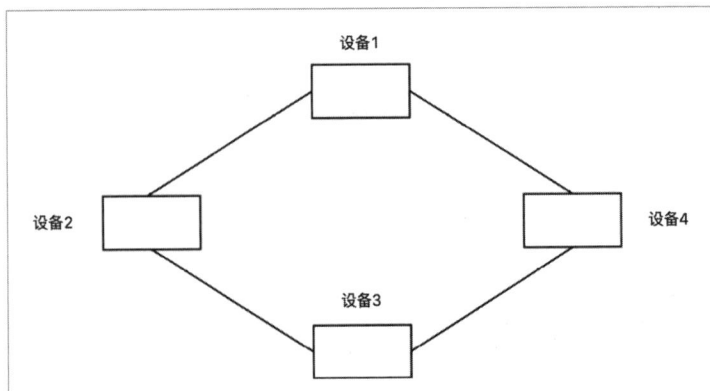

图 13-6　环形拓扑

至此，已经讲解完网络拓扑的基本概念。读者现在应该理解了点对点、星型、总线型和环形这几种基本拓扑结构的特点。在下一节中，将学习网络媒介的相关内容。

13.3　网络媒介——有线和无线（蓝牙、Wi-Fi 和蜂窝通信——1G、2G、3G、4G 和 5G）

网络媒介可以定义为用于在网络上互连节点的通信通道。网络媒介的例子包括用于有线网络的铜质双绞线电缆、铜质同轴电缆和光纤电缆，以及用于无线网络的无线电波（蓝牙、Wi-Fi、蜂窝通信等）。因此，根据所使用的通信通道，网络可以分为有线和无线两种。

- 有线网络：有线网络使用铜质双绞线电缆、铜质同轴电缆和光纤电缆等作为通信通道。

图 13-7 展示了一根同轴电缆。

图 13-8 展示了一根 PROFIBUS（过程现场总线）电缆。

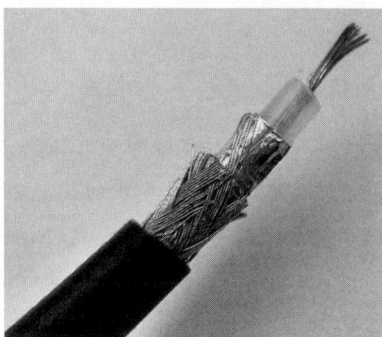

图 13-7　同轴电缆（RG59）

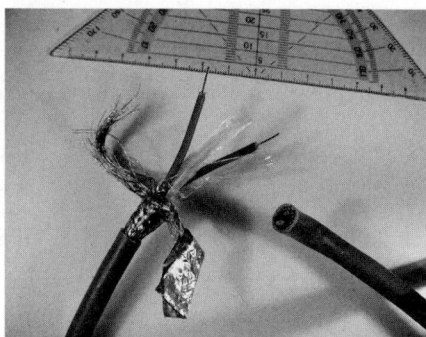

图 13-8　PROFIBUS 电缆

图 13-9 展示了一根双绞线电缆。

图 13-10 展示了一根光纤电缆（单模光纤）。

图 13-9　双绞线电缆（CAT 6）

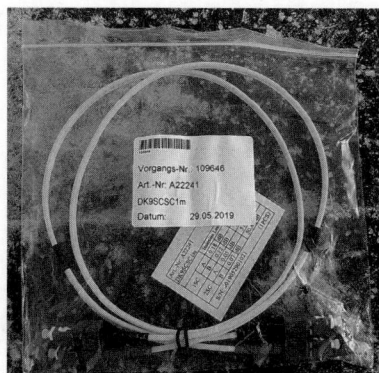

图 13-10　光纤电缆（单模光纤）

- 无线网络：无线网络通过蓝牙、Wi-Fi 和蜂窝通信，使用无线电波作为通信通道。无线电波是一种电磁波，它可以在空气、真空、液体甚至固体中传播，可用于在两个或多个设备之间建立无须电缆的通信。
  - 蓝牙：这是一种短距离无线技术标准。它使用 2.402～2.48GHz 的超高频无线电波，在固定和移动设备之间进行短距离通信或数据交换，以建立个人区域网络（Personal Area Network，PAN）。
  - Wi-Fi：这是一种使用无线电波在设备之间建立通信的无线通信技术。它也可以被称为标准的无线局域网（Wireless Local Area Network，WLAN）技术，允许计算机和各种设备无须电缆即可相互连接，以及连接到互联网。计算机和其他设备可以通过 Wi-Fi 连接以交换数据。
  - 蜂窝通信（移动电话系统）：这是一种使用无线电波在设备之间建立通信的无线通信技术。这里，无线电网络通过蜂窝小区分布在区域内，每个蜂窝小区包括一个固定位置的收发器（基站）。这些小区为更大的区域提供无线电覆盖。安装了无线电发射器和接收器的移动电话或任何设备，即使设备在不同的小区之间移动，也能通信。

蜂窝通信/移动电话系统的发展可以分为以下几个阶段。

- 第一代（1G）：第一代手机技术。它使用模拟信号。其最大传输速率为 2.4kb/s。
- 第二代（2G）：第二代手机技术。网络是数字的，不像第一代是模拟的。在 2G 时代，手机用于数据和语音传输。采用 GPRS（通用分组无线服务）技术的 2G 网络最大传输速率 50kb/s，而使用 EDGE——Enhanced Data Rates for GSM Evolution（GSM 演进的增强数据速率）技术时可达 1Mb/s。GPRS 也被称为 2.5G，即介于第二代和第三代移动通信技术之间的过渡技术。GPRS 是通用分组无线服务（General Packet Radio Service）的缩写，它是一种分组交换技术，使用无线电波通过蜂窝网络实现数据传输。它主要用于移动互联网和其他数据通信。
- 第三代（3G）：第三代手机技术。它于 2001 年推出，主要目标是提供更大的语音和数据容量，以较低的成本增加数据传输速率，并支持广泛的应用。其速率范围为 2Mb/s～21.6Mb/s（High-Speed Downlink Packet Access Plus，HSDPA+，增强型高速下行分组接入）。
- 第四代（4G）：第四代手机技术。它的开发目标是通过 IP（互联网协议）为语音、数据、多媒体和互联网通信提供高质量、大容量、高速传输服务，同时提供更高的安全性并降低成本。它适用于游戏、高清移动电视、视频会议、云计算等应用。其传输速率范围为 100Mb/s～1Gb/s。
- 第五代（5G）：第五代手机技术。它的设计目的是为移动用户和联网设备提供可靠的连接，速率范围为 10Gb/s～20Gb/s。

5G 提供了许多出色的特性，主要包括以下几点。

- 改进的移动电话功能和强大的虚拟现实支持能力。

- 能够通过超可靠、高可用性和低延迟的连接远程控制物理基础设施、汽车和其他设备。
- 无缝地将大量传感器和设备连接到互联网（物联网）。这是一个关键特性，对工业 4.0（智能工厂）非常有用，将在下一章详细讨论。

本节讨论了网络媒介。现在，读者应该了解有线和无线网络，以及各代蜂窝网络——即 1G、2G、3G、4G 和 5G。接下来，将介绍网络连接器和其他网络组件。

13.4　网络连接器和其他网络组件

下面简要了解一下网络连接器。

网络连接器是一种允许有线网络介质（如同轴电缆、双绞线、电缆和光纤等）连接到网络设备（如集线器、交换机、路由器、控制器、PC 和其他设备）的网络组件。它们用于终止网络电缆的一段。

以下是一些常见的网络连接器。

（1）BNC 连接器：BNC 是 Bayone-Neill-Concelman 的缩写，BNC 连接器用于连接同轴电缆，如图 13-11 所示。

图 13-11　BNC 连接器

（2）PROFIBUS（过程现场总线）连接器：通常与 PROFIBUS 电缆一起使用，用于建立使用 PROFIBUS 协议的设备之间的通信，如图 13-12 所示。

（3）RJ45 连接器：这是全球最常见的网络连接器之一。RJ45 是"Registered Jack 45"（注册插孔 45）的缩写，通常用于连接双绞线电缆（CAT 5 或 CAT 6），如图 13-13 所示。

图 13-12　PROFIBUS 连接器

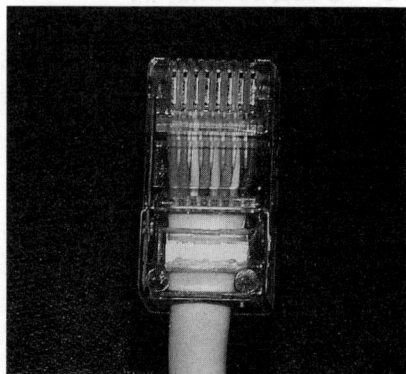

图 13-13　RJ45 连接器

此外，除了连接器，还有一些其他的网络组件，它们在网络通信中同样扮演着重要角色。

图 13-14 交换机

- 交换机：用于连接网络中的不同设备（如 PC、打印机等），允许它们共享信息和资源。在工业自动化中，交换机可以连接两个或多个 PLC、HMI、PC 和其他自动化控制设备，使它们能够彼此通信，图 13-14 展示了一个交换机。交换机分为以下两种类型。
  - ◆ 非管理型交换机：无须任何配置即可工作，适用于基本的连接需求。
  - ◆ 管理型交换机：需要进行配置以满足特定的网络需求。它具有许多可配置、启用或禁用的安全功能，如网页（Web）身份验证、访问控制、虚拟局域网（VLAN）和端口启用/禁用等。管理型交换机还支持数据包的统计分析，提供比非管理型交换机更多的高级功能。
- 路由器：这是一种在网络中将数据包从源地址路由到目标地址的网络设备。通过交换机组网的设备可以通过路由器连接到互联网。路由器使用 IP（互联网协议）地址工作，可以连接两个或多个不同的网络或子网；而交换机使用媒体访问控制（MAC）地址工作，只能连接同一网络中的设备，如 PC、打印机。路由器接收传入的数据包，分析并将其引导到另一个网络。路由器分为以下两种类型。
  - ◆ 无线路由器：无须导线或电缆即可连接网络设备。
  - ◆ 有线路由器：需要使用导线或电缆连接网络设备。
- 中继器：中继器是一种用于放大或增强信号强度的设备，使信号能够以良好的质量传输更远的距离。此外，还可以使用中继器在不同的物理介质之间实现适配，例如将同轴电缆信号转换为光纤信号。

13.5 网络协议解析

网络协议可以被视为网络上两个或多个设备之间进行数据通信的方法。它是一套必须遵守的规则，以便连接的设备之间能够进行通信。工业网络协议使工业网络设备之间能够通信，这些设备包括 PLC、HMI、变频器、PC、变送器、执行器等。该协议涵盖了网络拓扑、网络媒介、网络连接器等多个方面。

全球范围内存在多种网络通信协议，本书将重点关注工业网络协议。常见的工业网络协议可以分为有线网络协议和无线网络协议。

13.5.1 有线网络协议

有线网络协议可以进一步分为以下两个领域。

- 现场总线：现场总线是一组用于实时分布式控制的工业网络协议，已被标准化为 IEC

61158。现场总线协议的主要优势是减少了网络电缆的布线，即需要的接线更少。它支持多种网络拓扑，如总线型、环状和星状。由于其简单性和可靠性，现场总线主要用于工业网络。以下是工业自动化或过程控制中常用的现场总线协议。

- ◆ Foundation Fieldbus H1（基金会现场总线）。
- ◆ PROFIBUS，Process Field Bus（过程现场总线）。
- ◆ HART，Highway Addressable Remote Transducer（高速寻址远程传感器）。
- ◆ DeviceNet（设备网络）。
- ◆ CC-Link，Control & Communication Link（CC-Link 控制通信网络）。
- ◆ AS-i，Actuator Sensor Interface（执行器传感器接口）。
- ◆ Modbus RTU，Modbus Remote Terminal Unit（Modbus 远程终端单元）。

- 工业以太网：这是另一组利用标准以太网协议进行过程控制和自动化的工业网络协议。它们具有高性能，并且可以轻松集成到办公网络中。以下协议属于这一组。
  - ◆ PROFINET，Process Field Net（过程现场网络）。
  - ◆ Foundation Fieldbus HSE，Foundation Fieldbus High Speed Ethernet（基金会现场总线高速以太网）。
  - ◆ Ethernet/IP，Ethernet/Industrial Protocol（以太网/工业协议，译者注：IP 此处指工业协议而非网络协议）。
  - ◆ EthernetCAT，Ethernet for Control Automation Technology（以太网控制自动化技术）。
  - ◆ Modbus TCP/IP, Modbus Transmission Control Protocol/Internet Protocol（基于传输控制协议/网际协议的 Modbus 协议）。

13.5.2　无线网络协议

无线网络协议允许设备之间无须使用导线或电缆进行通信。它们主要由传感器和测量设备使用。以下是工业自动化中常用的无线网络协议。

- 蓝牙。
- Wi-Fi。
- 蜂窝网络。

接下来，将深入了解一些常见的工业网络协议。

13.6　常见工业网络协议——Foundation Fieldbus（基金会现场总线）

基金会现场总线（Foundation Fieldbus，FF）协议由国际自动化学会（ISA）开发。其应用领域包括石油化工、食品和饮料、电力及其他重工业过程。它用于连接支持基金会现场总线的设备（如传感器/变送器）到控制系统，显著减少布线需求。该协议允许多个现场总线设备共用一根电缆。

基金会现场总线有两种实现方式：基金会现场总线 H1 和基金会现场总线高速以太网（HSE）。

- 基金会现场总线 H1：
    - 提供高达 31.25kb/s 的通信速度。
    - 可使用双绞线电缆和光纤电缆作为网络介质。
    - 在同一双绞线上提供数字通信和直流电源。
    - 采用总线型或星状拓扑结构实现。
    - 每个网络段最多支持 32 个节点。
    - 主要用于多个传感器/变送器和执行器（现场设备）与 PLC、分布式控制系统（DCS）或其他形式的控制器之间的通信。
- 基金会现场总线 HSE（高速以太网）。
    - 提供高达 100Mb/s 的通信速度。
    - 用于连接更高级别的设备（如 PC、控制器和远程输入/输出设备）。
    - 可使用双绞线电缆和光纤电缆作为网络介质。
    - 是一种基于工业以太网的协议，可采用星状或树状拓扑结构。
    - 可以轻松添加或移除设备，而不影响整个网络。

通常，使用一个链接设备将基金会现场总线 H1 网络连接到基金会现场总线 HSE 网络，如图 13-15 所示。该图展示了基金会现场总线 H1 和 HSE 的网络架构，包括现场设备、控制器、工作站，以及它们之间的连接方式。

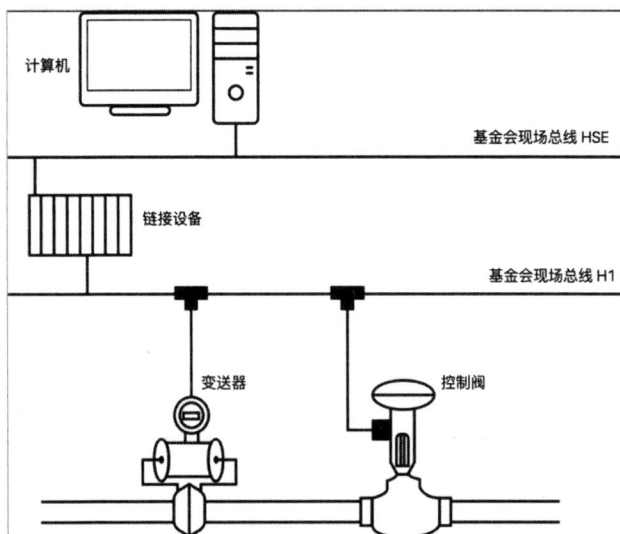

图 13-15　基金会现场总线 H1 和 HSE

接下来，将探讨 PROFIBUS 协议的特点和应用。

13.7 常见工业网络协议——PROFIBUS（过程现场总线）

PROFIBUS 是"过程现场总线"（Process Fieldbus）的缩写。它是一种标准协议，可用于连接传感器/变送器、执行器、控制器、人机界面（HMI）、变频器（VFD）等设备。通信使用被称为 PROFIBUS 电缆的双芯绞线屏蔽电缆（见图 13-8 所示）。在网络中，每个设备通过 PROFIBUS 连接器（见图 13-12）进行连接。PROFIBUS 协议有两种形式：PROFIBUS DP（分散式外围设备）和 PROFIBUS PA（过程自动化）。

13.7.1 PROFIBUS DP（分散式外围设备）

PROFIBUS DP（Process Field Bus Decentralized Peripherals，分散式外围设备）是工业中最常用的网络协议之一。它通过将输入/输出（I/O）模块分布化部署，减少了连接传感器和执行器所需的线缆数量。

在 PROFIBUS DP 出现之前，输入/输出（I/O）模块集中在控制室内（见图 13-16），这导致需要大量电缆将可能远离控制室的传感器和执行器连接到控制室内的输入/输出模块上。

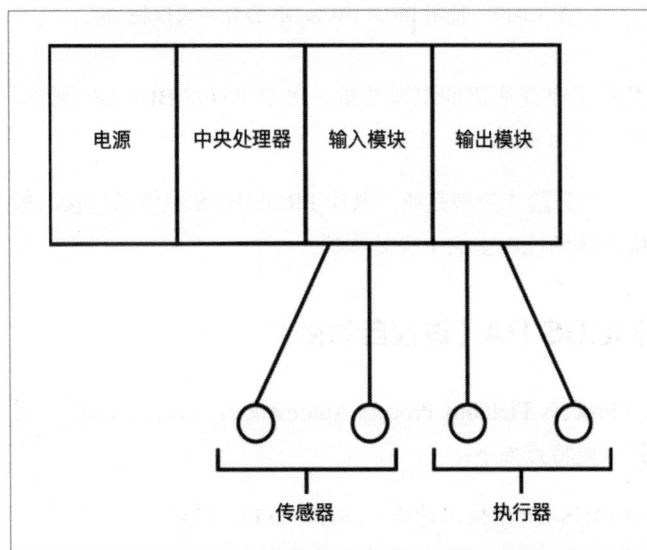

图 13-16 传统的集中式控制系统

使用 PROFIBUS DP 时，可以进行以下操作。

- 安装一个接口模块（Interface Module，IM）。
- 在现场区域，将远离控制室的输入/输出模块，以及传感器和执行器直接连接到接口模块。

- 使用一根 PROFIBUS 电缆，将现场的远程输入/输出模块，通过接口模块连接到位于控制室的中央处理器（见图 13-17）。

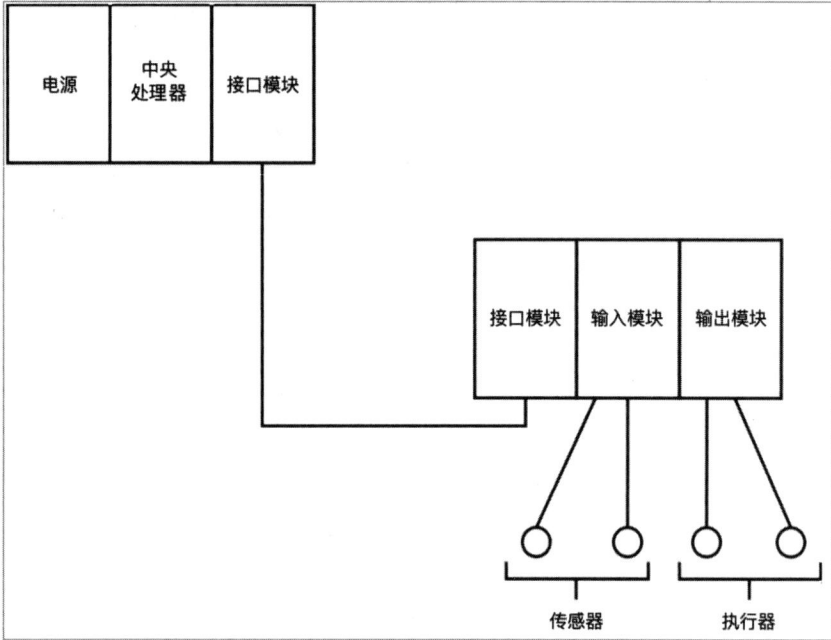

图 13-17 使用 PROFIBUS DP 的分散式控制系统

这种方法大大减少了布线所需的电缆数量。每个 PROFIBUS DP 网络段最多可以有 32 个设备，数据传输速度范围为 9.6kb/s ～ 12Mb/s。

图 13-17 展示了一个分散式控制系统，其中 PROFIBUS 电缆通过接口模块，将现场的远程输入模块和输出模块连接到控制室的中央处理器。

13.7.2 PROFIBUS PA（过程自动化）

PROFIBUS PA（Process Fieldbus Process Automation，过程自动化），用于通过控制系统监控过程测量设备。其主要特点如下：

- 不需要 PROFIBUS DP 中使用的输入/输出（I/O）模块。
- 无须在每个传感器和 I/O 模块之间进行单独布线。
- 传感器以线性方式连接到单个 PROFIBUS PA 总线。
- 传感器和执行器的网络通过耦合器和一根 PROFIBUS 电缆连接到 PLC（见图 13-18）。
- 耦合器将 PROFIBUS PA 信号转换为 PROFIBUS DP 信号（因为 PLC 通常只有 PROFIBUS DP 端口）。
- 固定的数据传输速度为 31.25kb/s（基于 IEC 61158-2 标准规定，能在本质安全防爆环境下实现总线供电的同时，确保通信稳定性和抗干扰能力）。

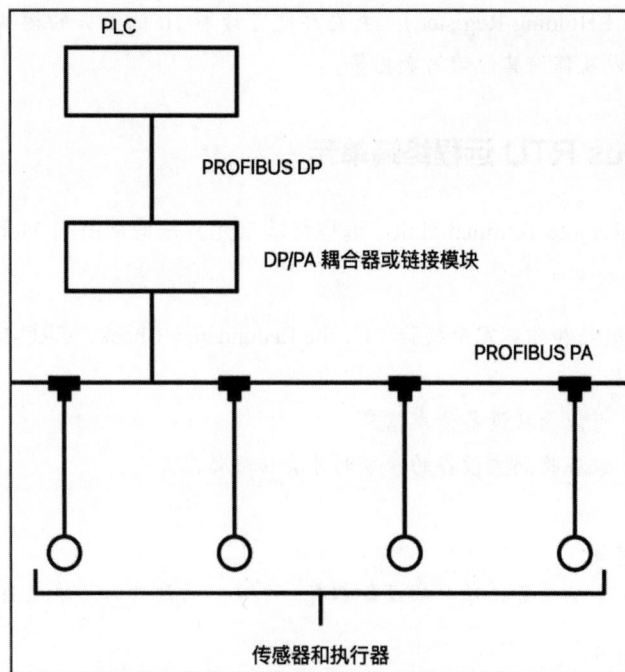

图 13-18　PROFIBUS PA 的典型配置

13.8　常见工业网络协议——Modbus

Modbus 是一种开放协议，任何制造商或供应商都可以自由使用，无须任何限制。它最初由 Modicon 公司在 20 世纪 70 年代中期设计，旨在通过简单的主/从架构将智能设备与 PLC 连接。

Modbus 协议的主要特点如下：

- 最初是专门为 Modicon PLC 设计（即专有协议），后来开放给所有制造商使用（即开放协议）。
- 解决了不同制造商的工业设备之间通信的问题。
- 被广泛应用于各种工业设备，包括西门子、罗克韦尔（Allen-Bradley）、三菱、欧姆龙等品牌的 PLC 和其他设备。
- 可能是工业领域中最常用的协议之一。

Modbus 有多个用于存储数据的内存区域：

- 离散输入（Discrete Input）：存储来自现场设备的只读一位数字输入值（高或低）。
- 线圈输出（Coil Output）：存储可读写的一位数字输出值（高或低）。
- 输入寄存器（Input Register）：主要存储只读 16 位数据模拟输入值（如温度、液位、流量等连续变化的信号）。

- 保持寄存器（Holding Register）：主要存储可读写 16 位数据的模拟输出值、设定值、控制参数，以及任何其他读写数据等。

13.8.1 Modbus RTU 远程终端单元

Modbus RTU（Remote Terminal Unit，远程终端单元）是最常用的 Modbus 协议类型，具有以下几个特点：

- 使用二进制编码和循环冗余校验（Cyclic Redundancy Check，CRC-16）进行错误检查。
- 采用主从架构。
    - 主设备：可以向从设备请求信息。
    - 从设备：仅在收到主设备的命令时才会传输信息。
- 网络结构。
    - 一个主设备。
    - 最多 247 个从设备，每个从设备都有一个唯一的被称为"单元 ID"的地址。

应用场景示例如下：

- PLC 作为主设备，现场设备和变频器（VFD）作为从设备（图 13-19）。
- SCADA/HMI（监控与数据采集/人机界面）作为主设备，而 PLC 作为从设备（见图 13-20）。

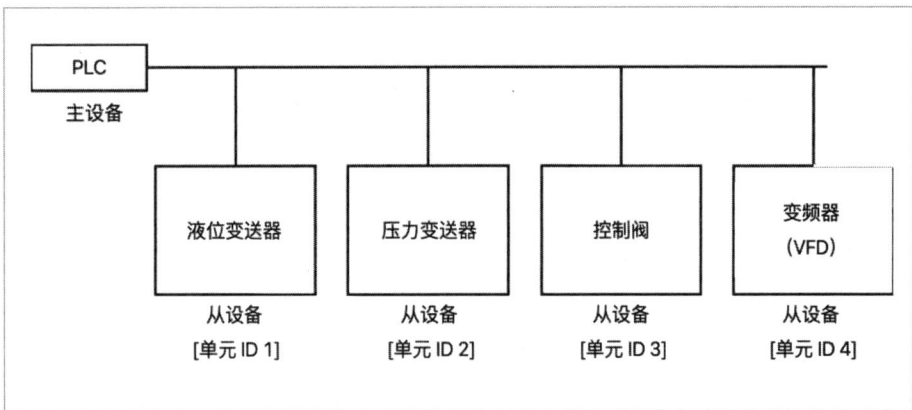

图 13-19　展示了一个 Modbus RTU 网络，其中 PLC 作为主设备，现场设备和变频器作为从设备

物理通信介质的说明如下：

- RS232：用于点对点拓扑，主、从设备通信距离小于 15m。
- RS422：用于同一线路连接多个设备，通信距离大于 15m。
- RS485：更适用于长距离（约 1200m）连接多个设备。

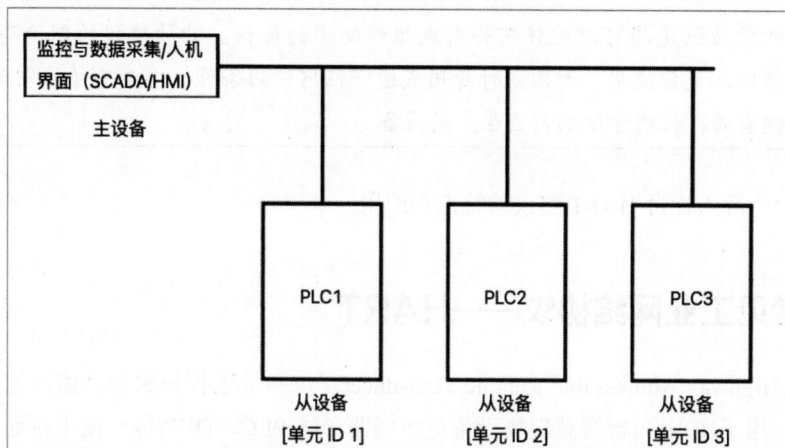

图 13-20　展示了一个 Modbus RTU 网络，其中 SCADA/HMI 作为主设备，多个 PLC 作为从设备

13.8.2　Modbus 传输控制协议/网际协议（TCP/IP）

Modbus TCP/IP（Transmission Control Protocol/Internet Protocol）采用服务器 – 客户端架构，如图 13-21 所示，具有以下几个特点：

- 允许多个设备同时充当服务器或客户端。
- 设备通过标准交换机连接。
- 物理通信介质：标准以太网电缆。
- 每个设备使用唯一的 IP 地址进行标识，而不是单元 ID。

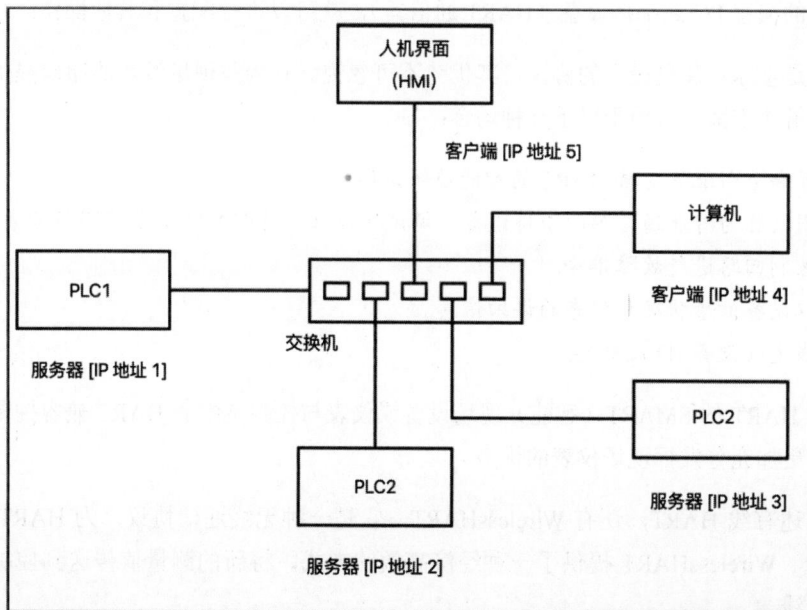

图 13-21　展示了一个 Modbus TCP/IP 网络，包含多个服务器和客户端

> **注意**：开放协议是指可以被任何公司或组织使用的协议。开放协议的制造商提供该协议，并允许任何人免费使用，无须支付费用或遵守任何使用条件。而专有协议则是由特定制造商开发和拥有的，仅用于他们自己生产的设备。

接下来，将深入探讨 HART 协议的特点和应用。

13.9　常见工业网络协议——HART

HART（Highway Addressable Remote Transducer，可寻址远程传感器高速通道）协议是全球标准协议，用于实现智能/智慧现场设备与控制器（如 PLC、DCS 等）或手持通信器之间的数据交换。使用 HART 协议，用户可以控制和监控支持 HART 的现场设备（如传感器、变送器和执行器等）。

在 HART 通信中，数字信号被叠加在传统的 4～20mA 模拟信号上，允许数字信号与 4～20mA 模拟信号在同一对双线回路中共存且不失真。因此，两种信号同时传输——即 4～20mA 模拟信号和数字信号。其中，4～20mA 模拟信号代表测量的过程变量（如温度、压力、液位或流量），而数字信号则携带设备的其他详细信息，如设备的健康状况、状态、诊断警报等。

网络（即"高速通道"）中的每个传感器/变送器和执行器（换能器）都有一个唯一的地址，可以使用该地址进行远程访问，因此被称为 HART。用户无须在传感器所在的位置即可配置或访问其数据，可以从控制室或任何可访问 HART 数据的地方远程完成——即通过连接在网络任何位置的编程 PC 或手持设备（HART 通信器），就可以进行配置和其他操作。

HART 是全球安装量最大的协议，其优势不可忽视。它为与现场设备的通信提供了一种可靠且简便的解决方案，可用于以下几种场合：

- 配置和重新配置支持 HART 的智能现场设备。
- 使用被称为智能通信器的手持设备，调试和校准支持 HART 的智能现场仪表。
- 对控制回路进行故障排除。
- 获取设备健康状况和状态的详细信息。
- 在线更改设备 ID 或标签。

当支持 HART 的 SMART（智能）现场设备或仪表与控制室中的 HART 兼容控制器配合使用时，可以更加充分发挥现场仪表的优势。

除了上述有线 HART，还有 WirelessHART，它是一种无线通信协议，为 HART 技术增加了无线功能。WirelessHART 提供了一种经济高效的方式，将新的测量值传送到控制系统，而无须额外布线。

注意：SMART（智能）现场设备是指包含处理器和其他组件的变送器或执行器。与传统的模拟现场设备相比，它们具有更多优势，包括本应在控制室主控制器中实现的诊断和其他控制功能。智能现场设备中的诊断功能可以指示操作超出规格、通信链路故障，并预测可能出现的故障。大多数 SMART（智能）现场仪表都支持 HART、基金会现场总线（Foundation Fieldbus）或 PROFIBUS 协议。SMART 是 Single Modular Auto-ranging Remote Transducer（单模块自动量程远程传感器）的缩写。

HART 网络有以下两种类型：

- 点对点：点对点连接如图 13-22 所示。在这种模式下，数字信号被叠加在 4 ~ 20mA 模拟信号上。测量的过程变量以 4 ~ 20mA 模拟信号传输，而所有附加信息通过数字信号传输。

- 多点（多路）：允许多个设备连接在同一对线缆上，如图 13-23 所示。多点模式下的通信完全是数字的。

现在，来了解最常见的工业网络。

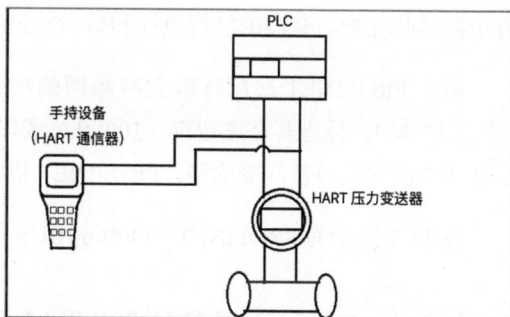

图 13-22　HART 变送器与 HART 通信器的点对点连接

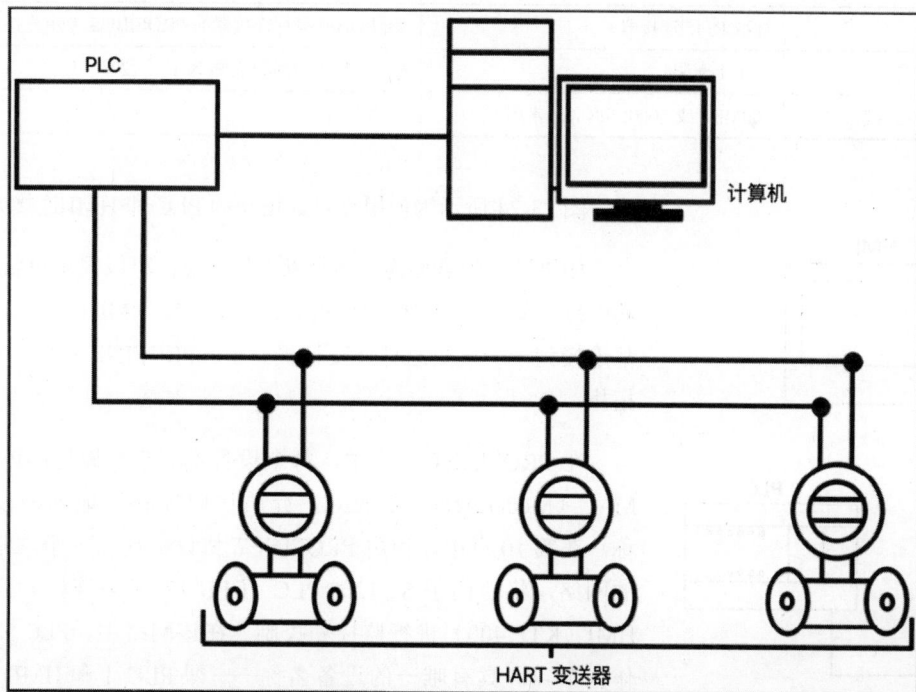

图 13-23　HART 变送器以多点模式连接到计算机进行配置

13.10 常见工业网络协议——PROFINET

PROFINET 是一种工业级以太网协议，专为工业自动化环境中设备与控制器之间的数据交换而设计的。作为应用最广泛的工业以太网协议，PROFINET 基于以太网技术，因此能够实现比 PROFIBUS 更高的运行速度。

PROFINET 使用标准的 RJ45 连接器（见图 13-13），网络电缆可以是办公环境中常见的标准以太网电缆，如双绞线 CAT 6 电缆（见图 13-9）。然而，考虑到工业环境的严苛条件，标准以太网电缆容易受损，因此工业级以太网电缆更适合 PROFINET 应用。工业级以太网电缆具有电磁屏蔽保护、坚固的结构设计和适当的护套。

由于 PROFINET 采用与以太网相同的物理连接标准，因此可以使用标准以太网交换机（见图 13-14）。凭借其高速运行（100Mb/s 或以上）、灵活性和出色的实时性能，PROFINET 在工业领域的应用日益广受欢迎。PROFINET 协议支持点对点、总线型或星状拓扑的实现。

表 13-1 所示为 PROFINET 与 PROFIBUS 的主要区别。

表 13-1　PROFINET 与 PROFIBUS 的主要区别

特性	PROFINET	PROFIBUS
电缆	四芯电缆（可使用标准以太网电缆）	通常为紫色双芯线电缆
连接器	标准 RJ45 连接器	类似 DB-9 串行连接器的 PROFIBUS 专用连接器
设备数量	理论上无限	最多 127 个（地址范围为 1 ～ 127）
最大数据传输速率	100Mb/s 或 1000Mb/s（最常用）	12Mb/s

图 13-24 所示为使用点对点拓扑的 PLC 和 HMI 连接方式。

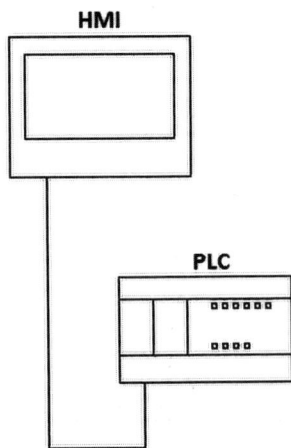

如果网络中需要连接两个以上的节点，可以采用星状拓扑，其中每个节点（如 PLC 1、PLC 2、PLC 3、HMI 1、HMI 2 等）都连接到一个中央组件（交换机）上。PROFINET 还支持总线拓扑。

在 PROFINET 网络中，每个设备都有 3 个地址：IP 地址、MAC（Media Access Control，介质访问控制）地址和设备名称。在第 10 章中，使用 PROFINET 协议实现了一个非常简单的网络，将西门子 S7-1200 PLC（CPU 1211C）连接到西门子 HMI（KTP 400）进行监控和控制。在该网络中，PLC 和 HMI 作为节点，具有唯一的设备名称——即 PLC_1 和 HMI_1（参见第 10 章的图 10-24）。每个设备都被分配了不同的 IP 地址（PLC 为 192.168.0.4，HMI 为 192.168.0.5）。

图 13-24　使用点对点拓扑的 PLC 和 HMI 连接

图 13-25 展示了使用 PROFINET 协议进行监控和控制的 PLC 与 HMI 连接。有关此配置的更多信息请参阅第 10 章。

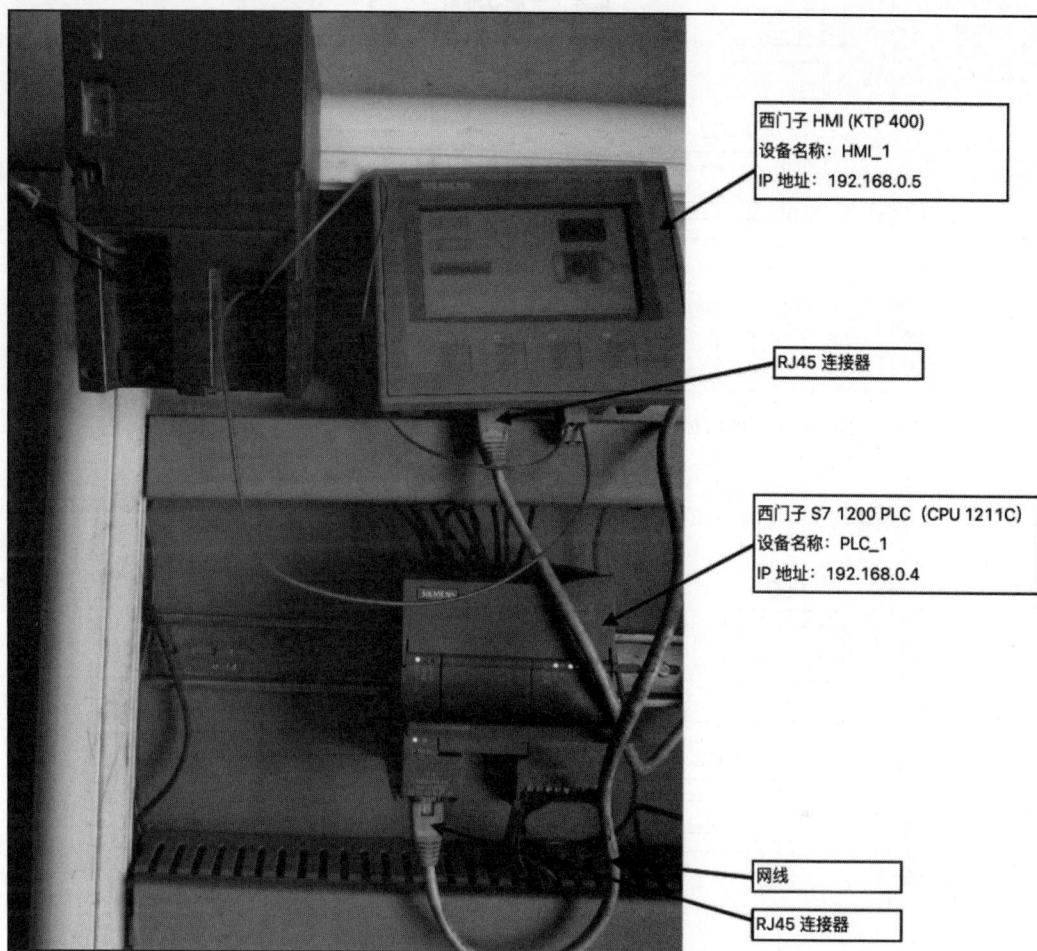

西门子 HMI (KTP 400)
设备名称：HMI_1
IP 地址：192.168.0.5

RJ45 连接器

西门子 S7 1200 PLC（CPU 1211C）
设备名称：PLC_1
IP 地址：192.168.0.4

网线

RJ45 连接器

图 13-25　使用 PROFINET 协议点对点连接的 PLC 与 HMI

S7-1200 PLC 和 KTP400 HMI 已内置了 PROFINET 端口，便于它们与其他设备通过 PROFINET 协议进行通信。可以使用 TIA Portal 轻松完成配置。更多信息请参阅第 10 章。

图 13-26 展示了通过标准以太网交换机，使用 PROFINET 协议连接的多个设备。每个设备都具有唯一的设备名称和 IP 地址。

图 13-27 展示了使用西门子的工业以太网交换机（SCALANCE），通过 PROFINET 协议连接的网络设备。SCALANCE XB005 是西门子的一款简单易用的非管理型工业以太网交换机，具有 5 个 RJ45 端口，可连接多达 5 个不同的设备，运行速度为 10/100Mb/s。

至此，已经介绍完了 PROFINET 协议。读者现在应该了解使用 PROFINET 协议设置网络所需的基本组件和设备。

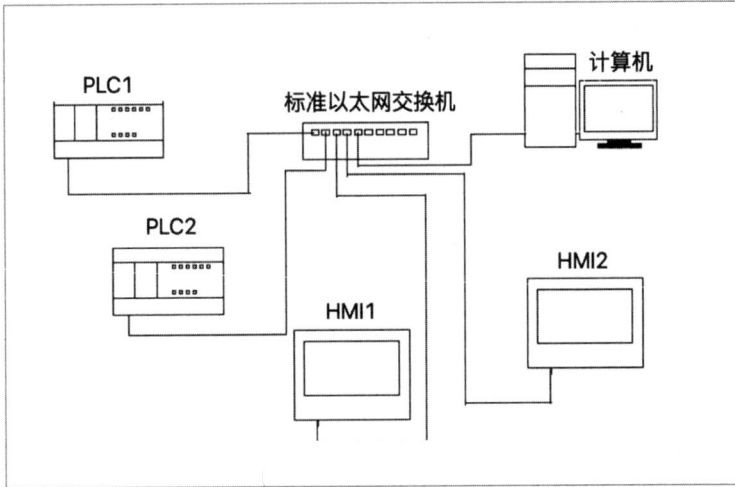

图 13-26　使用标准以太网交换机的 PROFINET 协议网络设备连接

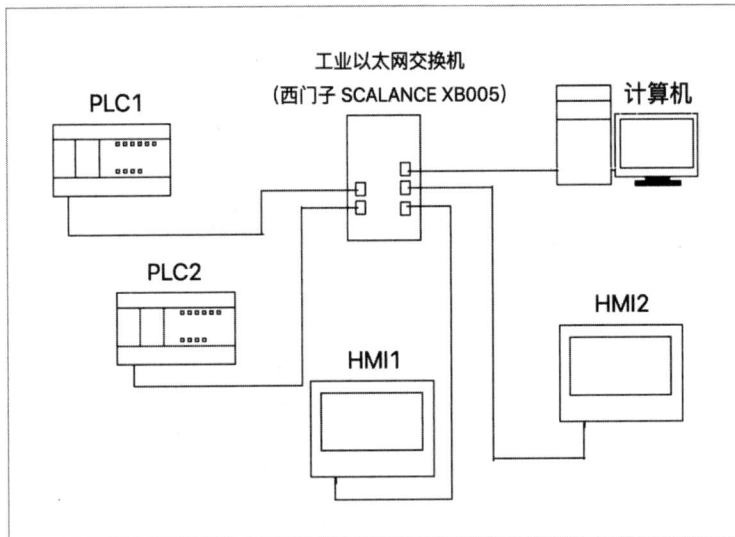

图 13-27　使用工业以太网交换机的 PROFINET 网络设备

13.11　总结

恭喜读者成功完成本章学习！现在，读者应该理解了什么是工业网络，并能够解释可用的基本物理拓扑结构（点对点、总线型、星型和环形）。读者还学习了网络媒介，应该理解有线和无线网络介质的特点。本章还解释了各代蜂窝通信技术（1G、2G、3G、4G 和 5G）的发展，因此读者应该了解工业网络中常用的网络连接器和其他组件。最重要的是，本章介绍了网络协议，并讨论了工业中一些常用的协议（如 Foundation Fieldbus、PROFIBUS、Modbus、HART 和 PROFINET 等）。

在下一章中，将探讨另一个重要主题——智能工厂（工业 4.0）。

13.12　习题

以下内容用于测试读者对本章内容的理解程度。在尝试回答这些问题之前，请确保已经阅读并理解了本章中的主要内容。

1. _____描述了在恶劣环境下，两个或多个工业自动化/控制设备（如控制器、传感器/变送器、执行器、PC 等）之间为实现实时监控和过程控制而进行数据交换的连接。

2. 网络中的每个设备可以称为_____。

3. _____指的是网络的物理和逻辑布局方式。

4. _____指的是数据在网络节点之间传输的模式。

5. 在_____拓扑结构中，每个节点都连接到一个中央设备，该设备可以是交换机、路由器或集线器。

6. _____可以定义为用于连接网络节点的通信通道。

7. _____网络使用无线电波（如蓝牙、Wi-Fi 和蜂窝通信）作为通信通道。

8. _____允许有线网络介质（如同轴电缆、双绞线、光纤等）通过集线器、交换机、路由器、控制器、PC 或网络中的其他设备连接到网络。

9. RJ45 是_____的缩写。

10. _____是一种需要配置以适应我们网络或需求的交换机类型。

11. _____可以被称为网络上两个或多个设备之间的数据通信方法。

12. PROFIBUS 是_____的缩写。

13. HART 是_____的缩写。

第 14 章
5G 驱动的智能工厂（工业 4.0）
探索

智能工厂的特点是生产或制造结构中的互联性和数字化，这主要依托于与互联网相连的智能机器。工厂数据存储在云端，用于监控和控制生产或制造过程，同时也用于决策和解决可能出现的问题。

工业 4.0 是当前制造业的主导趋势，它融合了计算、网络和物理过程集成（即信息物理系统）、自动化和物联网（IoT），以创建智能工厂。在智能工厂中，机器通过智能传感器和其他智能设备连接到云端，实现了虚拟世界与物理世界的深度融合。

工业 4.0 是工业革命的新阶段，它在降低成本的同时提高了生产力和效率。由于智能工厂的诸多优势，许多行业现在都在考虑升级或转向智能工厂。智能工厂可以被视为工业自动化的进步，它允许通过互联网从世界任何地方控制和监控工厂中的自动化机器或设备。工业 4.0 由数据和其他关键技术驱动，在本章中将详细探讨这些技术。

完成本章内容的学习后，读者应该能够理解什么是智能工厂、智能工厂的优势，以及构建智能工厂的步骤。还将了解在第 13 章中介绍的 5G 技术如何赋能智能工厂。

在本章中，将涵盖以下几方面主要内容：

- 理解工业 4.0。
- 探索工业 4.0 的关键技术。
- 工业 4.0 的优势分析。
- 构建智能工厂的基本步骤。
- 5G 赋能的智能工厂的优势。
- PLC 或机器数据云端连接实践。

14.1 理解工业 4.0

为了更好地理解工业 4.0，需要先了解工业革命的发展历程。

工业革命是指工业或制造过程通过新的创新技术进行的转型和变革。

让我们简要回顾一下工业革命的历史及其演变。

- 第一次工业革命（工业 1.0）：始于 1784 年左右。在此期间，机器被用于工业，并以蒸汽作为动力。
- 第二次工业革命（工业 2.0）：始于 1870 年左右。此时，电力被引入，用于驱动工业机器。大规模生产过程也在这一时期出现，由人力操作的装配线被用于大规模生产。
- 第三次工业革命（工业 3.0）：始于 1969 年左右。在这次革命中，自动化被引入工业过程。工业开始使用传感器、执行器、控制器和机器人，使得生产或工业过程需要很少或无须人力。本书重点关注这一阶段工业中自动化技术的使用和实施。
- 第四次工业革命（工业 4.0）：于 2011 年左右引入这一概念。这是工业革命的新阶段，工业机器/设备接入到互联网。这些机器/设备能够思考、做出决策，并通过互联网互联通信，几乎不需要或完全不需要人为干预。用户可以通过互联网从世界任何地方远程访问与控制这些机器。

工业 4.0 涉及在信息和通信技术的帮助下，对机器和工业过程进行智能化网络连接。机器、计算机和其他设备相互连接并自主通信，对工业或生产过程做出决策，生产过程几乎不需要或完全不需要人为干预。它融合了物联网、云计算、大数据和其他先进技术。

工业 4.0 通过智能和自主系统增强了工业 3.0（自动化机器和计算机）中开始的自动化进程，使之实现质的飞跃。这些系统由物联网、人工智能、云计算和其他与工业 4.0 相关的新兴技术驱动。将在下一节中详细解释这些内容。

14.2　探索工业 4.0 的关键技术

工业 4.0 以创新的方式整合和应用了多种现有技术。下面将介绍工业 4.0 的关键技术。

1. 物联网

物联网（Internet of Things，IoT）是由物理对象或设备组成的网络，这些设备借助传感器收集数据，并通过互联网相互通信共享数据。在制造业或其他生产行业中，物联网技术允许现场设备（如传感器和执行器）在几乎无须人为干预的情况下相互通信，称为工业物联网（Industrial Internet of Things，IIoT）。IIoT 是工业 4.0 的重要组成部分。它使制造商能够监控设备的状态、性能和健康状况，安排预测性维护，执行远程故障诊断，并提高操作的安全性和可靠性。

2. 机器人

机器人（Robotics）是经过编程的机器，能够在几乎无须人为干预的情况下执行一系列任务。它们可以根据输入做出决策，独立完成特定任务。机器人是工业 4.0 中的重要组成部分。

人工智能（Artificial Intelligence，AI）是一种技术或计算机程序，使计算机或机器人能够执行通常由人类完成的任务。借助 AI，机器现在可以像人类一样学习、思考和行动。需要注意的是，目前还没有能够完全匹配人类灵活性和能力、在各个领域运作的程序。然而，已有一些程序能够使机器在特定领域内像人类专家一样工作和操作。

机器现在可以像人类一样从过去的经验中学习，进行推理和规划，这使它们能够执行复杂的任务。AI 的核心是开发智能机器，使其能够完成传统上需要人类智能才能完成的任务。AI 需要机器学习、数据分析等技术的支持才能发挥作用。机器学习是一种训练计算机或机器从其输入中学习的方法，而无须为每种情况明确编程。

数据分析是分析原始数据以获取有意义的信息或得出结论的科学。数据分析能够帮助人们理解数据的意义。从数据分析中获得的信息可用于优化流程并提高效率。在制造业或生产行业中，可以分析各种机器的运行时间、停机时间和作业队列，并用于规划机器的工作负载，以实现高效运行。

当机器人技术与 AI 相结合时，就得到了所谓的智能机器人——这是一种编程机器，可以像人类一样工作或模拟人类行为，如学习、推理、规划、解决问题等。

3. 云计算

云计算（Cloud Computing）涉及在互联网上存储数据，并在需要时访问所存储的数据。来自各种设备的数据存储在远程服务器上，可以通过互联网从世界任何地方访问。

4. 网络安全

网络安全（Cyber Security）是一种保护网络中的数据、服务器、计算机和其他设备免受恶意攻击的技术和实践。

5. 增强现实和虚拟现实

增强现实（Augmented Reality，AR）是一种通过实时的计算机生成元素与现实世界视图结合起来，提供交互式 3D 体验的技术。AR 可以以多种形式呈现。

- 设备形式：AR 可以通过护目镜（即 AR 护目镜）、平板电脑或智能手机等设备呈现。
- 实现方式：使用设备的摄像头查看观看者面前的真实世界，并在其上叠加计算机生成的元素来操纵和增强该视图。
- 功能：AR 技术可以实时解释、操纵和增强真实世界的视图，允许用户以有意义的方式与真实世界互动。
- 应用场景：例如，佩戴 AR 头盔的维护工程师可以立即获得实时有用的信息，以便更好地执行任务，如远程协助。

虚拟现实（Virtual Reality，VR）则是一种将用户置身于 3D 计算机生成环境/元素中的技术。VR 在头盔内创建了一个完整的虚拟世界或计算机环境。

- 环境创建：VR 在头戴设备内创建一个完整的虚拟世界或计算机环境。
- 用户交互：用户可以在这些计算机生成的虚拟 3D 元素中自由移动和互动。
- 应用场景：使用 VR 头盔的工程师、设计师或客户可以在不同的照明条件下查看设施或产品的全貌，并进行互动，而无须生产实体原型，如模拟培训。

14.3　工业 4.0 的优势分析

工业 4.0 为企业带来了全方位的优势，使企业不仅在经济效益上有显著改善，在生产效率、灵活性和安全性等方面也有重要提升：

- 提高生产力：工业 4.0 提高了生产力，使得生产速度更快，产量更高。它减少了停机时间，从而提高了产量。
- 提高效率：由于减少了停机时间，产品生产得更快，效率更高。
- 灵活性：工业 4.0 使你的行业或制造过程更具灵活性，可以轻松地扩大或缩小生产规模。引入新产品到生产线也变得更加容易。
- 降低成本：通过将自动化、物联网和其他技术集成到制造过程中，工业 4.0 降低了生产或制造成本。然而，在初始阶段需要一定的投资。
- 增加收入：由于实施了自动化和其他工业 4.0 技术，生产效率会提高，收入也随之增加。在许多情况下，完成任务所需的员工数量减少。
- 提高工人安全性：工业 4.0 提高了工人的安全性，降低了作业风险。因为生产线上使用的机器几乎不需要人工干预，可以通过互联网远程操作。

现在读者已经了解了工业 4.0 的优势，下面来学习构建智能工厂的步骤。

14.4　构建智能工厂的基本步骤

构建智能工厂的基本步骤如下。

- 了解需求并定义目标：与其他投资一样，必须首先确定想要建立智能工厂的原因，定义目标并对其进行优先排序。智能工厂通常分阶段创建，理解你的需求和目标并对其进行优先排序，将帮助你在每个阶段的正确时间投资合适的设备或工具。
- 从最有效益的领域开始：无须一次性启动设施的所有区域，可以逐步实施智能工厂。
- 培训人员使用新技术：智能工厂涉及现有员工可能不熟悉的新技术。必须让员工掌握使用智能工厂所需的新设备和设施的必要技能。
- 雇用专业人才：除了培训现有员工使用智能工厂的新技术，还需要引入熟练的专业人才。例如，数据分析师将帮助你将工厂数据转化为可用数据，这可以帮助你规划和做出有意义的决策。智能工厂所需的其他专业人才包括具有网络和网络安全技能的 IT 专家、具有良好机器人基本操作和编程理解的机器人专家、PLC 程序员、HMI 程序员等。

- 防范网络攻击：智能工厂将设备和设施连接到云端。你的工厂容易受到日益增多的网络犯罪分子的网络攻击。采取必要的预防措施来保护你的数据和设备免受网络攻击。

- 投资新设备和工具：需要新设备来促进智能工厂的运作。例如，需要智能传感器或者其他的智能设备来帮助收集机器数据并将这些数据传输到云端。还需要计算机和软件来有效地存储、分析和管理数据。

- 不断扩展你的智能工厂实施部署：一次性在设施的所有领域全面实施智能工厂不是很现实。需要在完成一个区域后，通过扩展到设施的其他区域来不断更新你的智能工厂建设。

- 建立良好的无线连接：无线连接是建立智能工厂的关键。良好的无线网络（如 5G）将实现快速可靠的数据交换，使依赖互联网连接的智能工厂成为现实。

在下一节中，将进一步详细地讨论 5G 支持的智能工厂的优势。

14.5　5G 赋能的智能工厂的优势

以下是在智能工厂中使用 5G 的优势。

- 通过 5G，可以将更多智能传感器和智能设备连接到互联网，提高物联网容量。这将实现工厂的海量互联。

- 5G 能够让使用增强现实/虚拟现实（AR/VR）头戴设备的员工在工厂车间自由移动，并保持与私有 5G 网络的连接。5G 网络可以提供 AR/VR 有效运行所需的高速连接。

- 5G 使员工能够监控机器性能、分析生产过程，并在各个智能工厂位置之间共享这些信息，以便做出正确的决策和规划。5G 网络能够高速分析大量数据。

- 机器人在工业中被广泛用于产品搬运，有些机器人还被设计为与人类协同工作。大多数工业机器人都使用有线网络连接，因为当前的无线网络速度不足以使它们有效运行。随着 5G 的出现，机器人现在可以无线连接，不受电缆限制，使它们能够在智能工厂中得到充分利用和价值最大化。5G 有助于协助机器人更好地发挥作用。

- 5G 技术使智能工厂中的人工智能应用能够实现低速网络无法支持的更多可感知的功能优势。

总之，5G 连接使自动化和工业 4.0 的其他关键技术（如物联网、人工智能、机器人技术、云计算、AR/VR 等）能够有效运行，从而提高效率，提升工厂的生产力和质量，改善智能工厂员工的工作条件。

在下一节中，将简要介绍如何将 PLC 连接到云端。

14.6　PLC 或机器数据云端连接实践

研究如何将 PLC 数据传输到云端至关重要，因为这是智能工厂的关键。在本节中，将简要介绍工业物联网网关，它是将 PLC 或机器数据传输到云端所需的关键组件。

工业物联网网关可以是一个硬件或软件，能够集成各种设备，如传感器、执行器、PLC等，从这些设备收集数据，并将其传输到云端或本地服务器。它允许连接的设备与外部世界（云端）进行通信。它可以被视为工业环境中连接设备和云端之间的桥梁。通过工业物联网网关，可以从世界任何地方监控和控制工厂中的机器或设备，因为设备的数据可在云端获取。

可以通过连接到互联网的 PC、平板电脑或智能手机上的仪表盘监控数据。同时，还可以从这些设备发送命令来控制设备或机器。在这些监控与控制操作中，所有数据都需要通过工业物联网网关传输。它是建立智能工厂时必不可少的设备之一。

工业物联网网关支持物联网设备间使用的不同协议，如蓝牙、Zigbee、MQTT、Wi-Fi、蜂窝网络等。它在靠近数据源的位置处理关键数据，从而实现快速决策，同时也减轻了中央平台的负担。这种技术被称为边缘计算（edge computing）。

不同的制造商提供了各种型号的工业物联网网关。以下是一些主要制造商及其产品。

（1）西门子。

- SIMATIC IOT2020。
- SIMATIC IOT2040。
- SIMATIC IOT2050。

（2）研华。

- UNO-125IG。

（3）Welotech。

- EG602W。
- EG503W。
- EG602L。

（4）Softing。

- UAGATE SI。
- UAGATE MB。
- edgeGate。

（5）WLINK。

- WL-D80。
- G510-LF4（兼容 5G）。

其中值得一提的是一款智能物联网网关是西门子 SIMATIC IOT2050，它可连接内部 IT、制造、云部门，并能整合来自各种来源的数据。它配备了强大的德州仪器 ARM 处理器（AM6528）和 1GB DDR4 RAM。SIMATIC IOT2050 提供多种接口，包括用于无线网卡的 mPCIe 插槽、千兆 LAN、USB 端口、串行端口、用于连接 Arduino UNO Rev3 的 Arduino 端口，以及用于直接连接显示器的 DP 端口。

每款工业物联网网关都配有安装和配置手册和指南。许多制造商还提供用户论坛，读者可以在那里向有经验的用户学习。

图 14-1 展示了工业物联网网关如何将设备或物体（传感器、执行器、PLC 等）连接到云端。

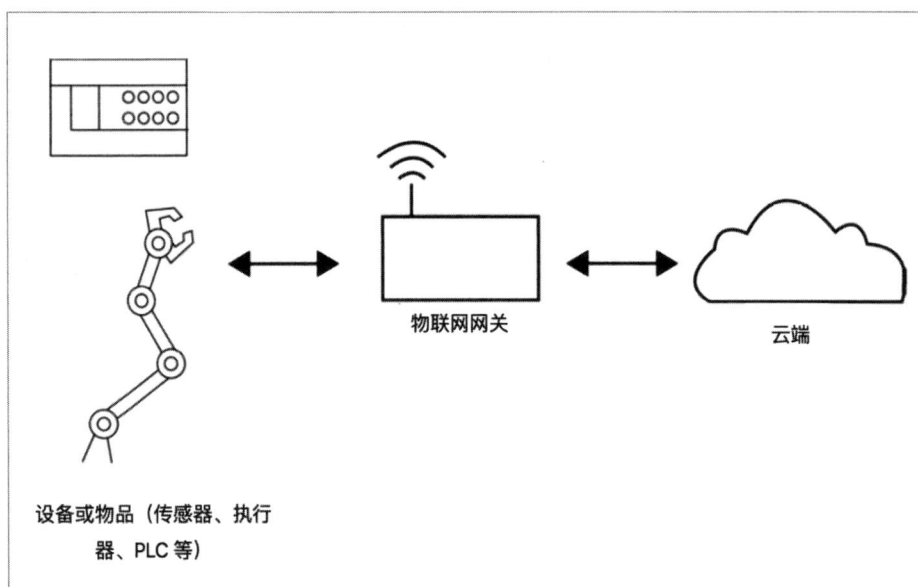

图 14-1　物联网网关（设备和云端之间的桥梁）

通过以上内容，读者应该对工业物联网网关及如何将 PLC 数据传输到云端有了基本的了解。这为想要进入工业 4.0 或智能工厂领域的工业自动化工程师提供了一个良好的起点。随着技术的不断发展，更多创新的工业物联网解决方案将会出现，进一步推动智能制造的发展。

14.7　总结

恭喜读者成功完成本书最后一章的学习！现在，读者应该已经对工业 4.0 有了深入的理解，也应该能够解释工业 4.0 的关键技术，包括物联网（Internet of Things，IoT）、人工智能、机器人技术、云计算、增强现实（AR）和虚拟现实（VR）等。本章还介绍了工业 4.0 的优势、建立智能工厂的步骤及启用 5G 的智能工厂的优势。最后一节"PLC 或机器数据云端连接实践"解释了将 PLC 数据、传感器和执行器连接到云端所需的重要组件——工业物联网网关。

感谢读者阅读本书。希望本书提供的信息能帮助读者在工业自动化领域获得新技能或提升了自身的工业自动化技能水平。我们努力使这本书尽可能具有实践性和可操作性。建议读者按照说明下载必要的软件，完成安装，并在阅读时按照步骤操作，以便更好地理解所学内容。可以利用各章节中的模拟演示，如果负担得起所使用的设备，建议读者购买它们，按照说明连接，并进行实践以获得实际组件或设备的实操经验。

通过阅读本书并持续练习，读者可以进一步提高工业自动化技能，成为该领域的专家。可以通过在线学习、实践或在专门提供工业自动化、机器人、工业物联网和其他相关实践培训的培训中心报名学习，使用真实的工业设备进行实操学习。我们的目标是看到读者在阅读本书后，经过努力成长为工业自动化领域的专家。

工业自动化是一个非常有趣且市场前景广阔的领域。当前工业领域的大多数机器都已实现自动化，因此市场始终需要那些精通自动化设备开发、维护和故障排查的专业人才。通过阅读本书，读者已经迈出了良好的第一步。期待在工业自动化和过程控制领域的巅峰看到你的卓越成就。

14.8　习题

以下内容用于测试读者对本章内容的理解程度。在尝试回答这些问题之前，请确保已经阅读并理解了本章中的主要内容。

1. ＿＿＿＿＿＿＿工业革命通过使用电力驱动的机器组成的装配线实现大规模生产。

2. 在＿＿＿＿＿＿＿工业革命中，工业机器可以思考、做决策并通过互联网相互通信，几乎不需要或完全不需要人工干预。

3. ＿＿＿＿＿＿＿是指通过互联网利用传感器收集数据并相互通信的物理对象或设备网络。

4. 通过＿＿＿＿＿＿＿，机器现在可以像人类一样学习、思考和行动。

5. ＿＿＿＿＿＿＿是一种训练计算机或机器从输入中学习的方法，无须为每种情况明确编程。

6. ＿＿＿＿＿＿＿指在互联网上存储数据并在需要时访问这些存储数据。

7. ＿＿＿＿＿＿＿是保护网络中的数据、服务器、计算机和其他设备免受恶意攻击的做法。

8. ＿＿＿＿＿＿＿是一种技术，通过将现实世界视图与实时计算机生成的元素相结合，提供交互式 3D 体验。

9. ＿＿＿＿＿＿＿是一种将用户置于 3D 计算机生成环境/元素中的技术。

10. IIoT 是＿＿＿＿＿＿＿的缩写。

习题答案

第1章

1. 工业自动化
2. 灵活
3. 控制
4. 工业自动化
5. 生产线
6. 可编程自动化系统　灵活自动化系统
   集成自动化系统
7. 批量生产
8. 自动引导车辆（AGV）
9. 现场
10. 执行器
11. 传感器
12. 计算机数控
13. 可编程逻辑控制器
14. 监督控制与数据获取
15. 人机界面

第2章

1. 开关和传感器
2. 传感器
3. 传感器
4. 手动操作开关
5. 机械操作开关

6. 单刀双掷（SPDT）开关
7. 液位开关
8. 感应式接近传感器
9. 温度开关
10. 极限开关
11. 双刀双掷（DPDT）
12. 常开（NO）浮球开关

第3章

1. 执行器
2. 步进电机
3. 气动执行器
4. 定子　转子
5. 液压执行器
6. 单刀单掷（SPST）继电器
7. 带弹簧回位的单作用气缸
8. 接触器

第4章

1. 交流电机　直流电机
2. 同步电机
3. 电磁感应
4. 滑差
5. 串励直流电机

6. 步进电机

7. 伺服电机

8. 直接在线（DOL）启动器

9. 星形

10. 三角形

第 5 章

1. 电压源的频率　极数

2. 变频器

3. 整流器　直流环节　逆变器

4. 直流环节

5. 谐波

6. 每分钟转速

7. 变频器参数

第 6 章

1. 计算机辅助设计

2. 梯形图

3. 实物图

4. 程序栏

第 7 章

1. 可编程逻辑控制器（PLC）

2. 可编程逻辑控制器（Programmable Logic Controller）

3. 电源　CPU　输入模块和输出模块

4. 中央处理器（CPU）

5. 输入模块

6. 输出模块

7. PLC 扫描周期

8. 扫描时间

9. 下拉（sinking）　上高（sourcing）

第 8 章

1. 程序

2. PLC 程序

3. 梯形图（LD）　功能块图（FBD）
结构化文本（ST）　指令列表（IL）
顺序功能图（SFC）

4. 梯形图

5. 国际电工委员会

6. 功能块图

7. 指令列表

8. 手持编程器　PC

9. 梯级

第 9 章

1. 锁存

2. 定时器

3. 计数器

4. 比较

第 10 章

1. 硬件　软件

2. Man-Machine Interface（人机接口）

3. Operator Interface Terminal（操作员接口终端）

4. User Interface（用户界面）

第 11 章

1. Supervisory Control And Data Acquisition

（监控与数据采集）

2. Remote Terminal Unit（远程终端单元）

3. 现场设备

4. 主站

5. SCADA 软件

第 12 章

1. 开环

2. 闭环

3. 前馈

4. 变送器

5. 设定点

6. 误差

7. 最终控制元件

8. 国际自动化协会

9. 涡轮流量计

10. 归一化

11. 缩放

12. 比例 – 积分 – 微分

13. 管道和仪表图

第 13 章

1. 工业网络

2. 节点

3. 网络拓扑

4. 数据传输模式

5. 星状

6. 网络媒体

7. 无线

8. 网络连接器

9. Registered Jack 45

10. 管理型交换机

11. 网络协议

12. Process Fieldbus（过程现场总线）

13. Highway Addressable Remote Transducer
（可寻址远程传感器高速通道）

第 14 章

1. 第二次

2. 第四次

3. 物联网

4. 人工智能

5. 机器学习

6. 云计算

7. 网络安全

8. 增强现实

9. 虚拟现实

10. 工业物联网